Marcellus Barth

Ihre überzeugende Bewerbung

Das umfassende
Ideen- und Inspirationsbuch
mit mehr als 1000 praxistauglichen Satzbausteinen

Lektorat: Heike Mertens, Würzburg

Sonderbearbeitung: Dr. Karl Grün, Wien/Österreich
Die Angaben gemäß der DIN-Norm auf den Seiten 44 – 48 wurden von Dr. Karl Grün (Autor von „Der Geschäftsbrief – Gestaltung von Schriftstücken nach DIN 5008, DIN 676 u. a.", Beuth Verlag) geprüft und in dieser Form bestätigt.

Erscheinungsjahr: Oktober 2010

Inhaltsverzeichnis

© 2010 Marcellus Barth – InsZiel; www.ins-ziel.de

1 Das Anschreiben – Alles andere als nur ein Anschreiben!

1.1 Die Basics: Stil, Inhalt und Sprache

a) Der Stil: Anschreiben mit Aussicht aufs Meer?

Ein Jurist – Hochschulabsolvent – formulierte folgende Initiativbewerbung: „Sehr geehrte Damen und Herren, stellen Sie sich vor, Sie schauen aus dem Fenster: Vor Ihnen erstreckt sich ein wunderbar blaues Meer. Die Wellen wogen sanft, der Wind säuselt sacht um Ihre Ohren, neben Ihnen steht ein kühles Getränk, natürlich alkoholfrei, denn es ist schließlich Arbeitszeit, auch wenn Sie sich so wunderbar entspannt fühlen. In dieser glücklichen Situation könnten Sie sich befinden, wenn Sie fähige Mitarbeiter einstellen.

Kurz zu meiner Person: Während meines Studiums beschäftigte ich mich schwerpunktmäßig mit ... . " Es folgten Beschreibungen der fachlichen Qualifikationen des Bewerbers.

War er erfolgreich damit? Ja, erstaunlicherweise erreichte er eine außerordentlich hohe Einladungsquote. Es hätte aber auch passieren können, dass seine Bewerbungen bei allen Adressaten im Papierkorb gelandet wären. Schließlich suchte man keinen Poeten, sondern einen Juristen. Und dieser Berufsgruppe empfiehlt man üblicherweise, einen neutralen Sprachgestus, ohne blumige Varianten, zu verwenden und logische Argumentationsketten aufzubauen.

Wie bewerten Sie das folgende Anschreiben, mit dem eine junge Frau sich auf eine Stellenanzeige bewirbt? „Sehr geehrte Damen und Herren, Sie suchen eine Sachbearbeiterin für die Position ... . Herzlichen Glückwunsch – Sie haben sie bereits gefunden. Mit freundlichen Grüßen ..." Mehr hat diese Bewerberin nicht geschrieben und mehr war anscheinend in ihrem Fall auch nicht erforderlich, um eine Einladung zu einem Vorstellungsgespräch zu erhalten. Es kam noch besser: Sie wurde sogar eingestellt und ist nach kurzer Zeit zur Sachgebietsleiterin aufgestiegen. Das ist alles andere als typisch. Denn für Bewerbungen bei behördlichen Arbeitgebern rät man im Allgemeinen zu einem sachlichen, eher klassisch-konservativen Schreibstil. Sie merken: Solche Empfehlungen können immer nur eine Tendenz vorgeben, die Richtung anzeigen, wie Bewerbungen in der Regel verlaufen. Und dass Ausnahmen die Regel bestätigen, ist ein altes Gesetz.

Welche Regeln sind für Sie erfolgversprechend und mit welchen Ausnahmen können Sie den Leser für sich gewinnen? Je persönlicher, kreativer oder auch exotischer Sie Ihre Bewerbung gestalten und inhaltlich präsentieren, desto höher ist die Wahrscheinlichkeit, dass man Ihre Unterlagen genau deswegen aussortiert oder diese genau deshalb zu einer Einladung führen. In diesem Falle dürfen Sie davon ausgehen, dass Ihre Person und Ihr Profil bei Ihrem Gegenüber auf große Resonanz stoßen und damit günstige Bedingungen für eine langfristige gute Zusammenarbeit vorliegen.

Wenn Sie zwei Bewerbungsberater befragen, dürfen Sie mit vier Meinungen rechnen. Die Haltungen der Personalentscheider sind oft noch vielfältiger und schwer auf einen Nenner zu bringen. Haben Sie also ruhig Mut, sich einmal von Ihren Mitbewerbern zu unterscheiden.

Egal, ob Sie eine kreativ-exotische oder klassische Präsentation wählen, entscheidend ist immer die individuelle Darstellung. Vielen Bewerbern liegen die Worte auf der Zunge, sie wissen aber nicht, wie sie ihr fachliches Profil und ihre Persönlichkeit in Worte kleiden können. Mit den in diesem Buch zusammengestellten Formulierungsbausteinen können Sie Ihren ganz individuellen Ideen den salonfähigen Schliff geben. Ich habe sie in meiner Beraterpraxis jahrelang erprobt und möchte Ihnen mit diesem Buch helfen, Ihre eigenen Gedanken in klare, starke und zielführende Worte und Sätze zu bringen, um dadurch mit Ihrem individuellen Stil zu überzeugen.

b) Der Inhalt

- **Das Wichtigste auf einen Blick**

Betreffzeile

Bewerbung als ...
Ihre Anzeige in der ... vom ...

Anrede

Sehr geehrte Frau Weller,
sehr geehrte Damen und Herren,

Eröffnung

Ihr Inserat hat mich gleich angesprochen.

Berufliches

Fachspezifische Kenntnisse als Pharmakologin habe ich mir bei
MexMed in den Bereichen ... angeeignet. Hier habe ich ...
eingeführt und langjährig in der Praxis erprobt.

Persönliches

Als gelernte Pharmakologin bringe ich eine ausgeprägte
analytische und ergebnisorientierte Denkweise mit. Teamfähiges
und kundenfreundliches Verhalten sind dabei für mich nicht nur
Worte, sondern selbstverständliche Eigenschaften.

Warum dieser Job?

Die Qualität Ihrer Produkte und das internationale Renommee Ihrer
Unternehmensgruppe finden in diversen Publikationen äußerst positive
Resonanz. Ich würde mich freuen, als Pharmakologin bei Ihnen
aktiv zu werden.

Abschluss

Haben Sie Interesse an einem Vorstellungsgespräch?
Dann freue ich mich auf Ihre Einladung.

Grußformel

- **Der individuelle Anstrich**

Viele Personaler bemängeln die fehlende Individualität der Anschreiben. Um Ihr Anschreiben so authentisch wie möglich zu gestalten, ist es wichtig, dass Sie sich mit den folgenden Fragen befassen: Was wollen Sie zum Ausdruck bringen? Welchen Eindruck möchten Sie vermitteln? Und auf der anderen Seite: Worauf wird der Arbeitgeber Wert legen, wenn es um die Besetzung der Position geht? Welchen Nutzen wird er haben, wenn er Sie einstellt? Die Beantwortung dieser letzten Frage muss in Ihren Überlegungen ein ganz zentraler Punkt sein. Versetzen Sie sich in die Lage Ihres Lesers.

Eine Eigen-Empfehlung braucht Zeit und Muse. Am besten lässt sich mit Stichworten beginnen. Listen Sie auf, was Sie vermitteln wollen. Jedes Anschreiben ist ein kleines Kunstwerk. Es fordert Sie auf, von sich selbst zu berichten. Eine Beschreibung aus der Perspektive eines Dritten ist vielleicht ungewohnt, aber wie so vieles reine Übungssache. Schreiben Sie, kürzen Sie wieder, fügen Sie hinzu. Sammeln Sie Ihre Ideen in einer Brainstorming-Liste auf einem Blatt Papier. Dabei dürfen Gedanken auf keinen Fall bewertet werden. Jede Idee hat ihre Berechtigung! Einwände wie `Das kann ich so doch niemals einem Arbeitgeber sagen` müssen Sie in dieser Phase ignorieren. Diese Zusammenstellung ist eine wesentliche Grundlage, um das individuelle Anschreiben zu erstellen. Stellen Sie sich vor, Sie würden mit diesem Brief nicht sich selbst, sondern einen Arbeitskollegen weiterempfehlen. Selbstverständlich würden Sie wohlwollend von den Qualitäten dieser Person berichten. Sie würden alles beschreiben, was diese Person auszeichnet und warum sie für diesen Job so gut geeignet ist. Sie würden das „Licht" dieses Menschen niemals unter den Scheffel stellen. Genau so wenig würden Sie etwas schönreden oder übertrieben Positives verbreiten. Denn alles was Sie falsch darstellen, würde negativ auf Sie selbst zurückfallen. Ihre Glaubwürdigkeit als jemand, der eine persönliche Empfehlung ausspricht, geriete ins Wanken. So, wie Sie bei einem Kollegen verfahren würden, beschreiben Sie bitte auch sich selbst. Schlafen Sie ein oder zwei Nächte über Ihren Entwurf und fragen andere, wie ihnen der Text gefällt. Bringt der Text zum Ausdruck, was Sie sagen wollten?

Im Anschreiben geht es um:

> **Berufliches: Ihr fachliches Profil**
>
> **Persönliches: Ihre Soft Skills**
>
> **Ihre Motivation: Warum wollen Sie diesen Job?**

- **Berufliches: Ihr fachliches Profil**

Ihre beruflichen Qualifikationen, das sind alle Ausbildungs- und Studienabschlüsse sowie Zusatzzertifikate, die für Ihre zukünftige Arbeit von Bedeutung sein können. Ebenso gefragt ist aber die breite Palette Ihres Wissens und Könnens und Ihrer Erfahrungen:

- Welche Kenntnisse haben Sie sich während Ihrer
  Tätigkeit bei der Firma ... angeeignet?

- Welchen Nutzen kann das zukünftige Unternehmen
  daraus ziehen?

Diese Verbindung von Wissen und Nutzen muss in Ihrem Anschreiben deutlich werden. Wichtig ist, dass Sie sich dabei immer auf die wesentlichen Anforderungen beziehen, die in der Annonce genannt werden. Was genau wird verlangt?

Sie verbalisieren also bitte nicht einfach Ihren vollständigen tabellarischen Lebenslauf, sondern beschreiben die wirklich wichtigen Stationen mit Sätzen wie:

⇨ „In meiner Position als Marketingleiter sammelte ich weitreichende Kenntnisse
  über die Zielgruppe und Kundenstruktur branchenrelevanter Produkte. Dies sehe ich als
  eine wichtige Basis, um bei Ihnen als stellvertretender Geschäftsführer ökonomische
  Entscheidungen zu treffen. "

⇨ „Im Rahmen meiner Tätigkeit als Ansprechpartnerin für Migranten und
  Flüchtlinge beim Bundesamt für ... wirkte ich entscheidend an der
  Einführung neuer Strukturen und intensivierter Möglichkeiten der Einzel-
  arbeit mit. Vor dem Hintergrund dieser grundlegenden Erfahrungen will ich den
  Anforderungen der ... in Ihrer Institution begegnen.

Persönliches: Ihre Soft Skills

Das Persönliche meint das „Wie" Ihrer Arbeit, also die Art und Weise, wie Sie sich beruflich als Mensch einbringen. Welches sind Ihre sozialen Kompetenzen, „soft skills" oder auch Schlüsselqualifikationen?

<u>a) Wie arbeiten Sie?</u>

Arbeiten Sie kompetent, zielsicher und effektiv? Oder sind es eher Stärken wie Zuverlässigkeit, Teamgeist und hohe Einsatzbereitschaft, die Sie auszeichnen?

<u>b) Wo zeigen Sie diese Eigenschaften?</u>

Beschreiben Sie, wo Sie die auf Sie persönlich zutreffenden Eigenschaften schon gezeigt und erfolgreich eingesetzt haben. Geben Sie Merkmale, die Sie in der Stellenanzeige lesen, wie z. B. zuverlässig oder teamorientiert, immer mit Ihren eigenen Worten wieder. Dazu können Sie Synonyme, d.h. sinnverwandte Wörter, benutzen. Eine entsprechende Liste mit Synonymen für typische, in Stellenanzeigen häufig geforderte Attribute finden Sie auf den Seiten 64 ff.

Verzichten Sie auf allgemeine Aussagen wie *„Teamfähigkeit und Flexibilität sind gegeben"*. Schreiben Sie lieber:

> ⇨ „... als zuverlässige und freundliche Mitarbeiterin bei Holsen & Hort beriet ich die Kunden mit viel Freude "/oder: war ich mit viel Freude für die Beratung der Kunden zuständig."

So setzen Sie Ihre Eigenschaften in einen beruflichen Zusammenhang. Von großem Vorteil ist es, weitere Stärken nennen zu können, die Sie für diese Aufgabe als wichtig erachten. Wie sieht Ihre Selbsteinschätzung aus? Können Sie Ihre Stärken benennen? Als Grundlage für Ihre Reflexion können Sie die Liste der erweiterten Eigenschaften heranziehen, die Ihnen eine Reihe von Synonymen an die Hand gibt (siehe S. 64).

Nicht immer lassen sich die eigenen Fähigkeiten wie im obigen Beispiel mit Hilfe bisheriger Tätigkeiten belegen. Möglicherweise werden Sie anderweitig glaubhaft verdeutlichen müssen, dass Sie über die in der Anzeige geforderten Kompetenzen ganz einfach verfügen. Denn es gilt definitiv als zu schwach, wenn Sie nur schreiben, dass Sie „flexibel, teamorientiert und zielstrebig" sind.

Eine gelungene Form des Schreibstils ergibt sich aus einer Verknüpfung der beruflichen und persönlichen Pole. Zum Beispiel:

> ⇨ „Die anspruchsvolle Kundenstruktur bei Inline-PERFECT-Hannover förderte meinen verbindlichen und souveränen Verkaufsstil."

> ⇨ „Die beschriebenen Aufgaben sind mir durch meine langjährige Berufspraxis bestens vertraut. Einen sehr guten koordinativen Umgang mit dem Personal eignete ich mir als Ingenieur bei der Anleitung der Laboranten und durch die Art meiner hausinternen Kooperation an."

Die stichwortartigen Aufzählungen im Anschreiben lassen sich durch eine sogenannte Dritte Seite ergänzen und konkretisieren (siehe Seite 282).

Ihre Motivation: Warum wollen Sie diesen Job?

Die „Warum-dieser-Job-Frage" ist eine große Herausforderung. Viele Personaler sind an Ihrer Antwort darauf sehr/ausgesprochen interessiert. Was erkennen sie daran? Ihren Wunsch und Ihren Willen, genau für dieses Unternehmen zu arbeiten. Sie suchen nach der „einen entscheidenden" Motivation.

Diese Motivation überzeugend zu präsentieren erfordert viel Aufmerksamkeit. In meiner Beratungspraxis begegne ich tagtäglich dieser Anforderung. Ich bitte meine Kunden, sich genau zu überlegen, was ihre Gründe für diese eine Bewerbung sind.

⇨ Warum wird Sie dieser Job ausfüllen?

⇨ Warum wird Ihnen diese Aufgabe Freude bereiten?

Schreiben Sie Ihre Gedanken auf ein leeres Blatt Papier – und zwar einfach alles, was Ihnen in den Sinn kommt. Tun Sie das, was Ihnen spontan eingefallen ist, nicht als banal oder selbstverständlich ab. Genau das ist Ihre Stellenmotivation! Abschließend filtern Sie daraus den Nutzen für den Arbeitgeber. Erst dieser Nutzen wird von Ihrem potentiellen Arbeitgeber als entscheidendes Argument wahrgenommen, Sie als Mitarbeiter „einzukaufen". Wenn Sie etwas kaufen wollen, überlegen Sie sich ja auch zuerst, was Ihnen diese Neuanschaffung bringen wird. In diesem Sinne müssen Sie sich fragen: Ist es Ihre hohe Leistungsbereitschaft, die zur Steigerung der Umsätze des Unternehmens beitragen wird? Sind es Ihre kreativen Ideen, die für eine reibungslosere Abwicklung des Tagesgeschäfts sorgen werden? Profitiert Ihr zukünftiges Unternehmen von Ihrem akkuraten Arbeitsstil, der möglicherweise schon bald zu einer Steigerung der Arbeitsqualität in der entsprechenden Abteilung führen wird? Kurzum: Inwiefern wird es ein Gewinn für das Unternehmen sein, wenn Sie sich dort ehrgeizig beruflich weiterentwickeln?

Die Frage nach Ihrem besonderen Bezug zum Unternehmen lässt sich auf zwei Ebenen klären: erstens mit direktem Bezug auf das Unternehmen (1) und zweitens mit Blick auf die Aufgaben, die Sie dort ausführen würden (2). Sie können IKEA als Unternehmen großartig finden, weil es mit seiner Geschäftsidee erstaunlich erfolgreich ist und Sie sicher sind, dass Sie entscheidend zur Kundenzufriedenheit oder Steigerung der Umsätze beitragen können. Oder Sie fühlen sich von den Aufgaben bei IKEA angesprochen. Diese empfinden Sie als besonders anspruchsvoll oder vielseitig. Die Aufgaben stellen eine neue Herausforderung für Sie dar, denn diese geben Ihnen die Möglichkeit, sich fachlich oder persönlich bestmöglich zu entfalten und beruflich zu wachsen. Und wie steht es hier um den Nutzen für den Arbeitgeber? Als ein hoch motivierter Mitarbeiter können Sie sich viel stärker mit den Zielen des Unternehmens identifizieren und bringen höhere Leistungen, sorgen für zufriedenere Kunden, besser strukturierte Arbeitsabläufe oder eine gewissenhaftere Aufgabenerfüllung, als man es bisher gewohnt war. Oder, um ein Bespiel aus dem Gesundheitswesen zu ergänzen: Aufgrund der Wertvorstellungen, die in dem von Ihnen anvisierten Klinikum herrschen, finden Sie sich dort mit Ihren eigenen Idealen am ehesten wieder. Daher sind Sie überzeugt, dass Sie Ihre empathische Art dort am besten für den Genesungsprozess der Patienten einsetzen können.

Viele Bewerber befürchten, dass sie mit solchen Worten viel zu hohe Erwartungen bei ihrem potentiellen Arbeitgeber heraufbeschwören. Ich halte das für unbegründet und möchte Sie ermutigen: Trauen Sie sich solche Aussagen zu. Ein großer Teil der Bewerber versteckt sich mit seinen Erfolgen. Wenn Ihnen Ihre bisherigen Kunden davongelaufen, Ihre Geschäftspartner mit Tomaten nach Ihnen geschmissen und Ihre Patienten sich lieber krank in ihr Bett zurückgezogen haben, als sich von Ihnen helfen zu lassen, dann, erst dann, sind Sie gut beraten, auf solche positiven, erfolgsbasierten Aussagen zu verzichten.

Finden Sie mit Hilfe der folgenden Liste Ihren persönlichen Motivationspunkt.

1) **Motivation für das Unternehmen**

   <u>Was reizt Sie besonders?</u>
   - das Team
   - der gute Ruf
   - das Produkt
   - die Unternehmenskultur: seriös, klassisch, lebendig

- das internationale Renommee der Firma
- die Größe des Unternehmens (Famlienbetrieb, Mittelstand, Großunternehmen)

2) **Motivation für die Aufgabe:**

<u>Was spricht Sie vor allem an?</u>
- ein neues, herausforderndes Aufgabengebiet
- die Vielschichtigkeit der Aufgaben
- die Arbeitsstruktur (z. B.: interdisziplinäres Arbeiten)
- die Patienten/Klienten/Manadanten oder Kunden
  (anspruchsvoll, interessant, facettenreich, …)

Nehmen Sie sich Zeit für Ihre Argumente. Bleiben Sie natürlich und Ihrem Stil treu. Zur Veranschaulichung einige Beispiele aus der Praxis:

⇨ Wie ich Ihrer Homepage/Stellenanzeige entnehme, herrscht in Ihrem Unternehmen eine kollegiale Haltung und gute Teamarbeit wird großgeschrieben. Beides spricht mich sehr an, da ich besonders motiviert im Team arbeite.

⇨ Das internationale Renommee Ihrer Unternehmensgruppe findet in diversen Fachpublikationen eine äußerst positive Resonanz. Ich würde mich freuen, als ... bei Ihnen tätig zu werden.

⇨ Mit der Art und Qualität Ihrer Produkte kann ich mich sehr gut identifizieren. Dies wird sich positiv auf die Markenpräsentation und meine Vertriebeserfolge auswirken.

⇨ Die Arbeit mit straffälligen Frauen stellt eine ganz neue Herausforderung für mich dar. Die Biographien der Frauen kennenzulernen, sie in ihrer aktuellen Lebenssituation zu begleiten und fachlich sowie persönlich zu fördern würde mir Freude bereiten. Durch diese Tätigkeit kann ich meine anpassungsfähige und prozessorientierte Arbeitsweise sehr gut zur Entfaltung bringen.

c) Die Sprache

- **Die neue deutsche Rechtschreibung**

Die deutsche Rechtschreibung hat in den letzten Jahren für viel Verwirrung gesorgt. Im Jahr 1996 hatte eine Rechtschreibkommission verbindliche Regelungen für die neue deutsche Rechtschreibung festgesetzt. Auf dieser Grundlage wurden dann schon bald Lexika mit den neuen Schreibweisen herausgegeben. Doch es blieb nicht bei der einen Rechtschreibreform und deren Umsetzung, sondern es folgten Jahre des Übergangs und der Diskussion über einzelne Regelungen. Am 1. August 2006 trat die Neuregelung der deutschen Rechtschreibung dann als Reform der Reform endgültig in Kraft.

In Deutschland gibt es zwei zentrale Rechtschreib-Nachschlagwerke, DUDEN: Die deutsche Rechtschreibung und Wahrig: Die deutsche Rechtschreibung.

Die Rechtschreibkommission hat im neuen Regelwerk eine hohe Zahl von Schreibvarianten als erlaubt deklariert. Nun verhält es sich leider so, dass der DUDEN und der Wahrig ihren Lesern häufig unterschiedliche Vorzugsschreibungen an die Hand geben. Im DUDEN beispielsweise sind die möglichen Varianten (zumeist) mit aufgenommen, durch eine gesonderte Markierung wird jedoch jeweils eine Schreibweise als besonders empfehlenswert hervorgehoben. Vorzugsschreibungen laut DUDEN müssen sich aber keineswegs mit Präferenzen decken, die der Wahrig ausgibt.

Der DUDEN-Verlag hat – nicht in seinem Lexikon, aber in öffentlichen Stellungnahmen – eingeräumt, dass er nicht in allen Punkten die Festlegungen der Rechtschreibkommission übernommen hat. Viele Leute blättern daher heute auf der Suche nach der richtigen Schreibung eines Wortes sowohl im Duden, als auch im Wahrig. Der Deutsche Journalistenverband folgt keinem der beiden Werke zu 100 Prozent, sondern bedient sich eigener – nicht immer allgemeingültiger – Reglements. Sie werden es also in Ihrem Anschreiben niemals allen recht machen können! Um eine gewisse Einheitlichkeit und Nachvollziehbarkeit zu gewährleisten, basiert die Rechtschreibung der Formulierungsbausteine in diesem Bewerbungsbuch konsequent auf den Empfehlungen des Duden (24. Auflage).

Vorsicht ist geboten bei der Verwendung des Rechtschreibprogramms von Microsoft, da es richtig geschriebene Begriffle häufig als falsch markiert.

- **Das Niveau Ihrer Sprache**

Die Sprache des Anschreibens orientiert sich an Ihrem eigenen Berufsniveau und dem sozialen Status Ihres Adressaten. Bewerber im gewerblichen Bereich werden mit hochgestochenen Worten wenig erreichen. Akademiker mit Ambitionen auf Führungspositionen qualifizieren sich hingegen schon durch ihre Sprache als möglicher Mitarbeiter.

Mit welchen Worten welcher Arbeitgeber letztendlich zu überzeugen ist, wird immer schwerer zu beurteilen. Ihr eigener Schreibstil sollte Sie in keinem Fall befremden. Wenig glaubhaft erscheinen Sie Ihrem Chef, wenn Ihre mündlichen Erzählungen im persönlichen Kontakt einen ganz anderen Eindruck hervorrufen als Ihre schriftliche Selbstdarstellung in Ihren Bewerbungsunterlagen. Sie müssen sich mit Ihrem Text wohlfühlen und identifizieren können. Bleiben Sie bei Ihrer Sprachwahl individuell und natürlich. Darauf sind die Formulierungen in diesem Buch ausgerichtet. Sie stellen Ihnen bewusst eine facettenreiche Bandbreite möglicher Formulierungen zur Verfügung, damit Sie daraus gezielt solche auswählen können, die zu Ihrer Persönlichkeit und dem Adressaten Ihrer Bewerbung passen.

Acht Tipps für das Anschreiben

<u>Das Wichtigste auf einen Blick</u>

Eine ausführliche Beschreibung, wie Sie Ihr Anschreiben sprachlich optimieren können, folgt auf den folgenden Seiten.

1) Ersetzen Sie Füllwörter.

Besser: „<u>Mit großem Interesse</u> bewerbe ich mich um die Stelle … "

2) Verwenden Sie aktive Worte.

Besser: „<u>eignete ich mir</u> Wissen und Fähigkeiten in den Bereichen … <u>an.</u>"

3) Vermeiden Sie Wiederholungen.

„Bei der Fa. Müller habe ich <u>Aufgaben</u> im Bereich… übernommen. Im Rahmen meiner Tätigkeit für die Fraport AG war ich <u>verantwortlich für … .</u>"

4) Schreiben Sie natürlich.

Gestalten Sie die Wortwahl persönlich – abgestimmt auf Sie und Ihren Zieladressaten: „<u>…lag mir immer am Herzen…</u>" oder „war mir <u>stets ein besonderes Anliegen</u>" oder „<u>…stets wichtig</u>" sind alle gleichermaßen richtig und wirkungsvoll.

5) Spiegeln Sie das Anforderungsprofil durch Synonyme wider.

Im Anforderungsprofil steht „zuverlässig". Ersetzen Sie in Ihrem Text durch Synonyme wie z. B. „gewissenhaft" oder „akkurat".

6) Vermeiden Sie den Nominalstil.

„Diese Aufgabe werde ich <u>verantwortungsbewusst und flexibel übernehmen.</u>"

7) Formulieren Sie positiv.

„Einem Umzug nach … <u>sehe ich positiv entgegen.</u>"

8) Konjunktiv – ja oder nein?
Genauso richtig wie der selbstbewusste Verzicht auf den Konjunktiv ist auch seine Verwendung als Höflichkeitsform in der Abschlussformel: „<u>…würde ich mich freuen.</u>"

WebshopGO.de AG
Frau Elke Müller
Postfach 13 27
51456 Köln

Bewerbung als Sales-Managerin e-Business
Ihre Stellenanzeige Nr. 34edfd bei monster.de

Sehr geehrte Frau Müller,

1) „**Hiermit** bewerbe ich mich um die Stelle … ." in unserem Telefonat am 12. Dezember erläuterten S… allem eine Mitarbeiterin suchen, die bereits Erfahrungen in de… hat.

In beiden Bereichen 2) **wurden** mir Kenntnisse in … **vermittelt**". konnte ich bereits während meiner Studienzeit an der Fac… sammeln. 3) „Bei der Fa. Müller **übernahm** ich <u>Aufgaben</u> im Bereich… . Im Rahm… ich **darüber hinaus** für <u>Aufgaben</u> wie … zustä… arbeitete ich mehr als zwei Jahre lang als Verkäuf… im Laufe der Zeit immer mehr Aufgaben, zum… präsentation.

4) Als Reiseverkehrskauffrau in einem Münchner Lufthansa-Reiseb… beratende **Kontakt zu Kunden stets wichtig.** Während eines Auslandsaufen… hatte ich die Gelegenheit im Anschluss an ein Studien-semester an… Ireland noch ein zweimonatiges Praktikum in einem Tourist Of… auch an einer Neukonzeption zur Ansprache der Z… mitarbeitete. 5) Meine **zuverlässige** Arbeitsweise habe ich…

6) Mein **Verantwortungsbewusstsein** und meine **Flexibilität** bringe… Danach vertiefte ich meine Kenntnisse in der Kundenberatung auch im Onlin… Agentur „fade-away" in Hamburg.. Zusätzlich verfüge ich üb… Projektkoordination.

7) Ein Umzug nach … **stellt für mich kein Problem dar.**

Da ich bereits über praktische Erfahrungen in dem von Ihnen gesuchten Feld v… stelle ich mir als Einstiegsgehalt 36.000 Euro pro Jahr vor.

8) Über Ihre Einladung zu einem Kennenlernen **freue ich mich**

Mit freundlichen Grüßen

Die Tipps im Detail

Grundsätzlich stellt sich beim Anschreiben die Frage nach der richtigen Zeitform für die Beschreibung der vergangenen Tätigkeiten. Soll man im Perfekt ("ich habe als ... gearbeitet") oder Präteritum ("ich arbeitete als ...") schreiben? Der DUDEN empfiehlt die Verwendung des Präteritums, da die Formen der ersten Vergangenheit den Text lebendiger machen. Bei Aufzählungen hingegen, wenn es beispielsweise darum geht, berufliche Stationen kurz zu umreißen oder Abschlüsse zu benennen, ist die Form des Perfekts die üblichere Variante: „Nach meinem Abschuss als … habe ich eine erfolgreiche Weiterbildung … absolviert."

zu 1) Ersetzen Sie Füllwörter

In Sätzen wie „Hiermit bewerbe ich mich bei Ihnen..." oder „Ich möchte mich bei Ihnen bewerben …" verzichten Sie besser auf die Füllwörter `hiermit` oder `möchte`. Sie haben keinen Aussagegehalt. Dass Ihre Bewerbung kein Liebesbrief ist, hat man spätestens an der Mappe erkannt.

„Hiermit bewerbe ich mich um die Stelle … ."
Besser: „Mit großem Interesse bewerbe ich mich um die Stelle … "

Sie müssen aber auch nicht alle Füllwörter streichen, vereinzelt können solche Wörter eine Aussage sogar noch verstärken. So kann das Wort „möchte" auch die positive Form einer „vorsichtigen" Höflichkeit sein: „Für eine Mitarbeit bei Ihnen möchte ich meine Kenntnisse im Bereich … anbieten."

zu 2) Verwenden Sie aktive Worte

Passive Wendungen sollten Sie immer vermeiden:

„Bei ... wurden mir Kenntnisse in ... vermittelt".

Ein aktiver Stil zeigt Ihr engagiertes und eigenverantwortliches Handeln:

Besser: *„Bei ... eignete ich mir Wissen und Fähigkeiten in den Bereichen ... an."*

zu 3) Vermeiden Sie Wiederholungen

Achten Sie in Ihrem Anschreiben auf Wortwiederholungen. Wenn Sie Ihren Text verfasst haben, überprüfen Sie alle Substantive, Adjektive und Verben auf mögliche Wiederholungen und ersetzen sie wiederholt benutzte Wörter durch Synonyme (sinnverwandte Wörter). Auch gleichlautende Satzanfänge sollten vermieden werden. Zweimal hintereinander einen Satz mit `Ich` zu beginnen wirkt nicht nur stilistisch einfältig, sondern trägt Ihnen möglicherweise auch den Vorwurf des Narzissmus ein. Manche Berater behaupten, dass man ein Anschreiben nach `Sehr geehrte Damen und Herren` niemals mit `ich` beginnen dürfe. Der Entscheider würde Sie gleich als Egomanen abstempeln und aus dem Stapel aussortieren. Diese Erfahrung habe ich nicht gemacht. In früheren Zeiten gab es sicherlich die verbreitete Auffassung vom demütigen Bürger und damit Bewerber. Doch schließlich geht es im Anschreiben um genau Sie, um das, was Sie anzubieten haben, und vor allem darum, wie Sie dies auf eine sympathisch-selbstbewusste Weise präsentieren können. Sie sollen eine Sicherheit ausstrahlen, die Ihr Gegenüber vermuten lässt, dass man Aufgaben getrost in Ihre Hände abgeben kann.

Klassisch: „Bei der Fa. Müller übernahm ich Aufgaben im Bereich .... Im Rahmen meiner Tätigkeit für die Fraport AG war ich darüber hinaus für Aufgaben wie … zuständig."

Besser: „Bei der Fa. Müller übernahm ich Aufgaben im Bereich… . Im Rahmen meiner Tätigkeit für die Fraport AG war ich verantwortlich für … ."

zu 4) Schreiben Sie natürlich

Indem Sie natürliche Worte verwenden, verleihen Sie Ihrem Anschreiben eine persönliche Note.
„Jetzt will ich diese qualifizierten Erfahrungen im serviceorientierten Umgang mit Gästen als Lufthansa-Repräsentantin über den Wolken einbringen." Es ist nicht falsch, sachlich zu bleiben und zu schreiben „bei Ihnen einbringen". „Über den Wolken" ist eine bildhafte Sprache die, je nach Adressat − und hier handelt es sich schließlich um eine Luftfahrtgesellschaft − , lebendiger und anschaulicher wirken kann.

„Als Reiseverkehrskauffrau in einem Münchner Lufthansa-Reisebüro lag mir der freundlich beratende Kontakt zu Kunden immer am Herzen." Selbstverständlich können Sie auch schreiben „war mir stets wichtig" oder „war mir immer ein besonderes Anliegen". Mit dem „Herzen" wurde hier jedoch bewusst ein emotional geprägter Begriff gewählt. Dieser wirkt in diesem Zusammenhang durchaus positiv, was aber natürlich nicht immer der Fall sein muss.

Es gibt nicht das einzige zum Ziel führende sprachliche Mittel! Prüfen Sie solche besonderen Wörter (bildhaft, emotional, mit starker persönlicher Ausstrahlung) immer daraufhin, ob sie zu Ihnen und zu der vermuteten Haltung Ihres Lesers passen.

zu 5) Spiegeln Sie das Anforderungsprofil durch Synonyme wider

Das Anforderungsprofil eines Inserates enthält immer sehr viele Attribute, über die der Bewerber verfügen sollte. Insbesondere die persönlichen Charaktereigenschaften sollten Sie in Ihrem Anscheiben nicht eins zu eins übernehmen. Spiegeln Sie diese Begriffe durch Synonyme wider (siehe Liste der erweiterten Eigenschaften, S. 64).

Im Anforderungsprofil: „Wir suchen einen Mitarbeiter der zuverlässig, dynamisch und kooperativ arbeitet."

Besser im Anschreiben: „Meine gewissenhafte Arbeitsweise setzte ich bei … ein."

Zum Beispiel im Anforderungsprofil: Im Anschreiben ersetzen durch:

zuverlässig	gewissenhaft/akkurat/präzise
dynamisch	flexibel/aufgeschlossen
kooperativ	teamfähig

zu 6) Vermeiden Sie den Nominalstil

Wenn Sie gehäuft Substantive oder substantivierte Verben verwenden, wirkt Ihr Text holprig und zäh. Den Lesefluss erhöhen Sie, indem Sie verstärkt Verben und Adjektive nutzen:
„Mein Verantwortungsbewusstsein und meine Flexibilität bringe ich für diese Aufgabe mit ein."

Besser: „Diese Aufgabe werde ich verantwortungsbewusst und flexibel übernehmen."

zu 7) Formulieren Sie positiv

Formulieren Sie eher positive als negative Worte. Wenn Sie zu oft schreiben, dass dies oder jenes für Sie „kein Problem ist" und dass es bisher „noch nie Schwierigkeiten gab", bleiben beim Leser irgendwann nur die Negativwörter im Gedächtnis haften. Wenn Ihnen der Umgang mit einer bestimmten Software „keine Schwierigkeiten bereitet", dann ist der Umgang mit dieser „ein Leichtes" für Sie, wenn ein Umzug nach Köln „kein Problem" darstellt, dann „sehen Sie einem Umzug nach Köln positiv oder freudig entgegen" …

„Ein Umzug nach … stellt für mich kein Problem dar."

Besser: „Einem Umzug nach … sehe ich positiv entgegen."

<u>zu 8) Konjunktiv – ja oder nein?</u>

Mit dem Konjunktiv schwächen Sie sich oft selbst: „Ich könnte mir vorstellen, diese Aufgaben bei Ihnen zu übernehmen… ". Das Fazit für den Arbeitgeber lautet: So ganz sicher sind Sie sich aber nicht. Deutlich stärker treten Sie auf mit: „Ich will", „Ich bin mir sicher", „Ich bin überzeugt", „Ich bin entschlossen", „Ich weiß" … .

Differenzierter muss man die Verwendung des Konjunktivs im Abschlusssatz beurteilen. Hier empfiehlt er sich häufig; insbesondere bei Bewerbungen in eher konservativen Arbeitsbereichen kann man damit punkten: „Über Ihre Einladung zu einem Vorstellungsgespräch würde ich mich sehr freuen." Es gibt aber Berater und Personaler, die diesen Stil generell als zu schwach beurteilen und erwarten, dass man sich selbst sicher ist, ein Gespräch zu erhalten, da man nur durch eine solche Haltung auch das Gegenüber für sich gewinnen kann. Ähnlich einem offensiven Verkäufer, der den Kunden erst gar nicht fragt, ob er noch einen Termin bei ihm haben möchte, sondern gleich zur Vereinbarung übergeht: `Passt Ihnen Dienstag oder Donnerstag besser für ein zweites Treffen?`. In diesem Sinn ist `Ich freue mich über Ihre Einladung zu einem Vorstellungsgespräch?` ein starkes Auftreten, mit dem man sein Ziel – zumindest in Branchen, bei denen es um Verkauf/Vertrieb, repräsentative Positionen etc. geht – schneller erreichen kann. Bei einem klassisch-konservativen Leser respektieren Sie mit dem Konjunktiv als Höflichkeitsform seine Selbstständigkeit als Entscheidungsverantwortlicher. Sie anerkennen seine Machtposition.

<u>Beides möglich:</u>

„Über Ihre Einladung zu einem Vorstellungsgespräch würde ich mich freuen."

„Über Ihre Einladung zu einem Vorstellungsgespräch freue ich mich."

1.2 Anschreiben-Exempel

Bewerber mit akademischem Abschluss:

Bewerber mit Ausbildungsabschluss:

Helfer:

JUDITH SCHLENK

Goethestr. 1   07743 Jena

Tel.: 03641 882301   Mobil: 0175 9982110   E-Mail: Juschlenk@googlemail.com

J. Schlenk, Goethestr. 1, 07743 Jena

BJG Services gGmbH
Frau Claudia Müllerhofer
Stollenweg 10
07743 Jena

Jena, den 12. August 2010

Bewerbung als Sozialpädagogin (BA) für die integrative Hortbetreuung
Ihr Inserat unter www.meinestadt.de

Sehr geehrte Frau Müllerhofer,

Ihren Anforderungen entspreche ich aufgrund meiner aktuellen beruflichen Erfahrungen in bester Weise. Ich arbeite zurzeit für die Fördergesellschaft „Wege in die Zukunft" an der Gesamtschule IGS „Grete Unrein" im Hauptschulbereich. Sowohl während des Unterrichts als auch in der Hausaufgabenzeit und bei Freizeitaktivitäten – bei der Betreuung der Schülerinnen und Schüler sind bei diesem Einsatz täglich ein klares, überzeugendes Auftreten und eine gleichzeitig umgängliche Art von mir gefordert.

Im Unterricht unterstütze ich die Lehrkraft gezielt: Ich erkläre Anweisungen sowie Aufgaben und Inhalte, sorge für Ruhe und Konzentration, zeige klare Grenzen auf und sorge dadurch für einen störungsfreieren Lernraum. In Einzelfällen setze ich besondere sozialpädagogische Interventionen ein. Das heißt, dass ich Themen wie Außenseiterrollen, Machtmissbrauch, Gewaltanwendung oder grenzwertige Spielformen innerhalb der Hortzeit auf dem Pausenhof in Einzel- und Gruppenarbeit intensiv aufarbeite. Bei akuten Problemsituationen der Schüler führe ich zudem Elterngespräche, teils ausschließlich mit den Eltern, teils gemeinsam mit den Schülern.

In den vergangenen elf Jahren war ich auch in Einrichtungen tätig, die in einem besonders starken sozialen Brennpunkt liegen. Ich arbeitete mit Kindern mit Migrationshintergrund und mit verhaltens- auffälligen Schülern und wurde dabei sehr intensiv mit allen damit verbundenen Problemsituationen konfrontiert.. Gemeinsam mit Eltern und Netzwerkorganisationen habe ich die Voraussetzungen für veränderte Wahrnehmungs- und Verhaltensweisen bei den Jugendlichen geschaffen und konnte so stabilisierend, fördernd und auch fordernd wirken.

Vor dem Hintergrund meiner breit gefächerten Erfahrung im pädagogisch geschulten Umgang mit Kindern und Jugendlichen kann ich sowohl die Aufgaben in der Hortbetreuung kompetent übernehmen als auch die von Ihnen beschriebenen sozialen Trainingskurse verantwortungsvoll und versiert leiten.

Aufgrund meines derzeitigen Teilzeitvertrags bin ich an einer Aufgabe mit einem höheren Stundenumfang interessiert, bei der ich weiterhin mein großes Geschick für das Arbeiten mit Kindern, Jugendlichen und Familien einsetzen kann.

Ihrer Antwort sehe ich mit Freude entgegen.

Mit freundlichen Grüßen   **Anlagen**

Dr. med. Wanja DSCHUMABAEV

Herderstraße 12, 88131 Lindau, Tel.: 08382 88777654

W. DSCHUMABAEV, Herderstr. 12, 88131 Lindau

Klinik Seeblick
Herrn Prof.
Dr. Andreas Kübers
Seestraße 10
88131 Lindau

Lindau, 7. März 2010

Bewerbung als Anästhesist

Sehr geehrter Herr Professor Kübers,

Ihre telefonischen Informationen waren sehr aufschlussreich für mich. Vielen Dank für die Zeit, die Sie sich genommen haben. Ja, die Position des Anästhesisten in Ihrer Klinik interessiert mich sehr.

Ich blicke auf eine über sechsjährige Berufserfahrung als Anästhesist in einem angesehenen Klinikum in Kasachstan zurück. Über den Kurs „Integration immigrierter Ärzte" habe ich mich erfolgreich für die Anforderungen an deutschen Kliniken qualifiziert. Mein nun optimal an die deutschen Verhältnisse angepasstes Wissen konnte ich bereits bei Prof. Dr. h. c. Armin Walter (Privatklinik Fulda) unter Beweis stellen.

Die breite Palette der Anästhesie beherrsche ich souverän. Sicherheit im Umgang mit den Indikationen für Anästhetika verbunden mit einer verantwortungsvollen Entscheidungskompetenz kennzeichnen mein im Klinikalltag erprobtes Verständnis von Professionalität. So ist mein Verhalten auch und gerade in kritischen Situationen stets von einem hohen Verantwortungsbewusstsein geprägt. Dieses möchte ich weiterhin in den Dienst der Patienten – bevorzugt in Ihrer Klinik – stellen.

Ich würde mich freuen, wenn Sie meine Aussagen durch Ihre persönliche Einschätzung überprüfen wollen. Hierfür stehe ich Ihnen jederzeit gerne zur Verfügung.

Herzliche Grüße sendet Ihnen   **Anlagen**

Wanja Dschumabaev

Tatjana Straub

Pflügerweg 12
28209 Bremen
Tel.: 0421 29877732
Mobil: 0176 9877231
Tatjana_Straub@web.de

Integra-Klinikum Lübeck
Herrn
Prof. Dr. Thorsten Stiller
Klinikstr. 24
23560 Lübeck

10. Mai 2010

Bewerbung als Assistenzärztin

Sehr geehrter Herr Professor,

in Anknüpfung an unser angenehmes Telefongespräch vom 30. April übersende ich Ihnen nun meine Bewerbungsunterlagen.

Mein Interesse für die Psychosomatik wurde durch meine Tätigkeit als studentische Nachtwache auf einer psychosomatischen Station der Universitätsklinik Heidelberg geweckt, eine Tätigkeit, die ich mit Freude und Engagement ausübte. Dabei hatte ich bereits Gelegenheit, Patienten aus dem Bereich der Psychotraumatologie und mit Persönlichkeitsstörungen (hauptsächlich Borderline-Patienten), Essstörungen sowie Depressionen kennenzulernen. Wir Nachtwachen waren jeweils für eine Woche ab dem frühen Abend als einzige Aufsichtsperson (mit Hintergrund-Bereitschaft) für die 22 Patienten der Station zuständig. In das Team wurden wir sehr kollegial und aktiv integriert. Durch Teamsitzungen, Balintgruppen und Seminare – sowie die oft intensiven Patientenkontakte und den Austausch mit Ärzten und Pflegepersonal – konnte ich erste praktische und prägende Erfahrungen im psychotherapeutischen Bereich sammeln.

Nach Beendigung meines Studiums war ich zunächst für ein Jahr in England in der Inneren Medizin tätig. Dass ich mich immer schnell und gern in neue Arbeitsgebiete und Teamkonstellationen eingefunden habe, kam mir dabei sehr zugute: Durch die dort üblichen dreimonatigen Rotationen in verschiedene Fachabteilungen und die regelmäßigen Dienste in der allgemeinen Notaufnahme eignete ich mir zügig solide Grundkenntnisse im Bereich der Inneren Medizin an. Die kollegiale Zusammenarbeit mit dem Pflegepersonal, den Physiotherapeuten, Pharmazeuten etc. war im Sinne einer ganzheitlichen Betreuung der Patienten sehr wichtig. Auf die multidisziplinäre Teamarbeit, die in der Psychosomatik eine viel größere und selbstverständliche Rolle spielt, freue ich mich bei Ihnen ganz besonders.

Mir ist in den letzten Jahren immer wieder klar geworden, welchen entscheidenden Anteil die psychische, familiäre und soziale Situation eines Menschen auf seinen Heilungsprozess hat. Und da – neben meinem ausgeprägten wissenschaftlich-diagnostischen Interesse – meine besonderen Stärken im Bereich guter Kommunikationsfähigkeit, empathischen Einfühlungsvermögens und einer vertrauensvollen Arzt-Patienten-Beziehung liegen, möchte ich mich nun im Bereich der Psychosomatik und Psychotherapie spezialisieren.

Spiritualität, Glauben und das Vertrauen auf eine jedem Menschen innewohnende Heil- und Kraftquelle haben in meinem – beruflichen wie privaten – Umgang mit Menschen einen hohen Stellenwert. Diese „Dimension" erfahrbar in den Therapieprozess zu integrieren ist Wunsch und Ziel meiner beruflichen Tätigkeit. Ihre Klinik bietet ein weites Feld für meine diesbezügliche Weiterentwicklung, sodass ich mich sehr über die Gelegenheit freuen würde, in Ihrem Team motiviert und engagiert mitarbeiten zu dürfen.

Herzliche, sonnige Grüße aus Bremen   **Anlagen**

Alexander Alberts

Körnerstr. 16, 06484 Quedlinburg, Tel.: 03946 109234
E-Mail: Al_Alberst@alberts-vertriebsprofi.de

Mac MediShare AG Braunschweig
Herrn Dr. Rolf Polat
Human Ressources
Postfach 1 09 21 23
38106 Braunschweig

9. April 2010

Position: Projektleitung – Vertrieb Pharma

Sehr geehrter Herr Dr. Polat,

die Beschreibung des Aufgabengebiets deckt sich in allen entscheidenden Punkten mit meinem Wirkungskreis bei CemCheck International. Für meine dortige Position als eigenständiger Projektleiter möchte ich insbesondere folgende Aspekte nennen:

⇨ Akquise neuer Projekte und Kunden
⇨ Überprüfung zeitlicher und inhaltlicher Vorgaben und Bewertung der erreichten Projektziele
⇨ Markbeobachtung und -analyse
⇨ Präsentationen vor Fachpublikum, vielfach auf Messen und im Rahmen von
   Mitarbeiterschulungen im Unternehmen.

Dabei durfte ich feststellen, dass es mir in bester Weise gelingt, Kunden und Geschäftspartner mit Fachkompetenz, viel Fingerspitzengefühl und einem verbindlichen Auftreten – das mein Gegenüber als Menschen und wichtigsten Kunden ernst nimmt – zu gewinnen und vor allem langfristig zu binden.

Da ich die wesentlichen für die Projektleitung geforderten Eigenschaften mitbringe und meine Stärken eindeutig im kundenorientierten Verkauf liegen – bitte berücksichtigen Sie in diesem Zusammenhang mein Profil –, möchte ich meine 8-jährige Berufserfahrung für die Herausforderungen in Ihrem Unternehmen einbringen und so die Zukunft von Marc MediShare entscheidend mitgestalten.

Als promovierter Biologe mit Auslandserfahrung in den USA und Erfahrungen in (inter-) nationalen Geschäftskontakten fällt es mir leicht, mit Entscheidungsträgern aller Ebenen auf gleicher Augenhöhe zu verhandeln. Selbstverständlich dürfen Sie daher auch die dafür notwendige Reisebereitschaft von mir erwarten.

Habe ich Ihr Interesse geweckt? Dann würde ich mich freuen, wenn Sie, Herr Dr. Polat, Weiteres persönlich mit mir besprechen wollen, und bitte Sie um einen Terminvorschlag für ein Treffen.

Mit freundlichen Grüßen   **Anlagen**

Gerhard Tempes

Oberer Sand 42
94032 Passau
Mobil: 0157 8899121
gtemp2010@yahoo.de

Kanzlei Dr. Vollmer
Herrn Dr. Sebastian Vollmer
Kurfürstenstr. 80
54294 Trier

10. Juli 2010

Bewerbung als Diplom-Kaufmann im Bereich *Wirtschaftsprüfung* und *Steuerberatung*

Sehr geehrter Herr Dr. Vollmer,

Sie suchen einen verantwortungsbewussten, zielstrebigen und effektiv arbeitenden Mitarbeiter zur Ergänzung Ihres dynamischen Teams. Als Kaufmann (BA) – mit den Schwerpunkten *Wirtschaftsprüfung* und *Steuern* – habe ich diese Qualitäten bereits während des Studiums gezeigt und konnte dadurch einen sehr guten Abschluss erreichen (Note 1,4).

Auch bei meiner derzeitigen Tätigkeit sind eine besonders fokussierte Vorgehens- und verbindliche Arbeitsweise entscheidend für meine sehr guten Leistungen. Mein Verantwortungsbereich bezieht sich neben der Steuerberatung im Wesentlichen auf Prüfungsvorgänge, angefangen von der Auftragsanbahnung über die Planung und Durchführung bis zur Berichterstattung und Ergebnispräsentation beim Kunden. Diese Aufgabenfelder umfassen vor allem:

- die Prüfung von Jahresabschlüssen verschiedener Rechtsformen, Branchen und Größen sowie die Beratungen der Mandanten nach dem HGB unter Beachtung des BilMoG
- die Begutachtung komplexer Steuerfragen
- branchenspezifische Unternehmensbewertungen
- die Analyse von Geschäftsmodellen und -prozessen sowie die Identifikation von Geschäftsrisiken und Schwachstellen
- die Mitwirkung bei der Erstellung von Steuerbilanzen und Steuererklärungen.

Meine hochinteressante, vielseitige und anspruchsvolle bisherige Tätigkeit möchte ich sehr gerne in Ihrer Kanzlei ausbauen. Das variable und ganzheitliche Beratungsangebot einer mittelständischen Wirtschaftsprüfungs- und Steuerberatungsgesellschaft mit internationaler Ausrichtung bietet für mich ein attraktives und abwechslungsreiches Aufgabenfeld im Bereich der Wirtschaftsprüfung und unternehmensbegleitenden Steuerberatung.

Über ein Gespräch mit Ihnen würde ich mich sehr freuen und sehe Ihrer Einladung mit großem persönlichen und fachlichen Interesse entgegen.

Mit freundlichen Grüßen   **Anlagen**

Gerhard Tempes

ANDRÉ WOLF JURIST

HÖLDERLINSTR. 12
50769 KÖLN
MOBIL: 0152 3391994
E-MAIL: A_WOLF_KOELN@YAHOO.DE

Herber International DE AG
Herrn Karl Furich
Personalmanagement
Escher Str. 66
50859 Köln

1. Juli 2010

Bewerbung als Mitarbeiter Ihrer Rechtsabteilung

Sehr geehrter Herr Furich,

die von Ihnen beschriebenen Aufgaben interessieren mich außerordentlich. Ich stelle mich Ihnen als Volljurist mit Prädikatsexamen und erster Berufserfahrung vor. Auch dank meines verhandlungssicheren Englisch und meiner ausgereiften Spanisch-Kenntnisse sehe ich mich als qualifizierte Nachwuchskraft in der Rechtsabteilung Ihres renommierten Unternehmens.

Das internationale Handels- und Vertragsrecht beherrsche ich gut, ebenso eine effektive Gesprächsgestaltung mit Mandanten und Geschäftspartnern. Letzteres stellte ich bereits studienbegleitend bei meinem intensiven Einsatz in der Kanzlei der Rechtsanwälte Dres. Müller und Schönborn in Düsseldorf fest und es kommt mir auch bei meiner derzeitigen Anstellung beim Rechtsanwalt Dr. Hemmersdörfer zugute.

Auslandserfahrung sammelte ich studienbegleitend durch meine juristischen Aktivitäten bei der Kanzlei Burner und Johnson in Kanada/Toronto. Schon damals erarbeitete ich mir eigenständig neue Rechtsdokumente, erstellte Gutachten, bearbeitete Verträge und betreute Mandate. In der Vorbereitung für die Vertretung vor Gericht konnte ich durch meine präzise, gut strukturierte und transparente Aufarbeitung von juristischem Material überzeugen.

Ein freundlicher Umgang mit den oft sehr anspruchsvollen Mandanten und das Führen lösungsorientierter Gespräche bilden für mich bei meiner jetzigen Tätigkeit die wesentliche Basis meiner fachlich fundierten Beratung. Mit kommunikativem Geschick werde ich daher als Bindeglied zwischen den einzelnen Abteilungen innerhalb Ihres Unternehmens fungieren und als durchsetzungsstarker Ansprech- und Verhandlungspartner gegenüber Geschäftspartnern sowie externen behördlichen und juristischen Organen auftreten können.

Die während meines Studiums erworbene Zusatzqualifikation als Wirtschaftsjurist vereinfachte und professionalisierte mein Verständnis der vielen Verknüpfungs- und Berührungspunkte zwischen den Bereichen „Wirtschaft" und „Recht". Dieses Wissen betrachte ich als die wichtigste Grundlage für die Vertragsausarbeitung und -prüfung sowie die daran anschließenden Vertragsverhandlungen mit Ihren in- und ausländischen Partnern. Es wird mir auch bei der Einbindung und Steuerung Ihrer (inter-)nationalen externen Anwaltbüros sehr hilfreich sein.

Nach nur sechs Monaten in der Kanzlei Dr. Hemmersdörfer strebe ich ganz bewusst einen Wechsel in ein Großunternehmen wie das Ihre an. Eine Mitarbeit bei Ihnen stellt eine besonders anspruchsvolle Herausforderung für mich da, von der ich mir noch mehr berufliche und persönliche Entwicklungsmöglichkeiten verspreche. Da mein Arbeitgeber noch nicht über meine Wechselpläne informiert ist, bitte ich Sie, von Referenznachfragen zum jetzigen Zeitpunkt abzusehen.

Über Ihre Einladung zu einem Vorstellungsgespräch freue ich mich sehr.

Mit freundlichem Gruß   **Anlagen**

Gabriele Tanger/Diplom-Psychologin

Weserstraße 2
37083 Göttingen
Mobil: 0172 5491273
gab_tanger@googlemail.com

SHT-Zentrum Göttingen e.V.
Herrn Rainer Loipel
Dornstr. 10
37081 Göttingen

Göttingen, 12. August 2010

Bewerbung als Diplom-Psychologin – in Teilzeit
Ihr Inserat im Göttinger Tageblatt am 10. August 2010

Sehr geehrter Herr Loipel,

in unserem heutigen Telefonat haben Sie mich ermuntert, Ihnen als Wiedereinsteigerin meine Bewerbungsunterlagen vorzulegen. Ihr Interesse freut mich, da ich mich mit meiner Leitungskompetenz und meinem diagnostischen Begutachtungsvermögen, wie bereits kurz erläutert, für Ihr poststationäres SHT-Zentrum fachlich gut geeignet sehe.

Für die Mitwirkung im Leitungsgremium qualifizieren mich mein konzeptionelles Denken, auch unter Berücksichtigung wirtschaftlicher Belange, und meine Erfahrungen in der Außenvertretung der PER-Familien-Beratungsstelle. Dort gestaltete und förderte ich auch eine konstruktive, auf fachliche Weiterentwicklung ausgerichtete Arbeitsatmosphäre und konnte in der Zusammenarbeit mit den externen Partnern neue Projekte initiieren. Ich freue mich darauf, innerhalb Ihres interdisziplinären Teams die inhaltliche und konzeptionelle Arbeit weiter zu gestalten und voranzutreiben.

In der einzelfallbezogenen Betreuung psychisch kranker Straftäter arbeitete ich mit unterschiedlichen psychologisch-therapeutischen Interventionsmethoden und nutzte explorative und testpsychologische Diagnostiken für das Erstellen von Therapieplänen. Ich bin mir sicher, dass ich mich fundiert in die Begutachtungskriterien der rehabilitativen Neuropsychologie einarbeiten werde, um adäquate Lösungsvorschläge in fachspezifischer Terminologie zur Erstellung von Rehabilitationsplänen und Verlaufsberichten zu präsentieren.

Ihre Anzeige und Ihr Internetauftritt vermitteln den Eindruck eines ganzheitlich orientierten Behandlungszentrums mit liebevoller Atmosphäre und einem professionellen und lebendigen Team. Ich bin sehr motiviert, in einem solchen Umfeld die berufliche und soziale Reintegration von SHT-Opfern fachlich und menschlich zu unterstützen.

Die Betreuung meiner inzwischen schon selbstständigeren Tochter ist sichergestellt. Daher kann ich die Aufgaben für Ihre Kunden zeitlich flexibel, nach vorheriger Absprache, übernehmen.

Einem persönlichen Kennenlernen sehe ich sehr interessiert entgegen.

Es grüßt Sie freundlich   **Anlagen**

Gabriele Tanger

Sven Keller

Hauptstr. 1
28844 Weyhe
Tel.: 04203 1239871
E-Mail: Skeller-ingenieur@web.de

Bau KIG AG
Herrn Roland Wörner
Martinistr. 60
28209 Bremen

22. Juni 2010

Bewerbung als Diplom-Ingenieur (Hochbau)
Ihre Stellenausschreibung im Weser-Kurier vom 19.06.2010

Sehr geehrter Herr Wörner,

mit meiner zweifachen Ausbildung und langjährigen Berufserfahrung will ich Ihr engagiertes Team effektiv ergänzen.

Nach erfolgreichem Abschluss als Bauzeichner und anschließender zweijähriger Berufstätigkeit habe ich mich zum Ingenieur (Hochbau) qualifiziert. Meine umfassenden Erfahrungen basieren vor allem auf meinen Tätigkeiten bei der wohnfrequenz hamburg AG, der BauConsult AG und der Meyer & Ging AG in Bremen. Mein Kompetenzprofil ist gekennzeichnet durch:

✓ profunde Ausschreibungskenntnisse
✓ praxiserprobte Konstruktionsfertigkeiten und Erfahrungen in der Erstellung von gebäudetechnischen Planungsunterlagen mit Auto CAD System (2010) und ADT
✓ einen gewissenhaften Umgang mit Materialauszug und -bestellung
✓ eine hohe Bauleitungskompetenz durch die Betreuung von Großprojekten
✓ beste Kenntnisse in Aufmaß und Abrechnung.

Als Bauleiter der BauConsult AG und später als Prüfer und Gutachter der Meyer & Ging AG, einem führenden Unternehmen in der Sanierung von Feuchtigkeitsschäden und Schimmel an Gebäuden, bringe ich zudem ein erweitertes Wissen im Bereich der bau- und vergaberechtlichen Vorschriften (VOB, VOF, HOAI, VOL) und der technischen Bestimmungen mit. Spezifische Kenntnisse im Paneelbau, Fassadenbau und in Bezug auf Verkleidungselemente runden mein Profil ab.

Sie beschreiben Qualität und Kundenorientierung als Ihr Markenzeichen. Meine Devise lautet: kosten-, termin- und qualitätsbewusst zu arbeiten. Große Bauvorhaben in München, Frankfurt und Berlin meisterte ich dank meiner ausgeprägten Eigenmotivation, Erfolgsorientierung und Kundennähe. Ich bin es gewohnt, mehrere Projekte gleichzeitig zu betreuen und kann Prioritäten setzen.

Die Bau KIG AG kann ich ab sofort bei der Planung, Ausführung und Koordination der einzelnen Bauphasen sowie dem Auf- und Ausbau eines festen Kundenstamms tatkräftig unterstützen. Meine Gehaltsvorstellungen bewegen sich im Bereich 45.000 bis 50.000 EUR Jahresbrutto.

Herr Wörner, hat mein Profil Sie überzeugt? Dann sollten wir uns kennenlernen.

Freundlich grüßt Sie aus Weyhe   **Anlagen**

Doris Faller

Klevergarten 32
38229 Salzgitter
Tel.: 05341 2210921
Mobil: 0176 98218831
E-Mail: dorisfaller2010@gmx.de

CheTec AG
Frau Karin Durhelm
Herrn Martin Schmitt
Industriestr. 100
60437 Frankfurt am Main

14. Juli 2010

Bewerbung als Chemikern (MA)
Ihr Inserat bei career.de

Sehr geehrte Frau Durhelm, sehr geehrter Herr Schmitt,

als Chemikerin mit nahezu siebenjähriger Berufserfahrung, bei zwei verschiedenen Arbeitgebern, biete ich Ihrem äußerst interessanten und expandierenden Unternehmen mein Know-how für die beschriebenen Aufgaben in der Produktentwicklung an.

Zuletzt arbeitete ich für die Schorr AG. Dieses Unternehmen ist spezialisiert auf die Herstellung und den Vertrieb von Kosmetikprodukten. Als Chemikerin entwickelte ich Formulierungen für Kosmetika und verantwortete den Prozess vom Labormaßstab bis zum Produktionsmaßstab. Neben der Anwendung physikalischer Prüfverfahren sammelte ich Erfahrung mit den Mess- und Analysetechniken GC/MS, QMS, PMS, der Laserdiagnostik sowie mit bildgebenden Methoden (AFM, SEM, EDX).

Einen wichtigen Schwerpunkt meiner Tätigkeit bildete auch die Beobachtung und Prüfung nationaler und internationaler Rechtsvorschriften bezüglich der Kosmetikprodukte sowie deren Implementierung bei der Entwicklung und Herstellung. Da ich im letzten Jahr bei der Schorr AG eine leitende Position auf technischer und kaufmännischer Basis inne hatte, bringe ich wichtige Kalkulations-Kenntnisse für die Projektierung Ihrer Forschungsvorhaben mit.

Während meiner Anstellung bei der ChemCo GmbH eignete ich mir relevantes Wissen vor allem in der Organischen Synthese und der Benzolchemie an. Zudem entwickelte ich Synthesevorschriften und arbeitete Patentschriften aus.

Ich bin überzeugt, dass ich mich mit dieser fachlichen Basis sehr gut für die gewinnorientierte Neu- und Weiterentwicklung Ihrer Industriereinigungsprodukte, für die Plausibilitätsprüfungen sowie für die Betreuung und Zertifizierung der analytischen Verfahren eigne. Äußerst interessant finde ich auch die Aussicht auf eine eigenständige Bearbeitung des praxisnahen Entwicklungsprojektes, das Sie innerhalb Ihrer Kooperation mit einer externen Forschungseinrichtung realisieren.

Mein letztes Arbeitsverhältnis endete aufgrund von Insolvenz. Zeitnah werde ich meinen Lebensmittel-punkt nach Frankfurt verlegen und kann Ihnen für einen Stellenantritt ab sofort zur Verfügung stehen.

Wollen Sie Ihr Team mit einer flexiblen und dynamischen Fachkraft mit ausgeprägter Problemlöser-qualität verstärken? Ich freue mich auf Ihren Anruf oder Ihre Mail für eine Terminvereinbarung.

Freundliche Grüße nach Frankfurt   **Anlagen**

Alina Meyer

Süderdorfer Str. 4
24537 Neumünster
Mobil: 0178 912833192
E-Mail: Ali_Me_Neumuenster@web.de

Hauptverband für Jugendwandern und Jugendherbergen e.V.
Im Gilde-Park
Leonardo-da-Vinci-Weg 1
32760 Detmold

20. Juni 2010

Jugendherbergen – weit mehr als eine Übernachtungsmöglichkeit
Initiativbewerbung als Projektassistentin

Sehr geehrte Damen und Herren,

trotz ihrer 100 Jahre sind Jugendherbergen trendy und jung. Da ich gerade mein Studium „European Studies" beendet habe und nach einer neuen Herausforderung suche, würde ich gerne Ihr Team unterstützen.

Meine Ausbildungen zur internationalen Touristikassistentin und zur Hotelfachfrau bieten hierfür eine hervorragende Grundlage. Darüber hinaus habe ich in meinen Praktika bei der Congress- und Tourismuszentrale Nürnberg und der DZT-Auslandsvertretung Brüssel wertvolle Erfahrungen im Bereich Tourismus gesammelt.

Service und Kundenorientierung stehen für mich an erster Stelle. Mit meiner gut organisierten Arbeitsweise sorge ich für einen reibungslosen Ablauf und bleibe gelassen. Auch in stressigen Situationen heißt es für mich „Mensch ärgere dich nicht."

Die Unterbringungsform „Jugendherberge" überzeugt mich 100%ig. Jugendherbergen sind heute alles andere als Massenunterkünfte und auch die Zeit von Hagebuttentee ist in Jugendherbergen längst passé: Der Preis ist heiß und das Angebot cool. Gerne möchte ich dazu beitragen, dass noch mehr Reisende vom positiven Imagewechsel der Jugendherbergen überzeugt werden und die Übernachtungszahlen weiter steigen.

Wenn Sie die Person hinter dieser Bewerbung kennenlernen möchten, freue ich mich, Ihnen persönlich „guten Tag" sagen zu dürfen.

Mit freundlichen Grüßen   **Anlagen**

Martina Menz

Flashoffstr. 12
44894 Bochum
Tel.: 02324 198294
Mobil: 0157 9812301
Martina_menz2010@web.de

Coffee- & Gourmet-Company GmbH
Herrn Alfred Tukker
Hilligenstr. 2
45289 Essen

15.06.2010

Bewerbung als Shopleiterin Essen
Ihr Inserat über www.arbeitsagentur.de

Sehr geehrter Herr Tukker,

als Stammgast in der Essener Filiale des „Coffee- & Gourmet-Shops" kenne ich die wunderbare Atmosphäre Ihres Shops und konnte in letzter Zeit den häufigen Wechsel des Personals verfolgen. Das dynamische, service-orientierte Team aus den Anfangszeiten fehlt. Wie oft habe ich mir − vor allem in Stoßzeiten − gewünscht, Ihr Team motivierend und eingreifend unterstützen zu können. Dies ist auch der Beweggrund für meine Bewerbung als Shopleiterin bei Ihnen.

Ich habe vor einigen Jahren bereits als Barista gearbeitet. Durch meine aufgeschlossene, kommunikationsstarke sowie freundlich-charmante Art konnte ich mich recht schnell eines festen Kundenkreises erfreuen und habe so maßgeblich zum Erfolg des 2002 neu eröffneten Coffee-Shops „Relax" hier in Essen beigetragen.

Seit fast vier Jahren bin ich nun als „Fee für Hof und Haus" erfolgreich selbstständig tätig. Meinen Erfolg verdanke ich meiner umsichtigen und zuvorkommenden Art und meinem hohen persönlichen Einsatz. Den Weg in die hauswirtschaftliche Selbständigkeit habe ich damals bewusst gewählt, da ich mein kaufmännisches Know-how mit praktischem Tun für und mit Menschen in Einklang bringen wollte. Nachdem ich nun seit 2005 Chefin eines Ein-Frau-Unternehmens bin, wünsche ich mir nun eine leitende Funktion, bei der ich mit demselben Elan ein Mitarbeiterteam betreue.

Aus meiner Selbstständikeit bringe ich für diese Tätigkeit bei Ihnen unternehmerisches Denken und eine sehr zügige und zielstrebige Arbeitsweise mit, außerdem denke und handle ich ausgesprochen kunden- und serviceorientiert. Dass ich von Hause aus Kauffrau bin und bereits über eine langjährige Berufserfahrung verfüge, rundet mein Profil ab: Ich habe einen Blick für das Wesentliche und bin es gewohnt, Arbeitsabläufe effektiv zu organisieren.

In der Leitung des Essener „Coffee- & Gourmet-Shops" sehe ich eine optimale Möglichkeit, alle Facetten meines Könnens und meiner Persönlichkeit zu verbinden. Daher würde ich mich sehr freuen, wenn ich Sie in einem Gespräch persönlich von meiner Eignung als Shopleiterin in Essen überzeugen darf.

Sonnige Grüße aus Bochum   **Anlagen**

Vanessa Hansen

Buschkämpen 16
24159 Kiel

Tel.: 0431 22012
Fax: 0431 22013
Mobil: 0175 2684135
E-Mail: vanessa@hansen-kiel.de

TASPA FI Holding AG
Frau Elena Pisper
Postfach 1 01 66 99
24103 Kiel

15. Juli 2010

Bewerbung als Vorstandssekretärin

Sehr geehrter Frau Pisper,

der Vorstand Herr Dr. Heer hat sich gestern freundlicherweise Zeit genommen und mir in einem kurzen Telefonat die drei entscheidenden Anforderungen an die zukünftige Vorstands-Sekretärin genannt: flexibel – diskret – hochmotiviert.

Meine Flexibilität: Mit meiner Doppelqualifikation als Kauffrau für Bürokommunikation und Fremd-sprachensekretärin (Deutsch und Englisch) habe ich mich als alleinverantwortliche Assistenz im mittleren Management eines Start-Up-Unternehmens bewährt. Meine Auffassungsgabe ist sehr gut. Frühzeitig wurde ich mit Sonderaufgaben betraut. Auch als die Entwicklungen innerhalb der Unternehmensstruktur und auf dem Solarmarkt sich rasant entwickelten, konnte ich mich sehr erfolgreich positionieren und profilieren.

Meine Diskretion: Mein gutes Renommee führte dazu, dass die GenTecXX Holding mich als Vorstandssekretärin abwarb. Der Reiz der neuen Aufgabe lag für mich im umfassenden Management aller im Vorstand anfallenden Sekretariatsaufgaben. Die komplexen Zusammenhänge in einer Unternehmensleitung angemessen einzuordnen und Aufgaben in das Teamsekretariat zu delegieren, bedeutete einen tiefen Einblick in alle wesentlichen – gerade in einer solchen Branche sehr vertraulichen – Vorgänge zu haben und diese – nach innen wie außen –mit außerordentlich hoher Diskretion zu behandeln. .

Meine Motivation: Für die Planung und Steuerung des Tagesablaufes, einschließlich der Vergabe und Organisation der Termine für meinen Vorgesetzten, engagiere ich mich stets überdurchschnittlich. In der neuen Position bei der TASPA FI Holding AG werde ich auch verstärkt meine – muttersprachlichen – Englischkenntnisse einsetzten können. Die Leitung eines siebenköpfigen Sekretariats stellt für mich eine sehr spannende Herausforderung und konsequente berufliche Weiterentwicklung dar Zudem: Ich bin ledig und ungebunden und weiß, dass eine solche bedeutungsvolle Position einen „Rund-um-die-Uhr"-Einsatz verlangt. Jahrelang habe ich Aktienkurse aus privatem Interesse sehr aufmerksam verfolgt. Eine Begeisterung und ein Grundverständnis für Wirtschaft und Börse beschreibt meine Person daher sehr gut.

Ihr Terminvorschlag für ein Kennenlernen erreicht mich gerne auch mobil unter 0175 2684135.

Mit freundlichen Grüßen

Anlage
Bewerbungsmappe

Vanessa Hansen

Dagmar Wannenmacher

Alban-Stolz-Weg 46
77652 Offenburg
Mobil: 0175 131416
dagmar@wannenmacher-2010.de

Golden-G-Merchandising
Geschäftsführerin
Frau Dr. Stefan Lange
Berliner Str. 22
74081 Heilbronn

30. April 2010

Ihr Stellenangebot als Gebietsverkaufsleiter Baden-Württemberg SÜD
Ihre Anzeige auf Ihrem Internetportal

Sehr geehrte Frau Dr. Lange,

wie ich Ihrem Internetportal entnahm, besetzen Sie die Position einer Gebietsverkaufsleiterin neu. Da ich mich bereits seit einiger Zeit beruflich verändern möchte, bewerbe ich mich auf die ausgeschriebene Stelle.

Ich akquiriere und betreue seit Jahren in großen Teilen Deutschlands als Gebietsleiterin und Key Account Managerin den Handel, Großkunden, Einkaufskooperationen und Banken. – und zwar in den Branchen Unterhaltungselektronik, Möbel, Baumarkt, Automobil/Caravan und Motorrad. Da viele erklärungs-bedürftige Produkte angeboten werden, liegen meine Hauptaufgaben neben der Akquise in der Schulung des Verkaufspersonals unserer Vertragspartner und in Präsentationen auf Fachhandels-messen.

Die Erarbeitung von technischen Lösungen für individuelle Kundenwünsche und deren Realisierung gemeinsam mit dem Unternehmen sind mir bestens vertraut. Neben zahlreichen Projektarbeiten für Großkunden und Banken gehört die Wettbewerbsbeobachtung und -analyse.zu meinem Tätigkeitsbereich.

Zu meinen Stärken zählen eine hohe Eigenmotivation, Verhandlungsgeschick mit Abschlusssicherheit und eine betriebswirtschaftlich orientierte, bereichsübergreifende Denkweise. Ein überdurchschnittlicher Einsatz für „mein" Unternehmen ist für mich selbstverständlich.

Mein frühestmöglicher Eintrittstermin in Ihrem Unternehmen ist der 15. Juli 2010, nach Absprache eventuell auch früher. Meine Gehaltsvorstellung liegt bei 50.000 EUR p.a.

Ich würde mich freuen, wenn Sie mir in einem persönlichen Gespräch die Möglichkeit geben, Sie von meiner Eignung für diese Aufgabe zu überzeugen.

Mit freundlichem Gruß   **Anlagen**

JULIANE HELL
ALTGRABENSTR. 37
66123 SAARBURG / SAARBRÜCKEN
TEL.: 0681 37668900

J. Hell, Altgrabenstr. 37, 66123 Saarbrücken

Kindergarten St. Totnan
Schwester Clara Zimmer
Torweg 3
66123 Saarburg

22. März 2010

Bewerbung als Erzieherin

Sehr geehrte Schwester Clara,

mit großer Freude habe ich Ihre Anzeige im aktuellen Pfarrbrief der Gemeinde St. Totnan gelesen. Ich stelle mich Ihnen als Erzieherin mit großem Interesse an einer Mitarbeit in Ihrer Einrichtung vor.

Nach meiner Ausbildung zur Erzieherin war ich zwei Jahre im Kindergarten „Sonnenblick" tätig. Schon seit der 7. Klasse war mir klar, dass ich mit Kindern arbeiten möchte. Es erfüllt mich mit Freude, eine vertrauensvolle Atmosphäre zu den Kleinen zu schaffen. Mir ist es wichtig, dass sie sich ganz und gar angenommen, geborgen und aufgehoben fühlen. Zugleich habe ich gelernt, Kindern klare Strukturen und Grenzen zu geben.

In kritischen Situationen erlebte ich den fachlichen Austausch im Team immer als sehr bereichernd. Auch nutze ich Fachbücher und Fortbildungen, um bestimmte Verhaltensweisen von Kindern noch besser einschätzen zu können. So probierte ich bereits, unter fachlicher Anleitung, neue Ideen für ein verändertes Auftreten gegenüber „schwierigeren" Kindern erfolgreich aus.

Besonders gerne engagiere ich mich für die tägliche Bildungsarbeit. Es macht mir viel Freude, neue Projekte mit den Kindern vorzubereiten und passende Reim- und Fingerspiele, Geschichten, Sachbücher, Experimente und Bastelideen zum gemeinsamen Forschen und Lernen mit Herz und Hand einzubringen. Meine kreative Art setze ich mit Leidenschaft bei Angeboten im Bereich Malen und Werken sowie beim szenischen Spiel mit den Kindern um.

Eine positive und lebendige Beziehung zur katholischen Kirche und ein christlich orientiertes Handeln sind für mich selbstverständlich.

Das Arbeitszeugnis vom Kindergarten „Sonnenblick", dort hatte ich lediglich ein befristetes Arbeitsverhältnis, wird derzeit erstellt. Ich reiche es Ihnen umgehend nach.

Ihrer Einladung zu einem persönlichen Kennenlernen – gerne auch im Kreise der Kinder – sehe ich mit Interesse entgegen.

Es grüßt Sie herzlich   **Anlagen**

Juliane Hell

Gabriele Medendorf

Hauptstr. 20
40597 Düsseldorf
Mobil: 0176 32210921

KMT PharmaTEC Köln
Kronenstraße 14
50769 Köln

Düsseldorf, 4. April 2010

Bewerbung als PTA
Ihre Kennziffer 2024-3309/x

Sehr geehrte Damen und Herren,

mit Sicherheit kann ich Ihnen wertvolle Erfahrungen und Kenntnisse anbieten, die Sie sich für eine reibungslose und effektive Bewältigung der Aufgaben in der Galenik wünschen.

Ihre Anforderungen decken sich zu einem großen Teil mit meinem Know-how:

Sie erwarten u. a.:		Ich biete Ihnen:
Eine Qualifikation als Pharmakant	⇨	Einen Abschluss als PTA (03/2005)
Eine Fachkraft für die galenische Entwicklung	⇨	Erste Erfahrungen in der Durchführung galenischer und sensorischer Prüfungen
Mehrjährige Erfahrung in pharmazeutischer Technologie	⇨	3 Jahre Berufserfahrung (MedoTeci AG), einem Technologie-Konzern der Pharmabranche
Erfahrungen im Beurteilen und Einlagern von Mustern	⇨	Praxiserprobtes Wissen aus der Erstellung von Kurz- und Versuchsberichten als Entscheidungsgrundlage für die Musteranalyse
Technisches Know-how über pharmazeutische Anlagen	⇨	Kenntnisse im technischen Bedienen und Reinigen von Laborgeräten und Maschinen
Kenntnisse der gültigen GMP-Vorschriften	⇨	Eine gute Auffassungsgabe, mit der ich diese Regularien sicherlich schnell überblicken und gewissenhaft in der Praxis berücksichtigen kann.

Einen großen Teil meiner bisherigen Aufgaben habe ich als Alleinkraft erledigt. Daher werden Sie mit meiner Person eine verantwortungsbewusste und selbstständige Mitarbeiterin für Ihr dynamisches Team gewinnen können, auf das ich mich als kooperativer und umgänglicher Mensch sehr freue.

Einem vorgeschalteten Kennenlernen innerhalb eines Probearbeitstages oder eines Kurz-Praktikums sehe ich mit großem Interesse entgegen.

Wann darf ich mit Ihrer Einladung rechnen?

Freundlich grüßt Sie   **Anlagen**

Tom Finger-Schmitt

✉ Landsberger Str. 55
39114 Magdeburg
☎ 0391 206033

Freizeitbad Atlantis
Schwimmbadstr. 1
06108 Halle

7. Juni 2010

**Bewerbung als
Fachangestellter für Bäder**

Sehr geehrte Damen und Herren,

ich arbeite derzeit im Freibad „Waldwelle" mit einer Besucherzahl von durchschnittlich 250.000 Personen in der Saison.

Meine jetzigen Aufgaben bestehen in der Beckenaufsicht, Kontrolle der Verkehrssicherheit, Überwachung der technischen Anlagen zur Wasseraufbereitung, im Rückspülen der Filter und Wechseln der Chlorgasflaschen. Reparaturen an den technischen Anlagen führe ich soweit möglich eigenständig durch.

Außerdem nehme ich als Sicherheitsbeauftragter für Bäder weitere spezifische Aufgaben wahr: Im Winterhalbjahr betreuen wir eine Eislaufanlage sowie die Lehrschwimmbäder der Stadt. Seit 2008 bin ich als Schichtführer eingesetzt. Verantwortungsvolles und selbstständiges Arbeiten sind mir daher sehr vertraut.

Ich begann meine Tätigkeit im Bäderwesen im März 2002 als Rettungsschwimmer. Durch großen Einsatz und ein starkes Interesse an diesem Beruf war es mir möglich, die Qualifikation als Fachangestellter für Bäder zu beginnen. Diese habe ich im Jahr 2006 an der Hermann-Müller-Schule in Braunschweig mit Erfolg abgeschlossen.

Einen beruflichen Wechsel nach Halle wünsche ich mir aus familiären Gründen. Ihr Schwimmbad spricht mich aufgrund des besonderen Flairs, der vielfältigen Freizeitangebote für Besucher und der modernen Wasserattraktionen besonders an. Für die Aufgaben bei Ihnen will ich mein kundenorientiertes Denken sowie mein freundliches und selbstbewusstes Auftreten engagiert einbringen.

Da die Magdeburger Stadtverwaltung – ich stehe in einem unbefristeten Arbeitsverhältnis – über meine Wechselabsichten noch nicht unterrichtet ist, bitte ich Sie, von dortigen Rückfragen vorerst abzusehen. Sollte bei Ihnen zurzeit keine Stelle zu besetzen sein, können Sie meine Bewerbungsunterlagen für einen zukünftigen Personalbedarf gerne aufbewahren.

Meine Lebensgefährtin wohnt in Merseburg, daher bin ich regelmäßig vor Ort und würde mich über Ihre Einladung zu einem persönlichen Gespräch freuen.

Schöne sommerliche Grüße   **Anlagen**

Sandra Meisner

Burgweg 2
91451 Rothenburg ob der Tauber
Telefon: 09861 201832

Gemeinschaftspraxis Dres. Müller und Braun
Herrn Dr. Martin Müller
Herrn Dr. Sven Braun
Pleicherweg 2
91451 Rothenburg ob der Tauber

2. Mai 2010

Initiativbewerbung als Arzthelferin

Sehr geehrte Dres. Müller und Braun,

mit meiner breitgefächerten Berufserfahrung und meiner hohen Einsatzfreude will ich Ihr Praxisteam verstärken. Haben Sie derzeit Personalbedarf? Dann darf ich mich Ihnen – als ausgebildete Arzthelferin mit 12-jähriger Berufserfahrung in einer Allgemeinarztpraxis – kurz vorstellen.

Ich war zuletzt für Dr. Dörner in München tätig. Er hat seine Praxis zum 31.12.2009 aus Altersgründen geschlossen. Dies habe ich zum Anlass genommen, meinen bereits länger gehegten Wunsch, wieder in meine Heimat zurückzukehren, in die Tat umzusetzen.

Maßgeblich war ich bei Dr. Dörner mit den Aufgaben der Praxisführung vertraut und daher Dreh- und Angelpunkt für alle internen und externen Anfragen und Anliegen. Neben der Personalführung und der Leitung des internistischen Labors gehörte auch die Überwachung der Ausbildung zu meinem Tätigkeitsbereich. Darüber hinaus zählten zu meinen Aufgaben:

• Assistenz im Behandlungszimmer sowie bei Hausbesuchen

• i.m., s.c. und i.v. Injektionen

• Schreiben von Herz-EKGs

• Portioabstriche mit Spekulum sowie Ohrspülungen

• Hilfestellungen bei Chemotherapie und Bluttransfusionen

• Assistenz bei kleineren operativen Eingriffen mit örtlicher Betäubung

• Abrechnung mit MediStar

• diätetische Beratungsgespräche.

Besonders wichtig ist es mir, dass jeder Patient mit viel Symphatie empfangen und betreut wird. Gerade auch Menschen, bei denen es einem manchmal schwer fallen mag, freundlich zu bleiben, waren immer auch "meine" Kunden, auf die ich höflich, einfühlsam und zuvorkommend eingegangen bin.

Wenn Sie eine Arzthelferin mit Herz suchen, die Ihre Praxis repräsentiert, kosteneffektiv arbeitet und sich bestens in bestehende Teams einfügen kann, freue ich mich über ein persönliches Kennenlernen.

Mit freundlichen Grüßen   **Anlagen**

Anna-Maria Koch

Kaiserstr. 100
97070 Würzburg
Tel.: 0931 33912

Maintal Stift GmbH
Personalabteilung
Hügelweg 12
97421 Schweinfurt

15.03.2010

Bewerbung als Gerontopsychiatrische Fachkraft

Sehr geehrte Damen und Herren,

Ihr Inserat hat mein besonderes Interesse geweckt. Ich stelle mich Ihnen als qualifizierte Altenpflegerin mit mehrjähriger Berufserfahrung vor.

Derzeit absolviere ich die Weiterbildung zur Gerontopsychiatrischen Fachkraft beim Bildungszentrum für Pflegeberufe in Marktheidenfeld. Diese werde ich voraussichtlich im November diesen Jahres erfolgreich abschließen.

Sehr gute Referenzen erhielt ich vom Gesundheitszentrum Main-Spessart (Gemünden) und dem Caritas-Wohnstift Steigerwald. Die intensive persönliche und pflegende Betreuung entspricht meiner aufgeschlossenen Persönlichkeit. Es liegt mir, einen vertrauensvollen – herzlichen und gleichermaßen professionellen – Kontakt zu Bewohnern aufzubauen. Dabei interessieren mich alle Möglichkeiten, die aktiv zur Verbesserung der individuellen Lebensqualität der älteren Menschen beitragen.

Als meine besondere Stärke betrachte ich eine hohe menschliche Flexibilität, mit der ich mich täglich neu mit viel Neugier, Interesse und liebevoller Zuwendung auf unterschiedlichste Menschen einstelle.
Sehr gerne werde ich mein umsichtiges Denken und Handeln bei Ihnen einsetzen. Dabei sehe ich mich von meiner gezielten und gut organisierten Arbeitsweise bestens unterstützt.

Ich bin körperlich und psychisch voll belastbar und kann Ihnen ab sofort, mit höchster zeitlicher Flexibilität, zur Verfügung stehen. Über einen eigenen Pkw verfüge ich.

Ich würde mich freuen, mein hohes Engagement und mein überzeugendes Auftreten in Ihrer Einrichtung einzubringen. Ob ich auch menschlich in Ihr dynamisches Team passe, können Sie gerne in einem Vorstellungsgespräch herausfinden. Über Ihre Einladung würde ich mich sehr freuen.

Mit freundlichen Grüßen   **Anlagen**

Chris Janz

Höhenweg 2   97688 Bad Kissingen   Tel.: 0971 3391231

Architekturbüro Rolf Dietz
Heinrich-Föhr-Straße 2
97762 Hammelburg

Bad Kissingen, 2. Juli 2010

Initiativbewerbung als Technischer Zeichner

Sehr geehrter Herr Dietz,

sehr gerne möchte ich Sie in Ihrem Architekturbüro unterstützen!

Als Technischer Zeichner mit 3-jähriger Berufserfahrung suche ich nach einer neuen Herausforderung und biete Ihnen meine Kompetenzen in folgenden Bereichen an:

- Erstellung und Bearbeitung von 3D-Zeichnungen mit AutoCAD 2010 (!)
- Detaillierung und Ableitung von Konstruktionszeichnungen
- Erstellung, Bearbeitung und Pflege von Materialstücklisten
- Erfahrung in der direkten Abwicklung anspruchsvoller Großkundenprojekte – als Mitverantwortlicher
- Anfertigen von Aufmaßen vor Ort, mit genauer Bestandsaufnahme
- Anfertigen von Leistungsverzeichnissen mit der Software Sidoun und WinAVA
- Erstellen von technischen Dokumentationen und Revisionsunterlagen.

Meine äußerst eigenständige und akkurate Arbeitsweise habe ich darüber hinaus beim Aufbau und der Pflege der bürointernen Bibliothek des Architekturbüros Dieter Hildmann unter Beweis gestellt. Das Büro Dieter Hildmann hat in Spitzenzeiten mit bis zu 15 Mitarbeitern Aufträge vor allem im Bereich Heizung, Lüftung, Sanitär, Elektro und Solar abgewickelt. Aufgrund der Verkleinerung des Büros Dieter Hildmann möchte ich zeitnah einer neuen vielseitigen und anspruchsvollen Aufgabe – idealerweise in Ihrem Architekturbüro – nachgehen.

Haben Sie Interesse an einem Vorstellungsgespräch oder einem unkomplizierten Kennenlernen? Dabei könnten wir auch über die Möglichkeit freiberuflichen Zuarbeitens oder über ein geringfügiges Beschäftigungsverhältnis sprechen.

Ich freue mich von Ihnen zu hören und grüße Sie freundlich   **Anlagen**

Kaja Küper

Martellstr. 2, 60486 Frankfurt, Tel.: 0160 8529477

Lufthansa
Human Ressources
Frau Alina Geringer
60486 Frankfurt

Frankfurt, 10. April 2010

Initiativbewerbung als Flugbegleiterin

Sehr geehrte Frau Geringer,
sehr geehrte Damen und Herren,

vielen Dank für das sehr freundliche und informative Telefonat am heutigen Tag. Die attraktive Aufgabe einer Flugbegleiterin bei der Lufthansa reizt mich sehr.

Als Reiseverkehrskauffrau in einem Münchner Lufthansa-Reisebüro lag mir der freundlich-beratende Kontakt zu Kunden immer am Herzen. Jetzt will ich diese qualifizierten Erfahrungen im serviceorientierten Umgang mit Gästen als Lufthansa-Repräsentantin über den Wolken einbringen. Dabei ist es mir wichtig, für einen angenehmen und sicheren Aufenthalt der Passagiere während des Flugs zu sorgen.

Es liegt mir, mich schnell auf unterschiedliche Menschen einzustellen. Meine eigene kosmopolitische Lebensweise kommt mir hierbei zugute. Mit stressigen Situationen bin ich gut vertraut. Übrigens: Ich bringe sehr gute Englischkenntnisse mit. Diese konnte ich während eines dreimonatigen Neuseelandaufenthalts unter Beweis stellen.

Es ist mein intensiver Wunsch, Mitarbeiterin Ihres Bordpersonals zu sein. Meine eigenen Erfahrungen als Passagier Ihrer Airline sowie die Aussagen von Kunden, die mir ebenfalls eine hohe Zufriedenheit bestätigen, bestärken mich in meinem Ziel, für Sie tätig zu werden.

Über Ihre Einladung zu einem Vorstellungsgespräch freue ich mich sehr.

Mit freundlichen Grüßen   **Anlagen**

PS: Falls Sie derzeit keinen Personalbedarf haben, dürfen Sie meine Unterlagen gerne aufbewahren.

Manfred Meister   Hausturmstr. 24   30657 Hannover   Tel.: 0511 79564412

M. Meister, Hausturmstr. 24, 30657 Hannover

Firma ToF GmbH & Co KG
Personalabteilung
Frau Jana Kron
Türenstr. 89
30559 Hannover

Hannover, 14. März 2010

Initiativbewerbung als Hausmeister

Sehr geehrte Frau Kron,
sehr geehrte Damen und Herren,

ich stelle mich Ihnen als Ihr möglicher neuer Hausmeister vor.

Ich bin 41 Jahre jung und zum Maler und Lackierer ausgebildet. Meinen handwerklichen Beruf habe ich 20 Jahre lang erfolgreich ausgeübt. Jetzt kann ich dies aus gesundheitlichen Gründen, wegen der oft schweren körperlichen Tätigkeit, nicht mehr tun. Deshalb will ich mich beruflich neu orientieren und suche eine abwechslungsreiche Arbeitsstelle, bei der ich mein fachliches Können und mein Engagement weiterhin unter Beweis stellen kann.

Als meine besonderen Stärken empfinde ich:

➢ mein fachmännisches handwerkliches Geschick,

➢ mein Können im Sanitärbereich und in der Elektrik,

➢ meine stetig wachsenden Kenntnisse in der Verarbeitung von Holz/Metall.

Darüber hinaus profitieren Sie von:

➢ meinem höflichen Umgang mit anderen Menschen sowie

➢ meiner zuverlässigen Arbeitsweise, mit der ich über 20 Jahre meine Arbeitgeber überzeugt habe.

Da eine Schwerbehinderung mit einem Grad der Behinderung von 70 vorliegt, übernimmt die LVA bei einer Anstellung möglicherweise bis zu 70 Prozent der Lohnkosten. Wenn Sie sich von meinem Leistungsvermögen überzeugen wollen, freue ich mich über Ihre Einladung zu einem Vorstellungsgespräch oder zu Probearbeitstagen.

Mit freundlichen Grüßen   **Anlagen**

Mareike Mahler   Maximilianstr. 16   79000 Freiburg,   Tel.: 0761 7734568

M. Mahler, Maximilianstr. 16, 79000 Freiburg

Texpo GmbH & Co KG
Herrn Johannes Adler
Friedenstr. 14
51147 Köln

Freiburg, 15.09.2010

Engagierter Kundenberater
Ihr Inserat in der Kölner Tageszeitung vom 04.09.2010

Sehr geehrter Herr Adler,
sehr geehrte Damen und Herren,

das Telefonat mit Ihrer Sekretärin Frau Stark hat mich in meinem Interesse für Ihr Unternehmen sehr bestärkt. Die Anforderungen Ihrer Stelle entsprechen meinem Profil.

Seit Jahren arbeite ich als Kaufmännischer Angestellter/Sachbearbeiter. Selbstständigkeit, Einsatzbereitschaft, Kreativität sowie Organisationstalent wurden bisher in besonderer Weise von mir gefordert. Kundenorientiertes, flexibles Arbeiten, gute Umgangsformen und ein gepflegtes Äußeres sind für mich selbstverständlich.

Der abwechslungsreichen und verantwortungsvollen Aufgabe im Schnittstellenbereich Kunde-Unternehmen werde ich mit meinem qualifizierten Bürowissen und meinen professionellen Erfahrungen hinsichtlich effektiver Kundengespräche mit viel Freude begegnen. Umfassendes Büro-Know-how und aktuellste EDV-Kenntnisse (Word 98, Excel, PowerPoint) habe ich mir in einer intensiven neunmonatigen Schulung angeeignet.

Ich interessiere mich privat für umweltbezogene Themen und fühle mich daher von Ihrem Anforderungsprofil, das bevorzugt Menschen mit ökologischer Wertorientierung fokussiert, besonders angesprochen.

Aufgrund eines Verkehrsunfalls und einer nachfolgenden Erkrankung habe ich zurzeit einen Grad der Behinderung von 60. Meine Leistungen als Kundenberater werden dadurch jedoch in keiner Weise beeinträchtigt.

Darf ich Sie zu einem Vorstellungsgespräch aufsuchen? Über Ihre Einladung würde ich mich freuen.

Mit freundlichen Grüßen   **Anlagen**

Anna Kolb

Wolfstr. 12
96052 Bamberg
Tel.: 0951 78977231

A. Kolb, Wolfstr. 12, 96052 Bamberg

Universitätsklinikum Bamberg
Frau Sophia Martens
Frankenstr. 20
96052 Bamberg

Bamberg, 08.08.2010

Initiativbewerbung als Reinigungskraft

Sehr geehrte Frau Martens,

Sie wünschen saubere Böden, ordentliche Schreibtische, hygienische Sanitäranlagen und streifenfreie Fenster? Hier bin ich und möchte für einen klaren Durchblick und ein wohliges Ambiente in Ihrer Klinik mit verantwortlich sein.

Mein Name ist Agnes Meier, ich bin 35 Jahre jung und habe in den vergangenen Jahren in sehr unterschiedlichen Bereichen Berufserfahrung gesammelt. Meine gründliche, zuverlässige und umsichtige Arbeitsweise waren dafür verantwortlich, dass ich die verschiedenen Aufgaben immer zur absoluten Zufriedenheit meiner Arbeitgeber erledigt habe.

Das Reinigungspersonal in Ihrem Klinikum hat Zugang zu wichtigen Wirtschafts-, Geschäfts- und Pflegeräumen. Daher sind Sie auf loyale, diskrete und vertrauenswürdige Mitarbeiter angewiesen. Diese Eigenschaften dürfen Sie selbstverständlich bei mir voraussetzen.

Ich könnte sofort bei Ihnen beginnen. Da ich über einen eigenen Pkw verfüge, bin ich in der Arbeitszeitgestaltung äußerst flexibel.

Wenn Sie eine tatkräftige Person suchen, die keinen Schmutz scheut, freue ich mich über ein Kennenlernen.

Freundliche Grüße   **Anlagen**

Tatjana Torges

Krönleinstr. 44
86199 Augsburg
Tel.: 0821 7789122
Mobil: 0174 56711821

T. Torges, Krönleinstr, 44, 86199 Augsburg

ALU-Plast AG
Industriestr. 10
86150 Augsburg

15.11.2010

Initiativbewerbung als Produktionsmitarbeiterin

Sehr geehrte Damen und Herren,

brauchen Sie Unterstützung im Produktionsbereich?

Ich verfüge über jahrelange Erfahrung in Routinearbeiten. Für viele Menschen sind solche Aufgaben zu monoton, belastend und nicht erfüllend. Ich aber habe festgestellt, dass mir die Fließbandarbeit gut von der Hand geht. Das liegt sicher daran, dass ich mich von Anfang an mit allen Arbeitsschritten sehr genau vertraut mache und dadurch eine fixe Routine entwickle. Das zumindest behaupten Freunde und frühere Arbeitskollegen von mir. Und es scheint zu stimmen: Schließlich habe ich immer gute Akkordzahlen vorweisen können.

Ich arbeite gern selbstständig. In die jeweiligen Arbeitsgruppen bringe ich mich zu jedem Zeitpunkt freundlich, unterstützend und engagiert ein.

Für Schichtarbeit, Wochenendeinsätze und Überstunden stehe ich Ihnen gerne zur Verfügung.

Über Ihre Einladung zu einem Vorstellungsgespräch würde ich mich sehr freuen. Ihr Interesse vorausgesetzt, komme ich sehr gerne zu Probearbeitstagen zu Ihnen.

Mit freundlichen Grüßen

Hermann Roth O Albstr. 13 **O** 70376 Stuttgart **O** Tel.: 0711 89413121

H. Roth, Albstr. 13, 70376 Stuttgart

Jöchle BÄCK
Herrn Anton Röder
Waldstr. 32
70499 Stuttgart

10. November 2010

Bewerbung als Auslieferungsfahrer
Ihre Anzeige in den Stuttgarter Nachrichten vom 04.11.2010

Sehr geehrter Herr Röder,
sehr geehrte Damen und Herren,

vielen Dank für das freundliche Telefonat am heutigen Tage und Ihr Interesse an meinen Bewerbungsunterlagen.

Für die Belieferung Ihrer Bäckereifilialen stehe ich Ihnen als zuverlässiger Fahrer sofort zur Verfügung. Aus jahrelanger Fahrpraxis greife ich auf sehr gute Ortskenntnisse im Stuttgarter Raum zurück. Insgesamt 15 Jahre lang habe ich mir dabei keinen einzigen Unfall zuschulden kommen lassen. Im Rahmen meiner beruflichen Tätigkeit eignete ich mir eine äußerst sichere Fahrroutine mit Lkw bis zu 7,49 t – auch mit Anhänger – bei einer Frankfurter Firma an (5 Jahre).

Ich habe bisher verschiedene berufliche Aufgaben übernommen. Daher werde ich mich schnell auf die Fahrroute, die Warenkontrollaufgaben und auch die speziellen Anforderungen vor Ort sehr gut einstellen können.

Erwähnen möchte ich noch, dass ich von Natur aus ein Frühaufsteher bin und flink arbeite. Diese Stärken möchte ich sehr gerne für Ihr Unternehmen einsetzen. Da ich ein eigenes Auto besitze, kann ich Ihre Zentrale in den frühen Morgenstunden problemlos erreichen.

Ich würde mich freuen, wenn Sie mich kennenlernen wollen.

Es grüßt Sie freundlich   **Anlagen**

Herrmann Roth

1.3 Formale Kriterien des Anschreibens

Die DIN-Norm oder der DUDEN – wer hat Recht? Die DIN-Normen 5008 und 676 regeln seit jeher die Darstellungsweisen und formalen Standards eines Geschäftsbriefes. Der DUDEN hingegen befasst sich traditionell mit der deutschen Sprache. In diesem Zusammenhang trifft er auch Festlegungen, die zum Beispiel die Schreibweise des Datums betreffen – ein Bereich, den jedoch das Deutsche Institut für Normung (DIN) für sich beansprucht. In einzelnen Fällen verweist daher der Duden auf diese Regeln, in anderen wiederum stellt er eigene auf und verschweigt die bereits vorhandenen Regelungen.

In allen bürobezogenen Berufsbildern und Weiterbildungen für Sekretärinnen basieren die Ausbildungs- und Lehrinhalte auf dem DIN-Regelwerk. Daher ist die Verwendung der DIN-Normen bei Bewerbungen in diesem Berufsbereich ein absolutes Muss. Die DIN-gemäße Erstellung des Anschreibens dient dem Arbeitgeber bereits als erste Arbeitsprobe. Aber was ist, wenn man als Bewerber seinem zukünftigen Chef in Sachen aktuelle DIN-Normen sogar einen oder mehrere Schritte voraus ist, wenn man alle derzeit gültigen formalen Regeln berücksichtigt und es damit eventuell besser weiß als der zukünftige Chef? Könnte es dann in den Bewerbungsunterlagen nicht so aussehen, als hätte man selbst etwas falsch gemacht? Um auszuschließen, dass der ein oder andere Entscheidungsverantwortliche Ihr Wissen tatsächlich als Unkenntnis fehldeutet, können Sie bei Bewerbungen für Büro- und Sekretariatsaufgaben in Ihrem Anschreiben gezielt darauf hinweisen, dass Sie mit den aktuellen DIN-Normen für den professionellen Schriftverkehr sehr gut vertraut sind. Dieser Wink mit dem Zaunpfahl sollte genügen, um einen Arbeitgeber zum Reflektieren seines möglichweise überholten Wissens zu bewegen.

Der Stil der Geschäftskorrespondenz tendiert heute wieder in Richtung einer persönlicheren Note und löst damit die formal-steife und rein systematische Darstellung ab. Die DIN-Norm ist in ihren Festlegungen heutzutage viel offener und erlaubt oft mehrere Möglichkeiten. Neben Muss- enthält sie teilweise auch Kann-Vorgaben. Daher werden Ihnen im Folgenden mitunter mehrere Möglichkeiten zur Auswahl gestellt.

Man unterscheidet drei Arten von Briefen: private, geschäftliche und privat-geschäftliche ("halbprivate" Briefe). Bei einer Bewerbung handelt es sich streng genommen um den sogenannten halbprivaten Brief. Hierfür haben sich im Laufe der Zeit im Sinne einer gewachsenen Übereinkunft besondere Formen etabliert. Diese werden beispielsweise sporadisch als Newsletter über www.sekadadaily.de veröffentlicht, existieren aber in keinem schriftlich fixierten Werk. Berücksichtigen Sie, dass alle paar Jahre eine Neufassung der DIN-Normen erscheint. Die derzeit gültige Aktualisierung erfolgte im Jahr 2005.

Für Bewerbungen außerhalb des Bürobereiches reicht es aus, wenn Sie sich grob an den gültigen Standards orientieren, um eine ordentliche sowie zeitgemäße Präsentation zu erzielen.

Im Folgenden erfahren Sie mehr über:

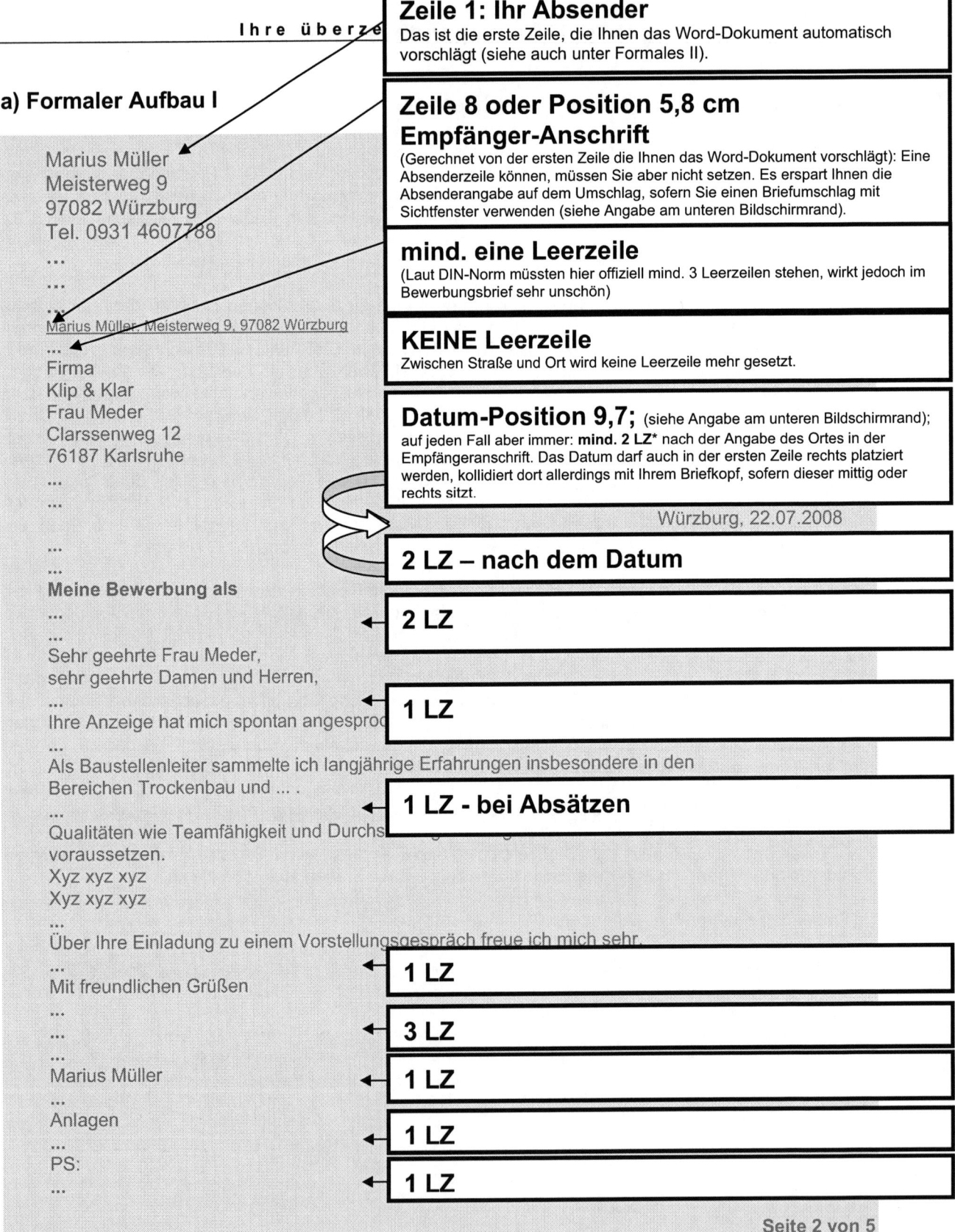

Zeile 1: Ihr Absender
Das ist die erste Zeile, die Ihnen das Word-Dokument automatisch vorschlägt (siehe auch unter Formales II).

a) Formaler Aufbau I

Marius Müller
Meisterweg 9
97082 Würzburg
Tel. 0931 4607788
...
...

Marius Müller, Meisterweg 9, 97082 Würzburg

...
Firma
Klip & Klar
Frau Meder
Clarssenweg 12
76187 Karlsruhe
...
...

...
...
Meine Bewerbung als
...
Sehr geehrte Frau Meder,
sehr geehrte Damen und Herren,
...
Ihre Anzeige hat mich spontan angesproc...

...
Als Baustellenleiter sammelte ich langjährige Erfahrungen insbesondere in den
Bereichen Trockenbau und ... .
...
Qualitäten wie Teamfähigkeit und Durchs...
voraussetzen.
Xyz xyz xyz
Xyz xyz xyz

...
Über Ihre Einladung zu einem Vorstellungsgespräch freue ich mich sehr.
...
Mit freundlichen Grüßen
...
...
...
Marius Müller
...
Anlagen
...
PS:
...

Zeile 8 oder Position 5,8 cm Empfänger-Anschrift
(Gerechnet von der ersten Zeile die Ihnen das Word-Dokument vorschlägt): Eine Absenderzeile können, müssen Sie aber nicht setzen. Es erspart Ihnen die Absenderangabe auf dem Umschlag, sofern Sie einen Briefumschlag mit Sichtfenster verwenden (siehe Angabe am unteren Bildschirmrand).

mind. eine Leerzeile
(Laut DIN-Norm müssten hier offiziell mind. 3 Leerzeilen stehen, wirkt jedoch im Bewerbungsbrief sehr unschön)

KEINE Leerzeile
Zwischen Straße und Ort wird keine Leerzeile mehr gesetzt.

Datum-Position 9,7; (siehe Angabe am unteren Bildschirmrand); auf jeden Fall aber immer: **mind. 2 LZ*** nach der Angabe des Ortes in der Empfängeranschrift. Das Datum darf auch in der ersten Zeile rechts platziert werden, kollidiert dort allerdings mit Ihrem Briefkopf, sofern dieser mittig oder rechts sitzt.

Würzburg, 22.07.2008

2 LZ – nach dem Datum

2 LZ

1 LZ

1 LZ - bei Absätzen

1 LZ

3 LZ

1 LZ

1 LZ

1 LZ

Seite 2 von 5

* Anmerkung: LZ = Leerzeile

b) Formaler Aufbau II

Ihr Absender

Darf links, mittig oder rechts stehen. Die DIN-Norm erlaubt die Absenderangabe nur an der Position 2,5 cm Abstand vom rechten Blattrand entfernt. Allerdings sieht sie vor, dass ein grafisches Logo näher an den oberen Blatt-rand rücken darf. Sofern Sie also Ihren Absender mit grafischen Elementen erweitern, entspricht dies einem Logo, für das Ihnen mehr Platz nach oben zugebilligt wird.

2,5 cm   2,5 cm

Marius Müller
Meisterweg 9
97082 Würzburg
Tel.: 0931 4607788

Marius Müller
Meisterweg 9
97082 Würzburg
Tel.: 0931 4607788

2,5 cm   2,5 cm

Marius Müller
Meisterweg 9
97082 Würzburg
Tel.: 0931 4607788

2,5 cm vom <u>oberen</u> Rand entfernt

2,5 cm vom <u>linken</u> Rand entfernt   2,5 cm vom <u>rechten</u> Rand entfernt

Diese Einstellungen hat Word bereits so vorgesehen (auch für den unteren Blattrand). Sie brauchen hierfür nichts gesondert zu berücksichtigen. Sie können dies überprüfen, wenn Sie auf „Datei", dann auf „Seite einrichten" und dort auf "Seitenränder" klicken.

GlasseNweg 12
76187 Karlsruhe

...

...

1. Juli 2010   1. Juli 2010

Bewerbung als

...

...

Sehr geehrte Frau Med
sehr geehrte Damen u

...

Ihre Anzeige hat mich spontan angesprochen.

...

Als Baustellenleiter sammelte ich langjährige Erfahrungen insbesondere in den Bereichen Trockenbau und ... .

...

Qualitäten wie Teamfähigkeit und Durchsetzungsvermögen dürfen sie voraussetzen.
Xyz xyz xyz
Xyz xyz xyz

...

Über Ihre Einladung zu

...

Mit freundlichen Grüße

...

...

Marius Müller

...

Anlagen

---

1. Juli 2010

Das Datum steht ganz rechts (2,5 cm vom rechten Blattrand entfernt); darf aber auch bis zu 3,8 cm vom rechten Blattrand eingerückt positioniert werden.

Seite 1 von 4

(dann weiter auf der zweiten Seite mit: Seite 2 von 4; usw.) Eine Nummerierung Ihrer Bewerbungsseiten ist nicht erforderlich, aber möglich. <u>Positionierung:</u> bevorzugt rechts (2,5 cm vom rechten Blattrand entfernt). Abstand: mit mindestens 1 LZ (Leerzeile) Abstand von der letzten Textzeile (also von der getippten Unter-schrift / dem Wort Anlage oder dem PS entfernt)

Die letzte Zeile

steht 2,0 cm vom <u>unteren</u> Rand entfernt.

Seite 1 von 5

c) Formaler Aufbau III

Marius Müller
Meisterweg 9
97082 Würzburg
Tel.: 0931 4607788

...

...

Marius Müller, Meisterweg 9, 97082 Würzburg
Firma
Klip & Klar
Clarssenweg 12
76187 Karlsruhe

...

...

Bewerbung als

...

Sehr geehrte Frau Meder,
sehr geehrte Damen und Herren

...

Ihre Anzeige hat mich spontan a

...

Als Baustellenleiter sammelte ic
Bereichen Trockenbau und ... .

...

Qualitäten wie Teamfähigkeit und Durchsetzungsvermögen dürfen sie
voraussetzen.
Xyz xyz xyz
Xyz xyz xyz

...

Über Ihre Einladung zu einem V

...

Mit freundlichen Grüßen

...

...

Marius Müller

...

Anlagen

Handschriftliche Unterschrift

Sie haben drei Möglichkeiten zur Auswahl:

Herr Dr. Grün empfiehlt die erste Version:
Vorname Nachname: **Martina Frey**

Vorname (abgekürzt) Nachname: **M. Frey**

Nachname: **Frey**

Getippte Unterschrift

Bei einem reinen Geschäftsbrief wird die Unterschrift stets
<u>maschinschriftlich</u> wiederholt – und zwar komplett ausgeschrieben.
Bei einem halbprivaten Brief (wie einer Bewerbung) muss diese nur
getippt werden, wenn Sie über eine unleserliche Handschrift
verfügen.

Die Anlagen dürfen auf der Zeile „Mit freundlichen Grüßen" am
rechten Rand platziert werden. Dort wird das Wort **Anlage** immer
fett gedruckt. Position: (2,5 cm vom rechten Blattrand entfernt); darf
aber auch bis zu 3,8 cm vom rechten Blattrand eingerückt
positioniert werden.

Anlagen   Anlagen

Anlagen

Klassischerweise steht das Wort Anlagen durch einer Zeile Abstand von der getippten Unterschrift entfernt. Sie müssen stets auf
die Anlagen hinweisen. Folgende Möglichkeiten stehen Ihnen zur
Verfügung:

1.) Anlagen

2.) Anlage

3.) **Anlagen**
Lebenslauf
Zeugnisse

4.) **Anlagen**
- Anschreiben
- Lebenslauf
- Zeugnisse

5.) **Anlagen**
1 Anschreiben
1 Lebenslauf
7 Zeugnisse

6.) **Anlage**
Bewerbungsmappe

Das Wort Anlagen muss fett gedruckt werden, wenn Sie diese
einzeln auflisten, ansonsten darf dieses grafisch nicht hervorgehoben werden. Für die Aufzählung können Aufzählungs-punkte
verwendet werden. Nach „Anlage" wird kein Doppelpunkt gesetzt.
Verwenden Sie die gleiche Schriftgröße wie im Text.

d) Gesamtpräsentation

Marius Müller
Meisterweg 9
97082 Würzburg
Tel. 0931 4607788

...

...

...
Marius Müller, Meisterweg 9, 97082 Würzburg

...

Firma
Klip & Klar
Clarssenweg 12
76187 Karlsruhe

...

...

...

...

Meine Bewerbung als ...
Ihre Anzeige in der Zeit vom ...

...

Sehr geehrte Frau Meder,
sehr geehrte Damen und Herren,

...

in Ihrer Anzeige beschreiben Sie ein interess...

Als Baustellenleiter sammelte ich langjährige
Bereichen Trockenbau und ... .

...

Qualitäten wie Teamfähigkeit und Durchsetzu
voraussetzen.
Xyz xyz xyz
Xyz xyz xyz

...

Über Ihre Einladung zu einem Vorstellungsge

...

Mit freundlichen Grüßen

...

...

...

Marius Müller

...

Anlagen

Absenderzeile

<u>Schriftgröße</u>: mind.6, max. 8

Komma / Symbole oder Leerschritt sind als Abtrennung zwischen den Adressdaten möglich.

Doppelung durchaus gewollt, da dieses Feld dem Postboten bei einer evtl. Rücksendung dienlich ist.

Eine A4-Seite

Ein Geschäftsbrief auf einer A4-Seite ist oftmals lesefreundlicher und einladender.

Nutzen Sie bei mehr Text die Funktion "Größe anpassen" in der Seitenansicht. Dies reduziert die Abstände der Leerzeilen und die Schriftgröße proportional weitere Komprimierungstipps bei „Formatierungshilfen". Damit sind Sie nicht mehr ganz DIN-kon-form, was für Bewerber außerhalb des Bürobereichs absolut akzeptabel ist.

Linksbündig im Flattersatz

findet sich heutzutage wieder häufiger, da dies lebendiger wirkt. Der Blocksatz ist aber genau so gut möglich.

Satz- und Absatzlänge

Satzlänge: max. 12 – 16 Wörter
Absatzlänge: max. 6 – 8 Zeilen
Sinneinheiten: 1 Gedanke = 1 Absatz

Grafische Hervorhebungen

<u>in der Anschrift:</u>
sind nicht erlaubt.

<u>in der Betreffzeile:</u>
sind möglich: Fettdruck, Farbe (dezente Töne wie grau; blau, dunkles grün verwenden)

<u>im Text:</u> Erlaubte Mittel sind Fettdruck, Unterstreichung und die Kursivschreibweise

Schriftgröße

12 wird empfohlen (mind. 10; bezogen auf Schriftart Arial) Für Bewerbungen empfehle ich nicht kleiner als 11. Sehr platzsparend und optisch wirkungsvoll sind auch Zwischengrößen wie 10,5 oder 11,5. (siehe bei Formatierungshilfen).

Zeilenabstand

Einfach

Schriftart

ARIAL wird als Standardschrift empfohlen. Auch sehr gut möglich: VERDANA, TAHOMA, GARA-MOND, COURIER usw.. Verwenden Sie die gleiche Schriftart wie im Lebenslauf und den restlichen Bewerbungsdokumenten. Die DIN-Norm spricht sich bewusst gegen Serifen-Schriftarten wie Times New Roman aus.

e) Schreibungen von Telefon und Datum

Telefonnummer

Telefon: und **Telefax:**
sind die einzig erlaubten Schreibweisen. Sie notieren mit Doppelpunkt.

Tel. oder Fax.
In der gängigen Praxis haben sich diese Abkürzungen durchgesetzt. Mit Punkt Fax.?
Mit Doppelpunkt?

Mobil:
Für die Angabe der Handynummern schreiben Sie niemals Handy, sondern stets Mobil.

0203 7788612

→ Vorwahl und Nummer je als ein Block (Nicht mehr zulässig sind: Zweiergruppierungen, Klammersetzungen, Sonderzeichen; außer bei einem Mehr-Apparateanschluss)
→ Zwischen Vorwahl und Rufnummer: ein Leerschritt.

für Bewerbungen ins Ausland:

+49 721 471147
0049 721 471147

(Landesvorwahl / Ortsvorwahl / Eigene Nummer
DAZWISCHEN WIRD JEWEILS EIN LEERSCHRITT GESETZT); Vor die Ortsvorwahl darf eine Null mit Klammer gesetzt werden: (0)721

Dürfen / Müssen Leerzeilen gesetzt werden – zur besseren Übersicht: z. B. nach Ortsangabe und / oder auch vor der E-Mail-Angabe.

FINN FRÖHLICH

Frankfurter Straße 17
47051 Duisburg
Telefon: 0203 7788612
Telefax: 0203 7788790
Mobil: 0170 33441127
ail: annetteschubert@web.de

Duisburg, 3. August 2010

Datum

Das Datum steht am rechten Rand (2,5 cm vom rechten Blattrand entfernt; darf aber bis zu 3,8 cm vom rechten Blattrand entfernt stehen). Das Datum darf auch in der ersten Zeile rechts platziert werden, kollidiert dort allerdings mit Ihrem Briefkopf, sofern dieser mittig oder rechts sitzt. Sie können unterschiedliche Schreibweisen wählen. <u>Empfohlen für den deutschsprachigen Sprachraum wird die alphanumerische Form:</u>

1. Juli 2010
Würzburg, 1. Juli 2010
Würzburg, den 1. Juli 2010

Der Monatsname wird als Wort geschrieben. Abkürzungen sind erlaubt, aber nur in folgenden Formen (jeweils einheitlich auf vier Stellen, einschließlich dem Abkürzungspunkt): Jan., Feb., Apr., Juni/Jun., Juli/Jul., Aug., Sept., Okt., Nov., Dez.

Einziffrige Tagesangaben (1-9) dürfen bei dieser – alphanumerischen – Schreibweise nicht mit einer vorangestellten 0 versehen werden.

1.4 Anreden in Schrift und Wort

Bei den Anreden wird unterschieden zwischen:

1. der Empfängeranschrift
Beispiel:

> Bayerische Julius-Maximilians-Universität
> Würzburg
> Frau Professorin Dr. Schwenk
> Röntgenring
> 97070 Würzburg

2. der schriftlichen Anrede
Beispiel:

> „Sehr geehrte Frau Professorin Dr. Schwenk, …"

3. der mündlichen Anredeform
In unserem Beispiel:

> „Guten Tag, Frau Professor Schwenk".

Sind die Anredeformen in Deutschland einheitlich geregelt? Teils sind sie protokollarisch festgelegt, teils nur mündlich „vereinbart" im Sinne einer eingespielten gesellschaftlichen Konvention. Rechtlich fixiert ist in Deutschland beispielsweise, dass der Inhaber eines Doktortitels berechtigt ist, diesen akademischen Grad als Teil seines Namens zu führen (z. B. in seinem Briefkopf oder bei der Unterschrift). Daraus leitet sich aber kein Anspruch auf Nennung durch Dritte ab.

Welche Quellen eignen sich, um die jeweils korrekte Anredeform für einzelne Berufsstände zu finden? Die Empfehlungen des „Knigge" sowie diverser Stilratgeber und Sekretärinnenhandbücher sind einerseits sehr unterschiedlich und folgen andererseits oft keinem nachvollziehbaren System, von dem eine korrekte Anrede sich objektiv ableiten ließe. Bei meinen Recherchen bin ich auf vier nennenswerte Quellen gestoßen (die Sternchen in Klammern stellen keine Favorisierung dar. Sie dienen lediglich der besseren Orientierung in den nachfolgenden Musterbeispielen):

1. DIN Norm 5008, Stand 2005 (****)
2. „Ratgeber für Anreden und Anschriften" des Bundesministeriums des Innern (BMI), Stand 01/2010 (***)
3. „Duden Praxis - Briefe und E-Mails gut und richtig schreiben, Bibliographisches Institut GmbH, 2010)"
4. „Die perfekte Anrede", verlag moderne industrie, Professor Dr. Bernd Spillner, Stand 2001 (*)

Während die DIN-Norm nur wenige, sehr allgemein gehaltene Angaben macht, beschreibt der DUDEN die Strukturen, Positionierungen und Anreden einzelner Berufsstände etwas ausführlicher und gibt ein paar Beispiele. Der Ministeriums-Ratgeber gibt sehr ausführlich Auskunft über Anredeformen und liefert zahlreiche Beispiele (kostenloser Download auf der Website möglich).

Fragt man bei der Gesellschaft für deutsche Sprache nach einer einheitlichen und vor allem vollständigen Systematik wird Professor Dr. Bernd Spillner mit seinem Buch „Die perfekte Anrede" empfohlen. Er war acht Jahre lang Präsident der „Gesellschaft für Angewandte Linguistik" und ist Präsident der „International Society for Applied Psycholinguistics". Spillners Werk bietet die umfassendste Systematik und berücksichtigt als Einziges das internationale Parkett.

Die oben genannten vier Quellen geben teilweise unterschiedliche Auskünfte – mit größeren und kleineren Abweichungen. Manche Hinweise können als interessante Alternative gelesen werden – mitunter finden sich aber auch konträre Aussagen. Verstehen Sie deshalb die folgenden, aus diesen vier Quellen abgeleiteten Empfehlungen als eine Auswahl sinnvoller Möglichkeiten.

Anmerkungen: Für die Verwendung von Titeln und akademischen Graden finden Sie in den Beispielen den Platzhalter **(Dr.*)**. Er steht für alle vorhandenen und damit in der Regel auch zu nennenden akademischen Grade und Titel Ihres Ansprechpartners. Anstelle von (Dr.*) schreiben Sie also beispielsweise: „Prof. Dr. …" oder „Prof. Dr. Dr. h.c. …".

Unter „Titel" versteht man beispielsweise eine staatliche Ehrung wie „Staatsschauspieler", „Kammersänger" oder auch die Verleihung eines Ehren-Professorentitels.

Als „akademischen Grad" bezeichnet man jeden Hochschulgrad, der durch wissenschaftliche Qualifizierung gemäß der Prüfungs- und Promotionsordnungen vergeben wird. Akademische Grade werden stets abgekürzt („Dr." oder „Dipl.-Ing.")

1) Amts-, 2) Berufs- und 3) Funktionsbezeichnungen sind z. B.:
Gemeinderat (1), Professor (1), Regierungsamtmann (1), Bürgermeister (1), Rechtsanwalt (2), Geschäftsführer (3), Abteilungsleiter (3), Dozent (3)

zu 1: Empfängeranschrift

a) Es werden keine einleitenden Zusätze wie „An den Vorstand …" oder „Dem Geschäftsführer …" verwendet. Auch wird das „zu Händen" (z. Hd.) nicht mehr geschrieben (laut DIN, BMI und DUDEN).

Geschäftsführer	****
Herrn	***
(Dr.) Vorname Name	**

Das Wort „Firma" wird als Zusatz nur verwendet, wenn nicht durch eine Rechtsbezeichnung wie beispielsweise AG oder GmbH ersichtlich ist, dass es sich nicht um eine Privatperson handelt.

b) Die Anredeformen in der ersten Zeile (Titel, Amts-, Berufs- und Funktionsbezeichnungen) werden im Akkusativ geschrieben (Frage: an wen?).

Vorsitzenden des Vorstands …	****
Herrn	***
(Dr.) Vorname Name	**

Der Akkusativ für die weibliche Form:

Vorsitzende des Vorstands …	****
Frau	***
(Dr.) Vorname Name	**

c) Die Anredeform „Frau" und „Herr" kann stets auch **direkt in der Zeile des Namens stehen:**

```
                                    ****
Geschäftsführer                     ***
Herrn (Dr.) Vorname Name            **
```

d) Berufs-/ Amts- und Funktionsbezeichnungen (Geschäftsführer, Direktor, Rechtsanwalt, Bürgermeister, Dozent, Gemeinderat, Professor etc.) stehen direkt neben „Frau" oder „Herrn".

Möglichkeit 1:

```
Frau Rechtsanwältin          ****      Frau Hauptgeschäftsführerin der Industrie-
(Dr.) Vorname Name                     und Handelskammer
                                       (Dr.) Vorname Name
```

Entsprechend der DIN-Fassung müssen Sie in der Empfängeranschrift nach der Anrede „Frau" oder „Herrn" jeweils zuerst den Titel oder die Amts- und Berufsbezeichnung wählen und dann den Namen des Empfängers („Frau Studienrätin …" oder „Herrn Direktor …"). Dabei ist vorgegeben, dass diese Zusätze direkt neben „Herrn" oder „Frau" stehen (Möglichkeit 1). Am Beispiel der IHK-Hauptgeschäftsführerin sieht man aber, wie sperrig eine solch starre Anwendung bei längeren Amtstiteln sein kann.

Möglichkeit 2:

Laut dem ministeriellen Ratgeber und dem DUDEN ist die empfohlene Form für die Geschäftskorrespondenz die Nennung der Amts-, Berufs- oder Funktionsbezeichnung in der ersten Zeile und die Nennung von „Frau/Herrn (Dr.*)" in der zweiten Zeile:

```
Rechtsanwältin               ***       Hauptgeschäftsführerin der Industrie- und
Frau (Dr.) Vorname Name      **        Handelskammer
                                       Frau (Dr.) Vorname Name
```

In beiden Ratgebern findet sich in Einzelfällen aber auch die umgedrehte Reihenfolge. Diese Variante wird im Buch von Professor Spillner sogar mehrheitlich angewandt. Dadurch ergibt sich eine dritte Alternative für Sie:

Möglichkeit 3:

```
Frau                                   Frau (Dr.) Vorname Name
(Dr.) Vorname Name                     Hauptgeschäftsführerin der Industrie- und
Rechtsanwältin                         Handelskammer
```

<u>Bei mehreren Ansprechpartnern:</u>

Herrn (Dr.) Vorname Name
Herrn (Dr.) Vorname Name
Rechtsanwälte

Die Muster in diesem Bewerbungsbuch orientieren sich – überwiegend – an der Möglichkeit 2.

e) Akademische Grade („Dr." oder „Dipl.-Ing.") werden direkt vor dem Namen notiert:

Frau
Dr. Vorname Name

f) Für den Professorentitel wird empfohlen, diesen ebenfalls direkt zum Doktortitel zu setzen:

Herrn
Prof. Dr. Vorname Name

Der Professorentitel ist kein akademischer Grad, sondern eine Amtsbezeichnung. Daher ist die folgende Form zwar nicht üblich, aber auch denkbar:

Herrn Prof.
Dr. Vorname Name

Während in der DIN-Fassung und im Ratgeber des Ministeriums der Professorentitel in der Empfängeranschrift und schriftlichen Anrede stets nur abgekürzt wird, ist im Buch „Die perfekte Anrede" von Professor Dr. Bernd Spillner in jedem Beispiel die ausgeschriebene Form „Professor" zu finden.

g) Bei mehreren Titeln sieht das BMI vor, dass „in erster Linie die Bezeichnung zu wählen ist, die den stärksten Bezug zum Inhalt des Schreibens hat. Im Zweifel sollte die höchste, wichtigste oder ggf. die Bezeichnung gewählt werden, mit der die Persönlichkeit des Empfängers im allgemeinen Bewusstsein am stärksten verknüpft ist."

h) Für weibliche Ansprechpartner gilt, dass die weibliche Form des Titels oder der Amts- und Funktionsbezeichnung zu schreiben ist. Bei der Anrede einer Frau wählen Sie also:

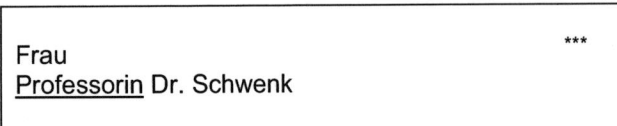

Frau
<u>Professorin</u> Dr. Schwenk

Dementsprechend heißt es also auch „Frau Direktorin", „Frau Geschäftsführerin" oder „Frau Rechtsanwältin".

Im DUDEN wird in der Anschrift – bei der männlichen und weiblichen Form – stets nur die abgekürzte Form von Professor verwendet:

Frau   **
Prof. Dr. Schwenk

i) Für die Auslandsanschriften regeln die DIN-Norm und der DUDEN gleichermaßen:

Xyz   ****
Xyz   **
FIRENZE
ITALIEN

Den Bestimmungsort schreiben Sie möglichst in der Sprache des Ziellandes (anstelle von Florenz: Firenze). Sobald der Brief in Italien angekommen ist, sollen die italienischen Postbeamten lesen können, wohin der Brief zu befördern ist. Das Zielland schreiben Sie in Deutsch (wahlweise auch in Französisch oder Englisch – so der DUDEN).

Die Landeskennung („I" für Italien etc.), früher vor der PLZ notiert, wird heute auch gemäß den Empfehlungen der Deutschen Post AG nicht mehr geschrieben.

zu 2: Schriftliche Anrede

Es folgen Gestaltungsvorschläge für den Briefanfang „Sehr geehrte …":

a) Verwendung von (Amts-) Titeln

Für die schriftliche Anrede legt die DIN 5008 fest, dass vor dem Namen stets auch der (Amts-)Titel stehen sollte: „Sehr geehrter Herr Direktor Dr. Müller, …". Weitere Angaben werden dort nicht gemacht.

Im Ratgeber des Bundesministeriums und nach Professor Dr. Bernd Spillner ist vorgesehen, dass insbesondere bei gehobenen Positionen – aus Höflichkeitsgründen – ausschließlich die Amts- oder Funktionsbezeichnung zu wählen ist: „Sehr geehrter Herr Direktor, …". Es wird darauf hingewiesen, dass es keine einheitliche Regel gibt, für welchen Anlass oder ab welcher „Positionshöhe" eine solche Höflichkeitsform anzuwenden ist. Entscheiden Sie sich für die aus Ihrer Sicht günstigste Form oder fragen ggf. diskret im Vorzimmer Ihres Briefempfängers nach. Die Exempel in den von mir verwendeten Quellen bedienen sich größtenteils der ersten Variante:

Sehr geehrter Herr Oberamtsrat, …   ***

Sehr geehrter Herr Oberamtsrat Müller, …   ****

b) Verwendung von akademischen Graden:

Es finden sich keine Hinweise in der DIN-Norm, dem BMI-Ratgeber oder bei Prof. Spillner, dass bei mehreren Titeln in der schriftlichen Anrede nur der höchste Titel zu wählen ist. Dementsprechend notieren Sie alle Titel und Grade:

Bei einem Professoren-Adressaten mit zwei Doktor-Titeln:

> Sehr geehrter Herr Professor Dr. Dr. Müller, …   ***

Bei einem Adressaten mit zwei Doktor-Titeln:

> Sehr geehrter Herr Dr. Dr. Huber, …   ***

Dem DUDEN nach entfällt bei Professoren der Doktorgrad und bei mehreren Doktortiteln wird nur einer genannt.

> Sehr geehrter Herr Professor, …   ****

> Sehr geehrter Herr Dr. Huber, …   ****

Auch bei Professoren kann die ausschließliche Nennung der Amtsfunktion als Höflichkeitsform wahrgenommen werden. Dennoch werden im BMI-Ratgeber, bei Professor Spillner und im DUDEN Professoren durchaus mit Namen angesprochen:

> Sehr geehrter Herr Professor Menz, …   ***
>   **

> Sehr geehrter Herr Professor, …   ***
>   **

In den Beispielen des DUDEN, im BMI-Ratgeber und bei Professor Dr. Bernd Spillner wird Professor in der schriftlichen Anrede stets ausgeschrieben.

Die akademischen Grade Diplom, Master, Magister Bachelor werden in der Anrede nicht genannt. Den „Dipl.-Ing. Marius Schenk" sprechen Sie am Briefanfang daher ausschließlich mit seinem Namen und einem eventuellen Doktortitel an:

> Sehr geehrter Herr Schenk, …

zu 3: Mündliche Anrede

Die DIN-Norm für Geschäftsbriefe 5008 macht selbstredend zum Bereich der mündlichen Anrede keine Angaben. Der DUDEN gibt ebenfalls keine Auskünfte dazu.

Die Empfehlungen des Bundesministeriums beziehen sich im Wesentlichen auf die zwei folgenden Aspekte:

a) Mehrere akademische Grade

In der mündlichen Anrede sprechen Sie Inhaber mehrerer akademischer Grade lediglich mit dem am höchsten zu bewertenden Grad an: „Guten Tag, Herr Professor Müller" anstelle von
„Guten Tag, Herr Professor Dr. Müller."

b) Amts- und Berufsbezeichnungen

Je persönlicher und inoffizieller die persönliche Begegnung und Kontaktaufnahme ist, desto eher dürfen Sie auch auf Amts- und Berufsbezeichnungen, Titel, akademische Grade und Prädikate verzichten. Gerade im Bewerbungsbereich sehe ich es aber als äußerst empfehlenswert an, vorerst die offiziellere Form zu wählen: Sie drückt mehr Wertschätzung aus. Überlassen Sie es Ihrem Gegenüber, Sie darauf hinzuweisen, dass er eine ungezwungenere Anrede der förmlichen Anrede vorzieht.

Im BMI-Ratgeber und bei Prof. Dr. Bernd Spillner ist vorgesehen, dass nicht nur in der schriftlichen, sondern auch in der mündlichen Anrede bei gehobenen Positionen mitunter nur die Amts- oder Funktionsbezeichnung gewählt werden kann – als ein Ausdruck besonderer Höflichkeit. Dafür gibt es keine klaren Vorgaben. Je höher die Position, desto wahrscheinlicher ist es, dass ein „Guten Tag, Herr Direktor" – „... Frau Abgeordnete" oder „... Herr Präsident" vom Adressaten als besonders hohe Wertschätzung wahrgenommen wird.

Inhaltsverzeichnis:

Die Anreden in Schrift und Wort – im Detail

Bitte berücksichtigen Sie: Für die postalische Form der Empfängeranschrift (also für die Adressaten-Angabe auf dem Briefumschlag) hat die Post ein eigenes Regelwerk, das direkt über die Deutsche Post AG zu erfragen wäre. Solange Ihre Angaben aber lesbar sind und stimmen, kommt Ihr Brief an.

Die folgenden Beispiele basieren auf den Grundstrukturen der obigen Empfehlungen. Offene Fragen zu Anredeformen finden Sie in den ausführlichen Quellen (BMI-Ratgeber, "Die perfekte Anrede" von Prof. Dr. Bernd Spillner, und sehr geringfügig, in der DIN 5008). Viele dieser Regeln lassen sich auf andere Bereiche übertragen. Nicht immer ist das aber möglich. Vor allem für den Bereich der Religionsgemeinschaften oder für die internationale Korrespondenz und Kommuniaktion empfiehlt sich das Buch „Die perfekte Anrede" von Professor Dr. Bernd Spillner. Dies ist derzeit leidglich über Internet-Antiquariate erhältlich.

Im Zweifelsfall entscheiden Sie sich für die aus Ihrer Sicht sinnvollste Form. Im Vordergrund für eine „korrekte" Anrede, ob schriftlich oder mündlich, sollte stets die Frage nach einer angemessenen Wertschätzung Ihres Ansprechpartners stehen. Anredeformen bringen soziale Beziehungen und gesellschaftliche Rangordnungen zum Ausdruck. Im Zweifelsfall wählen Sie die förmlichere Anrede. Auch wenn sich im Laufe des sozialen Wandels in diesem Bereich viel liberalisiert und gelockert hat: Es gibt Persönlichkeiten, die hinter einer ungezwungenen Anrede fehlenden Respekt gegenüber ihrer beruflichen Leistung vermuten.

Die folgenden Beispiele stellen eine Auswahl dar und erheben nicht den Anspruch auf Vollständigkeit. Sie sind den Quellen des Ratgebers des Bundesministeriums des Innern und dem Duden entnommen. Die Ausführungen von Herrn Profesoor Spillner konnten hier leider nicht berücksichtigt werden.

***   „Ratgeber für Anreden und Anschriften" des Bundesministeriums des Innern – BMI (Stand Jan. 2010)

**   „Duden Praxis - Briefe und E-Mails gut und richtig schreiben, Bibliographisches Institut GmbH, 2010)"

Die Anzahl der Sternchen dient lediglich Ihrer Orientierung bei der Zuordnung zur Quelle und stellt keine Wertung dar. Da die DIN-Norm lediglich strukturelle Hinweise (s. o.) gibt und nahezu keine konkreten Exempel liefert, wir diese in der folgenden Auflistung nicht berücksichtigt.

<u>Anmerkung zur Systematik:</u>

Name = Familienname
(Dr.*) = steht für alle vorhandenen Titel, z. B. für „Prof. Dr. …"

Zur Vereinfachung wird exemplarisch die männliche Form verwendet. Entsprechend der obigen Ausführungen ist diese auf die weiblichen Anrede- und Anschriftenformen übertragbar.

Adressat	Anschrift		Anrede ⊠ = schriftlich ☺ = mündlich	
Justiz				
Amtsgerichts-direktor	Direktor des …. Herrn (Dr.*) Vorname Name	***	⊠ Sehr geehrter Herr Direktor,…	***
	Direktor des Amtsgerichts …	**	Sehr geehrter Herr Direktor, …	**
			☺ Herr Direktor	***

Rechtsanwalt	Herrn Rechtsanwalt (Dr.*) Vorname Name	*** **	✉	Sehr geehrter Herr (Dr. *) Name, …	*** **
	Herrn (Dr.*) Vorname Name Rechtsanwalt	**	☺	Herr (Dr.*) Name	***
Generalstaats-anwalt	Generalstaatsanwalt beim Oberlandesgericht Herrn (Dr.*) Vorname Name	***	✉	Sehr geehrter Herr Generalstaatsanwalt, …	*** **
	Generalstaatsanwalt (Dr.*) Vorname Name	**	☺	Herr Generalstaatsanwalt	***

Öffentliche Institutionen

Parteivorsitzender	Vorsitzenden der/von … Herrn (Dr.*) Vorname Name	***	✉	Sehr geehrter Herr Vorsitzender, …	*** **
				Sehr geehrter Herr (Dr.*) Name, …	***
	Herrn (Dr.*) Vorname Name Vorsitzender der *Parteiname*	**	☺	Herr Vorsitzender	***
	Vorsitzender der *Parteiname* Herrn (Dr.*) Vorname Name	**		Herr (Dr.*) Name	*** *
Präsident der Industrie- und Handelskammer in …	Präsidenten der Industrie- und Handelskammer … Herrn (Dr.*) Vorname Name	***	✉	Sehr geehrter Herr Präsident, …	*** *
			☺	Herr (Dr.*) Name	***
				Herr Präsident	***
Schuldirektor	Direktor des …gymnasiums Herrn Vorname Name	**	✉	Sehr geehrter Herr Direktor, …	**
	Herrn Vorname Name Direktor des …gymnasiums	**		Sehr geehrter Herr Direktor Name, …	**
Vorstandsvor-sitzender	Vorstandsvorsitzenden des Vorstandes der/des … Herrn (Dr.*) Vorname Name	***	✉	Sehr geehrter Herr (Dr.*) Name, …	*** *
			☺	Herr (Dr.*) Name	***
Mitglied eines Vorstands	Mitglied des Vorstands der/des … Herrn Direktor (Dr.*) Vorname Name ….	***	✉	Sehr geehrter Herr (Dr.) Name,…	***
Bei einer Aktiengesell-schaft (AG) ist jedes Vorstandsmitglied „Di-rektor"/"Direktorin", aber nicht jeder Direktor ist Mitglied des Vorstands (Titulardirektor).				[wenn kein akademischer Grad vorhanden:] Sehr geehrter Herr Direktor Name, …	***
			☺	Herr (Dr.*) Name	

Aufsichtsratsvorsitzender	Vorsitzenden des Aufsichtsrates der/des … Herrn (Dr.*) Vorname Name	***	✉ Sehr geehrter Herr (Dr.*) Name, …	***
			☺ Herr (Dr.*) Name	***

Universitäten / Akademische Anredeformen

Träger des Professorentitels oder des Doktorgrades benutzen untereinander keinen Grad oder Titel in der Kommunikation. Nach Professor Dr. Spillner werden u. a. folgende Bezeichnungen als geläufig beschrieben:

Schriftlich:

Sehr verehrter
Herr Kollege Müller

Sehr geehrter
Herr Kollege Müller

Sehr geehrter Herr Müller

Lieber Herr Müller

Mündlich:

Verehrter Herr Kollege

Herr Kollege Müller

Sehr geehrter Herr Kollege Müller

Sehr geehrter Herr Kollege

Lieber Herr Müller

Präsident einer Universität/Hochschule	Präsidenten der XY-Universität Herrn Prof. (Dr.*) Vorname Name	*** **	✉ Sehr geehrter Herr Präsident, …	*** **
			Sehr geehrter Herr Professor Name, …	**
			Sehr geehrter Herr Professor, …	**
			☺ Herr Professor	***
			Herr Präsident	***
Rektor einer Universität/Hochschule	Rektor der XY-Universität/Hochschule Herrn Prof. (Dr.*) Vorname Name	*** **	✉ Sehr geehrter Herr Rektor, …	*** **
			Sehr geehrter Herr Professor Name, …	**
			Sehr geehrter Herr Professor, …	**
			Euer Magnifizenz [selten, traditionell]	**
			Magnifizenz [sehr förmlich, eher veraltet]	***
			☺ Herr Rektor	***
			Herr Professor	***
			Magnifizenz [sehr förmlich, eher veraltet; gelegentlich bei Begrüßungen in Reden]	

Dekan einer Fakultät/eines Fachbereiches	Dekan der Fakultät …/des Fachbereichs … der XY-Universität/Hochschule Herrn Prof. (Dr.*) Vorname Name	***	✉	Sehr geehrter Herr Professor, …	*** **
				Spektabilität [selten], …	*** **
				Sehr geehrter Herr Professor Name, …	**
				Sehr geehrter Herr Rektor, …	**
	Dekan der XY-Universität Herrn Prof. (Dr.*) Vorname Name	**			
Institutsdirektor	Direktor des/der XY-Universität/ Hochschule Herrn Prof. (Dr.*) Vorname Name	***	✉	Sehr geehrter Herr Professor, …	***
			☺	Herr Professor	***
				Herr Professor Name	
Direktor einer Universität	Direktor des/der …(Institut/Fakultät/Fachbereich) der Universität/Hochschule Herrn Prof. (Dr.*) Vorname Name	***	✉	Sehr geehrter Herr Professor	***
	An den Direktor des Instituts … der Universität/der Hochschule … Herrn (Prof.) (Dr.*) Vorname Name		☺	Herr Professor	***

Amtskirche

Evangelische Kirche in Deutschland

Propst	Herrn Propst (Dr.*) Vorname Name	***	✉	Sehr geehrter Herr Propst, …	*** *
			☺	Herr Propst	***
				Herr (Dr.*) Name	***
Pfarrer	Herrn Pfarrer (Dr.*) Vorname Name	***	✉	Sehr geehrter Herr Pfarrer, …	*** **
				Sehr geehrter Herr Name, …	**
	Herrn Pfarrer Vorname Name	**	☺	Herr Pfarrer	***
				Herr (Dr.*) Name	***
Pastor	Herrn Pastor (Dr.*) Vorname Name	***	✉	Sehr geehrter Herr Pastor, …	***
Diakon	Herrn Diakon (Dr.*) Vorname Name	***	✉	Sehr geehrter Herr (Dr.*) Name, …	***
			☺	Herr Diakon	***

Herr (Dr.*) Name ***

Römisch-katholische Kirche

Titel	Anschrift		Symbol	Anrede	
Kardinal	Seiner Eminenz (dem Hochwürdigsten) Herrn Vorname Kardinal Name Erzbischof/Bischof von …	***	✉	Sehr verehrter Herr Kardinal, …	***
				Eminenz	***
				(Euer) Eminenz [veraltet, nur bei hochoffiziellen Anlässen]	
			☺	Herr Kardinal	***
				(Euer) Eminenz [nur bei hochoffiziellen Anlässen]	***
Dekan	Herrn Dekan (Kirchlicher Ehrentitel) (Dr.*) Vorname Name	***	✉	Sehr geehrter Herr Dekan, …	*** **
				Euer Hochwürden	**
	H. H. Dekan Vorname Name [H. H. = Abk. für Hochwürden Herr]	**	☺	Herr Dekan (Kirchlicher Ehrentitel) (Dr.*) Name	***
				Herr Dekan	***
Priester/Pfarrer	Herrn Pfarrer (Kirchl. Ehrentitel) (Dr.*) Vorname Name	***	✉	Sehr geehrter Herr Pfarrer, …	***
				Sehr geehrter Herr (Kirchlicher Ehrentitel) (Dr.*) Name, …	***
			☺	Herr Pfarrer	***
				Herr (Kirchlicher Ehrentitel) (Dr.*) Name	***

Frauenorden

Titel	Anschrift		Symbol	Anrede	
Äbtissin	Wohlehrwürdige Frau Äbtissin *Name des Klosters*	**	✉	Sehr geehrte Frau Äbtissin, …	**
				Wohlehrwürdige Frau Äbtissin, …	**

Jüdische Religionsgemeinschaft

Titel	Anschrift		Symbol	Anrede	
Landesrabbiner	Herrn Landesrabbiner (Dr.*) Vorname Name	***	✉	Sehr geehrter Herr Landesrabbiner, …	***
			☺	Herr Landesrabbiner	***
Rabbiner	Herrn Rabbiner (Dr.*) Vorname Name	***	✉	Sehr geehrter Herr Rabbiner, …	***
			☺	Herr Rabbiner	***

Deutscher Adel

Eine allgemeingültige Norm für die richtige Form in der Anrede und Anschrift für die Bezeichnung Adliger hat es nie gegeben. Sogar beim Adel selbst existieren unterschiedliche Auffassungen über die richtigen Bezeichnungen.

Freiherr	Herr Vorname Freiherr von Name (gesetzlich)	**	✉	Sehr geehrter Herr Freiherr von Name, …	**
	Freiherr Vorname v. Name (gesellschaftlich)	**		Sehr geehrter Herr von, …	**
				Sehr geehrter Freiherr von Name, …	**

Kommunen

Bürgermeister	Bürgermeister von/der … Herrn (Dr.*) … Vorname Name	***	✉	Sehr geehrter Herr Bürgermeister, …	*** **
Bei Prof. Spillner finden sich abweichende Bezeichnungen für: Hessen/Bremerhaven/ Bremen/Hamburg	Bürgermeister der Stadt … Herrn Vorname Name	**	☺	Herr Bürgermeister	***
Im BMI-Ratgeber finden sich abweichende Bezeichnungen für: Berlin/Bremen/Hamburg /Sachsen	Herrn Bürgermeister Vorname Name	**			
Oberbürgermeister	Oberbürgermeister von/der … Herrn (Dr.*) Vorname Name	***	✉	Sehr geehrter Herr Oberbürgermeister, …	*** **
Bei Prof. Spillner finden sich abweichende Bezeichnungen für: Hamburg/Bremen	Herrn Vorname Name Oberbürgermeister der Stadt …	**	☺	Herr Oberbürgermeister	***
	Oberbürgermeister der Stadt … Herrn Vorname Name	**			
Oberstadtdirektor	Oberstadtdirektor von/der … Herrn (Dr.*) Vorname Name	***	✉	Sehr geehrter Herr Oberstadtdirektor,…	***
	Herrn (Dr.*) Vorname Name Oberstadtdirektor		☺	Herr Oberstadtdirektor	***
Landrat	Landrat des Landkreises/ Kreises … Herrn (Dr.*) Vorname Name	***	✉	Sehr geehrter Herr Landrat, …	*** **
	Herrn Landrat Vorname Name	**	☺	Herr Landrat	***
	Herrn Vorname Name Landrat des Landkreises …	**			

...5 Mit Verben werben

Benutzen Sie aktive Verben aus der folgenden Liste, um sich und Ihr Profil zu beschreiben.

In Angriff nehmen & planen:

die **A**bsicht haben

abzielen auf

anstreben

anvisieren

beabsichtigen

beschließen

bezwecken

ein Ziel verfolgen

entschließen

erzielen

Initiative ergreifen

organisieren

planen

vorhaben

wollen

zielen auf

zum Ziel setzen

Sich etwas aneignen:

ergänzen

erreichen

erweitern

Erfahrung sammeln

gehören

(Einblick) gewinnen

Lernen

streben

verfügen

vertiefen

vervollständigen

Etwas erfüllen:

abschließen

beendigen

zu Ende führen

Erwartungen entsprechen

gerecht werden

realisieren

übernehmen

umsetzen

vervollkommnen

vollbringen

verwirklichen

vervollständigen

Sich beweisen & qualifizieren:

beeindrucken

sich behaupten

demonstrieren

durchsetzen

leisten

nachweisen

überzeugen

unter Beweis stellen

zeigen

Handeln & Co:

abwickeln

aktiv sein

anfangen

arbeiten

ausarbeiten

ausführen

beginnen

sich befassen mit

behandeln

beitragen

sich beteiligen

betreiben

bewältigen

bewerkstelligen

durchführen

einbringen

jemandem entgegenkommen

ermöglichen

erwirken

erzeugen

erlangen

fertig stellen

gestalten

handeln

in die Hand nehmen

handhaben

kooperieren

möglich machen

mitwirken

nachforschen

tätigen

(in die Tat) umsetzen

umreißen

unternehmen

untersuchen

veranlassen

verrichten

Wirkung erzielen

Rund ums Denken:

bedenken

entwickeln

erörtern

erwägen

überlegen

konzipieren

reflektieren

sich vorstellen

1.6 Mit Adjektiven authentisch auftreten

Welches sind Ihre typischen Merkmale? Benutzen Sie diese Eigenschaften, um sich als Person zu beschreiben. Verknüpfen Sie diese mit einer konkreten beruflichen Situation (siehe dazu Seite 9). Selbstverständlich sind nicht alle der folgenden Attribute gleichermaßen für alle Berufsbereiche geeignet. Nehmen Sie vor dem Hintergrund Ihrer eigenen Erfahrungen eine Einschätzung vor; auch der Stil der Inserate gibt Ihnen Aufschluss über die passenden Wörter.

☐ aktiv	☐ organisiert
☐ analytisch denkend	☐ neugierig
☐ anpassungsfähig	☐ pflichtbewusst
☐ ausdauernd	☐ präzise
☐ aufgeschlossen	☐ risikofreudig
☐ ausgeglichen	☐ ruhig
☐ authentisch	☐ sachlich
☐ begeisterungsfähig	☐ schnell
☐ belastbar	☐ selbstständig
☐ bodenständig	☐ selbstbewusst
☐ diplomatisch	☐ souverän
☐ durchsetzungsfähig	☐ spontan
☐ dynamisch	☐ systematisch
☐ ehrlich	☐ sympathisch
☐ ehrgeizig	☐ teamfähig
☐ einfühlsam	☐ temperamentvoll
☐ engagiert	☐ tolerant
☐ entscheidungsfreudig	☐ überzeugungsstark
☐ entschlossen	☐ umsichtig
☐ extravertiert	☐ unkompliziert
☐ flexibel	☐ vernünftig
☐ kooperativ	☐ verständnisvoll
☐ kreativ	☐ verantwortungsbewusst
☐ leistungsorientiert	☐ verhandlungsgeschickt
☐ logisch denkend	☐ vertrauenswürdig
☐ loyal	☐ vielseitig
☐ lerninteressiert	☐ zielstrebig
☐ motiviert	☐ zuverlässig
☐ natürlich	☐ zuversichtlich
☐ optimistisch	
☐ ordentlich	

- **Liste der erweiterten Eigenschaften**

Ziel ist es, das Anforderungsprofil der Stellenanzeige in Ihrem Anschreiben mit authentischen Adjektiven oder Verben zu spiegeln (siehe Seite 64). Die folgende Zusammenstellung bietet Ihnen, passend zur A-Z-Liste der vorherigen Seite, zu jeder Haupteigenschaft sinnverwandte Adjektive und/oder Verben, die zu der jeweiligen Charaktereigenschaft passen. Jeder Mensch benutzt unterschiedliche Wörter, um ein und dasselbe zu beschreiben. Treffen Sie also eine Vorauswahl Ihrer persönlichen „Hitliste". Idealerweise lesen Sie alle Begriffe durch und kreuzen die Wörter an, die Sie mit einem guten Gefühl in Ihrem Anschreiben verwenden würden. In einer konkreten Bewerbungssituation können Sie zum Spiegeln der in der Stellenanzeige geforderten Bewerber-Eigenschaften dann gezielt auf Ihre persönliche Vorauswahl zurückgreifen.

☐ aktiv

☐ arbeitswillig	☐ betriebsam	☐ ehrgeizig	☐ emsig
☐ engagiert	☐ fleißig	☐ tatkräftig	☐ tüchtig
☐ unternehmungslustig			

☐ analytisch denkend

☐ (genau) beobachtend	☐ gliedernd	☐ klar	☐ kritisch
☐ kombinieren können	☐ präzise	☐ prüfend	☐ strukturiert
☐ untersuchend	☐ zerlegend		

☐ anpassungsfähig

☐ einordnungswillig	☐ flexibel	☐ kollegial	☐ lenkbar
☐ kooperationsbereit	☐ teamfähig	☐ loyal	☐ mobil

☐ ausdauernd

☐ beharrlich	☐ diszipliniert	☐ hält durch/hat großes Durchhaltevermögen	☐ geduldig
☐ geradlinig	☐ hartnäckig	☐ unbeirrbar	☐ unerschütterlich
☐ unverdrossen	☐ zielbewusst		

☐ aufgeschlossen

☐ aufnahmewillig	☐ beschwingt	☐ einsichtig	☐ einsichtsvoll
☐ empfänglich	☐ extravertiert	☐ flexibel	☐ fortschrittsgläubig
☐ fortschrittlich	☐ gesellig	☐ interessiert	☐ kommunikationsfähig
☐ kontaktfreudig	☐ kontaktfähig	☐ neugierig	☐ modern
☐ offen	☐ tolerant	☐ weltoffen	☐ zeitgemäß
☐ zugänglich / auf andere zugehen können			

☐ ausgeglichen

☐ ausgewogen	☐ bedachtsam	☐ beherrscht	☐ besonnen
☐ gefasst	☐ gelassen	☐ gemäßigt	☐ gleichmütig
☐ harmonisch	☐ kontrolliert	☐ maßvoll	☐ souverän
☐ reif/gereift	☐ ruhig	☐ überlegt	☐ umsichtig
☐ unerschütterlich	☐ zufrieden		

☐ authentisch

☐ echt	☐ informell	☐ klar	☐ lebensecht
☐ natürlich	☐ naturgemäß	☐ ehrlich	☐ original
☐ stimmig	☐ unbefangen	☐ ungekünstelt	☐ ungeniert
☐ ungezwungen	☐ unmittelbar	☐ unverfälscht	☐ ursprünglich

☐ begeisterungsfähig

☐ ansteckend	☐ gewinnend	☐ mitreißend	☐ motivierend

☐ belastbar

☐ ausdauernd	☐ beanspruchbar	☐ belastungsfähig	☐ robust
☐ stresserprobt			

☐ bodenständig

☐ elementar	☐ natürlich konkret	☐ ursprünglich	☐ verankert

☐ diplomatisch

☐ behutsam	☐ verhandlungsstark	☐ clever	☐ gerissen
☐ geschickt	☐ geschäftstüchtig	☐ gewieft	☐ gewandt
☐ pfiffig	☐ raffiniert	☐ schlau	☐ taktisch klug
☐ umsichtig	☐ vorsichtig	☐ an konstruktiven Lösungen interessiert	

☐ durchsetzungsfähig

☐ durchsetzungsstark	☐ hartnäckig	☐ souverän	☐ überzeugend
☐ willensstark	☐ zieloriientiert		

☐ dynamisch

☐ betriebsam	☐ beweglich	☐ energiegeladen	☐ energisch
☐ forsch	☐ kreativ	☐ impulsiv	☐ kraftvoll
☐ lebendig/ lebhaft	☐ leidenschaftlich	☐ mobil	☐ munter
☐ passioniert	☐ schwungvoll	☐ sprudelnd	☐ tatkräftig
☐ temperamentvoll	☐ vital	☐ ideenreich	

☐ ehrlich

☐ anständig	☐ aufrichtig	☐ echt	☐ ehrenhaft
☐ fair	☐ freiheraus	☐ geradeheraus	☐ geradlinig
☐ gerecht	☐ glaubwürdig	☐ grundehrlich	☐ offenherzig
☐ rechtschaffen	☐ redlich	☐ seriös	☐ unverblümt
☐ unverhohlen	☐ unverhüllt	☐ verlässlich	☐ wahrhaftig
☐ zuverlässig			

☐ ehrgeizig

☐ aktiv	☐ anspruchsvoll	☐ arbeitsam	☐ arbeitswillig
☐ aufstrebend	☐ eifrig	☐ fleißig	☐ geschäftig
☐ hoch strebend	☐ leistungswillig	☐ rastlos	☐ strebsam
☐ tüchtig	☐ unermüdlich	☐ leistungsorientiert	

☐ einfühlsam

☐ anteilnehmend	☐ einfühlend	☐ empathisch	☐ verständnisvoll
☐ entgegenkommend	☐ feinfühlend	☐ feinfühlig	☐ feinsinnig
☐ gefühlvoll	☐ herzlich	☐ mitfühlend	☐ rücksichtsvoll
☐ sich gut in andere hineinversetzen können	☐ taktvoll	☐ teilnahmsvoll	☐ warmherzig

☐ engagiert

☐ aktiv   ☐ anpackend   ☐ tatkräftig   ☐ begeistert
☐ beherzt   ☐ sich einbringen   ☐ einsatzfreudig   ☐ enthusiastisch
☐ interessiert

☐ entscheidungsfreudig

☐ beweglich   ☐ mutig   ☐ risikobereit   ☐ risikofreudig
☐ veränderungswillig   ☐ offen   ☐ flexibel   ☐ lösungsorientiert

☐ entschlossen

☐ beharrlich   ☐ eindringlich   ☐ energisch   ☐ entschieden
☐ geradlinig   ☐ konsequent   ☐ nachdrücklich   ☐ resolut
☐ tatkräftig   ☐ unbeirrt   ☐ unbeirrbar   ☐ unverzagt
☐ willensstark   ☐ zielbewusst   ☐ zielsicher   ☐ zielstrebig
☐ zupackend   ☐ zielorientiert

☐ extravertiert

☐ aufgeschlossen   ☐ gesellig   ☐ kommunikationstark   ☐ kontaktfreudig
☐ offen   ☐ weltoffen   ☐ repräsentativ

☐ flexibel

☐ aufgeschlossen   ☐ entgegenkommend   ☐ empfänglich   ☐ kooperativ
☐ interessiert   ☐ offen   ☐ veränderungswillig   ☐ verständnisvoll

☐ kooperativ

☐ an konstruktiver Zusammenarbeit interessiert   ☐ einvernehmlich   ☐ gemeinsam   ☐ geschlossen
☐ Hand in Hand arbeiten   ☐ Seite an Seite arbeiten   ☐ teamfähig   ☐ teamorientiert

☐ kreativ

☐ einfallsreich   ☐ erfinderisch   ☐ gedankenreich   ☐ gestalterisch
☐ ideenreich   ☐ innovativ   ☐ künstlerisch   ☐ ausdrucksstark
☐ fantasiereich   ☐ fantasievoll   ☐ produktiv   ☐ sprühend
☐ schöpferisch   ☐ voller Inspirationen sein

☐ leistungsorientiert

☐ überdurchschnittlich engagiert   ☐ ergebnisorientiert   ☐ leistungsstark   ☐ ehrgeizig

☐ logisch denkend

☐ klar   ☐ durchdacht   ☐ folgegemäß   ☐ folgerichtig
☐ folgerichtig   ☐ konsequent   ☐ methodisch   ☐ strukturiert
☐ sachlich   ☐ schlüssig   ☐ systematisch   ☐ vernünftig
☐ urteilsfähig   ☐ vernunftgerecht   ☐ verstandesgemäß   ☐ überlegt
☐ nüchtern

loyal

☐ fair
☐ verständnisvoll
☐ kollegial
☐ zuverlässig
☐ rechtschaffen
☐ redlich

lerninteressiert

☐ für neue Impulse aufgeschlossen
☐ lernwillig
☐ lernbegierig
☐ lerneifrig
☐ lernfähig

motiviert

☐ angespornt
☐ interessiert
☐ animiert
☐ tatkräftig
☐ beherzt
☐ voller Elan sein
☐ einsatzfreudig

natürlich

☐ authentisch
☐ gelöst
☐ naturgemäß
☐ ungeniert
☐ unverbildet
☐ bodenständig
☐ informell
☐ original
☐ ungezwungen
☐ unverfälscht
☐ echt
☐ klar
☐ unbefangen
☐ unkompliziert
☐ ursprünglich
☐ entspannt
☐ lebensecht
☐ ungekünstelt
☐ unmittelbar
☐ urtümlich

optimistisch

☐ daseinsbejahend
☐ fröhlich
☐ lebensbejahend
☐ siegesbewusst
☐ wohlgemut
☐ daseinsfreudig
☐
☐
☐ unverdrossen
☐ zukunftsgläubig
☐ freudig
☐ hoffnungsfroh
☐ positiv
☐ unverzagt
☐ zuversichtlich
☐ froh
☐ hoffnungsvoll
☐ sicher
☐ vertrauensvoll

ordentlich

☐ akkurat
☐ gepflegt
☐ ordnungsliebend
☐ rechtschaffen
☐ tadellos
☐ zuverlässig
☐ diszipliniert
☐ gesittet
☐ organisiert
☐ geregelt
☐ untadelig
☐ genau
☐ gründlich
☐ planmäßig
☐ sorgfältig
☐ vorschriftsmäßig
☐ geordnet
☐ korrekt
☐ präzise
☐ sorgsam
☐ wohlgeordnet

organisiert

☐ akkurat
☐ strukturiert
☐ geregelt
☐ systematisch
☐ mit gutem/perfektem Zeitmangement
☐ sorgfältig

neugierig

☐ bildungshungrig
☐ wissensdurstig
☐ entdeckungsfreudig
☐ wissbegierig
☐ erkenntnishungrig
☐ vielfältig interessiert
☐ gespannt

pflichtbewusst

- charakterfest
- genau
- moralisch
- solide
- diszipliniert
- gewissenhaft
- ordentlich
- sorgfältig
- ehrenhaft
- korrekt
- pflichtbewusst
- wahrheitsgemäß
- eifrig
- mit hoher Selbstdisziplin
- pünktlich

präzise

- akkurat
- haarscharf
- ordentlich
- sorgfältig
- genau
- klar
- pedantisch
- sorgsam
- gewissenhaft
- korrekt
- penibel
- treffend
- haargenau
- minuziös
- prägnant
- zielgenau

risikofreudig

- entscheidungsfreudig
- risikobereit
- veränderungswillig
- wagemutig

ruhig

- ausgeglichen
- besonnen
- friedlich
- gleichmütig
- ruhevoll
- umsichtig
- bedacht
- diszipliniert
- geduldig
- zurückhaltend
- seelenruhig
- verschwiegen
- bedächtig
- entspannt
- gefasst
- harmonisch
- überlegt
- würdevoll
- beherrscht
- friedfertig
- gelassen
- konzentriert
- unerschütterlich

sachlich

- klar
- nüchtern
- an Sachfragen interessiert
- überparteilich
- unvoreingenommen
- leidenschaftslos
- objektiv
- realistisch
- unbeeinflusst
- verstandesbetont
- logisch
- pragmatisch
- sachorientiert
- unbefangen
- vorurteilslos
- neutral
- rational
- unabhängig
- unparteiisch
- wertfrei

schnell

- gute Auffassungsgabe
- geschwind
- unverzüglich
- wendig
- fix
- rasch / rasch erfassen
- unbürokratisch
- zügig
- flink
- schlagartig
- unvermittelt
- flott
- schleunig
- unversehens

selbstständig

- autark
- selbstverantwortlich
- autonom
- souverän
- eigenständig
- unabhängig
- eigenverantwortlich
- uneingeschränkt

selbstbewusst

- aufrecht
- souverän
- führungsstark
- würdevoll
- selbstsicher
- würdig
- sicher
- gelassen

souverän

- selbstbewusst
- eigenverantwortlich
- unabhängig
- autonom
- mit individuellem Anstrich
- überlegen
- eigenständig
- nonkonformistisch
- unabhängig
- gelassen
- selbstständig
- ungebunden

☐ spontan

- ☐ automatisch
- ☐ umweglos
- ☐ unmittelbar
- ☐ impulsiv
- ☐ unaufgefordert
- ☐ unverbildet
- ☐ intuitiv
- ☐ ungeplant
- ☐ ursprünglich
- ☐ natürlich
- ☐ ungezwungen
- ☐ urtümlich

☐ systematisch

- ☐ denkrichtig
- ☐ gezielt
- ☐ planmäßig
- ☐ wohlgegliedert
- ☐ folgegemäß
- ☐ konsequent
- ☐ schlüssig
- ☐ zielgerecht
- ☐ folgerichtig
- ☐ logisch
- ☐ strukturierend
- ☐ geplant
- ☐ methodisch
- ☐ strukturiert

☐ sympathisch

- ☐ angenehm
- ☐ beliebt
- ☐ gefällig
- ☐ menschlich
- ☐ ansehnlich
- ☐ charmant
- ☐ gewinnend
- ☐ warmherzig
- ☐ ansprechend
- ☐ einnehmend
- ☐ liebenswert
- ☐ wohlgefällig
- ☐ attraktiv
- ☐ freundlich
- ☐ liebenswürdig
- ☐ vertrauenswürdig

☐ teamfähig

- ☐ einheitlich
- ☐ gern Hand in Hand arbeiten
- ☐ einvernehmlich
- ☐ kooperativ
- ☐ gemeinsam
- ☐ gern Seite an Seite arbeiten
- ☐ geschlossen

☐ temperamentvoll

- ☐ dynamisch
- ☐ impulsiv
- ☐ profiliert
- ☐ sprudelnd
- ☐ feurig
- ☐ lebendig
- ☐ munter
- ☐ vital
- ☐ stimmungsvoll
- ☐ lebhaft
- ☐ passioniert
- ☐ gefühlvoll
- ☐ leidenschaftlich
- ☐ schwungvoll

☐ tolerant

- ☐ aufgeschlossen
- ☐ großmütig
- ☐ offen
- ☐ vorurteilsfrei
- ☐ duldsam
- ☐ großzügig
- ☐ offenherzig
- ☐ vorurteilslos
- ☐ entgegenkommend
- ☐ human
- ☐ verständnisvoll
- ☐ weitherzig
- ☐ fair
- ☐ liberal
- ☐ verträglich

☐ überzeugungsstark

- ☐ argumentationsstark
- ☐ klar
- ☐ bestechend
- ☐ schlagkräftig
- ☐ glaubhaft
- ☐ schlüssig
- ☐ glaubwürdig
- ☐ verständlich

☐ umsichtig

- ☐ aufgeweckt
- ☐ bedacht
- ☐ diplomatisch
- ☐ harmonisch
- ☐ schonend
- ☐ vorsichtig
- ☐ aufmerksam
- ☐ bedachtsam
- ☐ gefasst
- ☐ genau
- ☐ mit Fingerspitzengefühl agieren
- ☐ vorsorglich
- ☐ ausgeglichen
- ☐ bedächtig
- ☐ gemessen
- ☐ intelligent
- ☐ schonungsvoll
- ☐ weitblickend
- ☐ fürsorglich
- ☐ besonnen
- ☐ gleichmütig
- ☐ konzentriert
- ☐ sorgsam
- ☐ gewissenhaft

◼ unkompliziert

- ☐ freundlich
- ☐ genügsam
- ☐ unbedarft
- ☐ problemlos
- ☐ bescheiden
- ☐ natürlich
- ☐ unproblematisch
- ☐ einfach
- ☐ schlicht
- ☐ sympathisch
- ☐ gelassen
- ☐ umgänglich
- ☐ elementar

◼ vernünftig

- ☐ akzeptabel
- ☐ einsichtig
- ☐ logisch
- ☐ sinnvoll
- ☐ überlegt
- ☐ annehmbar
- ☐ gescheit
- ☐ rational
- ☐ überzeugend
- ☐ weise
- ☐ besonnen
- ☐ klug
- ☐ scharfsinnig
- ☐ vernunftbegabt
- ☐ zweckmäßig
- ☐ clever
- ☐ kompromissbereit
- ☐ sinnreich
- ☐ verständig
- ☐ zweckvoll

◼ verständnisvoll

- ☐ aufgeschlossen
- ☐ großherzig
- ☐ nachsichtig
- ☐ versöhnend
- ☐ warmherzig
- ☐ duldsam
- ☐ großzügig
- ☐ schonend
- ☐ versöhnlich
- ☐ weitherzig
- ☐ einsichtsvoll
- ☐ herzlich
- ☐ schonungsvoll
- ☐ verständig
- ☐ entgegenkommend
- ☐ mitfühlend
- ☐ tolerant
- ☐ verständig

◼ verantwortungsbewusst

- ☐ gewissenhaft
- ☐ vertrauenswürdig
- ☐ pflichtbewusst
- ☐ zuverlässig
- ☐ fürsorglich
- ☐ verantwortungsvoll

◼ verhandlungsgeschickt

- ☐ argumentationsstark
- ☐ gewandt
- ☐ taktisch klug
- ☐ willensstark
- ☐ diplomatisch
- ☐ klug
- ☐ kompromissbereit
- ☐ durchsetzungsstark
- ☐ kommunikativ
- ☐ verbindlich
- ☐ gesprächsbereit
- ☐ kommunikationsstark
- ☐ verhandlungssicher

◼ vertrauenswürdig

- ☐ aufrichtig
- ☐ integer
- ☐ verantwortungsbewusst
- ☐ gewissenhaft
- ☐ rechtschaffen
- ☐ verlässlich
- ☐ glaubhaft
- ☐ redlich
- ☐ verschwiegen
- ☐ glaubwürdig
- ☐ unbestechlich
- ☐ zuverlässig

◼ vielseitig

- ☐ abwechslungsreich
- ☐ mannigfach
- ☐ vielfältig
- ☐ befähigt
- ☐ mannigfaltig
- ☐ versiert
- ☐ begabt
- ☐ talentiert
- ☐ variationsreich
- ☐ intelligent
- ☐ umfassend
- ☐ vielseitig

◼ zielstrebig

- ☐ beharrlich
- ☐ konsequent
- ☐ unbeirrt
- ☐ energisch
- ☐ konstant
- ☐ willensstark
- ☐ entschlossen
- ☐ strebsam
- ☐ zielbewusst
- ☐ geradlinig
- ☐ unbeirrbar
- ☐ zielsicher

◼ zuverlässig

- ☐ verlässlich
- ☐ beständig
- ☐ akkurat
- ☐ exakt
- ☐ aufrichtig
- ☐ fehlerfrei
- ☐ ausdauernd
- ☐ genau

☐ gewissenhaft   ☐ gründlich   ☐ korrekt   ☐ linientreu

☐ minuziös   ☐ ordentlich   ☐ pflichtbewusst   ☐ pflichtgetreu

☐ präzise   ☐ penibel   ☐ solide   ☐ sorgfältig

☐ sorgsam   ☐ verantwortungsbewusst   ☐ verbindlich

▦ zuversichtlich

☐ fortschrittsgläubig   ☐ hoffnungsfroh   ☐ hoffnungsvoll   ☐ lebensbejahend

☐ positiv   ☐ optimistisch   ☐ unverzagt   ☐ zukunftsgläubig

1.7 Mit Synonymen und Umschreibungen variieren

Nutzen Sie Synonyme (Wörter mit einer gleichen oder sehr ähnlichen Bedeutung) und umschreibende Wendungen, um Wortwiederholungen zu vermeiden. Die Synonymliste für die persönlichen Eigenschaften finden Sie auf den vorherigen Seiten (S. 73 f.) .Hier die wichtigsten Varianten für stets wiederkehrende Wörter im Anschreiben:

für **Anstellung**: berufliche Entwicklung – berufliche Laufbahn – während meiner beruflichen Station(en) bei ... – beruflicher Werdegang – Beschäftigung – Position – Tätigkeit – Einsatz – als Mitarbeiter bei ... – im Rahmen meiner vorherigen/einer früheren beruflichen Station

für **Anzeige**: Annonce - Inserat – Stellenanzeige – Stellenprofil – Anforderungsprofil – Aufgabenbeschreibung – Ausschreibung

für **Aufgabe(n)**: Anforderung(en) – Herausforderung(en) – Arbeitsfeld(er) – Tätigkeit(en) – Arbeit(en)

für **Bereich(e)**: – Gebiet(e) – Aufgabenfeld(e)r – Arbeitsfeld(er)

für **beispielsweise**: insbesondere – u. a. – um einige Schwerpunkte hervorzuheben – zentrale Aspekte – entscheidende/wichtige/wesentliche Inhalte – Hauptaktivitäten

für **(Ihre) Firma**: Ihr Unternehmen – Ihr Betrieb – Ihre Institution – bei Ihnen – bei IKEA (den Firmennamen selbst notieren) – Ihre Unternehmensgruppe – Ihre Niederlassung – Ihre Geschäftsstelle – Ihr Verkaufsladen – Ihr Lager – Ihre Verwaltung – in Ihrer Tochterfirma /Ihrer Zweigstelle – in Ihrem Geschäft vor Ort – in Ihrer Zentralverwaltung

für **Kenntnisse**: Erfahrungen – Fähigkeiten – Fertigkeiten (handwerklich/manuell) – Kenntnisstand – Kompetenzen – Know-how – Potenzial – Wissen

für **Maßnahme**: Qualifizierung – Seminar – Kurs – Fortbildung – Weiterbildung – Schulung – Lehrgang

für **Praktikum**: unentgeltlicher Einsatz – Hospitanz – Kennenlernphase – Praktikumsphase – Schnuppertage - Schnupperphase

für **vorwiegend**: hauptsächlich – Kernstück meines Aufgabengebiets – vorrangig – zentrale Aspekte – wesentliche Inhalte – Hauptaktivitäten – im Wesentlichen – nahezu ausschließlich – in erster Linie – den wesentlichen Schwerpunkt bildete

1.8 Wie Sie Ihr Wissen fair verkaufen

a) Fachliche Kenntnisse einschätzen

Hinsichtlich der fachlichen Selbsteinschätzung lassen sich drei Bewerbergruppen unterscheiden: Zur ersten Gruppe zählen jene Bewerber, die dem Arbeitgeber äußerst selbstbewusst entgegentreten. Sie sagen souverän: „Das kann ich schon". Das ist gut, denn Arbeitgeber wollen beruhigt werden; sie folgern: „Wir setzen Frau Müller in die Abteilung y und dann brauchen wir uns um nichts zu kümmern." Allerdings ist Vorsicht geboten bei fachlichen Fähigkeiten, die man im Rahmen des Vorstellungsgesprächs oder bei einer kurzfristig angesetzten Arbeitserprobung direkt hinterfragen oder überprüfen kann. Nicht selten wird eine Aufgabe am Computer gestellt oder bei entsprechend geforderten Sprachkenntnissen abrupt vom Deutschen ins Englische gewechselt. Die Gefahr liegt bei dieser Bewerbergruppe in der Überschätzung des eigenen Könnens.

Zur zweiten Gruppe gehören jene Bewerber, die sich zu wenig zutrauen. Sie messen sich stets an einem perfekten Maßstab und verkaufen sich daher unter ihrem Wert. Dies ist ein Phänomen, das öfter bei Frauen als bei Männern zu beobachten ist und das sich, bei männlichen und weiblichen Bewerbern gleichermaßen, vermehrt während der Arbeitslosigkeit oder nach einer firmenseitigen Kündigung zeigt. In einer solchen Situation ist es sehr hilfreich, sich gute alte Arbeitszeugnisse erneut durchzulesen und aus diesen positiven Außenbeurteilungen neue Kraft und ein neues Selbstbewusstsein zu ziehen. Darüber hinaus können anderere Menschen, die den Betroffenen zuhören und an ihrem persönlichen und beruflichen Werdegang interessiert sind, eine sehr große Unterstützung und Hilfe sein. Erzählen Sie Ihrem Gegenüber einfach mal, was Sie bisher alles gemacht haben! Viele Bewerber sind nach solchen Gesprächen erstaunt, welche wertvollen Erinnerungen wieder aufgetaucht sind, was sie eigentlich alles wirklich geleistet haben, worin und inwiefern sie sich von anderen unterschieden haben etc. Diese Phase der Selbstreflexion und Wiederbesinnung auf die eigenen Stärken braucht natürlich etwas Zeit; es ist aber eine ganz wichtige und lohnende Arbeit mit und an sich selbst.

In der dritten Gruppe finden sich die Bewerber wieder, die weder über- noch untertreiben. Sie beschreiben ihre Kenntnisse selbstsicher und vor allem konkret und dadurch nachvollziehbar.

Eine solche Selbst-Einschätzung ist nicht einfach. Die Inserate enthalten oft Forderungen wie „gute" oder „sehr gute Kenntnisse in …". Dies führt gedanklich sogleich in das gewohnte Notensystem mit den Stufen von 1 bis 6. Bei fachlichen Bewertungen gibt es aber selten eine einhellige Meinung oder einen einheitlichen Maßstab: Was der eine mit der Note 2 bewertet, ist für den anderen eine klare 1. Zudem befürchten Bewerber, sich mit einer solchen notenbezogenen Eigen-Bewertung einem zu hohen Erwartungsdruck auszusetzen.

Mit der folgenden Zusammenstellung können Sie Ihre fachlichen Fähigkeiten außerhalb der klassischen Notenkategorien wirkungsvoll beschreiben. Die gewählte Bewertungsskala umfasst mehrheitlich bewusst eine Kenntnisspanne; sie hilft Ihnen, Ihr Wissen hochwertig und wirkungsvoll zu präsentieren, ohne Sie in Ihren Möglichkeiten einzuengen. Dies gilt insbesondere für die Vorschläge in den Rubriken „Stellenspezifische Kenntnisse" und „Praxisbezogene Kenntnisse". Dabei geht es nicht um geschönte Wörter. Mit den Formulierungen im Abschnitt „Stellenspezifische Kenntnisse" beschreiben Sie den Nutzen Ihres bisherigen Wissens für die zukünftige Position. Bei den „Praxisbezogenen Kenntnissen" wird vor allem die konkrete Anwendung Ihrer Fähigkeiten im täglichen Arbeitsprozess herausgestellt. Das Ziel Ihrer Selbsteinschätzung ist eine individuelle, glaubwürdige und in diesem Sinne konkrete Beschreibung.

Idealerweise lesen Sie im ersten Durchgang alle Begriffe durch und kreuzen die Wörter an, die Ihnen gefallen und die zu Ihnen passen. Sie überlegen an dieser Stelle bitte noch nicht, welche Ihrer Kenntnisse Sie damit bewerten wollen. Beim Schreiben eines konkreten Bewerbungsbriefes werden Sie Ihre fachlichen Kenntnisse mit dieser persönlichen Vorauswahl schneller und besser einstufen und präsentieren können.

b) Fachliche Kenntnisse bewerten

- **Mit Adjektiven beschreiben**

1+   **Hervorragende** Kenntnisse

Mein Wissen ist/meine Kenntnisse sind:

☐ außergewöhnlich gut	☐ ausgereift	☐ elementar	☐ essenziell (= wesentlich)
☐ exzellent (=hervorragend)	☐ hervorragend	☐ ideal (vollkommen)	☐ komplex (= umfassend)
☐ optimal (=bestmöglich)	☐ perfekt (=vollendet, vollkommen)	☐ substanziell (wesentlich)	☐ versiert (= erfahren, bewandert)
☐ vollkommen			

1 bis 2-3   **Gute bis sehr gute** Kenntnisse

Mein Wissen ist/meine Kenntnisse sind:

☐ gut	☐ bedeutend	☐ detailliert	☐ fachmännisch*
☐ fundiert (=grundlegend)	☐ gereift	☐ genau	☐ gründlich
☐ intensiv	☐ profund (=gründlich)	☐ solide (=zuverlässig)	☐ groß
☐ tiefgründig	☐ überdurchschnittlich	☐ umfangreich	☐ umfassend
☐ zentral			

* z. B. interessant wenn Sie keinen Ausbildungsabschluss haben, aber wie ein ausgebildeter Berufsvertreter (auf fachmännischem Niveau) gearbeitet haben.

Viele dieser Adjektive lassen sich mit „sehr" steigern.

1 bis 2-3   **Eine Bandbreite an Kenntnissen**

Bei diesen Beschreibungen steht der Einblick in die Breite Ihres Wissens im Vordergrund. Diese Adjektive sagen im Grunde nur etwas über die Vielfalt, nicht so sehr über das Qualitätsniveau der Kenntnisse aus. Ihre Verwendung ist jedoch sehr aussagekräftig und wirkungsvoll.

Mein Wissen ist/meine Kenntnisse sind:

☐ facettenreich	☐ mannigfaltig	☐ vielfältig	☐ vielseitig

Auch diese Adjektive lassen sich mit „sehr" steigern, z. B.: sehr vielseitige …

1 bis 2-3   Stellenspezifische Kenntnisse

Diese Begriffe beschreiben vorrangig den Nutzen Ihres Wissens für den zukünftigen Arbeitgeber. Die Vorschläge dieser Rubrik können Sie im Sinne des folgenden Satzes verwenden: **Für die Tätigkeiten in Ihrem Unternehmen bringe ich ...** [entscheidende/entsprechende] **Kenntnisse mit:**

☐ entscheidende   ☐ entsprechende   ☐ nützliche   ☐ relevante
(=erhebliche, wich-
tige, darauf bezo-
gene)

☐ signifikante   ☐ wertvolle   ☐ wichtige

Äußerst aussagekräftig ist das Adjektiv „wertvoll". Es signalisiert ein gutes Niveau und taugt dennoch auch für die Beschreibung eines durchschnittlichen Wissens – ohne dass Sie falsche Angaben gemacht haben. Denn irgendeine Art von Wert haben Ihre Fähigkeiten auf jeden Fall für Ihr Zielunternehmen.

Weitere Formulierungen:

☐ Für die Aufgaben bei Ihnen kann ich mein bisheriges Wissen gezielt einsetzen.

☐ ... durch meine [guten/sehr guten] Erfahrungen in ... bin ich gut vorbereitet für ...

☐ ... bin ich mit meinen Erfahrungen und Kenntnissen [gut/sehr gut] für die Aufgaben bei Ihnen vorbereitet.

☐ ... bin ich mir sicher, dass Sie von meinen [guten/sehr guten] Kenntnissen profitieren können.

☐ ... bin ich mir sicher, dass ich mit meinen Kenntnissen und Erfahrungen in Ihrem Unternehmen zum Erfolg beitragen kann.
☐ können Sie von meinen Kenntnissen profitieren, die ich mir in mehrjähriger Berufstätigkeit angeeignet habe.

1 bis 2-3   Praxiserprobte Kenntnisse

Kenntnisse lassen sich sehr prägnant im Kontext bisheriger Erfahrungen beschreiben:

Meine Kenntnisse/mein Wissen in ...

☐ setzte ich   ☐ setzte ich erfolgreich ein   ☐ zeigte ich erfolgreich/effektiv
effektiv/wirkungsvoll   ein

☐ stellte ich unter Beweis   ☐ brachte ich zur Geltung   ☐ brachte ich zum Nutzen von
... ein

☐ Mit meinen Kenntnissen trug ich zum Erfolg des Unternehmens bei.

Häufigkeit und Art der praktischen Anwendung:

☐ ... die ich täglich/wöchentlich/regelmäßig einsetzte.

☐ ... bei den täglichen/regelmäßigen Aufgaben arbeitete ich stets mit Excel.

☐ ... mit diesem Wissen konnte ich zu einem reibungslosen Ablauf der Abteilung ... beitragen.

☐ ... mit meinen Kenntnissen aus mehrjähriger Berufserfahrung ...

☐ ... mit meinen praxiserprobten Kenntnissen werde ich ...

☐ ... in der Praxis erprobte Kenntnisse im Bereich ...

☐ ... stellte ich mein Wissen über die Praxis auf ein gutes Fundament.

☐ ... in der Praxis ausprobiert und erfolgreich eingesetzt.

☐ ... in der Praxis bereits eingesetzt und erweitert.

☐ ... verfüge ich über Kenntnisse, die ich bereits bei der Firma ... gezeigt habe.

☐ Da ich ähnliche Aufgaben bereits ausgeführt habe, werde ich mich sicherlich schnell auf ... einstellen.

☐ ...konnte ich erfahren [erleben/feststellen] wie wichtig [wesentlich/entscheidend/bedeutend] die Aspekte [die Haltung/das Wissen um/ die Bedeutung von/die Kenntnisse von/die Möglichkeiten der] sind/ist

☐ ... durch die [Nutzung/Anwendung] der wichtigsten [Funktionen/Methoden] machte ich mich mit der [Denkweise/Systematik/ Funktionsweise/den wichtigsten Routinegriffen] gut/sehr gut vertraut.

0 <u>PLUS</u>   Keine oder geringe Kenntnisse

Die Bewertung Ihrer Kenntnisse darf durchaus echt sein. Stellenanzeigen formulieren neben den Muss-Anforderungen an das Bewerberprofil auch Kann-Elemente („Idealerweise verfügen Sie über..."). Fehlende oder mangelhafte Kenntnisse benennen Sie entweder gar nicht oder beschreiben diese ganz klar als das, was sie wirklich wert sind: als „anfängliches" oder „erstes" Wissen (s. u.). Insbesondere das Wissen, das Sie sich über Praktika oder durch kurze Springer- oder Vertretungszeiten angeeignet haben, ist oft nur ein flüchtiges „Anfangswissen". Dennoch unterscheiden Sie sich von anderen Bewerbern, die sich ein solches Grundverständnis noch gar nicht angeeignet haben. Nehmen Sie also durchaus Bezug darauf:

☐ anfängliche Kenntnisse

☐ auffrischbare Kenntnisse (schnell auffrischbare Kenntnisse)

☐ ausbaufähige Kenntnisse

☐ Basiskenntnisse

☐ erste Kenntnisse

☐ Grundkenntnisse

☐ (noch) keine Kenntnisse

Weitere Formulierungen:

☐ ... habe ich eine Ahnung von ...

☐ ... unterstützend erste Aufgaben in ... übernommen.

☐ bringe ich auch Kenntnisse in ... mit.

☐ ... bin ich in Berührung mit dem Bereich der ... gekommen.

☐ ... konnte ich erste Einblicke in ... gewinnen.

☐ ... bei ... den Fachkräften über die Schulter geschaut.

☐ ... einen Einblick in ... gewonnen.

☐ ... habe ich eine Vorstellung von den Grundzügen der ... erhalten.

☐ ... in die Bereiche .... hineingeschnuppert/reingeschnuppert.

☐ Darin habe ich noch keine Erfahrung. Ich bin mir aber sicher, dass ich mich schnell/effektiv/ gut einarbeiten kann [darauf einstellen kann].

- **Mit Verben verbinden**

Sich etwas aneignen

Mit diesen Verben stellen Sie den Prozess der Wissensaneignung besonders heraus. Sie können damit sehr schön einen Bezug zu einem Unternehmen oder einer Fortbildung herstellen: Meine Kenntnisse/mein Wissen in … habe ich beim Unternehmen …/im Rahmen der Fortbildung …

☐ erworben

☐ mir angeeignet

☐ Dort habe ich das … erlernt.

☐ Dort habe ich … gelernt.

☐ habe Erfahrungen gesammelt

☐ mich vertraut gemacht (eher eine Formulierung für Grundkenntnisse)

Etwas besitzen

Mit diesen Beschreibungen geben sie ein Art Angebot ab:

☐ kann ich Kenntnisse in … aufweisen

☐ kann ich Kenntnisse in … bieten

☐ … beherrsche ich

☐ dürfen Sie Kenntnisse in … erwarten

☐ dürfen Sie Kenntnisse in … voraussetzen

Selbstverständlich verstärken Adjektive wie beispielsweise "wertvolle, mehrjährige, praxiserprobte" auch diese Beschreibung Ihrer Kenntnisse und Fähigkeiten.

Etwas entwickeln und aktualisieren

Berufliche Bildung ist stets im Wandel und zeichnet sich durch einen lebenslangen Lernprozess aus. Sie können auf diese Entwicklung und nicht zuletzt auf die Aktualität Ihres Wissens hinweisen:

Meine Kenntnisse/mein Wissen in … habe ich …

☐ aufgebaut

☐ auf den neuesten Stand gebracht

☐ dem aktuellen Stand angepasst

☐ aktualisiert

☐ ausgebaut

☐ ergänzt

☐ um die Aspekte/Bereiche …. ergänzt

☐ erweitert

☐ gefestigt

☐ optimiert

☐ perfektioniert

☐ verbessert

☐ verfeinert

☐ vertieft

☐ vervollständigt

☐ weiterentwickelt

Weitere, teils eher umgangsprachliche Formulierungen:

☐ … mit diesem Wissen bin ich „up-to-date"

☐ mit … bin ich auf dem Laufenden

☐ … ich habe mich fit gemacht für …

☐ … in dieser Richtung bin ich im Bild mit …

☐ … bin ich firm in …

c) Sprachkenntnisse bewerten

Für Bewerber bei Großunternehmen ist eine Bewertung der Sprachkenntnisse in Anlehnung an den „Europäischen Referenzrahmen für Sprachen" sehr sinnvoll. Der EU-Lebenslauf beispielsweise sieht eine solche Einstufung der Sprachkenntnisse direkt vor.

Der Referenzrahmen legt eine umfassende Empfehlung vor, nach der Sprachkenntnisse vergleichbarer werden. Die Niveaustufen sind in kleineren Unternehmen sicherlich nicht so weit verbreitet, dennoch bieten diese Ihnen eine gute Terminologie, um die eigenen sprachlichen Fähigkeiten prägnant zu beschreiben. Besonders nützlich ist unter anderem die Unterscheidung zwischen „Verstehen", „Sprechen" und „Schreiben". In klassischen Lebensläufen liest man oftmals: „Spanisch: gut in Wort und Schrift". Eine solch vage Angabe mag helfen, eher unsichere Sprachkenntnisse zu verbergen. Im Einzelfall kann dies auch durchaus sinnvoll sein. Bei Bewerbern mit wirklich guten Sprachkenntnissen in einzelnen Bereichen wird eine detailliertere Kurzbeschreibung mit Sicherheit eine viel stärkere Wirkung erzielen.

Genauere Informationen liefert Ihnen das im Langenscheidt-Verlag erschienene Buch „Gemeinsamer europäischer Referenzrahmen für Sprachen: lernen, lehren, beurteilen" (ISBN 9783468494697). Es wird darin zwischen sechs Niveaustufen unterschieden:

A – Elementare Sprachverwendung (A1 und A2)

B – Selbstständige Sprachverwendung (B1 und B2)

C – Kompetente Sprachverwendung (C1 fortgeschrittenes Kompetenzniveau, C2 nahezu muttersprachliche Sprachbeherrschung)

Es folgt als wörtlicher Auszug aus dem o.g. Buch die Beschreibung innerhalb der „Globalskala":

A) Elementare Sprachverwendung (A1 und A2)

A1 Kann vertraute, alltägliche Ausdrücke und ganz einfache Sätze verstehen und verwenden, die auf die Befriedigung konkreter Bedürfnisse zielen.

Kann sich und andere vorstellen und anderen Leuten Fragen zu ihrer Person stellen – z. B. wo sie wohnen, was für Leute sie kennen oder was für Dinge sie haben – und kann auf Fragen dieser Art Antwort geben.

Kann sich auf einfache Art verständigen, wenn die Gesprächspartnerinnen oder Gesprächspartner langsam und deutlich sprechen und bereit sind zu helfen.

A2 Kann Sätze und häufig gebrauchte Ausdrücke verstehen, die mit Bereichen von ganz unmittelbarer Bedeutung zusammenhängen (z. B. Informationen zur Person und zur Familie, Einkaufen, Arbeit, nähere Umgebung).

Kann sich in einfachen, routinemäßigen Situationen verständigen, in denen es um einen einfachen und direkten Austausch von Informationen über vertraute und geläufige Dinge geht.

Kann mit einfachen Mitteln die eigene Herkunft und Ausbildung, die direkte Umgebung und Dinge im Zusammenhang mit unmittelbaren Bedürfnissen beschreiben.

B) Selbstständige Sprachverwendung (B1 und B2)

B1   Kann die Hauptpunkte verstehen, wenn klare Standardsprache verwendet wird und wenn es um vertraute Dinge aus Arbeit, Schule, Freizeit usw. geht.

Kann die meisten Situationen bewältigen, denen man auf Reisen im Sprachgebiet begegnet. Kann sich einfach und zusammenhängend über vertraute Themen und persönliche Interessengebiete äußern.

Kann über Erfahrungen und Ereignisse berichten, Träume, Hoffnungen und Ziele beschreiben und zu Plänen und Ansichten kurze Begründungen oder Erklärungen geben.

B2   Kann die Hauptinhalte komplexer Texte zu konkreten und abstrakten Themen verstehen; versteht im eigenen Spezialgebiet auch Fachdiskussionen.

Kann sich so spontan und fließend verständigen, dass ein normales Gespräch mit Muttersprachlern ohne größere Anstrengung auf beiden Seiten gut möglich ist.

Kann sich zu einem breiten Themenspektrum klar und detailliert ausdrücken, einen Standpunkt zu einer aktuellen Frage erläutern und die Vor- und Nachteile verschiedener Möglichkeiten angeben.

C) Kompetente Sprachverwendung (C1 und C2)

C1   Kann ein breites Spektrum anspruchsvoller, längerer Texte verstehen und auch implizite Bedeutungen erfassen.

Kann sich spontan und fließend ausdrücken, ohne öfter deutlich erkennbar nach Worten suchen zu müssen.

Kann die Sprache im gesellschaftlichen und beruflichen Leben oder in Ausbildung und Studium wirksam und flexibel gebrauchen.

Kann sich klar, strukturiert und ausführlich zu komplexen Sachverhalten äußern und dabei verschiedene Mittel zur Textverknüpfung angemessen verwenden.

C2   Kann praktisch alles, was er/sie liest oder hört, mühelos verstehen.

Kann Informationen aus verschiedenen schriftlichen und mündlichen Quellen zusammenfassen und dabei Begründungen und Erklärungen in einer zusammenhängenden Darstellung wiedergeben.

Kann sich spontan, sehr flüssig und genau ausdrücken und auch bei komplexeren Sachverhalten feinere Bedeutungsnuancen deutlich machen.

2 Mehr als 1000 praxistaugliche Formulierungsideen für Ihr Anschreiben

Hinweis für die Verwendung dieser Formulierungshilfen:

Diese vier Kapitel bieten Ihnen Formulierungsideen zu allen Inhalten des Anschreibens, sie gliedern sich also jeweils in (die folgenden Seitenangaben gelten für das Kapitel Stellenbewerbung):

Zu Beginn jedes Unterkapitels finden Sie zu Ihrer zügigen Orientierung eine detaillierte Beschreibung der jeweiligen Situation bzw. des Bewerberprofils, zu denen die Formulierungsideen entwickelt worden sind.

[Sekretärin]	In eckigen Klammern notierte Begriffe stehen als Beispiel für – austauschbare – Berufsbezeichnungen, Positionen, Unternehmensbeschreibungen etc.
zielstrebig	Wörter in Graudruck stehen als Vorschlag für den Einsatz Ihrer ganz individuellen Qualitäten.
...	Auslassungszeichen stehen für mögliche Bereiche/Unternehmen und ersetzen Ihre persönlichen Eigenschaften.

2.1 Stellenbewerbung

Immer öfter finden Sie Stellenanzeigen in mehreren Jobbörsen sowie Tages- und Wochenzeitungen. Es wird einen soliden Eindruck vermitteln, wenn Sie die seriöseste Quelle angeben, zum Beispiel wählen Sie besser „Ihr Inserat in der Frankfurter Allge-meinen Zeitung" anstatt „Ihr Inserat unter www.monster.de". Selbstverständlich können Sie die Quelle anstatt in der Betreffzeile auch in der Eröffnung anführen. Allerdings nehmen Sie sich dadurch die Chance, wirklich reizvolle, Neugier weckende Anfangszeilen zu formulieren.

Bei Vermittlung über die Agentur für Arbeit:
Bewerbung als ....
Ihr Stellengesuch bei der Agentur für Arbeit vom ...

Stellenangebot im Internet; zum Beispiel:
Bewerbung als ...
Ihr Stellenangebot unter www.backinjob.de

Stellenangebot auf der Firmenhompage:
Bewerbung als ...
Ihr Stellenangebot auf Ihrer Homepage

Bewerbung als ...
Ihr Stellenangebot auf Ihrer Website

Stellenangebot in einem Zeitungsinserat:
Bewerbung als ...
Ihr Stellenangebot in der ...

Anstelle von „Stellenangebot" können Sie auch „Inserat", „Anzeige" oder „Stellenanzeige"schreiben.

Wenn im Inserat ein Ansprechpartner genannt ist und es sich um ein größeres Unternehmen handelt, können Sie einen positiven Effekt erzielen, wenn Sie zusätzlich `Sehr geehrte Damen und Herren` schreiben. Denn wird in der Stellenanzeige als Ansprechpartner ausschließlich ein Name ohne Positionsangabe oder Titel genannt, geht Ihre Bewerbung sicherlich vorerst nur an einen Personalsachbearbeiter; mit Ihrem Zusatz fühlen sich hingegen möglicherweise auch andere Enscheidungsträger mit angesprochen. Steht in der Anzeige hingegen: „Ihre Bewerbung bitte an den Personalleiter oder Geschäftsführer oder an Dr. Müller…", ist es empfehlenswert, Ihr Anschreiben ausschließlich an diese Personen zu richten.

Berücksichtigen Sie bitte, dass nach der Anrede üblicherweise ein Komma gesetzt und danach klein weitergeschrieben wird. Besonderheiten bei den Anreden werden auf Seite 49 behandelt.

Sehr geehrte Damen und Herren,

Sehr geehrter Herr Schlank,

Sehr geehrte Frau Schön,

Sehr geehrte Frau Schön,
sehr geehrte Damen und Herren,

Sehr geehrte Frau Schön,
sehr geehrter Herr Schlank,
sehr geehrte Damen und Herren,

Im Zweifelsfall halten Sie sich an die im Inserat gewählte Reihenfolge.

Eröffnung

1 Diese Stelle interessiert mich

Der Anfang des Anschreibens bietet die Möglichkeit, die Lust am Lesen zu wecken. Langweilige und nichtssagende Einstiegssätze wie „hiermit bewerbe ich mich..." färben negativ auf den Rest des Inhalts ab. Eine Ausnahme sind Bewerbungen auf Stellen im behördlich-konservativen Kontext, hier kann ein „hiermit" eine gewisse Kongruenz herstellen: Der Bewerber „spricht die gleiche Sprache" wie seine potenziellen Vorgesetzten und Kollegen und kann dadurch den Leser für sich gewinnen.

⇨ **Sehr geehrte Frau xy,**
Sehr geehrter Herr xy,
sehr geehrte Damen und Herren, ...

Ihre Anzeige hat sogleich mein (besonderes) Interesse geweckt.

die in Ihrer Anzeige angebotene Tätigkeit entspricht genau meinen Vorstellungen.

über meinen Arbeitsvermittler erhielt ich Ihre Stellenanzeige, die mich sehr interessiert und meinen Fähigkeiten entspricht.

in Ihrer Anzeige beschreiben Sie einen Tätigkeitsbereich, der mein besonderes Interesse geweckt hat.

in Ihrer Anzeige beschreiben Sie eine berufliche Aufgabe, die mich sehr/besonders interessiert.

die in Ihrer Anzeige beschriebenen/skizzierten/umrissenen Aufgaben sprechen mich in besonderer Weise/sehr an.

Sie beschreiben eine abwechslungsreiche/vielseitige/herausfordernde Tätigkeit, die mein Interesse geweckt hat.

ich interessiere mich sehr für die ausgeschriebene Position/Stelle.

die Beschreibung Ihres Unternehmens/Geschäfts/Ihrer Firma und der zu besetzenden Stelle klingt sehr interessant.

mit Interesse habe ich Ihre Anzeige gelesen, in der Sie eine(n) ... suchen. Da die ausgeschriebene Position/Tätigkeit genau meinen Vorstellungen entspricht, bewerbe ich mich um diese ....

für die ausgeschriebene Stelle als ... interessiere ich mich sehr.

mit großem Interesse habe ich Ihre Anzeige gelesen. Sie suchen ... .

im ... las ich letzte Woche, dass Sie für die Neueröffnung des ...-Unternehmens/Ladens noch einen großen Personalbedarf haben.

wie ich dem Stellenmarkt der ... vom ... entnehmen konnte, ist in Kürze eine Stelle als Filialleiter in ... zu belegen, um die ich mich gerne bewerben möchte.

durch Ihr Stellenangebot fühlte ich mich sofort angesprochen. Denn ...

Ihr Stellenangebot in ... klingt sehr interessant/vielversprechend. Deshalb möchte ich mich Ihnen kurz vorzustellen.

Sie suchen eine/n ..., der/die sich zutraut, ... Ihre Anzeige hat mich ausgesprochen neugierig gemacht.

2 Ihr Unternehmen interessiert mich

Jeder Mensch hat das natürliche Bedürfnis zu erfahren, welchen Bezug der andere zu einem hat. Umso mehr möchten Personaler angesichts der zahlreichen Bewerbungen wissen, wo mögliche Anknüpfungspunkte bestehen oder eine eindeutig nachvollzieh-bare Bewerbermotivation zu erkennen ist. Weitere Empfehlungen finden Sie unter „Warum wollen Sie diesen Job?" auf Seite 117.

a) Formulierungen mit Bezug zum Unternehmen
b) Formulierungen mit Bezug zu den Produkten

c) Formulierungen mit Bezug zum Team
d) Formulierungen mit Bezug zu den Aufgaben

⇨ **Sehr geehrte Frau xy,**
sehr geehrter Herr xy,
sehr geehrte Damen und Herren, ...

a) Formulierungen mit Bezug zum Unternehmen

mit Ihren Unternehmenszielen kann ich mich sehr gut identifizieren. Darin liegt meine Motivation, jederzeit effektiv und überdurchschnittlich gut für Sie zu arbeiten.

Ihr Unternehmen ist mir durch meine derzeitige Tätigkeit bei der Firma ... bestens vertraut.
Ihre Firma ist mir sehr gut bekannt. Während meiner Tätigkeit als ... in ... hatte ich Kontakte zu Ihrer Niederlassung in ... .

aufgrund meiner Kenntnisse über Ihr Haus/Unternehmen erscheint mir die Mitarbeit bei Ihnen sehr interessant.

Eine Mitarbeit in einem verkäuferisch so vorbildlichen Unternehmen wie dem Ihren reizt mich sehr.

ich bin mir sicher, dass ich aufgrund meiner bisherigen Qualifikationen/Berufserfahrung /meiner bisher erworbenen Kompetenzen ...

- einen wesentlichen Beitrag in Ihrer Firma/Abteilung leisten kann.
- eine leistungsstarke Mitarbeiterin bei Ihnen sein kann.
- eine wertvolle Ergänzung Ihres Teams sein kann.
- ein zuverlässiger Mitarbeiter Ihrer Firma sein kann.

b) Formulierungen mit Bezug zu den Produkten

Während meiner Ausbildung ist mir Ihr Firmenname zur greifbaren Realität geworden: der Einsatz Ihrer Produkte trug wesentlich zu unserer anspruchsvollen technischen Ausstattung bei.

Während des Studiums arbeiteten wir im Labor vorrangig an und mit Geräten aus Ihrem Hause. Dabei überzeugte mich die praktikable Handhabung Ihrer Produkte.

Ihre Produkte bürgen für gute Qualität. An deren Weiterentwicklung mitzuarbeiten spornt mich zu Bestleistungen an.

c) Formulierungen mit Bezug zum Team

ich kaufe sehr gerne bei Ihnen ein. Da ich als Kundin den Eindruck gewonnen habe, dass Ihr Team sehr gut zusammenarbeitet, bin ich motiviert, mich als Mitarbeiterin voll und ganz bei Ihnen einzubringen.

Ihr Unternehmen ist mir als Kundin bestens bekannt, und ich kann mir sehr gut vorstellen, im Team der Mitarbeiterinnen im Bereich ... für Sie tätig zu werden.

in Ihrer Anzeige beschreiben Sie die intensive Zusammenarbeit in Ihrer [Firma/Filiale/Abteilung]. Die Mitarbeit in einem,solchen dynamischen Team reizt mich als lebendigen, kooperativen und aufgeschlossenen Menschen sehr/außerordentlich.

d) Formulierungen mit Bezug zu den Aufgaben

als reizvoll an Ihrem Hause empfinde ich vor allem das herausfordernde Aufgabenfeld und das hohe Qualitätsniveau. Auch die kooperative Arbeitshaltung, die ich mit Ihrem Namen verbinde, ist ein entscheidender Aspekt für mich.

mit den Aufgaben in Ihrem Unternehmen verbinde ich ein sehr anspruchsvolles Niveau. Daher bewerbe ich mich mit meinen Qualifikationen ganz bewusst bei Ihnen.

der in der Anzeige skizzierte Aufgabenbereich verspricht eine große Vielfalt und erfordert eine hohe Flexibilität. Ich bin mir sicher, dass ich diesen Anforderungen dank meiner langjährigen Berufserfahrung in einer ähnlichen Position bestens gerecht werden kann.

3 Ich kenne Mitarbeiter Ihres Hauses

Bei den meisten Unternehmen schätzt man es, wenn sich Bewerber auf einen Mitar-beiter als ihren Bekannten oder Freund beziehen können. Erstaunlicherweise erscheinen Sie dadurch plötzlich als glaubwürdiger, kompetenter und zuverlässiger im Vergleich zu den anonymen Mitbewerbern. Diese Tatsache verleiht Ihnen einen gewissen Bekanntheitsgrad.

Erkundigen Sie sich vorher, ob Sie den Namen des Mitarbeiters erwähnen dürfen und ob er/sie eine solche Nennung in diesem Unternehmen für sinnvoll erachtet. Wenn sich dies nicht eindeutig klären lässt, empfehle ich Ihnen die Nennung Ihres Bekannten. Die Zahl der Arbeitgeber, die bewusst nur Mitarbeiter einstellen, die sich untereinander nicht kennen, ist klein.

Die folgenden Sätze sind so gestaltet, dass der persönliche Bezug kein zu starkes Gewicht erhält, damit der Verdacht einer Vetternwirtschaft außen vor bleibt.

⇨ *Sehr geehrte Frau xy,*
    sehr geehrter Herr xy,
    sehr geehrte Damen und Herren, ...

über Herrn/ Frau habe ich erfahren, dass in Ihrem Hause neue Mitarbeiter eingestellt werden.

wie mir durch Herrn/Frau ... bekannt wurde, suchen Sie eine(n) ....

über Herrn /Frau ... habe ich erfahren, dass in Ihrem Hause die Position eines/einer ... zu besetzen ist. Um diese Stelle bewerbe ich mich ....

von Ihrer Mitarbeiterin/Sekretärin, Frau ..., erfuhr ich von Ihrem Bedarf an qualifiziertem Personal.

über Herrn /Frau ..., der/die mir aus früheren Geschäftskontakten bekannt ist, erfuhr ich von Ihrem Personalbedarf.

wie ich durch Ihren Mitarbeiter Herrn/Ihre Mitarbeiterin Frau ... erfahren habe, suchen Sie derzeit neue Arbeitskräfte/ suchen Sie eine(n) ....

über Herrn /Frau ..., der/die mit meinem Vater/meiner Mutter bekannt ist, erfuhr ich von Ihrem Personalbedarf.

über Herrn /Frau ... , dessen/deren Bekanntschaft ich kürzlich bei einer offiziellen Veranstaltung machen durfte, bin ich auf die vakante Position – ... – aufmerksam geworden.

4 Wir kennen uns ...

a) von einer Veranstaltung
b) von einer persönlichen Begegnung
c) über eine andere Person

⇨ *Sehr geehrte Frau xy,*
    sehr geehrter Herr xy,
    sehr geehrte Damen und Herren, ...

a) von einer Veranstaltung

bei unserem Gespräch auf der Jobmesse in Köln – im Juni – haben Sie mich mit Ihrer Unternehmensphilosophie begeistert. In Ihrer aktuell ausgeschriebenen Position sehe ich eine hervorragende Möglichkeit, meine persönliche und fachliche Weiterentwicklung mit den Fortschritten/den Erfolgen/ der Zukunft Ihres Unternehmens zu verbinden.

als wir uns bei der Jahresveranstaltung der ...-AG kennenlernten, gewährten Sie mir freundlicherweise einen Einblick in einige berufliche Aufgabenfelder Ihres Unternehmens. Das Personalgesuch unter www.xy.de hat mich erneut /nochmals in meinem Wunsch nach einer aktiven Mitarbeit bei der ...- AG bestärkt.

b) von einer persönlichen Begegnung

wir führten am vergangenen Dienstag ein für mich sehr interessantes Gespräch. Dafür noch einmal herzlichen Dank! An der ausgeschriebenen Stelle spricht mich – wie ich Ihnen bereits kurz erläuterte – vor allem die Möglichkeit der Mitarbeit im Bereich ... an.

beim Schulfest unserer Kinder hatten Sie mich freundlicherweise auf Ihre aktuelle Zeitungsannonce aufmerksam gemacht. Das Angebot liest sich sehr spannend und deckt sich in vielen Aspekten mit meinen bisherigen Erfahrungen.

nachdem wir uns im Mai letzten Jahres schon einmal über Ihre Arbeitsstelle und die interessanten Dienstleitungsangebote Ihres Unternehmens unterhalten hatten, freue ich mich nun, das aktuelle Inserat zum Anlass meiner Bewerbung zu nehmen. Die Aufgaben sind …

im Tennisheim ... sind wir uns bereits ein paar Mal über den Weg gelaufen. Das aktuelle Inserat der ...-GmbH weckt mein besonderes Interesse und ich erlaube mir, meine Bewerbung über Sie einzureichen.

bei der Sportveranstaltung unserer Kinder sind wir uns vor Kurzem begegnet. Sie werden im aktuellen Inserat als direkte Ansprechpartnerin genannt und es freut mich, Ihnen meine Bewerbung vorzulegen. Das Anforderungsprofil beschreibt wesentliche Aspekte meiner bisherigen Verantwortungsbereiche …

c) über eine andere Person

Von Frau Huber (Sekretariat der Abteilung ...), einre Bekannten meiner Frau, habe ich in der Vergangenheit immer wieder interessante Informationen über die immense Entwicklung der ...- GmbH erhalten. Der Bedarf an Personal, von dem ich nun über die Firmenwebsite erfahren habe, freut mich außerordentlich. Als qualifizierter ... mit ... Jahren Berufserfahrung im Bereich ... kann ich sicherlich einen wichtigen Beitrag zum Erfolg Ihres Unternehmens leisten.

Über den Freund eines Bekannten, Ihren Mitarbeiter Herrn Karl Müller, habe ich zeitgleich zu Ihrer Ausschreibung von der Vakanz in Ihrem Unternehmen erfahren. Die von Ihnen geforderten Kenntnisse bringe ich dank meiner Ausbildung mit ...

In meinem Bekanntenkreis ist Ihr Unternehmen immer wieder lobend erwähnt worden. Frau ..., Ihre frühere Mitarbeiterin, die vor längerer Zeit familiär bedingt nach Hamburg wechselte, berichtet noch heute begeistert von dem beruflichen Anspruchsniveau, das Sie gleichermaßen erwarten und bieten.

5 Wir telefonierten bereits

a) Allgemeine Informationen rund ums Telefonieren
b) Bezug zum Vorabtelefonat

a) Allgemeine Informationen rund ums Telefonieren

- <u>Anrufen: ja oder nein?</u>

Im Inserat ist eine Telefonnummer angegeben? Es wird sogar der Name eines Ansprechpartners genannt? Das ist ein deutliches Zeichen, dass man Ihren Anruf erwartet. Mitunter bewerten die telefonischen Vorentscheider auf vorbereiteten Formularen Ihre Stimme, Ihr erkennbares Engagement, Ihre Fragenmotivation und die Gesprächsführung. Je höher die ausgeschriebene Position, desto wahrscheinlicher ist ein solcher Interviewstil bereits in dieser Phase. Auch wenn dies nicht überall derart professionell durchgeführt wird, vermuten einige Personaler hinter den Anrufern aktivere Bewerber im Vergleich zu den anderen Interessenten. Greifen Sie zum Hörer und lassen Sie sich nicht von vereinzelten Erfahrungen abschrecken wie: „Schicken Sie doch einfach Ihre Unterlagen rein ... haben Sie doch gelesen...".

- **Inhalt des Telefonats**

Welche Fragen haben Sie zum Aufgabenfeld oder zum Anforderungsprofil? Sinnvolle Fragestellungen sind: Was genau verstehen Sie unter ... ?, Wie sehen die Tätigkeiten im Detail aus?, Ist auch die Zusammenarbeit mit ... vorgesehen?, Beinhaltet die Stelle auch das Arbeiten mit ... ?

Nicht immer ergeben sich solche Fragen. Dennoch: Sofern Ihnen das Telefonieren nicht allzu viele Schwierigkeiten bereitet, nutzen Sie die Chance der Selbstpräsentation im Vorabtelefonat. So können Sie z. B. die Kurzbeschreibung Ihres Profils auf geschickte Weise mit einer Scheinfrage verbinden: „Herr Müller, ich habe eine Frage zu Ihrer Stellenbesetzung im Bereich ... . Haben Sie kurz Zeit? ... (Ja) ... Gut, danke. Ich habe die Qualifikation ..., verfüge über drei Jahre Berufserfahrung und besitze gute Kenntnisse in ... . Bin ich damit eine interessante Kandidatin für diese Position?" Unter der Annahme, dass Ihr Profil zu über 60 % deckungsgleich mit den Unternehmensanforderungen ist, wird diese Frage vermutlich ein `Ja` hervorrufen. Dies kann ein weiteres Gespräch positiv vorbereiten.

Entscheidend bei Ihrem Anruf ist, dass Sie, bevor Sie die Scheinfrage stellen, bereits galant Ihr Profil präsentieren. Sofern Sie den Eindruck gewinnen, dass Ihr Gegenüber ein offenes Ohr hat (gegebenenfalls fragen Sie nach einem günstigeren Zeitpunkt für einen Telefontermin), setzen Sie das Gespräch wie folgt fort: „Möchten Sie noch mehr zu den Inhalten meiner Diplomarbeit erfahren?", „Darf ich Ihnen beschreiben, welche Kenntnisse ich für die Aufgaben in Ihrem Unternehmen einbringen kann?" etc.

Verneint Ihr Gesprächspartner Ihre weiteren Fragen, haben Sie zumindest alles probiert, um auf sich aufmerksam zu machen.

- **Anrufen, wenn keine Telefonnummer angegeben ist?**

Die Antwort lautet eindeutig: ja und nein. Denn es gibt auch Personalverantwortliche, die einen Anruf als Affront betrachten. Eine Geschäftsführerin, die im Inserat schrieb `Bitte nur schriftliche Bewerbungen`, sagte zu mir: „Wenn Bewerber schon jetzt meine klare Aufforderung missachten, warum sollte ich dann glauben, dass sie in Zukunft meine Anweisungen richtig umsetzen werden?" Darüber hinaus bevorzugen viele Unternehmen in der ersten Phase die Auswahl über die schriftlichen Unterlagen, weil sie solche selbst initiierten Telefoninterviews als nutzlos ansehen.

- **Wichtig beim Telefonat**

Fragen Sie immer nach dem Namen Ihres Gesprächspartners. Werden Sie gebeten, Ihre Unterlagen zu Händen eines anderen Mitarbeiters zu schicken, erkundigen Sie sich wieder nach dessen Namen und vor allem auch nach eventuellen Titeln (Dr., Professor ...). Gegebenenfalls lassen Sie sich die Namen buchstabieren. Denn es gilt als Fauxpas, als Verstoß gegen die persönlichen Umgangsformen, wenn man den Namen eines Entscheidungsverantwortlichen falsch schreibt.

- **Telefonat im Anscheiben erwähnen**

Auch wenn nicht alle Unternehmen professionell strukturierte Telefonate führen, ist doch die gezeigte Initiative des Bewerbers oftmals ein Kriterium für die Einladung zum Gespräch. Sogar wenn Sie „nur" mit der Sekretärin gesprochen haben, ist der Hinweis auf das Telefonat mit ihr mitunter förderlich für den ersten guten Eindruck, den Sie hinterlassen.

b) Bezug zum Vorabtelefonat

⇨ **Sehr geehrte Frau xy,**
 sehr geehrter Herr xy,
 sehr geehrte Damen und Herren, ...

im Telefonat hatten Sie mir die Gelegenheit gegeben, mehr über die zu besetzende Position zu erfahren. Jetzt kann ich überzeugt sagen: Die Aufgaben in Ihrem Unter-nehmen sprechen mich in vollem Umfang an.

wie mir im Telefonat mit einem Ihrer Mitarbeiter mitgeteilt wurde, legt Ihre Organisation besonderen Wert auf.... Damit treffen sich Ihre Anforderungen mit meinen Vorstellungen von einem kreativ gestaltbaren Aufgabenfeld, das ich selbstständig und verantwortungsbewusst mitprägen will.

herzlichen Dank für das freundliche und informative Telefonat vom ... . Gerne sende ich Ihnen meine Bewerbungsunterlagen zu.
wie mit Ihnen in unserem interessanten Telefonat am ... besprochen, sende ich Ihnen heute meine Bewerbungsunterlagen zu.

vielen Dank für Ihre ausführlichen Informationen in unserem Telefongespräch am ... . Diese haben mich in meinem Wunsch bestärkt, in der Funktion einer / als ... für Ihr Unternehmen tätig zu werden.

herzlichen Dank für das freundlich-informative Telefonat vom .... . Ihre Angaben haben mich darin bestärkt, mich bei Ihnen zu bewerben.

mit großem Interesse bewerbe ich mich um die Position als ... , die Sie mir am ... telefonisch näher erläutert haben.

Unser Telefonat war sehr aufschlussreich für mich. Sehr gerne will ich Ihr Team als ... leistungsstark/engagiert unterstützen.

das telefonische Gespräch am ... mit Ihnen war sehr informativ/aufschlussreich. Vielen Dank für die Zeit, die Sie sich genommen haben. Jetzt bin ich zu einer klaren Entscheidung gekommen/bin ich mir ganz sicher: Die Anforderungen in Ihrem Hause reizen mich sehr/außerordentlich.

danke für Ihre telefonischen Informationen. Ihre ausführliche Darstellung der Verant-wortungsbereiche der zu besetzenden Position weiß ich sehr zu schätzen.

vielen Dank für die zusätzlichen Informationen über die zu besetzende Stelle, die ich heute am Telefon von Ihnen erhalten habe.

danke schön für Ihre ausführlichen Informationen am Telefon. Diese bestärken mich in der Entscheidung, zu Ihnen zu kommen.

vielen Dank für unseren ersten Kontakt im heutigen Telefongespräch. Es war ein sehr nettes und informatives Telefonat und hat mich davon überzeugt, dass ich zu Ihrem Unternehmen passe.

Ihre Ausführungen in unserem gestrigen Telefonat haben mich in meinem Wunsch bestärkt, als ... in das Berufsleben einzusteigen.

besten Dank für das überaus freundliche Telefonat. ...

danke für die Zeit, die Sie für mich im Telefongespräch am ... hatten. ...

Mein Interesse an dieser Position ist nach unserem Telefongespräch vom 10. Januar noch stärker als zuvor.

besten Dank für das telefonische Gespräch am heutigen Tag. Sie haben mir sehr weitergeholfen.

An Ihren Ausführungen über ... im Telefonat am heutigen Tage hat mir vor allem die Betonung einer auf Erfolg angelegten ... sehr zugesagt.

danke, dass Sie sich die Zeit für das Gespräch am ... genommen haben.

⇨ *Sehr geehrte Frau Huber,*
   sehr geehrter Herr Müller,

Wenn Sie zwei Ansprechpartner haben und mit einem der beiden im Vorfeld telefoniert hatten, können Sie folgendermaßen formulieren:

im Telefonat mit Frau Huber am 02.10.2009 habe ich erfahren, dass insbesondere spanische Sprachkenntnisse für die Aufgaben in der Abteilung ... erforderlich sind. Als augebildete Fremdsprachenkorrespondentin ... .

im Telefonat am 02.10.2009 mit Ihnen, Frau Huber, erfuhr ich, dass .....

vielen Dank für die Informationen, die ich im Telefonat mit Ihnen, Frau Huber, über die konkreten Aufgabenfelder der ... erhalten habe.

6 Auf Empfehlung von ...

a) auf Empfehlung von Frau .../ Herrn ...
b) auf Vermittlung einer Kursleitung innerhalb einer beruflichen Weiterbildung

a) auf Empfehlung von Frau .../ Herrn ...

⇨ *Sehr geehrte Frau xy,*
sehr geehrter Herr xy,
sehr geehrte Damen und Herren, ...

über Herrn Müller, einen guten Bekannten von mir, bin ich auf Ihr Unternehmen aufmerksam geworden. Vor dem Hintergrund seiner früheren, stets positiven geschäftlichen Kontakte zu Ihnen hat er mir empfohlen, meine Bewerbung direkt an Sie zu richten.

ein Freund und früherer Geschäftspartner hat mir empfohlen, mich an Sie als Entscheidungsverantwortlichen innerhalb der ...-AG zu wenden. Aufgrund meiner Qualifikationen ist er überzeugt, dass meine Bewerbung von Interesse für Sie sein kann. Ich bitte Sie, dies zu überprüfen. Kurz zu meinem Werdegang: ...

eine Mitarbeiterin Ihres Projektteams erzählte mir von Ihren Erfolgen und Ihrem Unternehmensprofil, Schilderungen, die mich außerordentlich neugierig gemacht haben. Deshalb möchte ich Ihnen auf Empfehlung von Frau ... meine Mitarbeit als ... anbieten.

ich bitte Sie darum, Ihre Anforderungen im Bereich ... mit meinem Profil abzugleichen und mir mitzuteilen, ob ein Kennenlernen von Interesse für Sie ist. Die Informationen auf Ihrer Website und von Frau ..., einer Kollegin in meiner aktuellen Weiterbildung, sprechen mich sehr an und machen Sie für mich als potentiellen Arbeitgeber außerordentlich interessant.

eine frühere Arbeitskollegin hat mir immer wieder von Ihren innovativen Produkten und dem professionellen Niveau der verschiedenen Abteilungen Ihres Hauses berichtet. Daher bewerbe ich mich mit großem Interesse und hoch motiviert bei Ihnen.

Herr Huber, mein früherer Arbeitskollege, ist seit mehreren Jahren bei Ihnen tätig. Er hat mir begeistert von der angenehmen Atmosphäre in Ihrem Unternehmen erzählt und wie gerne er für Sie arbeitet. Dies hat mich sehr beeindruckt und mein Interesse geweckt, mich in Ihrem Unternehmen zu engagieren und Sie kennenzulernen. Sollte Sie mein berufliches Profil überzeugen, würde ich mich sehr über eine solche Chance freuen.

von einem guten Freund, Franz Westermann, habe ich in den vergangenen Jahren viel Interessantes über Ihr Unternehmen erfahren. Ich bewerbe mich daher ganz gezielt bei Ihnen, einem Unternehmen mit technischer Ausrichtung. Meine erste Berufserfahrung nach der Ausbildung sammelte ich bei der Firma ... (Spezialmaschinenbau).

b) auf Vermittlung einer Kursleitung innerhalb einer beruflichen Weiterbildung

⇨ *Sehr geehrte Frau xy,*
sehr geehrter Herr xy,
sehr geehrte Damen und Herren, ...

von meiner Kursleiterin erfuhr ich von Ihrem Personalbedarf in der Abteilung .... Frau [Name der Kursleiterin] hat heute mit Ihnen telefoniert und mir mitgeteilt, dass Sie meine Bewerbung in der Auswahl berücksichtigen wollen.

mein Berufstrainer, Herr ..., hat mir mitgeteilt, dass Sie Interesse an meinen Bewer-bungsunterlagen haben. Vielen Dank – das freut mich sehr. Die Mitarbeit im Bereich ... als ... motiviert mich aufgrund meiner Erfahrungen im Bereich … sehr.

Meine Seminarleiterin Frau ... vom ...-Institut hat mir im Anschluss an das Telefonat mit Ihnen am … berichtet, dass ich meine Bewerbung für die Position … direkt an Sie richten kann. Mit meinen Erfahrungen im Bereich der … bin ich mir sicher, Ihren ….

7 Ich stelle mich vor ...

a) als Einsteiger
b) als Quereinsteiger

a) als Einsteiger

⇨ *Sehr geehrte Frau xy,*
sehr geehrter Herr xy,
sehr geehrte Damen und Herren, ...

die Ausbildung als ... habe ich 200 ... erfolgreich abgeschlossen. Ihre Ausschreibung deckt sich sehr gut mit meinem Qualifikationsprofil.

nach erfolgreich abgeschlossener Ausbildung als ... bin ich nun auf der Suche nach einer herausfordernden Tätigkeit. Die von Ihnen genannten/beschriebenen Aufgaben haben daher sogleich mein Interesse geweckt.

das Studium der ... habe ich am ... an der Universität ... mit den Schwerpunkten ... erfolgreich abgeschlossen. Daher bringe ich die geforderten Kenntnisse in hohem Maße mit.

b) als Quereinsteiger

Quereinsteiger müssen in der Eröffnung Ihren geplanten Einstieg in eine neue Branche oder neue Kenntnisbereiche noch nicht benennen. Der Vorteil liegt allerdings in einem direkten, ehrlichen Einstieg. Weitere mögliche Formulierungen finden sich unter „Besonderes; Quereinstieg"(siehe Seite 234).

⇨ *Sehr geehrte Frau xy,*
sehr geehrter Herr xy,
sehr geehrte Damen und Herren, ...

nach langjähriger Berufserfahrung als ... in einem Automobilkonzern suche ich eine neue Herausforderung, um meine Kenntnisse der .../Fähigkeiten als .../in .../Stärken als/in ...beruflich einsetzen/einbringen zu können. Die bei Ihnen zu besetzende Position reizt mich daher sehr.

der Bereich der … hat mich seit jeher besonders fasziniert/sehr angesprochen. Meine große Leidenschaft und meine persönlichen Fähigkeiten qualifizieren mich für die Aufgaben der ... bei Ihnen.

als … will ich nun meine große Stärke – ein kundenfreundliches und gewinnendes Auftreten – endlich zum Einsatz bringen und zum wirtschaftlichen Erfolg Ihres Unternehmens einsetzen.

c) als der Richtige für Ihr Unternehmen

⇨ *Sehr geehrte Frau xy,*
sehr geehrter Herr xy,
sehr geehrte Damen und Herren, ...

die ausgeschriebene Position/Stelle entspricht genau meinen Fähigkeiten und Kenntnissen. Deshalb möchte ich mich um die Stelle bewerben.

da meine Kenntnisse und Erfahrungen den in Ihrem Inserat beschriebenen Anforderungen in jeder Hinsicht entsprechen, bewerbe ich mich bei Ihnen mit großem Interesse.

Ihre Stellenanzeige fand sofort mein Interesse, da ich in dieser Branche/in diesem Tätigkeitsbereich bereits umfassende Erfahrungen gesammelt habe.

da mich das beschriebene Aufgabengebiet sehr anspricht und ich über alle gewünschten Qualifikationen verfüge, bewerbe ich mich um diese Position.

die in der Anzeige geforderten fachlichen und charakterlichen Eigenschaften entsprechen in hohem Maße meinen Kenntnissen und Fähigkeiten.

da sich der umrissene Aufgabenbereich mit meiner bisherigen Tätigkeit deckt und ich sehr gerne in Ihrem Hause aktiv werden will, bewerbe ich mich um diese Position.

in Ihrer Annonce erwarten Sie von Ihrem Mitarbeiter fachliche und persönliche Eigenschaften, von denen ich überzeugt bin, Sie Ihnen bieten zu können.

der von Ihnen beschriebene Tätigkeitsbereich ist mir sehr vertraut, denn er entspricht den Aufgaben, die ich bei meinem derzeitigen Arbeitgeber ausführe. Da sich dort jedoch keine Aufstiegsperspektive mehr für mich abzeichnet, möchte ich mich beruflich verändern.

ich verfüge über ein breitgefächertes Können und großes [handwerkliches Geschick]. Selbstständiges und zügiges Arbeiten sind für mich selbstverständlich.

in Ihrer Anzeige beschreiben Sie ein (überaus) interessantes Tätigkeitsfeld, in dem ich aufgrund meiner ... Kenntnisse im Bereich ... und meiner Praktika im ... erfolgreich/tatkräftig/mit vollem Elan mitarbeiten kann.

von der ausgeschriebenen Position/Stelle/Tätigkeit als ... habe ich mit großem Interesse gelesen. Ich bin mir sicher, dass ich Ihren Erwartungen entspreche und möchte gerne meine ... Kenntnisse und ... Fähigkeiten in Ihrem Unternehmen/Betrieb erfolgreich/tatkräftig einsetzen/einbringen/gewinnbringend einsetzen.

Sie suchen ... . Mich reizt nicht nur .... Zudem bin ich überzeugt, dem beschriebenen Anforderungs-profil/den geforderten Schlüsselqualifikationen/den dargestellten Anforderungen/den erwarteten Kenntnissen/Fähigkeiten in allen wesentlichen Punkten zu entsprechen.
Ihre Ausschreibung klingt ausgesprochen vielversprechend. Die Einarbeitung als Führungsnachwuchskraft interessiert mich sehr und entspricht genau meinen Qualitäten.

in Ihrer Anzeige beschreiben Sie ein (überaus) interessantes Tätigkeitsfeld, in dem ich aufgrund meiner Ausbildung und unterschiedlichen/vielseitigen/umfassenden / vielfältigen/reichhaltigen/breitgefächerten Berufserfahrungen erfolgreich/tatkräftig/mit vollem Elan mitarbeiten kann.

Sie suchen ... . Ein Blick auf mein Profil und Sie wissen, Sie haben ihn/sie gefunden.

Bewerber, die sehr überzeugt davon sind, dass das ausgeschriebene Profil sich exakt mit ihrem Berufswunsch deckt, können auch auf Formulierungen wie "Für mich stand bereits früh fest, dass ..." oder "... ist meine Welt" oder „... ist mein Leben" zurückgreifen.

8 Ich bewerbe mich intern in unserem Hause

⇨ *Sehr geehrte Frau xy,*
sehr geehrter Herr xy,
sehr geehrte Damen und Herren, ...

ich beziehe mich auf unser Telefonat und bewerbe mich auf die intern ausgeschriebene Position.

meine Leistungen in meinem derzeitigen/momentanen Aufgabengebiet wurden stets (sehr) gut beurteilt. Deshalb sehe ich mich dem übergeordneten Aufgabenbereich eines/einer ... gewachsen.

ich bewerbe mich auf die am „Schwarzen Brett" ausgeschriebene Position der ... .

nach meiner Lehre in unserer Firma und ... weiteren Berufsjahren als ... sind mir Ziele und Strukturen unseres Hauses sehr gut vertraut.

ich sehe in der ausgeschriebenen Position eine gute Chance, mich beruflich weiter zu qualifizieren. Ich kann Ihnen versichern, dass ich mich wie bisher mit großem Engagement für die Interessen unseres Hauses stark machen werde. Es würde mich sehr freuen, wenn ich in dem für uns wichtigen Bereich ... kreativ und abschlusssicher in repräsentativer Position tätig sein könnte.

wie Ihnen bekannt ist, bin ich seit ... Jahren im Bereich ... tätig. Ich möchte sehr gern in unserem Unternehmen weiterkommen und sehe dazu in der ausgeschriebenen Position eine gute Gelegenheit.

Berufliches

1 Das qualifiziert mich als Berufseinsteiger mit Ausbildungsabschluss

Ein wichtiger Hinweis für Bewerber, die ihren Abschluss im Rahmen einer Umschulung erworben haben: Umschulungen werden zu einem großen Teil für Menschen finanziert, die ihren bisherigen Beruf gesundheitsheitsbedingt nicht mehr ausführen können. Um die Frage nach einer möglichen Krankheit und vor allem nach Ihrer Belastbarkeit nicht zu groß werden zu lassen – insbesondere wenn Sie sich nicht in Ihrem neu erlernten Beruf bewerben – empfehle ich, die Begriffe „Zweite Ausbildung" oder „Qualifikation" zu verwenden. Dies gilt dann ebenso für den Lebenslauf.

a) Einsteiger mit praktischer Ausbildung

Mit sehr guten Noten habe ich im [Monat/Jahr] meine Ausbildung zur ... bei ... abgeschlossen. Während meines dreimonatigen Praktikums im [Monat/Jahr] hatte ich bereits die Gelegenheit, die Tätigkeit in ... kennenzulernen und die Ausbildungsinhalte in der Praxis anzuwenden.

Die Arbeit als Tierpfleger kann ich mir sehr gut vorstellen, da ich gelernter Geflügelzuchtgehilfe und ein ausgesprochen tierlieber Mensch bin.

Praktische Erfahrungen während meiner Ausbildung machte ich während des zweimonatigen Aufenthalts in der hauseigenen Übungsfirma, in denen ich die Abteilungen Finanzbuchhaltung, Personalwesen und Auftragsbearbeitung durchlief.

Zu meinen Ausbildungsinhalten/zu meiner Ausbildungspalette gehörten ... .

Durch meine Ausbildung zum/zur ... konnte ich erstmals/bereits/zunächst Einblicke in diverse Bereiche des ... gewinnen.

Durch meine Ausbildung zur ... konnte ich zunächst umfassende Fähigkeiten im Bereich ... erlangen. Die dort erlernte ... ermöglichte mir meine spätere Tätigkeit als ... bei der Firma ... .

Dank meiner kürzlich/jüngst abgeschlossenen Ausbildung bin ich beruflich auf dem neuesten Stand.

Im Bereich des/der ... bin ich sicher. Im Zweifelsfall schlage ich in der Fachliteratur nach.

Wenn ich einmal nicht weiterkomme, wusste ich mir bisher stets zu helfen, indem ich solide Internetquellen, Fachliteratur oder den Rat von Experten heranzog.

Zwar habe ich erst grundständige Erfahrungen in ... – dafür aber um so ausgeprägtere Kenntnisse in ... .

In der von Ihnen beschrieben Position will ich mein Wissen verwerten und vertiefen.

Als Einsteiger bringe ich Kenntnisse im Bereich ... mit, die mir sicherlich sehr hilfreich für eine effektive Bewältigung der Aufgaben bei Ihnen sein werden.

Dank meiner „Einsteiger"-Kenntnisse kann ich mich mit Sicherheit sehr gut auf die Erfordernisse im Bereich ... einstellen.

b) Einsteiger mit dualer Ausbildung

Meine in der Ausbildung gewonnenen Kenntnisse in ... sehe ich als sehr guten Ausgangspunkt, um nun bei Ihnen meine ersten Berufserfahrungen zu sammeln.

Während meiner dualen Ausbildung zur ... habe ich praktische, berufsrelevante Erfahrungen bei der ...-AG gesammelt. Dieses Wissen will ich nun mit hoher Motivation für die Aufgaben bei Ihnen einsetzen.

Bei meiner Wahl des Ausbildungsbetriebes für die praktische Qualifizierung hatte ich mich bewusst für ein Unternehmen entschieden, das ... . Die dort gewonnenen Erfahrungen kann ich nun gezielt für die Aufgaben im Bereich ... bei Ihnen einbringen.

c) Einsteiger mit theoretischer Ausbildung

Ich bin davon überzeugt, dass ich mein in der Theorie erarbeitetes Wissen bei Ihnen gut in die Praxis umsetzen kann.

Auch wenn sich meine Kenntnisse auf das in der Schule erarbeitete Wissen beziehen, so bin ich mir doch sicher, dass ich mein Know-how aufgrund meiner guten Noten bei Ihnen effektiv in die Praxis umsetzen kann.

Für eine zügige Erledigung der Aufgaben in der Abteilung ... profitieren Sie von meinem soliden theoretischen Wissen.

Ich bin davon überzeugt, dass ich mit meinem sicheren Blick für das, was in der Praxis erforderlich ist, die Kenntnisse aus meiner Ausbildung gut bei Ihnen umsetzen kann.

Gerade weil mir in meiner Ausbildung der praktische Bezug sehr gefehlt hat, bin ich mir sicher, dass ich meine schulischen Kenntnisse umso motivierter und effektiver bei Ihnen einbringen werde.

Aufgrund meiner guten Auffassungsgabe wird es mir sicherlich schnell gelingen, das Fachwissen aus meiner Ausbildung gezielt für die täglichen praktischen Anforderungen zu nutzen.

2) Das qualifiziert mich

a) Darin bin ich fit ...

- ... – dank meines Abschlusses und meiner Erfahrungen

Nach meinem Studium des/der ... war ich zunächst acht Jahre im Unternehmen ... als ... tätig und wechselte 19.. zum ...-Unternehmen/zu einem internationalen Konzern in [Stadt]. Schwerpunkte dieser Tätigkeiten waren die ...

Vor meinem Studium des/der... absolvierte ich in der ...-AG eine Ausbildung und war dort anschließend weitere ... Jahre tätig. Das ... und ... beherrsche ich gut. Ebenso sind mir ... geläufig.

Nach erfolgreichem Lehrabschluss als Kfz-Mechaniker arbeitete ich zunächst in einer Werkstatt in .... Dann war ich zwei Jahre bei ... tätig und wechselte anschließend zu meinem derzeitigen Arbeitgeber, bei dem ich in ungekündigter Position arbeite.

Aufgrund meiner Ausbildung, meiner guten englischen Sprachkenntnisse und meiner in ähnlichen Funktionen gesammelten Erfahrungen beherrsche ich alle bei Ihnen anfallenden Sekretariatsarbeiten.

Als ausgebildete ... war ich drei Jahre bei ... und zuletzt bei ... tätig.

Meine Ausbildung habe ich bei … durchlaufen.

Nach meiner Ausbildung zur/zum ... bei ... verblieb ich dort ... Jahre und war anschließend in der Abteilung des ... tätig.

Nach meiner Ausbildungszeit wurde ich als … für die Bearbeitung der Aufträge … übernommen.

Ich bin von Haus aus gelernter ... und schaffte über den zweiten Bildungsweg den Sprung zum ... . In diesem Bereich bin ich seit ... Jahren hier in... tätig.

Anschließend an meine Ausbildung als ... (1999) war ich zunächst ein Jahr befristet beim ... als ... tätig und wechselte dann 2000 zur ...-AG in ... .
Dort startete ich ebenfalls als ... für ... und wurde zum ... befördert.

Der Umgang mit ... ist mir seit meiner Kindheit und meiner Ausbildung zur/zum .../meinem Studium der/des ... bestens vertraut.

Meine Ausbildung zur Verlagskauffrau absolvierte ich bei der Business-Academy innerhalb eines Jahres .

Dank eines Intensivkurses konnte ich die Ausbildung zum ... innerhalb eines Jahres abschließen.

In einem einjährigen Intensivkurs qualifizierte ich mich zur/zum ....

- ... – weil ich weiß, was ich weiß!

Gerade auf dem Gebiet der ... verfüge ich über ... .

Ich bin in … erfahren.

Ich bin sehr versiert im Erstellen von … .

Meine Leistungen als … zeigen sich in … .

Ich biete Ihnen Kenntnisse im Bereich … .

Meine Kompetenz beinhaltet die … .

Mein Profil zeichnet sich durch … Kompetenzen aus.

Mein Potenzial umfasst … .

Meine Leistungen und Erfolge sind: …

Meine Praxiserfahrung umfasst zudem/darüber hinaus … .

Zudem/außerdem biete ich Ihnen Kenntnisse in professioneller Geschäftskorrespondenz, die über das klassische Bürowissen hinausgehen.

Der Schwerpunkt meines Profils liegt in … .

Mein berufliches Know-how bezieht/stützt sich in breitem Umfang/größtenteils auf meine Erfahrungen bei … .

… ist mir ebenso geläufig wie … .

… beherrsche ich sicher und routiniert.

… ist/sind für mich überhaupt kein Problem.

Mein Know-how im Bereich … möchte ich bei Ihnen einbringen.

Erfahrungen in der … sind vor allem in den Gebieten … vorhanden, selbstverständlich auch in … und … .

Zusätzlich zu den von Ihnen geforderten Qualifikationen verfüge ich über ein sehr gutes …- Wissen und Erfahrungen in … . Diese Kenntnisse möchte ich gern in Ihrem Haus einbringen.

Belege für mein methodisches Arbeiten sind … .

… kenne ich von der Pike auf.

Das Zusammenstellen von Waren nach Bestellliste ist mir daher bestens vertraut.

Sie können fundierte Kenntnisse und berufliche Erfahrungen in der … bei mir ebenso voraussetzen wie die Bereitschaft, mich rasch und zuverlässig in neue Aufgabengebiete und Besonderheiten Ihres Unternehmens einzuarbeiten.

Ich verstehe mich gleichermaßen auf die … wie auf … .

Meine Kenntnisse in … möchte ich einsetzen, um zum erfolgreichen Ausbau des/der … beizutragen.

Den Ausbau/Die Erweiterung meiner Kenntnisse habe ich stets aktiv gestaltet.

Im Bereich der/des … halte ich mich ständig auf dem Laufenden. Ich informiere mich über Fachzeitschriften und das Internet.

Mein Wissen möchte ich einsetzen, um den Aufbau einer neuen Organisationsstruktur in der Abteilung aktiv mitzugestalten.

Ich weiß was eine serviceorientierte Haltung ausmacht.

Im Bereich der … möchte ich meine ausgewiesenen Fachkenntnisse einsetzen.

Diese fachlichen Kenntnisse kann ich wirkungsvoll in den Dienst Ihres Unternehmens stellen.

Dank dieser Erfahrungen bin ich gut gerüstet für die Aufgaben in der … .

Mein präzises Wissen in vertragsrechtlichen Fragestellungen, Budgetplanung und Projektcontrolling bilden die Basis für ein leistungsorientiertes Arbeiten bei [Hamburger und Dill].

Meine beruflichen Erfahrungen und Qualifikationen entsprechen Ihren Wünschen.

Ich liebe meinen Beruf. Im Geschäftsalltag freue ich mich, wenn … .

Mein fachliches Wissen ist damit aber noch nicht erschöpft. …

In Kürze die wesentlichen Aspekte/Punkte meines Erfahrungsprofils:
- …

- …

Aufzählungspunkte können Sie auch in einen Satz einbetten:

Ich arbeite gerne mit MS-Office, bin mit den Regeln der aktuellen DIN 5008 und 676 gut vertraut und verfüge über Stenografiekenntnisse.

b) Das mache ich zurzeit/das habe ich gerade erst gemacht

- **Wissensaneignung beim derzeitigen Arbeitgeber**

Meine Aufgabe bei der [Firma AFTL] umfasst die Betreuung und Generierung von Großprojekten bei Großkunden.

Seit Jahren arbeite ich als … . Zu meinem Aufgabenbereich gehören die Planung, Konzeption und Realisierung komplexer Projekte sowie die Präsentation und abschließende Vertragsverhandlung auf höchster Ebene.

Zurzeit gehört es zu meinen Aufgaben, … zu [tun].

Ergänzt werden diese Tätigkeiten durch … .

Inzwischen bin ich seit vier Jahren leitender kaufmännischer Angestellter bei der …-Firma.

Ich entwickle [Art des Produktes/der Dienstleistung] und begleite dessen/deren Umsetzung.

Ich betreue Kunden, arbeite Forecasts sowie Entwicklungsziele aus und definiere die Rahmenbedingungen von Projekten.

In meiner derzeitigen Position koordiniere ich als …/bin ich als … verantwortlich für … .

Mit meiner Arbeit decke ich die …-Bereiche ab.

Ich bin … Jahre alt und seit mehr als … Jahren in der …-Branche tätig. Derzeit betreue ich für die …-Gruppe die Bezirke … .

Seit … Jahren arbeite ich in einer vergleichbaren Position und verfüge über sehr gute –Kenntnisse in … .

Für meinen derzeitigen Arbeitgeber habe ich sehr gute Umsatzzuwächse erzielt, einen umfangreichen Kundenstamm aufgebaut und für den Außendienst eine EDV–Datenbank angelegt.

Zu meinem aktuellen Arbeitsgebiet gehört …, von der Auftragsbearbeitung über die Preiskalkulation bis hin zur Kundenbetreuung.

Zu meinen Tätigkeiten gehören, samt aller anfallenden Aufgaben im Bereich …, [Art der Tätigkeiten] .

- **Wissensaneignung bei der letzten Arbeitsstelle**

In den letzten Jahren arbeitete ich eigenverantwortlich und selbstständig im Büro- und Administrationsbereich.

Ich war lange als … tätig, zuletzt als … für die Bereiche … verantwortlich.

Ich verfüge über langjährige Erfahrungen als … , zuletzt in der Funktion eines … .

Die dargestellten Anforderungen sind in puncto … vergleichbar mit meiner zuletzt ausgeübten Tätigkeit.

Parallel dazu habe ich … .

Mein Wissen und Können aus einer ersten Ausbildung als … konnte ich bereits erfolgreich beruflich umsetzen.

Insbesondere trug ich auch zu … bei.

Ich habe ich mich nicht nur in allgemeinen Verwaltungsaufgaben, sondern auch in der Vorbereitung für die Buchhaltung bewährt.

c) Das habe ich früher schon mal gemacht

Die Formulierungen dieses Abschnitts fokussieren die Kenntnisse, die Sie sich bei früheren Arbeitgebern – vor Ihrer letzten Arbeitsstelle – angeeignet haben. Sie können Sie dabei unterstützen, Kenntnisse zu beschreiben, die Sie eventuell bereits vor langer Zeit erworben haben, die für die anvisierte Position aber dennoch von unschätzbarem Wert und Vorteil sein können. Hierbei ist es punktuell möglich auch die zweite Vergangenheitsform, das Perfekt, zu wählen (siehe Sprachtipps auf Seite 14).

Umformuliert in die Gegenwart, stehen Ihnen diese Formulierungen auch für die Beschreibung aktueller Aufgaben und Kenntnisse zur Verfügung.

Durch meine Tätigkeit als … verfüge ich über gutes handwerkliches Geschick und bin auch einen sehr sorgfältigen Umgang mit empfindlichen Gegenständen gewohnt.

Im Rahmen meiner …-Tätigkeit habe ich die Bestände neu erstellt, was zu einer praktikablen Lagerneuverwaltung führte.

Hier habe ich auch Erfahrungen mit der Warenannahme gesammelt. Für … war ich eigenverantwortlich zuständig.

Selbstverständlich dürfen Sie bei mir Erfahrungen/fundierte Erfahrungen /vielfältige Erfahrungen bei allen sekretariatsüblichen Arbeiten voraussetzen.

Sie können von mir erwarten, dass ich mein Handwerk beherrsche und auch mit Kunden sehr gut umgehe. Die Besonderheiten bei Spezialanfertigungen sind mir bekannt.

Die beschriebenen Aufgaben sind mir durch meine langjährige Berufspraxis bestens vertraut. Einen sehr guten koordinativen Umgang mit dem Personal eignete ich mir als Ingenieur in der Anleitung der Laboranten und bei der hausinternen Kooperation an.

Auch während meiner …jährigen Berufstätigkeit als … gelang es mir sehr gut, eine zuverlässige, beständige und belastbare Beziehung zu den betreuten Personen aufzubauen.

In puncto … habe ich schon seit vielen Jahren Erfahrungen gesammelt./ In puncto …verfüge ich über langjährige Erfahrungen.

Des Weiteren war ich für … verantwortlich.

In den Mittelpunkt meiner Berufstätigkeit stellte ich … .

Darüber hinaus habe ich auch in … Erfahrungen gesammelt. … bereitet mir ebenso viel Freude/ ist für mich ein ebenso großer Anreiz/ stellt für mich eine ebenso große Herausforderung dar wie … .

Auch im Hinblick auf … sind mir in der Vergangenheit wesentliche Weichenstellungen gelungen.

In meinen bisherigen Positionen als … bildete der …-Bereich einen Schwerpunkt meiner täglichen Aufgaben.

Ich habe zukunftsweisende Entscheidungen im Bereich … getroffen.

Meine Schwerpunkte legte ich … .

Die gewonnenen Kenntnisse werden mir als … bei Ihnen nützlich sein.

Meine langjährige Berufspraxis als … beinhaltet die … .

Ich habe in unterschiedlichen Branchen gearbeitet: beispielsweise in der … - und der …-Branche, wo ich Projektleiter war.

Benennen nachweisbarer Erfolge

Als … erreichte ich eine Steigerung des Auftragsvolumens um 15 %.

Ein deutlich verbessertes Kundenfeedback war auf meine Initiativen in der Auftragsabwicklung zurückzuführen.

Die Abteilung konnte unter meiner Leitung eine Verbesserung der Kommunikationswege und eine Optimierung der Verwaltungsabläufe erreichen. Das entscheidende Ergebnis: Eine erhöhte Zahl von Kundenaufträgen konnte ... .

Mit dem von mir erzielten Umsatz übertraf ich die Vorgaben um 60 %.

Im Zusammenhang mit der Steigerung der Produktivität ist sicherlich für Sie von Interesse, dass die Qualität der Produkte im Fachblatt ... besonders hervorgehoben wurde.

d) Das habe ich gemacht bei ...

Die folgenden Satzbausteine setzen Ihre Kenntnisse in einen Zusammenhang mit dem Firmennamen – unabhängig von dem Zeitpunkt Ihres Erwerbs.

Während meiner [sechs]jährigen Anstellung bei der Firma ..., Hoch- und Tiefbau, überzeugte ich durch meine ... Arbeitsweise. Die Tätigkeit/Fortbildung als ... erforderte zuverlässiges Arbeiten, was ich mit viel Freude und Eigeninitiative umsetzte/realisierte.

Im Kaufmännischen bin ich sehr engagiert und bringe Berufserfahrung im Bereich Unterhaltungselektronik mit. Bei der Firma ... in ... erlernte ich den Beruf des Einzelhandelkaufmanns. Hier war ich neben dem aktiven Verkauf sämtlicher Tonträger auch in den Abteilungen TV und HIFI beratend tätig.

Im Rahmen meiner Tätigkeit als ... bei ... arbeitete ich entscheidend an der ... mit.

Fachlich und persönlich überzeugte ich während meiner Tätigkeit als ... bei ... .

Als fachlicher Ansprechpartner für unterschiedliche Gebiete zeigte ich meine Kompetenzen vor allem im ...-Bereich bei ... .

Meine Eigenschaften/Fähigkeiten/Kenntnisse konnte ich bei ... äußerst erfolgreich einsetzen.

Während meiner Tätigkeit als ... bei ... war ich verantwortlich für die Bereiche der ... . Hier profitierte ich auch von ...

Mit den verschiedenen Abteilungen meines letzten Unternehmens arbeitete ich kooperativ zusammen, was wesentlich zum zügigen Erreichen unserer Ziele beigetragen hat.

Ich verfüge über differenzierte Kenntnisse in den Bereichen ... und ... sowie ... . Auf diesem Gebiet sammelte ich bei verschiedenen Praktika und während meiner langjährigen Berufstätigkeit als ... Erfahrungen.

Dort stellte ich meinen betriebswirtschaftlichen Sachverstand bereits unter Beweis.

Meine Kenntnisse im Bereich der ... stellte ich in dieser Zeit unter Beweis.

Dabei nutze ich alle administrativen Möglichkeiten/Tools.

Eine Vertiefung meines Wissens speziell in den Gebieten ... interessierte mich während meiner Arbeit bei ... sehr.

In [fünf] Jahren vielseitiger ...-Erfahrung, zunächst als ... und später als ..., konnte ich mir gute Kenntnisse in ... erarbeiten.

Hier zeigte ich einen zuverlässigen und versierten Arbeitsstil/konnte ich meinen zuverlässigen und versierten Arbeitsstil erfolgreich einsetzen.

Arbeiten wie die tägliche Ablage forderten mich bei meiner Stelle beim ...-Unternehmen ebenso heraus wie die anspruchsvolle Erledigung der Geschäftskorrespondenz.

Anschließend war ich für ... Jahre bei der Firma ... angestellt. Dort erledigte ich in erster Linie ... .

Während meiner Tätigkeit als ... bei der Firma ... setzte ich mich umfassend mit Fragen der Büroorganisation auseinander.

Meine praktischen Erfahrungen im ...-Bereich erwarb ich bei den Unternehmen ... und ... sowie in den letzten [fünf] Jahren bei der Kron AG.

Später trat ich als ... in die ...-Firma ein. Neben den klassischen Büroaufgaben erledigte ich dort ... .

Aus meinen Erfahrungen bei der Troppki GmbH resultiert mein Verständnis für technische Zusammenhänge.

Ich war ... Jahre für die Ruppmann AG aktiv. Dieser Tätigkeit verdanke ich meine Fähigkeit, in größeren betriebswirtschaftlichen Zusammenhängen zu denken./Während dieser Zeit entwickelte ich meine Kompetenzen im Bereich des vernetzten betriebswirtschaftlichen Denkens.

Als Angestellter der ... GmbH überwachte ich die Produktion, wartete Fertigungsanlagen und montierte sowie prüfte Bauteile .

Meine langjährige Berufspraxis als ... beinhaltet die ... .

In beiden Stellen habe ich auch ... .

Als ... war ich voll und ganz in alle Belange des ... eingebunden.

Das ...-Umfeld kenne ich bereits aus früheren Geschäftskontakten während meiner Tätigkeit für die Firma ... .

Passivformulierung:
Um den Aufgaben bei der ...-GmbH gewachsen zu sein, wurde ich in die branchenspezifische Software Wasp intern eingearbeitet.

e) Darin habe ich wenig Kenntnisse – noch!

Es ist durchaus angebracht, seine Kenntnisse realistisch zu beschreiben und nicht etwa aufzuwerten. Beachten Sie in diesem Zusammenhang insbesondere auch die Hinweise zur fachlichen Einschätzung auf Seite 73 ff.

Außerdem erlebe ich es als eine Herausforderung, mit neuen Aufgaben konfrontiert zu werden. Ich bin gerne bereit, mich bei Bedarf in bisher unbekannte Tätigkeitsfelder einzuarbeiten.

Neue Aufgaben und die Begegnung mit vielen Menschen sind für mich stets eine interessante Herausforderung und bereiten mir viel Freude.

Da die Betriebsstrukturen ein hohes Maß an Flexibilität erforderten, bin ich es gewohnt, mich in neue Aufgaben hineinzudenken und diese zuverlässig auszuführen. Ich sehe dies als Herausforderung.

Ich lerne sehr gern hinzu und werde mich deshalb schnell in neue Tätigkeitsfelder einarbeiten.

Da ich an neuen, auch komplexen Inhalten und Aufgaben sehr interessiert bin/für neue, auch komplexe Inhalte und Aufgaben immer offen bin, steht dem Ausbau meines technischen Verständnisses nichts im Wege.

Als ein technisch denkender Mensch, werde ich mich schnell in die Aufgaben des ... einarbeiten.

Journalistisch war ich schon immer sehr interessiert. Daher werde ich mich mit viel Elan in die Bereiche des ... einarbeiten können.

Mein großes Engagement gepaart mit einem verbindlichen Auftreten sehe ich als gute Grundlage für dieses neue Aufgabengebiet.

Sehr gerne würde ich mich in der [Filmbranche] beruflich engagieren. Schon immer war ich diesem Metier, in dem ein sicheres Auftreten und ein ausgeprägtes Kommunikationsgeschick besonders gefordert sind, sehr verbunden. Bei meiner Tätigkeit als ... konnte ich diese Fähigkeiten bereits wirksam einsetzen.

Erste Erfahrungen in diesem Bereich habe ich bei ... gesammelt.

Auch das Arbeiten mit ... ist eine reizvolle neue Aufgabe für mich.

Bis dahin werde ich mir noch Kenntnisse in ... aneignen.

Kenntnisse in den Bereichen des ... fehlen mir noch. Diese möchte ich mir über einen Kurs in .../eine zusätzliche Qualifikation bei ... schnellstmöglich aneignen.

Im Bereich/In ... verfüge ich über ein solides/ausbaufähiges Grundverständnis. Daher werde ich mich in die Aufgaben ... zügig einarbeiten. Die eigenverantwortliche Vertiefung meiner so gewonnenen Kenntnisse, auch nach Feierabend, ist für mich selbstverständlich.

Die Entwicklung in der ...-Branche verfolge ich schon seit längerer Zeit sehr interessiert.

Durch einschlägige Lektüre/langjährige Erfahrungen mit .../leidenschaftliche Beschäftigung mit ... habe ich mich im Bekanntenkreis schon seit Langem zu einem gefragten Ansprechpartner in Sachen .../Nachhilfelehrer/ Handwerker entwickelt – ein erster Schritt. Diesem möchte ich nun den professionellen Anstrich durch eine Tätigkeit in Ihrem Unternehmen folgen lassen.

3 Das sind/waren meine Positionen in Unternehmen

a) Allgemeine Beschreibung meiner bisherigen Positionen und Entwicklung
b) Entwicklungspotenzial

a) Allgemeine Beschreibung meiner bisherigen Positionen und Entwicklung

Dort unterstütze ich den Geschäftsführer in allen sekretariatsüblichen Belangen.

Ich vermittelte auch zwischen dem technischen Innen- und dem vertrieblichen Außendienst.

Ich übernahm Stellvertreterfunktionen.

Ich bin es gewohnt, größere Projekte einzuleiten und durchzuführen.

Ich vergebe und koordiniere interne und externe Arbeitsaufträge.

Ich kontrolliere die Abteilungs- und Projektbudgets.

Meine Vertrauensstellung beinhaltet auch das Beschwerdemanagement bei Top-Kunden.

So sammelte ich wichtige Erfahrungen als Geschäftsführer im elterlichen Unternehmen.

Ich bin direkt der Geschäftsleitung unterstellt.

Bei dieser Tätigkeit war ich „Mädchen für alles".

b) Entwicklungspotenzial

[Sechs Jahre] war ich in unterschiedlichen Funktionen für das Unternehmen ... tätig.

Während meines [zehn]jährigen Engagements im [Kaiserversand] Konzern konnte ich aufgrund der guten Ergebnisse, die ich erzielte, zunehmend unternehmerische Verantwortung übernehmen.

Mein beruflicher Werdegang ist geprägt von Entwicklung: in fachlicher wie persönlicher Hinsicht. Als ich ein neues Analyseverfahren konzipierte und immer größere Projekt- und Personalverantwortung übernahm, konnte ich auch meine Fähigkeit zu strategischem und ergebnisorientiertem Denken ausbauen.

Während meiner 15-jährigen Anstellung wurde mir dank meiner guten Erfolge immer mehr Verantwortung übertragen.

Mein Werdegang steht für ständige Bereitschaft zur Weiterentwicklung./Mein Werdegang zeugt von meiner hohen Bereitschaft, mich weiterzuentwickeln.

Meine Tätigkeit bei ... war der Ausgangspunkt für meine berufliche Entwicklung als ... .

Dadurch hat sich bei diesem Unternehmen mein Aufgabenfeld nicht nur verändert, sondern auch erweitert.

Ich arbeite an der Schnittstelle zwischen ... .

c) Führungserfahrung

Neben Führungserfahrungen im Personalbereich wird hier auch die Übernahme übergeordneter Aufgaben beschrieben.

- **in aktueller Tätigkeit**

Ich übernehme dabei Verantwortung für bis zu vier Mitarbeiter und ein Budget von ... .

Ich leite den Bereich ... und mir unterstehen bis zu ... Mitarbeiter.

Derzeit trage ich Führungsverantwortung für 100 Mitarbeiter.

In meiner momentanen Position bin ich als Leiter der Abteilung ... für [drei] Mitarbeiter verantwortlich und kooperiere intensiv mit den angegliederten Fachabteilungen.

Derzeit bin ich in leitender Position für ein Tochterunternehmen der TÖPF AG tätig – mit einem Jahresumsatz von bis zu 4 Mio. € und einer Personalverantwortung für 80 Mitarbeiter.

Gegenüber Mitarbeitern trete ich sowohl fordernd als auch motivierend auf.

Ich organisiere und koordiniere die Arbeit der mir unterstellten Mitarbeiter – in Spitzenzeiten bis [zehn] Angestellte.

- **in der Vergangenheit**

Dort leitete ich zu Spitzenzeiten ein [zehnköpfiges] Team.

Ich schulte mehrfach Mitarbeiter unserer Abteilung.

Meine Führungsqualifikation beruht auf Erfahrungen in der Betreuung von bis zu ... Mitarbeitern.

Im Rahmen dieses Projekts war ich für die gezielte Einarbeitung und optimale Förderung von [fünf] Mitarbeitern zuständig.

In dieser verantwortlichen Position war ich für die Betreuung von Diplomanden zuständig - drei erreichten exzellente Abschlüsse.

Gemeinsam mit sieben mir unterstellten Mitarbeitern habe ich das ... realisiert/umgesetzt/abgeschlossen/abgewickelt.

Ich übernahm auch Aufgaben in der Personalabteilung, beispielsweise die Auswahl und Einladung geeigneter Kandidaten.

Als Führungskraft bei der [VORNDRAN GmbH] habe ich gelernt, auf meine Mitarbeiter einzugehen. Aus diesem gestärkten Teamgeist heraus konnten wir gemeinsam Dinge bewegen, die bisher im Unternehmen nicht möglich waren.

In meiner Führungsverantwortung bei der ... habe ich meine Mitarbeiter als den wichtigsten Schlüssel für die neuen Zielvorgaben des Vorstands gesehen. So band ich diese – im Rahmen des Möglichen – in Entscheidungen ein, eröffnete ihnen neue Gestaltungsspielräume und motivierte sie damit zu Bestleistungen. Das Ergebnis war....

Meiner Philosophie entspricht es, Mitarbeiter – nach entsprechenden Schulungen – so zu motivieren, dass sie sich für die Pflege und Gestaltung der Verkaufsräume sowie für die Qualität der Verkaufsgespräche selbst verantwortlich fühlen. Dadurch können sie Umsatzsteigerungen auch als persönliche Erfolge verbuchen.

In der Verantwortung für ein 10-köpfiges Mitarbeiterteam eignete ich mir als Verwaltungsfachwirt wertvolle soziale Kompetenzen an.

Als junge Führungskraft habe ich bereits gelernt, Mitarbeiter zu motivieren und durch meine Vorbildfunktion überzeugend zu leiten.

Für diese Aufgaben stand mir ein Team von fünf Fachkräften aus unterschiedlichen Berufsgruppen zur Seite.

Ich betreute während mehrerer größerer Projekte Teams nachweislich erfolgreich.

So ist es mir hervorragend gelungen, alle Effekte einer auf Kooperation und Kreativität angelegten Teamstruktur im Sinne der Zielvorgaben zu nutzen.

Bei der verantwortlichen Leitung verschiedener Projekte war es stets eine neue Herausforderung für mich, die Potenziale der einzelnen Mitarbeiter klar zu erkennen und optimal auszuschöpfen. Die erzielten Ergebnisse zeigen, dass ich Teams nicht nur mit Freude, sondern auch sehr erfolgreich führen kann.

Meine Handlungsmaxime war und ist: Marktchancen rechtzeitig erkennen, Mitarbeiterpotenziale bestmöglich nutzen und Ergebnisse würdig feiern – aber nicht darauf ausruhen. So wurden mir immer größere Verantwortungsbereiche übertragen.

d) Art der Unternehmen

Nicht nur die Art, sondern auch die Branchenzugehörigkeit Ihrer bisherigen Unternehmen kann für den zukünftigen Arbeitgeber von großem Interesse sein.

Ich arbeite bei einem Unternehmen, das einen Großteil/den größten Teil seines Umsatzes im ...-Geschäft macht.

... das Unternehmen ..., ein zwar kleines Unternehmen, aber mit hohem Arbeitsaufkommen und ehrgeizigen Zielen hinsichtlich der Serviceorientierung.

..., ein Unternehmen mit lokalem und überregionalem Bezugsrahmen.

..., ein Unternehmen, das auf nationaler und internationaler Ebene agiert.

Ich bin als freiberuflicher ... tätig. Meine Auftraggeber reichen von kleinen Betrieben bis hin zu international tätigen Firmen.

Der Modebranche bin ich beruflich und privat verbunden. Als ... sammelte ich bereits Erfahrungen bei den Firmen ... und ... .

Dank klarer Zielvorgaben und effektiver Handlungsschritte konnte ich Kunden und Vorgesetzte von meiner Arbeit überzeugen, und dies in einem von hohem Termindruck geprägten Unternehmen/in einer von hohem Termindruck geprägten Branche.

4 Das sind meine Fort- und Weiterbildungen

Achten Sie darauf, dass Sie im Zusammenhang mit Lehrgängen nicht das Wort Maßnahme verwenden. Dies klingt eher nach Zwangs- oder Strafmaßnahme. Von Kostenträgern geförderte Kurse werden unglücklicherweise oft mit diesem Begriff benannt. Besser ist: Seminar, Lehrgang, berufliche Weiterbildung oder Qualifizierung.

a) Derzeit bilde ich mich weiter
b) Darin habe ich eine Zusatzqualifikation

a) Derzeit bilde ich mich weiter

Alle Weiterbildungen, die einen inhaltlichen Bezug zu den von Ihnen anvisierten Aufgaben haben, sollten Sie auf jeden Fall anführen. Dieser Abschnitt beschreibt Ihre aktuellen Kurse und Seminare.

Außerdem besuche ich zurzeit einen Weiterbildungskurs, um meine Computer-kenntnisse zu erweitern und zu vertiefen.

Zurzeit besuche ich [Name der Weiterbildungseinrichtung] in Karlsruhe, in erster Linie, um meine Computerkenntnisse zu vertiefen, außerdem möchte ich mich im Bereich Zeitmanagement und moderne Geschäftskorrespondenz weiterbilden.

Ich suche eine neue Herausforderung im ...-Bereich. Als angehender ... kann ich Ihren Anforderungen hervorragend/gut begegnen.

Augenblicklich befinde ich mich in einer beruflichen Weiterbildung.

Meine rechtlichen/juristischen Kenntnisse eigne ich mir derzeit in einem Abendstudium an. Dieses werde ich im September mit dem Abschluss der Rechtsfachwirtin beenden.

Über mein Fernstudium – ... – eigne ich mir ein fundiertes betriebswirtschaftliches Wissen an. In zwei Jahren werde ich mein Studium mit einer staatlichen Prüfung abschließen.

Um mich fachlich weiterzuentwickeln besuche ich seit Mai diesen Jahres eine berufsbegleitende Seminarreihe zum Thema ....

Um mich beruflich weiterzuentwickeln besuche ich seit Mai diesen Jahres nach Feierabend eine begleitende Seminarreihe zum Thema ..., die ich im Jahr 2010 mit dem Zertifikat „...“ abschließe.

In den letzten Jahren habe ich den Meisterkurs besucht und nun stehe ich kurz vor der abschließenden Prüfung.

Um mich für die wachsenden Anforderungen bester zu rüsten, besuche ich seit vier Monaten eine Weiterbildung zur/zum ....

Dank meiner aktuellen Qualifizierung ist es mir möglich, Buchungen mit Lexware und DATEV durchzuführen.

Im Bereich der praktischen PR-Arbeit in der Pharmaindustrie bilde ich mich kontinuierlich weiter.

b) Darin habe ich eine Zusatzqualifikation

- **Ein zweiter zusätzlicher Abschluss (Ausbildung/Studium)**

Nach meinem ersten Studium (...) habe ich an der Fernuniversität ... studiert.

Nach erfolgreich absolvierter Ausbildung zur Bankkauffrau qualifizierte ich mich über ein Aufbaustudium im Fach Wirtschaftswissenschaften zur Diplom-... .

Grundlage meiner beruflichen Entwicklung ist meine Ausbildung als ..., die ich später durch meine Qualifizierung zur ... ergänzte.

Mit meinem kombinierten/zweifachen Ausbildungsprofil – ... und ... – will ich Ihr Team effektiv verstärken.

Aus meiner zweiten Ausbildung zur Fachkraft für Lagerwirtschaft verfüge ich über sehr gute kaufmännische Kenntnisse, die ich gerne bei Ihnen einsetzen möchte.

Für die Arbeit mit ... bin ich doppelt qualifiziert: Zum einen als ... mit ...jähriger Berufserfahrung und zum anderen als ausgebildete/studierte ... mit ...jähriger Berufspraxis.

- **Eine Fort-/Weiterbildung oder zusätzliche Qualifizierung**

- Interne Qualifizierungen

Im letztgenannten Betrieb qualifizierte ich mich in den vergangenen Jahren durch verschiedene Fortbildungskurse stetig weiter. Kunden konnte ich nun noch effektiver beraten.

Innerbetrieblich bildete ich mich zur ... weiter.

2008 bot mir das Unternehmen ... die Gelegenheit, mich über ein Seminar im Bereich ... weiterzuentwickeln.

- Externe Qualifizierungen

Dieser Abschnitt fasst Formulierungen für externe – das heißt außerhalb Ihrer eigenen Arbeitsstätte erworbene – Weiterbildungen zusammen. Sie finden dabei Beispiele mit der Verwendung der ersten und zweiten Vergangenheitsform (siehe Sprachhinweis auf Seite 14).

Mit den Abläufen im Office-Bereich und den neuesten Anwendungen in der EDV (Word 2000/Excel/PowerPoint) bin ich nach einer sechsmonatigen Qualifikation gut/sehr gut vertraut.

In einer intensiven sechsmonatigen Schulung habe ich mir umfassende Kenntnisse im Office Bereich angeeignet und bin den aktuellen Anforderungen in der EDV (Word, Excel, PowerPoint) gewachsen.

Begleitend zu meinen Berufstätigkeiten im Verkauf qualifizierte ich mich über Seminare im Bereich Verkaufstechnik weiter. In mehreren Fortbildungskursen habe ich mir zudem eigeninitiativ ein fundiertes PC-Know-how und Kenntnisse über ... angeeignet.

Durch eine berufsbegleitende Weiterbildung habe ich mir ein sehr gutes Wissen über verschiedene PC-Systeme angeeignet und darüber hinaus auch erfolgreich Kurse in „Electronic Banking" absolviert.

Mein Fachwissen vertiefte ich durch zahlreiche Fortbildungen.
Ich bin gelernte ... und habe mich im Bereich ... weitergebildet.

In einer Fortbildung zur ... konnte ich meine praktischen und theoretischen Kenntnisse vertiefen/weiter ausbauen.

Im Rahmen ergänzender Lehrgänge habe ich mein Wissen über moderne Bürotechnik erweitert und gute PC-Kenntnisse in ... erworben.

Um mich weiterzuqualifizieren besuchte ich unter anderem eine/Meine Qualifizierungen schließen eine berufsbegleitende Fortbildung zum ... ein.

Weiterbildungsangebote im Bereich ... nutzte ich bereits während des Studiums.

Meine kontinuierlichen Weiterbildungen galten dem Bereich Bauwesen.

Mein Office-Wissen – gefestigt durch anspruchsvolle Prüfungen und ein abschließendes Praktikum – kann ich in Ihrem Büro effektiv einsetzen.

Ich besitze den Ausbildereignungsschein und kann Fähigkeiten und Qualifikationen hervorragend einschätzen.

Ich bin gelernter ... und habe zusätzlich eine Qualifizierung als ... mit "sehr gut" abgeschlossen/absolviert.

Die Fortbildung zur ... erforderte eigenständiges und zielorientiertes Arbeiten, was mir sehr leicht fiel, da ich gerne Eigeninitiative zeige.

Mein Wissen habe ich durch gezielte berufsbegleitende Seminare aktuell gehalten/immer wieder auf den aktuellen Stand gebracht/kontinuierlich aktualisiert.

Ich hatte festgestellt, dass der Arbeitsalltag einer/eines ... mehr erfordert als „bloßes" ..., daher habe ich mich zusätzlich zur ... qualifiziert.

Da das Zwischenmenschliche das Herzstück/der Schlüssel gelingender Kommunikation ist, habe ich zu diesem Thema wichtige Schulungen besucht.

Die ...-Lizenz habe ich mit überdurchschnittlichen Ergebnissen erworben.

- **Qualifizierungen – auf eigene Initiative**

Außerdem eignete ich mir – auf eigene Initiative – in diversen Weiterbildungen Kenntnisse in den unterschiedlichen Bereichen des ... an.

... und kontinuierlich vorwiegend selbst gesteuerte Weiterbildungen zum Bereich ... besucht.

Über vorwiegend selbst gesteuerte Weiterbildungen im Bereich ...halte ich mein Wissen aktuell.

Die Weiterbildung als ... habe ich selbstständig in Angriff genommen/selbst initiiert.

In den letzten Jahren absolvierte ich mehrfach aus eigenem Antrieb Weiterbildungen .

In einer [drei]monatigen Schulung, welche ich auf eigene Initiative besuchte, eignete ich mir wertvolles EDV-Wissen, insbesondere im Office-Bereich, an.

Bei meiner derzeitigen Weiterbildung, die ich selbst initiiert und finanziert habe, liegt der Schwerpunkt auf den Inhalten ... .

- Autodidaktische Wissensaneignung

Dank eigenständiger Lernanstrengungen habe ich gute Englischkenntnisse erworben.

Im Selbststudium habe ich mir umfangreiche Kenntnisse im Bereich ... angeeignet. Daher werde ich mich sehr gut in die Besonderheiten Ihrer Firma einarbeiten..

Mit den aktuellen Anforderungen im Bereich ... habe ich mich in Eigenregie vertraut gemacht.

Mit den fachlichen Fragen im Bereich ... habe ich mich privat sehr intensiv beschäftigt und vertraut gemacht.

Wissen im Bereich ... habe ich mir autodidaktisch angeeignet. Daher bin ich mit den Grundzügen der ... gut vertraut.

c) Bald werde ich mich weiterbilden ...

Selbstverständlich ist auch Ihr Vorhaben, sich weiterzubilden, erwähnenswert. Benennen Sie für die Stellenausschreibung relevante Seminare, die Sie planen.

Meinem Lerninteresse folge ich durch den Besuch vielfacher Fortbildungen – früher im Bereich Bauwesen und zukünftig im Office-Management.

Darüber hinaus habe ich mich weitergebildet. In Kürze werde ich mich zusätzlich als Office-Managerin qualifizieren.

Meine bisherigen Berufstätigkeiten zeigen, dass meine Ausbildung genau richtig war. Daher habe ich mich nun für die Weiterbildung zur ... entschieden (Start:[Datum]).

In naher Zukunft werde ich auch ein Seminar zum Thema ... besuchen.

Einen privaten Englischlehrer, mit dem ich vor allem/auch/unter anderem das Business-Vokabular trainieren werde, habe ich bereits engagiert/gefunden.

Hierfür habe ich bereits konkrete Weiterbildungsmöglichkeiten sondiert.

d) Ich freue mich auf Weiterbildungen bei Ihnen ...

Wenn im Anforderungsprofil der Anzeige der Weiterbildungswille des Bewerbers gewünscht ist und die Möglichkeit zur Weiterbildung von Unternehmensseite aus angeboten wird, sollten Sie in Ihrem Anschreiben darauf eingehen.

An Weiterbildungen – wie von Ihnen in Aussicht gestellt – bin ich sehr interessiert.
Nachdem ich mein Wissen im Bauwesen stets über Fortbildungen aktualisiert habe, werde ich auch zukünftig im Office-Bereich meine Kenntnisse durch zusätzliche Qualifizierungen auf dem aktuellen Stand halten.

Im Bereich ... habe ich erkannt, wie außerordentlich wichtig und hilfreich externe Weiterbildungen sind. Daher freue ich mich, auch zukünftig mein Wissen auf dem Gebiet der/des ... über Fortbildungen zu erweitern und zu professionalisieren.

Es freut mich außerordentlich, dass Sie Ihren Mitarbeitern Weiterbildungen ermöglichen. Ich bin sehr lerninteressiert und sehe in solchen Lehrgängen eine ideale Chance, die täglichen Geschäftsprozesse zu reflektieren und zu professionalisieren.

Persönliches

Bitte berücksichtigen Sie:

- Die grau gesetzten Merkmale in den Formulierungsvorschlägen sowie die Lücken können Sie mit Ihren ganz persönlichen Charaktereigenschaften – mit Unterstützung der Liste der authentischen Adjektive (Seite 64) – füllen.

- Kompetenzen wie Entwicklungspotenzial und Führungsverantwortung wurden bereits im Kapitel „Berufliches" (Seite 101 – 102) behandelt.

- Im Kapitel „Berufliches" (Seite 93) und „Warum dieser Job?" (Seite 117) finden Sie ebenfalls Ideen, wie Sie einen nachvollziehbaren und überzeugenden Unternehmensbezug herstellen können.

1 Das bin ich

Viele Bewerber fragen sich, wie sie sich bei der Beschreibung ihrer persönlichen Qualitäten ausdrücken dürfen. Als Einführung empfiehlt sich das Unterkapitel „Persönliches: Ihre Soft Skills" aus Kapitel 1 (siehe Seite 9).

Insbesondere bei der Beschreibung Ihrer Eigenschaften, die für die Kernaufgaben der neuen Stelle relevant sind, ist es sinnvoll, diese in Bezug zu Ihren bisherigen konkreten Tätigkeiten zu setzen. Formulierungshilfen dazu finden Sie unter Abschnitt a) („... bei meinen Tätigkeiten"). Persönliche Merkmale oder Charaktereigenschaften, die Sie bisher beruflich noch nicht unter Beweis stellen konnten, beschreiben Sie am besten kurz und prägnant (siehe Abschnitt b) „... als Mensch: eindrucksvoll und überzeugend").

a) ... bei meinen Tätigkeiten

Zur Beschreibung persönlicher Eigenschaften werden im Folgenden Satzstrukturen vorgeschlagen, die durch austauschbare Merkmale individualisiert werden können.

Von meinen Mitarbeitern und Vorgesetzten werde ich wegen meines kollegialen und motivierenden Führungsstils geschätzt.

Vor allem als Office-Managerin bei ... war eine ausgeprägte/starke/deutliche Kundenorientierung von mir gefordert. Sowohl bei den Kunden als auch bei meinen Kollegen und Vorgesetzten war ich äußerst beliebt und wurde als versierte und zielorientierte Mitarbeiterin geschätzt.

Von 1999 – 2009 war ich als ... bei ... tätig. In dieser Zeit lernte ich teamfähiges Kooperiieren in Projekten.

Als Techniker war von mir eine flexible und kommunikative Haltung gefordert, die meiner Person sehr entspricht.

Während meiner Tätigkeit als ... eignete ich mir eine zuverlässige und selbstständige Arbeitsweise an.

Während meiner über ...-jährigen Anstellung bei der Firma ... überzeugte ich durch meinen ... Arbeitsstil/meine ... Arbeitsweise.

Als ... stellte ich in langjähriger Tätigkeit meine äußerst ... Arbeitsweise unter Beweis. Von meinen Vorgesetzten und Kollegen wurde ich als ... Kollege sehr geschätzt.

Dass mir die Aufgaben ... übertragen wurden, verdeutlicht das Vertrauen in meine ...-qualitäten.

Bei meiner derzeitigen Tätigkeit, die auch einen regelmäßigen/gelegentlichen/sporadischen Einsatz im technischen Umfeld mit sich bringt, ist vor allem eine analytische Arbeitsweise von mir gefordert.

Diese Position verlangte mir einiges Einfühlungsvermögen ab.

Dabei zeigte ich, dass ich mich eigenverantwortlich für ... einsetzen kann.

Auch im Privaten lege ich sehr viel Wert auf verbindliche Absprachen.

b) ... als Mensch: eindrucksvoll und überzeugend

Nachfolgend lesen Sie beschreibende Formulierungen, mit denen Sie Ihre Eigenschaften – ohne konkreten Praxisbezug – präsentieren:

Meine persönlichen Stärken sind ... .

Meine Eigenschaften sind ... .

Meine Sorgfalt und meine Ausdauer waren mir dabei stets hilfreich.

Eine vertrauensvolle Beziehung zu den Klienten liegt mir am Herzen.

Eine strukturierte, zielgerichtete Arbeitsweise sowie ein gewinnendes Auftreten ergänzen mein Profil.

Eine zügige und gleichermaßen sehr zuverlässige Erledigung aller Aufgaben ist mir bei meiner Arbeit wichtig.

Ein kundenfreundliches Auftreten sowie eine angenehme Telefonstimme runden mein Profil ab.

Eine gewissenhafte Arbeitsweise und klare Absprachen innerhalb des Teams bilden die Basis meines Handelns.

Ein gutes Miteinander im Team und verbindliche Aufgabenaufteilungen sind für mich persönlich von großer Wichtigkeit/sind mir persönlich sehr wichtig.

…sind für mich persönlich von großer Bedeutung.

Meine bewährte Teamkompetenz ... .

Mein natürliches Auftreten kennzeichnet mich ebenso wie mein professioneller Kundenkontakt.

Detailliebe gepaart mit einer visionären Denkweise gehören zu meiner Person.

Insbesondere ist es das präzise Arbeiten, das mein persönliches Profil kennzeichnet.

Zu meinen Stärken zähle ich empathisches und flexibles Arbeiten.

Verantwortungsbewusstsein und Verhandlungsstärke zeichnen meine Arbeitsweise/ meinen Arbeitsstil aus.

Psychische Belastbarkeit dürfen Sie bei mir ebenso erwarten wie Einfühlungsvermögen und Herzlichkeit.

Engagement und Belastbarkeit gehören für mich ebenso selbstverständlich zu meinem Beruf wie die solide handwerkliche Arbeit.

Engagement und Zuverlässigkeit sind für mich nicht nur Worte, sondern selbstverständliche Eigenschaften.

Ich bin eine engagierte Kraft, die über eine rasche Auffassungsgabe verfügt, gern und gut organisiert, zuverlässig arbeitet und auch in hektischen Phasen einen kühlen Kopf behält.

Die größtmögliche Zufriedenheit der Gäste sowie zügiges Arbeiten stehen im Vordergrund meiner Arbeit.

[Externe Kooperationspartner] sowie [Vorgesetzte und Kollegen] schätzen meine analytische Denkweise und mein klares und verbindliches Auftreten.

c) ... mit meinen Werten und meiner persönlichen Haltung

Weitere Inspirationen bietet Ihnen die Hinweise unter „Besonderes" im Abschnitt „Zusätzliche Anforderungen und Werte" (siehe Seite 252).

Als religiöser Mensch, der seinen Glauben lebt, spricht mich eine Aufgabe im [sozialen Umfeld einer kirchlichen Einrichtung] ganz besonders an.

Privat lebe und handle ich sehr umweltbewusst. Deshalb kann ich mich mit den Unternehmenszielen eines ökologisch ausgerichteten Unternehmens in besonderer Weise identifizieren und würde mich sehr gerne bei Ihnen engagieren.

Es entspricht meiner Überzeugung, dass die Genesung von Patienten wesentlich von ... mitbestimmt wird/abhängt. Daher war es mir stets ein besonderes Anliegen, ...

Besonders interessant ist für mich eine Aufgabe, die es mir erlaubt, mein(e) ... zur Geltung zu bringen/unter Beweis zu stellen.

Ich schätze ein ... Arbeitsumfeld.

Natürlich darf nach meiner Überzeugung bei so einer Arbeit ... nicht zu kurz kommen.

... sehe ich als persönliche Herausforderungen, denen ich mich gerne und engagiert stelle.

Sie suchen eine Mitarbeiterin, die Ihre Ziele kennt und diese stets im Fokus behält? Dann bin ich die Richtige für Sie.

d)... mit meinem Motto und Leitsatz

Ein Motto oder Leitsatz signalisiert ein starkes Auftreten. Sie vermitteln den Eindruck, sich auf eine prägnante Formel festlegen und daran messen zu lassen.

Allerdings werden solche Aussagen von manchen Lesern auch schnell als leere Worthülsen abgetan. Achten Sie daher bei der Auswahl eines solchen Leitsatzes sehr bewusst auf inhaltliche Stimmigkeit und darauf, dass das Motto zu Ihrer Persönlichkeit passt. So gewinnen Sie mit einem selbstbewussten und authentischen Auftreten.

„Viel erreichen" – wer will das nicht? Ich: Ich will mehr.

Alles, was man wirklich will, ist auch realisierbar – dafür steht mein beruflicher Werdegang.

Für die einen sind es unüberwindbare Hürden, für mich sind es Herausforderungen.

Der Leitsatz ... motivierte mich täglich aufs Neue, als ich im ... Bereich arbeitete.

Traditionen anzuerkennen und sie für erfolgversprechendere Neuerungen zu verlassen – das ist meine berufliche Handlungsmaxime.

Mein Motto/meine Maxime „Bewährtes aufgeben, um Neues bewirken/gestalten/realisieren zu können" möchte ich in den Dienst Ihres Unternehmens stellen.

Improvisieren – perfektionieren – professionalisieren: Das ist mein bewährtes Motto.

Es ist alles nur eine Frage des Wollens – mit diesem Leitsatz habe ich meine beruflichen Erfolge realisiert/habe ich für die Zufriedenheit unserer Gäste gesorgt.

2 Das bin ich auch noch

a) Bei der Einarbeitung

Sind Sie eher schnell? Oder setzen Sie eher auf eine qualitätsorientierte Einarbeitungszeit? Oder sind Sie eine neuer Mitarbeiter, der eine schnelle Auffassungsgabe mit hohem Qualitätsanspruch vereint? Gehen Sie auf die Wünsche des Anforderungsprofils ein. Wenn möglich, stellen Sie einen Bezug zu Ihren vergangenen beruflichen Erfahrungen her.

- **Mit Bezug zu meinen früheren Tätigkeiten**

Bei meinen bisherigen Beschäftigungen ist es mir gut gelungen/fiel es mir leicht, mich [schnell/effektiv] auf die jeweiligen Aufgaben einzustellen.

Auch bei meiner letzten Anstellung konnte ich innerhalb kurzer Zeit hervorragend den unternehmensspezifischen Anforderungen begegnen.

Es fällt mir leicht, mich auf betriebsinterne Arbeitsabläufe, neue Begebenheiten und Aufgabenfelder einzustellen. Dies stellte ich als ... bei ... fest, wo ich bereits nach äußerst kurzer Zeit als Alleinkraft nahezu alle Verantwortungsbereiche übernahm.

Auch bei früheren Tätigkeiten habe ich mich gut und zügig eingearbeitet. ...

- **Beschreibend**

Auch ... traue ich mir nach kurzer Einarbeitungszeit zu ... .

Nach einer kurzen Einweisungsphase werde ich sicherlich auch die Bereiche ... gut übernehmen können.

Mit Sicherheit werde ich nach kurzer Zeit/in einem angemessenen Zeitraum den spezifischen Anforderungen Ihres Unternehmens begegnen können.

In neue Aufgabenfelder arbeite ich mich intensiv und schnell ein.

In fremde Aufgabenfelder kann ich mich leicht und zügig einarbeiten.

Eine zuverlässige Arbeitsweise, Verschwiegenheit in Bezug auf die Daten und die Bereitschaft, auch über die normale Arbeitszeit hinaus tätig zu sein, dürfen Sie bei mir voraussetzen.

Ich lerne und begreife schnell. Daher bin ich sehr zuversichtlich, dass ich mich zügig einarbeiten werde.

Es macht mir Freude, Neues kennenzulernen und dies auch in der Praxis effektiv umzusetzen.

Meine schnelle Auffassungsgabe ermöglicht es mir, mich in neue Arbeitsbereiche zuverlässig und zielgerichtet einzuarbeiten.

Sie können qualifizierte Kenntnisse und berufliche Erfahrungen im Bereich ... bei mir ebenso voraussetzen wie die Bereitschaft, mich rasch und zuverlässig in die Besonderheiten Ihres Unternehmens einzuarbeiten.

Ich bin überzeugt, dass ich mich zuverlässig/zügig auf die Besonderheiten Ihres Unternehmens einstellen kann.

b) In Stresssituationen

<u>Mit Bezug zu meinen früheren Tätigkeiten</u>

Meine Stressresistenz habe ich in anspruchsvollen Projekten wie ... bewiesen.
Auch bei Routinearbeiten zeige ich keine Ermüdungserscheinungen.

Ich weiß, was es bedeutet, unter extrem hoher Stressbelastung dem Kunden/dem Gast mit einem Lächeln zu begegnen/ sich unter extrem hoher Stressbelastung ein Lächeln zu bewahren.

Ich bin es gewohnt, auch Routinetätigkeiten mit gleichbleibender Aufmerksamkeit auszuführen.

- **Beschreibend**

Ein hohes Arbeitsaufkommen gehe ich mit Elan an.

Hohen Termin- und Arbeitsdruck erwidere ich mit Elan.

Termin- und Arbeitsdruck begegne ich mit einem kühlen Kopf und Tatkraft.

Belastungssituationen begegne ich mit besonderer Präsenz und Präzision.

Stresssituationen bewältige ich mit Ruhe, Konzentration und Blick auf die Lösungen.

Auch in Stresssituationen gut und schnell ans Ziel zu kommen ist eine meiner Qualitäten.

Versiert durch stressige Zeiten zu steuern und brisante Situationen unerschrocken anzugehen, das ist meine besondere Begabung.

Dank meines höchst konzentrierten und präzisen Arbeitsstils fällt es mir leicht, mehrere Aufgaben unter Termindruck gleichzeitig zu erfüllen.

c) Als Teammensch

- **Ich freue mich auf die Teamarbeit bei Ihnen**

Ich bin mir sicher, dass ich Ihrem Team sehr nützlich sein kann.

Ich liebe den Umgang mit Menschen und freue mich daher auf das gute Betriebsklima bei Ihnen.

In einem professionellen und lebendigen Team neue Herausforderungen anzugehen – das reizt mich sehr.

Anspruchsvolle Aufgaben in einem Team anzugehen, das sich durch Lebendigkeit und Kreativität auszeichnet, sehe ich als optimale Voraussetzung für meine effektive Mitarbeit in Ihrem Unternehmen.

„Ein gutes Arbeitsklima" – wer wünscht sich das nicht? Für mich geht es um mehr: ein Miteinander, das die Entfaltung der beruflichen Potenziale ermöglicht und dadurch die Teameffektivität steigert.

Die Mitarbeit in Arbeitsgruppen interessiert/reizt mich sehr.

Gerne möchte ich mich mit meinen Fähigkeiten und meinen ganz persönlichen Eigenschaften in Ihrem Team einbringen.

Ich bringe eine freundliche Ausstrahlung und Freude an der Arbeit in einem harmonischen* Team mit.

In einem angenehmen* Arbeitsklima kann ich mein fachliches Potential/meine Kreativität hervorragend/sehr gut/optimal/bestens entfalten.

Die Mitarbeit in einem multiprofessionellen* Team entspricht meiner Natur/meinem Wesen.

Berücksichtigen Sie hier das Adjektiv aus der Zeitungsannonce, z. B. „harmonisches, dynamisches Team" und ersetzen es in Ihrem Anschreiben mit einem Synonym, siehe Seite 72.

- **Ich habe Teamerfahrung**

Es ist nicht immer leicht, aber persönlich und fachlich äußerst effektiv, Aufgaben Hand in Hand zu bewältigen. Diese Erfahrung machte ich während meiner letzten Anstellung./So habe ich Teamarbeit bei meiner letzten Arbeitsstelle erlebt.

Mein integrierendes Teamverhalten ermöglichte es mir, Aufgaben sehr zuverlässig und stets termingerecht zu erledigen.

Dort war ich im Wechsel mit Kollegen für die … zuständig.

Auch als Führungskraft habe ich mir meine Fähigkeit zur Teamarbeit bewahrt.

In diesem Rahmen arbeiteten wir auch mit … zusammen.

Außer mir sind dort noch [drei] weitere Angestellte beschäftigt, mit denen ich sehr gut zusammenarbeite/sehr gut kooperiere.

Bereits nach wenigen Wochen wurde ich als vollwertiges Teammitglied in die Erledigung wichtiger Aufgabenstellungen eingebunden.

Ich wurde in alle Phasen der Projektarbeit einbezogen und erlernte daher die Wichtigkeit einer soliden Zeit- und Zielplanung und Risikoabwägung bei der Konzepitionierung kennen.

Nicht nur praktische Fähigkeiten, auch die vorurteilsfreie Zusammenarbeit und Kommunikation mit anderen Kulturen und Menschen habe ich dabei gelernt.

Eine fachübergreifende Zusammenarbeit, um gemeinsam gesetzte Ziele zu erreichen, war bei meinen bisherigen Aufgaben strukturell nicht möglich. Diese Form der Kooperation entspricht meiner Idealvorstellung von einer alle Synergieeffekte nutzenden, auf Erfolg ausgerichteten Arbeitsweise.

In diesem Praktikum hat sich für mich einmal mehr bestätigt, wie wichtig und effektiv eine vorurteilsfreie Zusammenarbeit mit ganz unterschiedlichen Persönlichkeiten ist.

Ans Ende des Anschreibens passt:

Meine Teamplayer-Qualitäten beweise ich bei meinen Studienprojekten und beim Sport (Volleyball).

Für mich spricht auch mein kooperatives Handeln im Team.

- **Ich habe keine Teamerfahrung**

Ich schätze die Vorteile der Teamarbeit außerordentlich und würde mich freuen, mit meinem Organisationsgeschick zu einem wichtigen Team-Mitglied zu werden/zum Erfolg Ihres Teams beizutragen.

Gerade da ich bisher keinen kollegialen Austausch hatte, reizt mich die Zusammenarbeit mit Fachkollegen außerordentlich.

Bei meiner letzten Arbeitsstelle gab es leider keine Möglichkeit, im Team zu arbeiten. Daher freue ich mich ganz besonders auf eine Zusammenarbeit mit Vertretern unterschiedlicher Berufsgruppen.

Zuletzt war ich als Alleinkraft tätig. Da ich mich gerne innerhalb eines Teams persönlich und fachlich weiterentwickele, habe ich mich oft nach Kollegen gesehnt. Auf die Kooperation im Bereich ... freue ich mich daher ganz besonders.

Teamarbeit – das ist das, was mir bei meiner letzten Stelle fehlte. Denn ich finde nichts spannender und herausfordernder, als mich den persönlichen und beruflichen Wachstumsmöglichkeiten in einem kooperativen Team zu stellen.

d) Im Kontakt zu Kunden, Gästen, ...

Sofern Sie sich auf eine Tätigkeit mit Kontakt zu Kunden, Gästen, Mandanten, Klienten, Kindern, Geschäfts-/Kooperationspartnern etc. bewerben, wird ein adäquates Auftreten von Ihnen erwartet. Auch wenn Sie in der Vergangenheit noch keine Erfahrungen in dieser Richtung gesammelt haben, werden Sie mit Sicherheit Ihre dafür geeignete Persönlichkeit beschreiben können (siehe dazu unten den Abschnitt „Beschreibend").

- **Mit Bezug zu bisherigen Tätigkeiten**

Ich bin ein offener und angenehm umgänglicher Mensch. Meine Zusammenarbeit mit Kollegen und mein freundliches Auftreten nach außen wurden gleichermaßen geschätzt.

Sicherheit im Auftreten zeige ich auch im außerberuflichen Engagement als ... .

Gut bei den Hörern angekommen sind zum Beispiel [die lebendige Wissensvermittlung, die konkreten Praxisbeispiele und die Firmenpräsentation in PowerPoint].

Auch der Bereich des Kundenkontakts, von der Erstberatung bis zur kontinuierlichen Betreuung, ist mir vertraut.

Ich habe Erfahrung darin, Vorträge und Seminare intern und extern – sowohl für Mitarbeiter als auch für Kunden – zu organisieren und selbst durchzuführen.

Ich arbeite eng mit den Kunden zusammen.

Es liegt mir sehr am Herzen, die Erfordernisse der Serviceorientierung im Detail voranzutreiben: individuelle Kundenwünsche zu erfassen, machbare Bonusleistungen zu definieren und innovative Ideen für die Nachbetreuung zu finden.

Die dankbaren Blicke der Kinder motivierten mich ... .

Die direkte Rückmeldung meiner Kunden war mir stets sehr wichtig für die Bewertung unserer verkäuferischen Leistungen.

Die Vorgaben unserer Kunden nach haben wir stets erfüllt.

Ich bin es gewohnt, im Gespräch mit Kunden meine kommunikationstheoretischen Kenntnisse effektiv einzusetzen. So berücksichtige ich stets die verschiedenen Kommunikationsebenen und achte auf die jeweils übermittelten Botschaften. Damit erreiche ich regelmäßig eine gute Dialogstruktur, die für erfolgreiche Vertragsabschlüsse in Ihrem Unternehmen sicher hilfreich sein wird.

Dank dieser Haltung durfte ich in meinem Beruf bereits viele erfüllende Begegnungen erleben. Diese haben mich stets motiviert, noch besser und professioneller auf die emotionalen Anliegen der Klienten einzugehen.

Zu meinen Aufgaben bei ... gehörte es auch, die Kontakte zu den Kunden zu pflegen und diese nach Möglichkeit noch zu intensivieren. Dies bereitete mir viel Freude.

Zuletzt war ich bei … als … beschäftigt. In dieser Funktion wurden mir auch die Kontaktpflege und die zielgruppengerechte Ansprache der oft sehr anspruchsvollen Kunden des oberen Marktsegments anvertraut.

Die Entwicklung kundenorientierter Konzepte sowie deren direkte Umsetzung und die Kontaktpflege vor Ort gehörten zu meinem interessanten Aufgabenspektrum bei … .

In meiner Position als … hatte ich die Möglichkeit, mein Beratungsgeschick im Bereich … zielgerichtet einzusetzen und kontinuierlich weiterzuentwickeln.

- **Beschreibend**

Kundenorientiertes Arbeiten und ein gepflegtes Äußeres sind für mich selbstverständlich.

Mit meiner zuvorkommenden, charmanten Art überzeuge ich [den Kunden im seriösen Verkaufsgespräch].

Mein professionelles Vorgehen ist geprägt von Servicedenken und dem Bemühen um eine kreative Lösungssuche zur größtmöglichen Zufriedenheit des mir anvertrauten [Gastes].

Im Gespräch mit dem [Kunden/Gast] – sei es telefonisch oder persönlich – lege ich großen Wert auf Verbindlichkeit.

Bei der telefonischen und direkten Ansprache von [Kunden] lege ich großen Wert auf Verbindlichkeit.

Mein ehrliches und authentisches Auftreten brachten mir sehr gute Kundenfeedbacks ein.

Das Zwischenmenschliche sehe ich als Herzstück gelingender Kommunikation. Daher beziehe ich die persönliche Ebene bewusst und professionell in alle Phasen meiner Geschäftskontakte mit ein.

… Das Ziel meiner täglichen Bemühungen: Am Ende steht der erfreute Gast, der schon bald wieder in Ihrem Restaurant Platz nehmen will.

Eine wertorientierte Haltung entspricht nicht nur meiner Auffassung von einer Aufgabe, die mich zufriedenstellt; sie steht auch für eine nachhaltige, [den Kunden] bindende Arbeitsweise.

Ein sorgfältiger Umgang mit den Interessen und Daten der Klienten ist für mich mehr als eine gesetzliche Vorschrift.

Auf ein authentisches Auftreten lege ich großen Wert.

Ich schätze einen Umgang, der von Offenheit, Sachlichkeit, Freundlichkeit und Fairness gekennzeichnet ist.

Verbindlichkeit ist die Maxime meines Auftretens.

Es liegt mir, mich auf kundenspezifische Wünsche einzustellen und überzeugende Beratungsgespräche zu führen.

e) Ein flexibler Mitarbeiter

In Anzeigen wird oft Flexibilität gefordert, nicht immer jedoch eindeutig definiert, was damit gemeint ist. Neben der zeitlichen und örtlichen Flexibilität (siehe dazu unten die Abschnitte unter „Besonderes" („Arbeitszeit" auf Seite 190 und „Städtewahl" auf Seite 213) ist darunter auch die Aufgeschlossenheit gegenüber neuen Inhalten und fachlichen Anforderungen zu verstehen. Hierauf nehmen die Formulierungen dieses Kapitels Bezug.

- **Mit Bezug zu meinen früheren Tätigkeiten**

Im Zuge der Einführung von [SAP/eines neuen Betriebssystems] stellte ich meine gute Lernfähigkeit unter Beweis.

Die Vielfalt meines bisherigen Aufgabengebiets förderte mein persönliches und fach-liches Wachstum. Sehr gerne will ich mein Know-how und mein Entwicklungspotenzial zukünftig Ihrem Unternehmen zur Verfügung stellen.

Insbesondere bei meinen Aufgaben … brachte ich meine flexible Arbeitsweise zur Geltung.

Mein bisheriges Aufgabengebiet bei … war einem permanenten Wandel unterzogen, organisatorisch und inhaltlich. Dieser Herausforderung begegnete ich mit gutem planerischen Geschick und fachlicher Neugier.

Mein bisheriges Tätigkeitsfeld war geprägt von vielfach wechselnden Aufgabenstellungen, neuen Organisationstrukturen und großen Veränderungen in der Datenverarbeitung. Den neuen Anforderungen konnte ich immer effektiv begegnen.

Mit den veränderten Aufgaben bin ich kontinuierlich mitgewachsen. Der stete Wandel hat meinem großen Lerninteresse sehr entsprochen.

Dank meiner Einsätze als Aushilfe in anderen Abteilungen meines bisherigen Unternehmens bin ich es gewohnt, mich innerhalb kurzer Zeit auf neue Abläufe, Strukturen und Inhalte einzustellen.

- **Beschreibend**

Die schnelle und effiziente Auseinandersetzung mit unterschiedlichen Fragestellungen sind für mich wesentliche Voraussetzungen für ein erfolgreiches Management.

Ihre konkreten Anforderungen werde ich durch meine gute Auffassungsgabe und mein Engagement erfüllen.

Mit einer …Arbeitsweise gelingt es mir, neue schwierige Aufgabenstellungen zu meistern.

f) Ein leistungsstarker Mitarbeiter

- **Mit Bezug zu meinen früheren Tätigkeiten**

Aufgrund meiner Erfahrungen kann ich mich an den von Ihnen gesetzten Zielvorgaben messen lassen.

Mein Fähigkeit, mich voll und ganz für eine Sache einzusetzen, zeigte ich auch bei meinem Ehrenamt in der … .

Dank meines Leistungswillens habe ich bisherige Vorgaben meiner Chefs teilweise sogar übertroffen. Meinen Willen zur Leistung dokumentieren mein Abschluss als/meine Abschlüsse als … sowie meine Erfahrungen im Bereich der … bei dem Unternehmen … .

Mein persönliches und fachliches Leistungspotenzial zeigte ich unter anderem demonstriert/gezeigt, als es darum ging, die [Vertriebsstrukturen] effektiver zu gestalten.

Als Mensch, der seine Fähigkeiten voll ausschöpft, wirkte ich intensiv und erfolgreich an der Gestaltung von … mit.

- **Beschreibend**

Als ein Mitarbeiter, der sehr effizient arbeitet, kann ich vor allem im Bereich … eine große/enorme/erhebliche Unterstützung für Ihr Unternehmen sein.

Dass ich überdurchschnittlich leistungsfähig bin, belegen meine Zeugnisse.

Meine Stärke: anspruchsvolle Aufgaben mit ganzer Energie angehen.

Ich bin tatkräftig und sehr/überdurchschnittlich belastbar.

Was mich stets aufs Neue zu überdurchschnittlichem Einsatz für Ihr Unternehmen motivieren wird? /Die Zufriedenheit Ihrer Kunden.

Dabei gelingt es mir gut, [Marketingaktivitäten] mit großem Engagement und Organisationstalent zu betreiben/umzusetzen/zu realisieren.

Ihren Anspruch an eine leistungsstarke Mitarbeiterin kann ich dank meiner Ziel-orientierung und meiner Identifikation mit Ihren Produkten bestens erfüllen.

g) Ein Mitarbeiter mit ...

Alphabetisch sortiert finden Sie hier weitere Merkmale:

- *Kommunikationsstärke*
- *Motivation*
- *Problemlöser-Qualitäten*
- *Verantwortungsbewusstsein*
- *Verhandlungsgeschick*
- *Zügige Arbeitsweise*

- **Kommunikationsstärke**

Dank meiner Fähigkeit, unterschiedliche Sichtweisen und Standpunkte sensibel zusammenzuführen, war es mir möglich, für eine gute Kommunikation und Kooperation zwischen den einzelnen Abteilungen und externen Interessensvertretern zu sorgen.

Diese Position erforderte es, zur richtigen Zeit die richtigen Worte zu finden. Diesem Anspruch bin ich mit viel Fingerspitzengefühl und Geschick im Umgang mit unterschiedlichen Persönlichkeiten begegnet.

Eine konstruktive Gesprächskultur/Kommunikation war eine wesentliche Grundlage meiner Vermittlungstätigkeit bei der ... .
Da das Team nicht nur interdisziplinär, sondern auch mulitkulturell arbeitete, war eine vorurteilsfreie, aufgeschlossene Kommunikation unverzichtbar. Ich habe den Austausch und die Entscheidungs-findungsprozesse stets als eine große und spannende Herausforderung empfunden, die mich auch persönlich bereichert hat.

Bei der Tätigkeit ...war es wichtig, sich immer wieder neu auf die verschiedenen Persönlichkeiten einzustellen. Dies hat mir sehr viel Freude bereitet.

Aufgrund meines aufgeschlossenen [Naturells/Wesens]/meiner aufgeschlossenen [Persönlichkeit/ Art] ist es mir stets leicht gefallen, mit Menschen unterschiedlicher Couleur/mit ganz unterschiedlichen Menschen zu kommunizieren.

- **Motivation**

Anforderungen dieser Art motivieren mich außerordentlich.

Hinter allen Ergebnissen meines Arbeitsbereiches stand meine Persönlichkeit. Daher wurde mir bereits nach einem Jahr der Verantwortungsbereich ... anvertraut.

Meine Neugierde und mein großes Lerninteresse waren für meine berufliche Entwicklung entscheidend.

In einem Umfeld, das sich mit meinen persönlichen Wertvorstellungen deckt, kann meine äußerst hohe/große/starke Motivation sich besonders gut entfalten./Am motiviertesten arbeite ich in einem Umfeld, das sich mit meinen persönlichen Wertvorstellungen deckt. Daher bewerbe ich mich ganz bewusst bei Ihnen.

- **Problemlöser-Qualitäten**

Während ... konnte ich meine kreativen Fähigkeiten bei der Lösungssuche effektiv einsetzen und zu einer meiner zentralen Kompetenzen ausbauen.

Für die Lösungssuche braucht es den Mut, quer zu denken. Das habe ich von Problem zu Problem neu gelernt und biete ich mich Ihnen als ein „gereifter" Problemlöser an:

Ich liebe es, der Ursache eines Fehlers auf den Grund zu gehen. Ich lasse nicht nach, bis ich Erfolg habe. Dazu gehört eine große Portion Eigenmotivation und die Bereitschaft, hin und wieder Freunde um Rat zu fragen und Fachartikel zu lesen. Umso begeisterter bin ich, wenn der Computer danach wieder so läuft, wie ich mir das vorstelle.

Ich bin nicht gerade erfreut, wenn an meinem Auto etwas nicht funktioniert. Aber es reizt mich außerordentlich, den Fehler zu suchen, ihn zu finden und dann zügig zu beheben.

- **Verantwortungsbewusstsein**

Dass diese Vertrauensposition ein hohes Maß an Engagement und Loyalität sowie Niveau und Stil verlangt, ist für mich besonders interessant. Diese Fähigkeiten habe ich bereits bei ... gezeigt.

Mein Vorgesetzter erkannte mein Potenzial und hat mir immer größere Verantwortungsbereiche übertragen.

Die Aufgaben .... erforderten die Übernahme besonderer Verantwortung.

Die Tatsache, dass mir ... anvertraut wurde, zeigt Ihnen mein hohes Verantwortungsbewusstsein.

- **Verhandlungsgeschick**

Die größten Herausforderungen waren Verhandlungen in schwierigen Situationen. Dabei habe ich nicht nur viel gelernt, sondern auch (sehr) gute Erfolge erzielt.

Sich auf den anderen einlassen, seine Sichtweisen ernstnehmen und die eigenen Standpunkte klar kommunizieren – das waren die Garanten meiner guten Vertragsabschlüsse.

In Verhandlungen war mir stets ein verbindliches Auftreten wichtig. Dadurch konnte ich mein Gegenüber für mich gewinnen und von den Produkten meines Unternehmens überzeugen.

Mein Verhandlungsgeschick basiert auf meinem Fingerspitzengefühl und meinem überzeugungsstarken Auftreten.

- **Zügige Arbeitsweise**

Ich weiß, dass meine Einsatzbereitschaft in der Abteilung ... zu einer beschleunigten Abwicklung im Bereich ... geführt hat.

Dort trieb ich mit aller Kraft die zügige Erledigung von ... voran.

Unter zeitlichem Druck arbeite ich konzentriert und gewissenhaft.

Sie dürfen von mir eine hohe Qualität und Quantität erwarten. Dies zeigte ich in meinem Aufgabenbereich bei ... .

Warum wollen Sie diesen Job?

Zur Einführung empfiehlt sich das einleitende Kapitel mit dem Abschnitt „Ihre Motivation" auf Seite 10. Weitere Ansätze für die Herstellung eines Unternehmensbezugs stehen Ihnen oben im Unterkapitel „Eröffnung", im Abschnitt: „Ihr Unternehmen interessiert mich (Seite 83) zur Verfügung.

1) Bezug zum Unternehmen

Da Ihr Haus bekanntermaßen einen sehr guten Ruf hat/genießt, habe ich großes Interesse/bin ich sehr interessiert, bei Ihnen zu arbeiten.

Ich möchte gern weiterhin in der ...branche als ein sehr engagierter, ideenreicher und abschlussstarker Mitarbeiter aktiv sein. In Ihrem Unternehmen sehe ich aufgrund Ihrer Aufgabengebiete und Erfolgsbilanzen eine gute Möglichkeit dazu.

Die Qualität Ihrer Produkte und das internationale Renommee Ihrer Unternehmensgruppe finden in diversen Publikationen eine äußerst positive Resonanz. Ich würde mich freuen, als ... bei Ihnen aktiv werden zu können.

Die Größe Ihres Unternehmens und die damit verbundenen beruflichen Perspektiven sind weitere Beweggründe für meine Bewerbung bei der ... AG.

2 Bezug zu den Produkten

Mit der Art und Qualität Ihrer Produkte kann ich mich sehr gut identifizieren. Dies wird sich positiv auf die Markenpräsentation und meine Vertriebserfolge auswirken.

Als treuer Kunde Ihrer Unternehmensgruppe schätze ich eine gesunde Ernährung und bin daher hoch motiviert, meine Fähigkeiten bei Ihnen zum Einsatz zu bringen.

Ihre [Sport-]Artikel begleiten mich bereits seit meiner Jugend und deshalb weiß ich die ausgezeichnete Qualität Ihres Bekleidungs-Sortiments sehr zu schätzen. Das motiviert mich in besonderer Weise zu einer Mitarbeit in Ihrem Unternehmen.

3 Bezug zum Team

Wie ich Ihrer Homepage/Stellenanzeige entnehme, spielen Teamarbeit und eine kollegiale Haltung in Ihrem Unternehmen eine wichtige Rolle. Dies spricht mich sehr an.

Ihre Homepage/Stellenanzeige habe ich interessiert gelesen. Die gute Teamarbeit und die kollegiale Haltung in Ihrem Unternehmen sprechen mich sehr an.

Ihre Unternehmensgruppe/Institution ist für eine anspruchsvolle und effektive Teamarbeit bekannt. Meine Qualifikationen will ich dafür sehr gerne einbringen.

Sehr gerne will ich mich in einem anspruchsvollen und kooperationsbereiten Team wie dem Ihren engagieren.

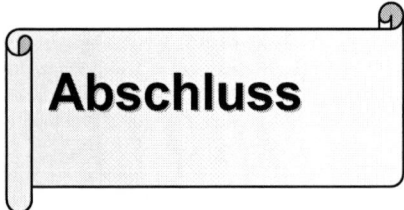

Abschluss

Der Konjunktiv in der Schlussformulierung „Über Ihre Einladung würde ich mich freuen." kann durchaus positiv gesehen werden. Er bringt Höflichkeit und Ihren Respekt vor der noch ausstehenden Entscheidung des anderen zum Ausdruck: „Wenn Sie sich für mich entscheiden, dann werde ich mich freuen."

Die klare Aussage „Ich freue mich über Ihre Einladung" impliziert, dass der Personal-verantwortliche sich bereits für Sie entschieden hat. Die Verwendung dieser Schlussformel kann ein sehr selbstsicheres und überzeugendes Auftreten signalisieren. Solche Formulierungen sind weit verbreitet und durchaus wirkungsvoll, aber nicht bei allen Adressaten angebracht. Wägen Sie ab, was Ihnen im Hinblick auf Ihre Persönlichkeit und Ihre Einschätzung Ihres Adressaten passender erscheint: Was fühlt sich richtiger für Sie und den jeweiligen Adressaten an? Zur „Konjunktivfrage" siehe auch die "Acht Tipps für das Anschreiben" im Kapitel 1.1."Sprache" (Seite 13).

Nutzen Sie bei Ihren abschließenden Sätzen den Dialogstil: Besser als das unpersönliche „Auf eine Einladung ..." ist es, mit Höflichkeitspronomen den direkten Kontakt zum Leser herzustellen: „Auf Ihre Einladung ...".

1 Schlicht, aber ergreifend
    a) „Über Ihre Einladung freue ich mich."
    b) „Über Ihre Einladung würde ich mich freuen." – mit Höflichkeitskonjunktiv
    c) „Darf ich mit Ihrer Einladung rechnen?" – von „dürfen" bis „hoffen"

2 Von „außergewöhnlich", „sympathisch" bis „keck"

3 Mit mir sind Sie gut beraten

1 Schlicht, aber ergreifend

a) „Über Ihre Einladung freue ich mich!"

Auf Ihre Einladung freue ich mich.

Ich freue mich, von Ihnen zu hören.

Sind Sie interessiert?/ Habe ich Ihr Interesse geweckt?
Dann freue ich mich auf ein Vorstellungsgespräch

Darf ich mich Ihnen persönlich vorstellen?

Über ein Vorstellungsgespräch freue ich mich sehr.

Haben Sie Interesse an einem Vorstellungsgespräch?
Ich komme gerne.

Haben Sie Interesse an einem Vorstellungsgespräch?
Dann freue ich mich auf Ihre Einladung.

Zu einem persönlichen/weiterführenden Gespräch bin ich sehr gerne bereit/stehe ich Ihnen gerne zur Verfügung.

In einem persönlichen Gespräch – gerne auch vorerst telefonisch – freue ich mich, Ihnen weitere Informationen und Auskünfte z. B. zu den Themen Gehaltsvorstellungen und Eintrittstermin zu geben.

Auf ein persönliches Gespräch/Kennenlernen/eine Begegnung mit Ihnen freue ich mich.

Über Ihre Einladung zu einem persönlichen Vorstellungsgespräch freue ich mich.

Für alle weiteren Auskünfte stehe ich Ihnen gerne in einem persönlichen Gespräch zur Verfügung.

Weckt mein Profil Ihr Interesse? Ich freue mich über Ihre Einladung.

Danke für Ihre Aufmerksamkeit.

b) „Über Ihre Einladung würde ich mich freuen." – mit Höflichkeitskonjunktiv

Ich würde mich freuen, Näheres in einem persönlichen Gespräch erörtern zu können.

Es würde mich freuen, wenn sich an diese Bewerbung ein persönliches Gespräch anschließen ließe.

Ich stehe ab ... zur Verfügung und würde mich über eine Gelegenheit für eine persönliche Vorstellung bei Ihnen freuen.

Über Ihre Einladung würde ich mich ganz besonders freuen.

Sollte ich Ihr Interesse geweckt haben, würde ich gerne persönlich mit Ihnen in Kontakt treten.

Ich würde Sie gerne persönlich von meiner fachlichen Eignung überzeugen.

Es würde mich freuen, wenn Sie nach Prüfung meiner Unterlagen einen positiven Eindruck gewonnen haben.

Ich würde mich freuen, wenn ich meine (blanken/bloßen) Bewerberdaten durch einen persönlichen Eindruck ergänzen dürfte. Dafür stehe ich Ihnen gerne (jederzeit) zur Verfügung.

Ich würde mich freuen, wenn ich mich Ihnen in einem gemeinsamen Gespräch persönlich vorstellen darf.

Ich würde mich freuen, in einem persönlichen Gespräch mit Ihnen über meine beste Verwendungsmöglichkeit als Berufsstarter in Ihrem Unternehmen nachzudenken.

Könnte ich für Sie nützlich sein? Das lässt sich für Sie sicherlich besser in einem persönlichen Gespräch klären. Mit großem Interesse stehe ich Ihnen dafür (jederzeit) zur Verfügung.

Ich würde mich freuen, in ein Team engagierter und motivierter Kollegen in Ihrem Unternehmen aufgenommen zu werden.

Ich würde mich freuen, in einem so hervorragend aufgestellten und innovativen Unter-nehmen wie dem Ihren als Berufseinsteigerin meinen Karrieregrundstein zu setzen.

Es wäre sehr reizvoll, in Ihrem Haus meine ... Fähigkeiten sowie mein Engagement und mein verkaufsstarkes Auftreten unter Beweis stellen zu können.

c) „Darf ich mit Ihrer Einladung rechnen?" – von „dürfen" bis „hoffen"

Ich hoffe, dass ich Sie neugierig gemacht habe, und freue mich darauf, von Ihnen zu hören.

All das dürfte für Sie sehr interessant sein. Möchten Sie mich kennenlernen?

Über einen kurzen Austausch freue ich mich sehr. Wann darf ich mit Ihrer Einladung rechnen?

Sollten meine Bewerbungsunterlagen Sie neugierig gemacht haben, freue ich mich auf ein persönliches Gespräch.

Ich möchte Sie von meiner Qualifikation für diese Stelle persönlich überzeugen. Darf ich mit Ihrer Einladung zu einem Gespräch rechnen?

Wenn meine Bewerbungsunterlagen Sie neugierig gemacht haben und Sie mich nun auch persönlich kennenlernen wollen, freue ich mich über Ihre Einladung zu einem Gespräch.

2 Von „außergewöhnlich", „sympathisch" bis „keck"

Wenn Sie die Person dahinter kennenlernen möchten, freue ich mich auf Ihre Einladung.

Sehr gerne gebe ich Ihnen die Gelegenheit zu prüfen, ob ich auch menschlich in Ihr Team passe, und freue mich deshalb auf Ihre Einladung zu einem Vorstellungsgespräch.

Wann darf ich mich bei Ihnen vorstellen?

Wenn Sie Interesse haben, eine solche Mitarbeiterin zu gewinnen, dann sollten Sie mich anrufen.

Im direkten Gespräch möchte ich Sie davon überzeugen, wie ich es schaffen kann, zum reibungslosen Ablauf in Ihrer Abteilung beizutragen.

Erlauben Sie mir, mich Ihnen persönlich vorzustellen. Im direkten Kontakt kann ich Ihnen meine Stärken für diese Stelle besser beschreiben, und Sie können so zu einer klareren Einschätzung meines Profils gelangen.

Sie wollen mich unverbindlich kennenlernen, um mein Potenzial besser einschätzen zu können? Ich freue mich über Ihren Terminvorschlag.

Ich freue mich, wenn Sie mich bei der Personalauswahl in den engeren Kreis der Bewerber einbeziehen.

Rufen Sie mich gerne an oder schicken Sie mir eine E-Mail und wir vereinbaren einen Termin. Ich würde mich wirklich sehr darüber freuen.

Ein persönliches Gespräch mit mir ermöglicht Ihnen eine klarere Analyse der Pro- und Kontra-Argumente.

3 Mit mir sind Sie gut beraten

Diese Abschlusssätze zielen auf Ihre fachliche Kompetenz:

In einem persönlichen Gespräch würde ich Sie gerne davon überzeugen, dass ich für die beschriebenen Aufgaben geeignet bin.

Sollten meine Angaben Ihren Vorstellungen entsprechen, freue ich mich über Ihre Einladung zu einem persönlichen Gespräch.

Ich bin überzeugt, für die ausgeschriebene Position/Tätigkeit als ... in Ihrem Hause qualifiziert zu sein. Auf ein Gespräch mit Ihnen freue ich mich.

Gerne würde ich mehr über die Position und Ihr Unternehmen erfahren und freue mich daher über eine Einladung zu einem Gespräch, in dem ich meine Kompetenzen gerne ausführlich vorstelle.

Von meiner Fähigkeit, die Chancen und Möglichkeiten im Vertrieb der ...- Produkte gezielt zu nutzen, überzeuge ich Sie am besten im direkten Gespräch.

Vereinbaren Sie doch einen persönlichen Gesprächstermin mit mir, sodass wir potenzielle Einsatzfelder in Abstimmung mit Ihren Wünschen und meinen Möglichkeiten näher besprechen können.

Wenn Sie Interesse an meinem Profil haben, würde ich gerne ausführlicher mit Ihnen über die ausgeschriebene Stelle und mein dazu passendes Potenzial sprechen.
Sehr gerne überzeuge ich Sie im direkten Gespräch von meiner fachlichen und persönlichen Eignung.

Hat meine Bewerbung Ihre Neugier geweckt? Dann werden Sie wahrscheinlich mehr über meine beruflichen Kompetenzen erfahren wollen. Über Ihre Einladung würde ich mich außerordentlich freuen.

Sind Sie neugierig auf mein berufliches und persönliches Potenzial geworden? Dann möchte ich Sie gern in einem Gespräch davon überzeugen.

Meine beruflichen Vorstellungen würde ich gern mit Ihren Erwartungen abstimmen, um mögliche Einsatzbereiche als Berufseinsteiger bei der [KLAR AG] zu erörtern.

Kommt mein berufliches Potenzial Ihrem Anforderungsprofil ziemlich nahe? Dann freue ich mich über Ihre Einladung zu einem Bewerbungsgespräch.

In der von Ihnen angebotenen Stelle sehe ich eine sehr gute Möglichkeit, meine fachlichen Kenntnisse einzubringen und meine beruflichen Ziele zu verwirklichen. Über ein Kennenlernen und die Möglichkeit, Ihren Betrieb besichtigen zu können, würde ich mich sehr freuen.

Mit mir gewinnen Sie einen [Berufsbezeichung], der sich in einer lebendigen, fachlich inspirierenden Umgebung weiterentwickeln will.

Diesen fundierten/vielseitigen Erfahrungsschatz, verbunden mit überdurchschnittlichem Elan, möchte ich sehr gern in Ihr Unternehmen einbringen. Ich freue mich auf Ihre Einladung zu einem persönlichen Gespräch.

Sehr gerne erörtere ich gemeinsam mit Ihnen, wie ich durch ein innovatives Marketing zur Gewinnsteigerung beitragen kann.

Drei gewichtige Gründe sprechen für mich als Ihren potenziellen Mitarbeiter: ...

Gerne würde ich meine Stärken in ein eingespieltes Team wie das Ihre einbringen.

Meine Kenntnisse würde ich gerne in einen eingeführten Betrieb wie den Ihren einbringen.

Ich bin davon überzeugt, dass ich allen Ihren Anforderungen auf beste Weise entspreche.

Nicht zuletzt bedeutet für mich eine Mitarbeit in dem von Ihnen skizzierten Aufgabenbereich, dass ich meine fachlichen Interessen optimal realisieren kann. Deshalb kann ich mir eine Tätigkeit in Ihrem Hause sehr gut vorstellen. Über eine Einladung zu einem persönlichen Gespräch freue ich mich sehr.

Sie gewinnen mit mir einen Mitarbeiter, der seine sehr guten Fachkompetenzen in einem anspruchsvollen Umfeld weiterentwickeln will.

Aus allen diesen Gründen finde ich die Mitarbeit in Ihrem Unternehmen außerordentlich interessant.

1 offiziell
2 lebendig

1 offiziell

Laut DIN-Norm gibt es ofiziell drei mögliche Grußformeln:

Mit freundlichen Grüßen

Mit freundlichem Gruß

Freundliche Grüße

2 lebendig

Es grüßt Sie

Aus ... grüßt Sie ...

Freundlich grüßt Sie

Freundlichst grüßt Sie

Freundliche Grüße sendet Ihnen

Mit besten Grüßen

Mit freundlichen Grüßen aus Berlin

Mit freundlichen Grüßen nach Köln

Mit den besten Grüßen aus ...

Mit herzlichen Grüßen und den besten Wünschen

Es grüßt Sie mit den besten Wünschen

Einen angenehmen und erfolgreichen Tag wünscht Ihnen

Ihnen und Ihrem Unternehmen den besten Erfolg!

Ihnen und Ihrem Unternehmen den besten geschäftlichen Erfolg!

Gute Geschäfte und den besten Erfolg wünscht

Mit den besten Wünschen für einen erfolgreichen Tag

Auf Ihre Antwort aus ... freue ich mich

Ihnen und Ihrem Geschäft den besten Erfolg!

Ihrem Business den allerbesten Erfolg!

Auf Ihre Vorschläge freue ich mich

Ich freue mich auf Ihre positive Nachricht

Ich freue mich auf eine positive Mail aus ...

Ich freue mich auf Ihre Antwort

Ihnen und Ihrem Team den besten Erfolg!

Beste Wünsche, auch an Ihr Team!

Mit den besten Wünschen für Sie und Ihr Team

Mit den besten Wünschen für die weitere Entwicklung Ihres Unternehmens

Den besten unternehmerischen Erfolg wünscht Ihnen

Ihnen und Ihrem Team den besten geschäftlichen Erfolg wünscht

2.2 Die Initiativbewerbung

Inhaltsverzeichnis

2.2 Die Initiativbewerbung

Initiativbewerbungen machen es in der Regel erforderlich, dass Sie Ihr Wissen und Ihre Kenntnisse in der ganzen Bandbreite präsentieren. Sie überlassen es Ihrem Gegenüber, wofür dieses Potenzial im Unternehmen am besten Verwendung finden wird. Viele Aspekte Ihres Könnens werden Sie also nur „anreißen" können und dadurch Neugier wecken. Es versteht sich von selbst, dass eine stärkere Konkretisierung dann gefragt ist, wenn Sie mehr über die möglichen Positionen im Zielunternehmen Ihrer Initiativbewerbung in Erfahrung bringen können.

Betreff

Auch bei einer Initiativbewerbung können Sie ganz klassisch formulieren „Bewerbung als ..."(siehe hierzu auch Seite 81). Oder Sie schreiben explizit „Initiativbewerbung".

1 Mit konkretem Bezug

Oft ist es schwer herauszufinden, welche Positionen für Sie mit Ihrem speziellen Profil bei dem anvisierten Unternehmen in Frage kommen könnten. In diesem Fall beschreiben Sie mehrere relevante Aufgabenfelder oder geben Ihren Abschluss (Ausbildung und Studium) an und überlassen die Zuteilung dem Unternehmen. Je zielgenauer Ihre Angaben, desto besser.

Es ist nicht ratsam, sich auf mehrere mögliche Positionen gleichzeitig zu bewerben, die inhaltlich oder hinsichtlich des Positionsniveaus zu weit voneinander entfernt sind. Man wird unglaubwürdig, wenn man sich beispielsweise als Lagerhelfer und gleichzeitig als Bürokaufmann bewirbt.

Meine Initiativbewerbung als Ihr ...

Initiativbewerbung für den Bereich ...

Bewerbungsanfrage „Bezirksleiterin"

Initiativbewerbung als ... für die Bereiche ...

Bewerbung für Aufgaben im Umfeld eines [Dipl.-Betriebswirtes]

Bewerbung als [Dipl.-Betriebswirt] für entsprechende Herausforderungen

Bewerbung um eine anspruchsvolle Position als [Dipl.-Betriebswirt]

2 Etwas vager

Lesen Sie hierzu bitte auch die Ausführungen im Abschnitt „Allroundkraft" im Kapitel „Besonderes" auf Seite 188.

Bewerbung als flexibler Mitarbeiter

Bewerbung als Allroundkraft

Bewerbung als Hilfskraft für Aufgaben in [der Produktion, im Versand, im Lager]

3 Mit Hinweis auf Teil- oder Vollzeit

Der Zusatz – „in Teilzeit" – ist kein Muss. Aber manchen Bewerbern erspart er unnötige Gespräche. Andere wiederum versprechen sich von dem bewussten Weglassen des Hinweises auf Teilzeit eine Einladung zu einem persönlichen Gespräch. Sie hoffen, dass sie darin so sehr überzeugen, dass es dem Chef egal ist, ob der neue Mitarbeiter in Teil- oder Vollzeit arbeitet.

Siehe dazu auch im Kapitel „Besonderheiten" den Abschnitt „Arbeitszeit" (Seite 190).

Initiativbewerbung als …,
gerne in Teil-, aber auch Vollzeit möglich

Initiativbewerbung als …,
bevorzugt in Vollzeit

Initiativbewerbung als …,
mit bis zu 4-6 h Stunden täglich

Initiativbewerbung als … in Teilzeit bis zu 25 h/Woche,
nach Absprache zeitlich flexibel einsetzbar

Initiativbewerbung als … in Teilzeit bis zu 25 h/Woche,
vorrangig vormittags, aber auch ganze Tage möglich

4 Das biete ich

Engagierte [Kundenberaterin]

Suchen Sie eine [Verkäuferin] in Teilzeit?

[Techniker im Garten- und Landschaftsbau mit Meisterpreis] bietet langjährige Erfahrungen

Wer wagt, gewinnt – den Schreinermeister Jörg Gewinner

[Schreiner und CNC-Programmierer] bietet Ihnen langjährige Erfahrung
und sucht anspruchsvolle Aufgabe

[Fotografin] mit langjähriger Berufserfahrung sucht Herausforderung als …

… sucht anspruchsvolle Arbeit als …

Suchen Sie aktuell oder demnächst einen kompetenten … mit viel Elan und Motivation?

Anrede

Siehe bitte die Vorschläge auf Seite 81.

Eröffnung

1 Darf ich mich vorstellen

⇨ *Sehr geehrte Frau xy,*
sehr geehrter Herr xy,
sehr geehrte Damen und Herren, ...

suchen Sie aktuell oder demnächst eine kompetente und motivierte Bürokraft?

es würde mich sehr freuen, Ihr Team als engagierte Mitarbeiterin verstärken zu dürfen.

mit großem Engagement möchte ich, Fachkraft mit langjähriger Berufserfahrung im Bereich ..., Ihr Team effektiv unterstützen.

sehr gerne will ich meine Fähigkeiten aus dem ... Bereich Ihrer/Ihrem ... zur Verfügung stellen.

sehr gerne möchte ich als ...für Ihr Unternehmen tätig werden.

ich möchte mich als ... für die Position ... bewerben. Ich bin überzeugt/bin mir sicher, dass ich mit meinen Kenntnissen und Fähigkeiten zu Ihrem weiteren Unternehmens-erfolg beitragen kann.

mit dieser Bewerbung möchte ich Ihnen meine Unterstützung für den Bürobereich anbieten.

2 Wir telefonierten bereits

Auf die Wichtigkeit eines Vorabtelefonats wird vielfach hingewiesen. Sie können sich besser von Mitbewerbern abheben, indem Sie eine solche Initiative zeigen. Gleichzeitig selektieren viele Bewerber dadurch schon jene Unternehmen aus, die behaupten, aktuell keinen Personalbedarf zu haben, oder die grundsätzlich keine Initiativbewerbungen berücksichtigen. Das kann – gerade wenn man sich mit dem Medium Telefon einigermaßen wohlfühlt – die vielversprechendste Vorgehensweise sein.

Der verbreiteten Meinung, dass Initiativbewerbungen nur in Verbindung mit einer ersten telefonischen Kontaktaufnahme Sinn machen, stehen die Erfahrungen zahlreicher Bewerber gegenüber: Mit rein schriftlichen Initiativbewerbungen haben sie eine gute Quote hinsichtlich der Einladungen zu Vorstellungsgesprächen erreicht. Personaler geben unter vorgehaltener Hand durchaus zu, dass sie Bewerber am Telefon abwimmeln, eingehende interessante Bewerberprofile aber selbstverständlich bei der Personalauswahl berücksichtigen.

Denken Sie daran, sich bei einem Telefongespräch die Namen der Ansprechpartner gegebenenfalls buchstabieren zu lassen. Vergessen Sie nicht, sich eventuelle Titel zu notieren. Auch sollten Sie wissen, an welche Abteilung Ihre Bewerbung gerichtet werden darf. Eine Bewerbung an eine Fachabteilung oder gar an den Geschäftsführer ist meistens besser als an die Personalabteilung. Böse Zungen behaupten: Personalabteilungen sind nur dazu da, um Bewerber fernzuhalten.

⇨ *Sehr geehrte Frau xy,*
sehr geehrter Herr xy,
sehr geehrte Damen und Herren, ...

a) allgemeiner Einstieg

vielen Dank für das angenehme/ausführliche Telefonat, das wir am gestrigen Tage führten. Ihre Informationen haben mich in meinem Wunsch bestärkt, bei Ihnen tätig zu werden.

wie telefonisch besprochen, sende ich Ihnen nun meine Bewerbungsunterlagen.

nach dem freundlichen und informativen Telefonat mit Herrn ... erhalten Sie hier meine Bewerbungsunterlagen.

wie im freundlichen Telefonat mit Ihrem Mitarbeiter, Herrn ..., vereinbart, erreicht Sie auf diesem Weg meine Bewerbung.

vielen Dank für die ausführlichen Informationen, die ich von Ihnen in unserem Telefon-gespräch am ... erhalten habe. Ja, die beschriebenen Aufgaben reizen mich sehr.

auf Empfehlung Ihrer Mitarbeiterin, Frau ..., mit der ich am [14. Juni] telefonierte, überreiche ich Ihnen meine Bewerbungsunterlagen.

ich beziehe mich auf die telefonische Empfehlung Ihrer Sekretärin/des Abteilungsleiters [Name] am heutigen Tag. Mein Interesse an einer Mitarbeit in Ihrem Unternehmen ist sehr groß.

im Telefonat mit einem Ihrer Mitarbeiter wurden Sie mir als Ansprechpartner für Personalentscheidungen im Bereich ... genannt. Mit großem Engagemant will ich als … für Ihr Team aktiv werden./Ich habe großes Interesse, als ... für Ihr Team aktiv zu werden.

eine (sehr) freundliche Dame/ein (sehr) freundlicher Herr Ihres Teams hat mich mit meinem Interesse an einer Mitarbeit in Ihrer Abteilung/in Ihrem Hause an Sie verwiesen. Mit hoher Motivation will ich als ... für Sie arbeiten.

vielen Dank für das informative Gespräch. Wie verabredet sende ich Ihnen meine Unterlagen zu.

wie wir bereits in unserem Gespräch festgestellt haben, wäre ich in Ihrem Unter-nehmen vielseitig einsetzbar. Besonders angesprochen hat mich Ihre Bereitschaft, bei der Art und Weise meiner Anstellung flexibel zu sein, eventuell auch über eine Pauschalistenstelle nachzudenken.

im heutigen Telefonat bekundigten Sie Interesse an meinen Bewerbungsunterlagen für zukünftige Vakanzen. Vielen Dank, ich freue mich, Ihnen kurz mein Profil vorstellen zu dürfen.

b) Ihr Ansprechpartner hat Ihnen Unterstützung zugesagt

ich freue mich, dass ich Ihnen meine Bewerbungsunterlagen zusenden darf und Sie sich bei der Stadtverwaltung und dem näheren Umfeld umhören wollen, ob Interesse an meinem Profil besteht und es eine Einsatzmöglichkeit für mich gibt.

vielen Dank, dass Sie mir bei meiner Suche nach einer neuen Position behilflich sein wollen.

besten Dank für die Tipps, die Sie mir für meine Suche nach einer neuen Position gegeben haben.

herzlichen Dank, dass Sie „Augen und Ohren" offen halten, um meine Stellensuche zu unterstützen.

herzlichen/vielen Dank, dass Sie mir Unterstützung bei meiner Stellensuche angeboten haben. Diese Chance will ich gerne nutzen und übersende Ihnen heute mein Kurzprofil.

diesem Schreiben füge ich einen Lebenslauf bei und bedanke mich herzlich für Ihre Zusage, dass Sie Informationen über neue Stellenbesetzungen an mich weitergeben wollen.

3 Ihr Unternehmen reizt mich sehr

Weitere Ansätze zum Unternehmensbezug finden sich im Kapitel Stellenbewerbung in den Abschnitten „Eröffnung" (Seite 82) und „Warum dieser Job?" (Seite 117).

⇨   ***Sehr geehrte Frau xy,***
     sehr geehrter Herr xy,
     sehr geehrte Damen und Herren, ...

als renommiertes Unternehmen im Bereich ... haben Sie mein besonderes Interesse gefunden.

die international exponierte Marktstellung Ihrer Unternehmensgruppe ... sowie die vorbildliche Arbeit in ... will ich erfolgreich unterstützen.

Ihr Geschäft ist mir vom täglichen Vorbeifahren bekannt. Vor allem die moderne Präsentation Ihres Unternehmens beeindruckt mich sehr.

Ihr Haus ist mir durch kundenfreundliche Angebote und sehr gute Konditionen bekannt.

als engagierte ... mit Berufserfahrung in ... und dem Wunsch und Willen, mich neuen Herausforderungen zu stellen, will ich mich als Verstärkung Ihrer ... Abteilung vorstellen.

bei meiner Stellensuche bin ich über das Telefonbuch/Branchenbuch/das Internet/Ihre Homepage/Ihre Website/Ihr Internetprofil auf Ihr Unternehmen aufmerksam geworden.

in dem auf Ihrer Website vorgestellten interdisziplinären Team will ich mich engagiert einbringen.

4 Auf Empfehlung von ...

⇨ Sehr geehrte Frau xy,
   sehr geehrter Herr xy,
   sehr geehrte Damen und Herren, ...

auf Empfehlung einer Bekannten, Ihrer Mitarbeiterin ..., übersende ich Ihnen meine Bewerbung. An einer Mitarbeit in Ihrem international agierenden Unternehmen bin ich außerordentlich interessiert.

auf Empfehlung meiner Seminarleiterin Frau ... vom ...-Institut wende ich mich mit meinem Interesse an einer Mitarbeit im Bereich ... Ihres Unternehmens an Sie.

ich beziehe mich auf das Telefonat zwischen Frau ... und Ihrem Mitarbeiter Herrn ... am [vergangenen Montag]. Mit großem Interesse bewerbe ich mich für die Aufgaben im Bereich ... .

auf Empfehlung meines früheren Arbeitgebers möchte ich mich Ihnen kurz vorstellen: ...

über meine Kursleitung, Herrn ... beim ...-Institut, bin ich auf Ihr sehr interessantes Unternehmen aufmerksam geworden.

5 Sie erinnern sich ...

Sollten Sie sich bereits bei einem Unternehmen beworben haben und wollen sich in Erinnerung rufen, so berücksichtigen Sie die Erläuterungen im Abschnitt „Erinnerungsbewerbung" im Kapitel „Besonderes" (siehe Seite 200). Inhaltlich ähnliche Ansätze finden sich im Kapitel Stellenbewerbung unter „Eröffnung" bei „Wir kennen uns ..." und „Ich kenne Mitarbeiter Ihres Unternehmens" (Seite 85 ff.):

a) an unseren Kontakt bei der Jobmesse
b) an unser Treffen bei ...
c) an meine Diplomarbeit/meine Hospitanz/mein Praktikum bei Ihnen

⇨ Sehr geehrte Frau xy,
   sehr geehrter Herr xy,
   sehr geehrte Damen und Herren, ...

a) an unseren Kontakt bei der Jobmesse

mit diesem Schreiben möchte ich an unser Gespräch auf der Jobmesse in [München] anknüpfen. Insbesondere die von Ihnen aufgezeigten Aufstiegsperspektiven und die Möglichkeit von Auslandserfahrungen haben mir sehr zugesagt.

mit diesem Schreiben möchte ich an unser Gespräch auf der Jobmesse in [München] anknüpfen. Ihre Schilderung der interessanten Unternehmensgeschichte und der Zielvorgaben für die nächsten Jahre haben mich inspiriert, Ihnen meine bisherige berufliche Entwicklung und meine beruflichen Zielvorstellungen als einen parallelen Werdegang zu beschreiben: ...

auf der Jobmesse in ... hatten wir bedauerlicherweise nur kurz die Gelegenheit, Kontakt aufzunehmen. Ich würde mich freuen, wenn ich Sie mit meiner Bewerbung so weit überzeugen kann, dass wir unser Gespräch bei einem persönlichen Kennenlernen vertiefen können.

bei unserem Gespräch auf der Messe ... hatten Sie kurz auf die personellen Veränderungen in Ihrem Unternehmen hingewiesen. Bitte informieren Sie sich anhand meiner Bewerbungsunterlagen über mein Profil, um eine gemeinsame Zusammenarbeit besser abwägen zu können.

auf der Branchenmesse ... hatte ich mir erlaubt, einem Ihrer Mitarbeiter meine Bewerbungsmappe zu überreichen. Gerne hätte ich Sie dort persönlich kennengelernt. Ich würde mich freuen, wenn meine Bewerbung zu einer persönlichen Vorstellung bei Ihnen führt.

zu meinem Bedauern hat es sich auf der Messe ... nicht ergeben, dass wir uns persönlich kennenlernen konnten. Einen ersten Eindruck meiner beruflichen Weiterentwicklung soll Ihnen daher diese Bewerbungsmappe vermitteln – in der Hoffnung, dass meine Unterlagen eine interessante Grundlage für ein Vorstellungsgespräch bei Ihnen sind.

ich möchte an unsere Unterhaltung/unser Gespräch auf der Messe ... anknüpfen, indem ich mich direkt auf alle Aufgabenbereiche im Umfeld eines ... bewerbe.

ich würde unser Gespräch auf der Messe gerne fortführen und bitte Sie daher um einen Terminvorschlag für eine persönliche Vorstellung bei Ihnen in ... . Zur besseren Einschätzung meines fachlichen Potentials hier ein paar Eckpunkte meiner beruflichen und persönlichen Entwicklungsgeschichte: ... .

b) an unser Treffen bei ...

vielen Dank für Ihren Vorschlag einer Bewerbung speziell im Bereich ... Ihres Unter-nehmens. Auf der Veranstaltung ... waren Sie so freundlich, mir diesen Hinweis zu geben.

es war sehr interessant, Sie bei der Veranstaltung am vergangenen Samstag kennenzulernen. Mit großem Interesse bewerbe ich mich auf die Position des ... .

es hat mich sehr gefreut, Ihnen nach vielen Jahren wieder zu begegnen. Ihren Vorschlag einer Bewerbung im Bereich Ihres Unternehmens greife ich mit großem fachlichem Interesse auf.

bei der Veranstaltung ... hatte ich die Möglichkeit, ein kurzes Gespräch mit Ihrer Frau zu führen. Sie hat mir von dem Personalbedarf in Ihrem Unternehmen erzählt und ich will mich Ihnen kurz vorstellen: ...

c) an meine Diplomarbeit/meine Hospitanz/mein Praktikum bei Ihnen

Sie waren für ein Praktikum, eine Hospitanz oder im Rahmen eines BA/MA-Abschlusses für ein Unternehmen tätig? Dem Unternehmen liegt noch keine formelle oder komplette Bewerbung mit Ihren aktualisierten Daten vor? Ergänzen Sie Ihre aktuellen Stationen, z. B. Ihren Praktikumseinsatz, und bewerben sich für eine zukünftige Mitarbeit.

mit dieser Initiativbewerbung möchte ich mein Interesse an einer festen Mitarbeit in Ihrem Hause bekunden. Die Hospitanz bei Ihnen hat mir außerordentlich gut gefallen.

die Hospitanz in der Abteilung ... Ihres Unternehmens im Mai diesen Jahres war für mich sehr bereichernd. Vielen Dank! Mit großem Interesse an einer Mitarbeit als ... übersende ich Ihnen meine aktualisierte Bewerbung.

vielen Dank für die Gelegenheit eines Praktikums in Ihrem Hause. Ich habe viel gelernt und mich im Team Ihrer Mitarbeiter sehr wohl gefühlt. Für den Fall, dass bei Ihnen in Zukunft eine Stelle frei wird, übersende ich Ihnen heute meine aktualisierte Bewerbungsmappe.

besten Dank für die Ermöglichung meines Praktikums bei Ihnen. Ich habe sehr viel gelernt und die Gelegenheit erhalten, meine persönlichen und fachlichen Stärken in Ihr Team einzubringen. Das ist auch der Grund für meine heutige Bewerbung: Ich bin mir sicher, dass ich mich in das harmonische und produktive Team der Abteilung ... auch langfristig sehr gut integrieren und eine wichtige Verstärkung sein kann.

Die Diplomarbeit in Ihrem Unternehmen hat mir fachlich wertvolle Perspektiven ermög-licht. Darüber hinaus hatte ich in dieser Zeit auch die Chance, viele Verantwortungs-bereiche der ...-AG kennen- und schätzen zu lernen. Mein Interesse an einem qualifzierten Berufseinstieg gilt daher gezielt Ihrem Unternehmen.

Mit meiner Diplomarbeit zum Thema „..." in Ihrem Unternehmen habe ich meinen Abschluss als ... mit der Note 1,6 erreicht und meinen Berufeinstieg vorbereitet. Ich würde mich freuen, nun an die gute Kooperation mit Ihren Mitarbeitern anknüpfen zu dürfen und als qualifzierter Mitarbeiter im Bereich ... für sie aktiv zu werden.

5 Mein Stellengesuch hat Sie neugierig gemacht...

Diese Eröffnungen können Sie nutzen, wenn ein Unternehmen interessiert auf Ihr Stellengesuch reagiert hat.

⇨ Sehr geehrte Frau xy,
sehr geehrter Herr xy,
sehr geehrte Damen und Herren, ...

vielen Dank für Ihre Anfrage auf mein Stellengesuch.

in Ihrem Schreiben vom ... bitten Sie um meine vollständigen Bewerbungsunterlagen. Ihr Interesse freut mich sehr.

ich freue mich, dass mein Inserat in der ...-Zeitung Ihr Interesse geweckt hat. Mit diesem Schreiben erhalten Sie wie gewünscht meinen Lebenslauf und mein Kompetenzprofil. Sehr gerne würde ich mich in Ihrem Unternehmen als ... engagieren.

Berufliches/Persönliches/Warum

Die im Kapitel „Stellenbewerbung" zusammengestellten Formulierungsideen zu diesen Abschnitten können Sie auch im Rahmen einer Initiativbewerbung verwenden. Siehe im Einzelnen S. 93 ff.

Abschluss

Neben den üblichen Abschlusssätzen, nachzulesen auf Seite 134 im Kapitel 2.1. „Stellenbewerbung", stehen Ihnen die folgenden Formulierungen zur Verfügung.

1 Das interessiert mich

Wenn Sie vor dem Problem stehen, nicht genau zu wissen, für welche konkreten Positionen Sie mit Ihrem Profil beim Zielunternehmen in Frage kommen könnten, empfiehlt es sich, vage angedeutete mögliche Einsatzbereiche nicht im Betreff oder in der Eröffnung, sondern erst am Ende des Anschreibens zu erwähnen.

Ich bin sehr an einer Mitarbeit in Ihrem Unternehmen interessiert, vorzugsweise im Bereich [„Projektmanagement"]. Auch ein [Auslandseinsatz] ist für mich gut möglich.

Meine möglichen Einsatzbereiche möchte ich gerne in einem persönlichen Gespräch mit Ihnen erörtern/besprechen.

Bevorzugt interessiert mich eine Tätigkeit im Bereich …. Aber auch allgemeine Aufgaben der … sprechen mich sehr an.

Die zu meinem Profil und meiner Person passenden Verantwortungsbereiche würde ich gerne im persönlichen Gespräch mit Ihnen erörtern.

Meine fachlichen Kompetenzen kann ich sicher vielseitig in Ihr Unternehmen ein-bringen. Gerne bespreche ich mit Ihnen meine optimalen „Verwendungszwecke" innerhalb Ihres Unternehmens.

2 Sie wollen mich kennenlernen?

Ich würde mich freuen, wenn Sie an meiner Mitarbeit interessiert sind.

Sollten meine Qualifikationen einer möglichen Stellenbesetzung in Ihrem Hause entsprechen, freue ich mich über ein Vorstellungsgespräch.

Wenn Sie jetzt oder in absehbarer Zeit eine entsprechende Position zu besetzen haben – befristet oder unbefristet – freue ich mich über Ihre Antwort.

3 Gerne erhalten Sie mehr Informationen

Diesen Hinweis können Sie zwischen „Über Ihre Einladung zu einem Vorstellungsgespräch freue ich mich." und „Mit freundlichen Grüßen" platzieren. Falls Sie die Form von Kurz-Initiativbewerbungen wählen, weisen Sie unbedingt darauf hin, dass Sie Ihre vollständige Bewerbungsmappe gerne nachreichen werden.

Bei Interesse schicke/sende ich Ihnen gerne weitere Informationen (zu).

Auf Anfrage erhalten Sie umgehend meine schriftlichen Bewerbungsunterlagen.

Sie wollen sich ein ausführlicheres Bild über meine Person und mein Profil machen? Meine vollständige Bewerbung sende ich Ihnen gerne (per Post) zu.

Meinen Lebenslauf und aussagekräftige Zeugnisse bringe ich gerne zu einem Vorstellungsgespräch mit –oder sende Ihnen diese vorab zu.

Ein vollständigeres Bild können Ihnen mein Lebenslauf und mein fachliches Profil bieten. Beides schicke ich Ihnen auf Anfrage gerne zu.

Ich freue mich, wenn Sie weitere Unterlagen von mir anfordern.

Mehr Informationen lasse ich Ihnen bei Interesse gerne per Post zukommen oder bringe diese zu einem Vorstellungsgespräch mit. Über Ihre Einladung dazu würde ich mich sehr freuen.

Sehr gerne übersende ich Ihnen meine ausführlichen Bewerbungsunter-lagen.

Auf Anfrage übersende ich Ihnen meine vollständigen Unterlagen.

Wenn Sie sich vorab ein ausführlicheres Bild von meiner Person und meinem Werde-gang machen wollen, sende ich Ihnen gerne meine vollständige Bewerbungsmappe zu.

Wenn Sie möchten, sende ich Ihnen vorab gerne meine ausführlichen Bewerbungsunterlagen mit aussagekräftigen Zeugnissen zu.

Sehr gerne schicke ich Ihnen auch meine ausführlichen Bewerbungsunterlagen. Ich bedanke mich vorab für Ihr Interesse und freue mich auf ein Gespräch, das ich vielleicht schon bald mit Ihnen führen darf.

Bei Interesse übersende ich Ihnen vorab gerne auch meine komplette Bewerbungs-mappe.

Meine ausführliche Bewerbung übersende ich Ihnen auf Anfrage oder bringe diese zu einem persönlichen Gespräch mit.

Wenn Sie mehr über mich wissen möchten, schicke ich Ihnen gerne meine vollständigen Unterlagen.

Sagen Ihnen meine Fähigkeiten zu? Dann werde ich Ihren Anruf abwarten und Ihnen gerne weitere Unterlagen über meinen Werdegang zusenden.

Spricht Sie mein Bewerberprofil an? Wenige Minuten nach Ihrem Anruf erreicht Sie meine vollständige Bewerbungsmappe per E-Mail.

4 Sie dürfen meine Bewerbung aufbewahren

Weisen Sie darauf hin, dass man Ihre Unterlagen aufbewahren darf. Nicht bei jedem Unternehmen ist es selbstverständlich, Initiativbewerbungen aufzuheben. Auf diese Weise signalisieren Sie Ihr langfristiges Interesse an einer Mitarbeit. Diesen Hinweis können Sie zwischen „Über Ihre Einladung ..." und „Mit freundlichen Grüßen" platzieren – oder aber als PS am Seitenende.

Möchten Sie meine Unterlagen für eine zukünftige Stellenbesetzung aufheben?
Das können Sie gerne tun.

Sollte zurzeit keine Stelle zu besetzen sein, können Sie meine Bewerbungsunterlagen für einen zukünftigen Personalbedarf gerne aufbewahren.

Falls Sie eine geeignete Position in Ihrem Hause zu besetzen haben, würde ich mich über ein Vorstellungsgespräch freuen. Meine Bewerbungsunterlagen können Sie zwischenzeitlich gerne bei sich aufbewahren.

Wenn Sie derzeit keinen Personalbedarf haben, bitte ich Sie herzlich, meine Bewerbung für Vakanzen vorzumerken.

Wenn derzeit keine Vakanzen in Ihrem Hause bestehen, bin ich auch mittel- oder längerfristig an einer Mitarbeit sehr interessiert.

Ich würde mich freuen, wenn Sie eine Stelle in Ihrer [Einrichtung] zu besetzen haben. Für zukünftige Personalfragen dürfen Sie meine Bewerbung gerne vormerken.

Ich freue mich, wenn Sie mich in Ihren Bewerberpool aufnehmen und bei Vakanzen in der engeren Auswahl berücksichtigen.

Grussformel

Siehe dazu die Grußformeln auf Seite 122 im Kapitel 2.1 „Stellenbewerbung".

2.3 Bewerbung um einen Praktikumsplatz

1 Praktikumsstrategie

Es kann Ihren Bewerbungserfolg deutlich unterstützen, wenn Sie sich auf ein Praktikum einlassen. Sofern Sie Arbeitslosengeldbezüge erhalten, bedarf es dazu der Zustimmung der Behörde. Die von den Sachbearbeitern erlaubten Praktikumsphasen bewegen sich zwischen zwei Wochen und derzeit insgesamt bis zu zwölf Wochen pro Jahr. Ein Praktikum ist zum Beispiel zentraler Bestandteil vieler finanziell geförderter beruflicher Fortbildungskurse oder empfiehlt sich zur besseren Vorbereitung des Berufseinstiegs nach einer Ausbildung, einem Studium oder für den Wiedereinstieg nach einer Elternzeit.

Ganz besonders interessant ist ein Praktikum auch dann, wenn Sie sich ganz neue berufliche Aufgabenbereiche erschließen wollen. Es können auch mehrere Praktika erforderlich sein, um Ihrem Profil ein ganz neues Gesicht für Ihr anvisiertes Ziel zu geben. Durch die Auflistung der Praktika im Lebenslauf und Ihre Referenzzeugnisse unterstreichen Sie Ihre Befähigung und Ihren Willen für die neuen Positionen.

1. Bewerben um ein Praktikum
2. Bewerben um ein Praktikum – mit dem Wunsch nach Festanstellung
3. Bewerben um eine Festanstellung mit der Möglichkeit eines vorgeschalteten Praktikums

1.

Bewerbung um ein Praktikum

2.

Bewerbung um ein Praktikum
…. vorerst für ein Praktikum.
…
Selbstverständlich freue ich mich, **wenn das Praktikum zu einer Festanstellung führt.** Mein Einsatz ist aber für Sie völlig unverbindlich.

3.

Bewerbung um die Stelle als …
Zum wechselseitigen Kennenlernen ist ein **vorgeschaltetes Praktikum** möglich.

Zur 3. Strategie finden Sie Formulierungshilfen im Kapitel „Besondere Formulierungen" im Abschnitt „Praktikum, Probetage und andere Angebote" (siehe Seite 206).

2 Die Praktikumsbewerbung

a) Das Wichtigste auf einen Blick – Der Aufbau

Für eine Praktikumsbewerbung können Sie sich an dem folgenden Beispiel orientieren. Dieser Aufbau ist aber nicht maßgeblich. Er soll die einzelnen Bestandteile lediglich exemplarisch aufzeigen und ist eine mögliche Form einer wirkungsvollen Gliederung. Passend zu der Art Ihrer Praktikumsbewerbung finden Sie jeweils am Anfang der folgenden Kapitel eine spezifische Gliederungsstruktur für Ihr Anschreiben. Lesen Sie auch die Musteranschreiben zu Beginn der jeweiligen Praktikumskapitel.

Betreff

Bewerbung um ein Praktikum …

Anrede

Sehr geehrte Damen und Herren,

Eröffnung

sehr gerne würde ich im Rahmen eines Praktikums die Aufgaben im Bereich … kennenlernen.

Meine Motivation – …

Führen Sie hier den Grund, d.h. Ihre Motivation, für Ihr Praktikum an – und denken Sie auch an den Nutzen für den Arbeitgeber.

Warum machen Sie ein Praktikum?

- zur beruflichen Orientierung oder
- als Berufseinsteiger oder
- als Wiedereinsteiger oder
- zum Auffrischen alter und Umsetzen neu - gewonnener Kenntnisse

Als …suche gezielt nach einer Möglichkeit ….

Ihr Nutzen

Ihr Team werde ich als engagierte Mitarbeiterin e

Das qualifiziert mich: Berufliches – Persönliches

Meine beruflichen Erfahrungen beziehen sich au

Zeitliche und finanzielle Modalitäten

Das Praktikum ist für Sie völlig kostenfrei und unverbindlich….

Abschluss

Haben Sie Interesse an einem Vorstellungsgespräch?
Dann freue ich mich auf Ihre Einladung.

Grußformel

Mit freundlichen Grüßen

[*1] = Diese Formulierungen können Sie aus Ihren Stellen-Anschreiben übernehmen. Lesen Sie dazu die Formulierungsvorschläge zu „Anrede" (Seite 81), zum „Abschluss" (Seite 118) und zur „Grußformel" auf Seite 122 Für den Bereich „Das qualifiziert mich: Berufliches & Persönliches" blättern Sie auf den Seiten 93 ff. und 107 ff.

[*2] = Diese Beschreibung der zeitlichen und finanziellen Modalitäten ist bei allen Formen der Praktikumsbewerbung sehr ähnlich. Lesen Sie daher das allgemeingültige Kapitel „c) Zeitliches, Finanzielles und Zusätzliches" auf Seite 174 ff.

b) Der Grund meines Praktikums

- **Orientierungspraktikum**

Der Aufbau

Betreff

Bewerbung um ein Praktikum ...

Anrede*[1]

Sehr geehrte Damen und Herren,

Eröffnung

sehr gerne würde ich im Rahmen eines Praktikums die Aufgaben
im Bereich ... kennenlernen.

**Meine Motivation –
Orientierungspraktikum**

Aufgrund der kritischen Arbeitsmarktsituation in meinem
feld .... suche ich einen beruflichen Verantwortungsbere
aktuelle Situation nutzen, um mein Interesse für ... beru

Ihr Nutzen

Führen Sie hier den Grund an, warum Sie
sich beruflich neu orientieren wollen.

Die anvisierten beruflichen Aufgaben sind
für mich:

- völlig neu
- ein bisschen neu
- neu – aus gesundheitlichen Gründen

Sie und Ihre Mitarbeiter werde ich in dieser Zeit tatkräftig unterstützen und entlasten.

Das qualifiziert mich:
Berufliches-Persönliches*[1]

Meine persönlichen Stärken liegen in ....

Zeitliche und finanzielle
Modalitäten *[2]

Das Praktikum ist für Sie völlig kostenfrei und unverbind-lich. Es kann ab
sofort für die Dauer mehrerer Wochen vereinbart werden. Bei Interesse
stehe ich Ihnen selbstverständlich auch für eine direkte Festanstellung
zur Verfügung.

Abschluss*[1]

Haben Sie Interesse an einem Vorstellungsgespräch?
Dann freue ich mich auf Ihre Einladung.

Grußformel*[1]

Mit freundlichen Grüßen

In diesem Kapitel werden lediglich die für die Wiedereinsteiger relevanten Passagen berücksichtigt. Zu den anderen Inhalten des Anschreibens siehe den Überblick auf Seite 136 Für Schülerpraktika und Praktikumsbewerbungen, die der Vorbereitung einer Ausbildung dienen, finden Sie in meinem Buch „Ihre überzeugende Bewerbung für einen Ausbildungsplatz" wichtige Tipps.

Geht es um eine berufliche Neuorientierung, gibt es dafür unterschiedliche Ursachen und verschiedene Wege zum Ziel.

1) Völlige berufliche Neuorientierung

2) Umorientierung zu Ähnlichem

3) Neu- oder Umorientierung aus gesundheitlichen Gründen

1)　　　　　　　　　　　　**2)**　　　　　　　　　　　　**3)**

völlig neu	**ein bisschen neu**	**Neu – aus gesundheitlichen Gründen**
… Durch ein Praktikum bei Ihnen möchte ich meinem neuen beruflichen Ziel näherkommen. …	… als gelernter … will ich zukünftig im angrenzenden Bereich der … tätig werden. Über ein Praktikum möchte ich mir die noch fehlenden Kenntnisse in Grundzügen aneignen.	… Meinen bisherigen Beruf – Dreher und Fräser – kann ich aus gesundheitlichen Gründen nicht mehr ausüben. Für die Tätigkeit als Fahrer bin ich aber körperlich voll belastbar.

Inhaltsverzeichnis

Erfolgreiche Muster-Anschreiben
Zu 1) Orientierungspraktikum: völlig neu – Beispiel 1

M o r i t z   D a u e r
Hannoverstr. 2, 44894 Bochum, Tel. 02324 2089776

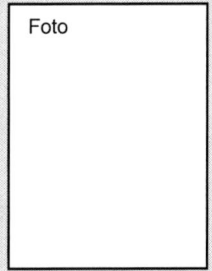

Foto

M. Dauer, Hannoverstr. 2, 44894 Bochum

Stiftung für Historische Dokumente
Alleestr. 32
44894 Bochum

29.07.2010

Bewerbung um einen Praktikumsplatz im Archiv
ab sofort, für mehrere Wochen möglich

Sehr geehrte Damen und Herren,

sehr gerne würde ich im Rahmen eines Praktikums als engagierter Mitarbeiter im Archiv bei Ihnen aktiv werden.

Ich stelle mich Ihnen als Industriemeister mit langjähriger Berufserfahrung in der Funktion eines Bauleiters vor. Aufgrund der kritischen Arbeitsmarktsituation in der Baubranche suche ich ein neues Tätigkeitsfeld. Ich möchte die aktuelle Situation nutzen, um meine Leidenschaft für Bücher beruflich zu verwirklichen.

Seit meiner Kindheit lese ich gerne und viel, Werke der geschichtlichen Literatur (historische Romane und Sachbücher) sind zu meinem besonderen Steckenpferd geworden. Daher interessieren mich auch Aufgaben rund um das Archivieren – wie das Bestellen, Registrieren, Katalogisieren – sehr.

Da ich im Baubereich alles erreicht habe, was ich erreichen wollte, würde ich mich freuen, nun mein privates Interesse in einer langfristigen beruflichen Aufgabe als Mitarbeiter eines Archivs oder einer Bibliothek zu realisieren.

Derzeit befinde ich mich in einer Weiterbildung beim Norddeutschen Berufsbildungszentrum Bochum. Im Rahmen dieses Kurses besteht die Möglichkeit eines Praktikums, das für die Dauer mehrerer Wochen vereinbart werden kann. Es ist für Sie völlig unverbindlich und kostenfrei. Hierfür oder für eine mögliche Festanstellung kann ich Ihnen ab sofort zur Verfügung stehen. Als Ansprechpartnerin können Sie gerne meine Seminarleiterin Frau Schmittke unter Tel. 02324 7260-133 kontaktieren.

Haben Sie Interesse? Über Ihre Einladung freue ich mich sehr. Gerne übersende ich Ihnen vorab meine ausführ-lichen Bewerbungsunterlagen.

Mit freundlichen Grüßen

Erfahrung

Im Archiv/in Bibliotheken:
Kontinuierliche Überwachung und Sicherung des Bibliothek-bestands der Klosterbiblio-thek der Dominikanerabtei St. Augustin, Bochum (für 1 Jahr: über die Fa. BauMaxl GmbH & Co. KG in Bochum, 1999)

Stärken

O große Leidenschaft für Bücher und Geschichte,

O ein guter Umgang mit Menschen.

O ich denke gerne in komplexen Zusammen-hängen,

O ich handle analytisch und intuitiv,

O ich arbeite sehr präzise und gewissenhaft

Qualifikation

Industriemeister mit zwölf Jahren Berufserfahrung als Bauleiter
Baufacharbeiter (1968)

Interessen

O Deutsche Geschichte

O Lesen (historische Literatur, Belletristik)

O Rad fahren und Kochen für Freunde

Zu 1) Orientierungspraktikum: völlig neu – Beispiel 2

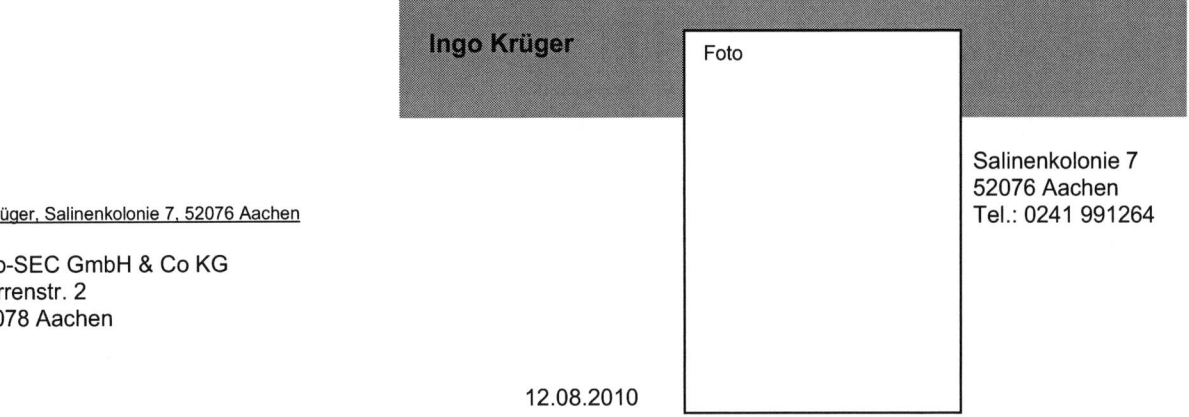

Ingo Krüger

Foto

Salinenkolonie 7
52076 Aachen
Tel.: 0241 991264

I. Krüger, Salinenkolonie 7, 52076 Aachen

Top-SEC GmbH & Co KG
Herrenstr. 2
52078 Aachen

12.08.2010

Bewerbung um ein Praktikum als Mitarbeiter
im Sicherheitsdienst

Sehr geehrte Damen und Herren,

sehr gerne würde ich im Rahmen eines Praktikums die Aufgaben im Sicherheitsdienst kennenlernen.

Ich habe langjährig als Filialleiter eines großen Getränke-marktes in Aachen gearbeitet und möchte jetzt meine sehr zuverlässige Arbeitsweise und hohe Belastbarkeit langfristig im Sicherheits-dienst einbringen. Diese Aufgaben entsprechen meiner Persönlichkeit. Ich habe vier Jahre beim Militär gedient und damals auch einen Schützenlehrgang besucht.

In meiner Freizeit bin ich regelmäßig als Schiedsrichter aktiv und kann dabei meinen wachsamen Blick, mein überzeugendes Auftreten und meine körperliche Fitness besonders gut zur Geltung bringen.

Ein Praktikum bei Ihnen bietet mir die Gelegenheit, mich für die Aufgaben im Bereich Objekt- und Personenschutz besser zu qualifizieren. Sie und Ihre Mitarbeiter werde ich in dieser Zeit tatkräftig unterstützen und entlasten.

Das Praktikum ist für Sie völlig kostenfrei und unverbindlich. Es kann ab sofort für die Dauer mehrerer Wochen vereinbart werden. Bei Interesse stehe ich Ihnen selbstver-ständlich auch für eine direkte Festanstellung zur Verfügung.

Ich habe einen eigenen Pkw und kann zeitlich völlig flexibel, auch für Nacht- und Wochenendeinsätze, eingeplant werden – jederzeit auch für „spontane" Mehrarbeit.

Detaillierte Auskünfte zu meiner Person erhalten Sie gerne in einem Vorstellungsgespräch, über das ich mich sehr freuen würde – oder vorab über meine Bewerbungsmappe. Ihr Anruf genügt.

Freundliche Grüße

Ziel

Als Mitarbeiter im Sicherheitsdienst lang-fristig eine verantwortungsvolle Aufgabe übernehmen.

Stärken für den Sicherheitsbereich

O Scharfschützenlehrgang bei der Bundeswehr Mönchengladbach

O körperlich voll belastbar

O sportlich sehr aktiv, seit acht Jahren Fußballschiedsrichter

Ausbildung und Erfahrung

Abgeschlossene Berufsausbildung; langjährige Berufserfahrung als Filialleiter eines großen Aachener Getränkemarktes, mit Personalverantwortung.

Zusätzliches

O FSK B, C1; eigener Pkw vorhanden

O 25 Jahre unfallfreie Fahrpraxis

O polizeiliches Führungszeugnis: frei

PS: Falls Sie derzeit keinen Bedarf an Praktikanten/Personal haben, dürfen Sie meine Bewerbung gerne vormerken.

Zu 2) Orientierungspraktikum: ein bisschen neu – Beispiel 1

T h e o d o r   B ö h m
Hardenbergstr. 1, 57078 Siegen, Tel.: 0271 88792213

Foto

T. Böhm, Hardenbergstr. 1, 57078 Siegen

Berg-Klinik Dr. Werner
Hintere Stadtstraße 42
57078 Siegen

10.10.2010

T h e o d o r   B ö h m

**Bewerbung als
Hausmeister in Vollzeit, flexibel**

ZIEL:

eine Aufgabe im **Hausmeister-bereich**, bei der es viel zu tun gibt!

Sehr geehrte Damen und Herren,

sehr gerne würde ich Ihnen als qualifizierter und engagierter Mitarbeiter im Hausmeisterbreich zur Verfügung stehen.

Ich habe eine abgeschlossene Ausbildung als Maler und Verputzer und verfüge über eine 25-jährige Berufspraxis bei zwei verschiedenen Firmen.

Neben meiner fachlichen Qualifikation verfüge ich über breit gefächerte handwerkliche Fähigkeiten rund um das Bauen wie z. B. bei der Laminat-, Parkett- und Fliesenverlegung. In meinem eigenen Haus habe ich den kompletten Innenausbau selbst bewerkstelligt und dabei viele neue, wertvolle Erfahrungen gemacht.

Auch im Bereich Gartenarbeit habe ich reichlich Praxiserfahrung: Rasen mähen, Heckenschnitt, Bäume schneiden. Für die Tätigkeiten als Hausmeister bei Ihnen bin ich ab sofort mit voller körperlicher Belastbarkeit einsetzbar.

Mein Arbeitsstil ist sehr zuverlässig und selbstständig. Sehr gerne und schnell lerne ich bei praktischen Tätigkeiten Neues dazu. Durch meine Praktika beim Zentralklinikum der Stadt Siegen und bei der L&S GmbH konnte ich bereits einen Einblick in den Aufgabenbereich eines Hausmeisters gewinnen. Diese Tätigkeiten haben mir sehr viel Freude bereitet, da ich meine langjährige Berufserfahrung hervorragend in die Arbeit mit einbringen konnte.

Gerne biete ich Ihnen zum Kennenlernen ein vorgeschaltetes Praktikum an. Dies kann ab sofort für die Dauer mehrerer Wochen vereinbart werden. Es ist für Sie völlig kostenfrei und unverbindlich. Zeitlich bin ich flexibel einsetzbar, da ich über einen eigenen Pkw verfüge.

Ich freue mich über Ihr Interesse und beantworte Ihnen weitere Fragen gerne in einem Vorstellungsgespräch. Meine vollständigen Bewerbungsunterlagen erhalten Sie umgehend auf Anfrage.

Mit freundlichen Grüßen

QUALIFIKATION:

Maler und Verputzer

O mit 25 Jahren Berufserfahrung und guten Referenzen im Hausmeisterbereich!

O Trockenbau

O Sandstrahlen

O Betonsanierung

O Asbest-Demontage

O Gerüstbau

O Sanitärinstallation

O Fliesen legen

O Allgemeine Holz- und Metallarbeiten

O Allgemeine Reparaturarbeiten

REFERENZEN
ALS HAUSMEISTER:

Stadt Siegen

SONSTIGES:

Auto: FSK 3 (bis 7,49 t)
         eigener PKW

Übrigens: Falls Sie derzeit keine Stelle zu besetzen haben, freue ich mich auch über Ihr langfristiges Interesse an meinem Profil.

Zu 2) Orientierungspraktikum: ein bisschen neu – Beispiel 2

Tamara Schmidt

Fröbelstr. 2, 03046 Cottbus
Tel.: 0355 12981; Mobil: 0178 98721351; ta_schmitt@googlemail.com

Jack & Bäck GmbH
Schweriner Str. 40
03051 Cottbus

14. Februar 2010

Bewerbung um ein Praktikum in Ihrer Backstube

Sehr geehrte Damen und Herren,

derzeit befinde ich mich in einer beruflichen Weiterqualifizierung. Diese gibt mir die Chance, neue Aufgabenfelder näher kennenzulernen.

Aufgrund meiner langjährigen Vorerfahrung im Bereich „Service und Küche" interessiert mich eine Tätigkeit in der Backstube ganz besonders. Ich bin eine leidenschaftliche Frühaufsteherin und kann mich daher sehr gut auf die Backstuben-Arbeitszeiten einstellen. Außerdem verfüge ich über einen eigenen Pkw.

Auch wenn es sicherlich viele Bewerber schreiben: Ich arbeite sehr zügig und zuverlässig. Das war und ist mir bei meinen beruflichen Tätigkeiten ausgesprochen wichtig. Mit diesem großen Pluspunkt habe ich bereits verschiedene Arbeitgeber überzeugt. Darüber hinaus lege ich besonderen Wert darauf, alle Aufgaben mit voller Verantwortung zu übernehmen und diese zielgerichtet auszuführen. Ein sauberes und hygienisches Arbeiten dürfen Sie selbstverständlich von mir erwarten.

Der Backstubenbereich spricht mich so sehr an, da ich diese spezielle Arbeitsatmosphäre ganz einfach mag: Ich liebe den frühen Morgen und die besonderen Gerüche und die Wärme macht mir – im Vergleich zu vielen anderen – nichts aus. Im Gegenteil: Ich genieße sie.

Während des Praktikums, welches durchaus für mehrere Wochen angesetzt werden kann, entstehen Ihnen keine Kosten oder nachfolgende Verpflichtungen.

Haben Sie Interesse? Über Ihre Einladung zu einem Vorstellungsgespräch würde ich mich sehr freuen.

Es grüßt Sie freundlich

Tamara Schmidt

Anlagen
Lebenslauf mit Foto
Zeugnisse

143

Zu 3) Orientierungspraktikum: neu aus gesundheitlichen Gründen – Beispiel 1

Nils Zachinger
Jahnstr. 22
95326 Kulmbach
Tel.: 09221 981123
Mobil: 0157 9821211

Museum für Kunst und Gewerbe
Herrn Direktor Josef Deeger
Wolfsgasse 9
95326 Kulmbach

09.12.2009

Bewerbung um ein Praktikum als Museumsaufseher

Sehr geehrter Herr Deeger,

als langfristige berufliche Aufgabe interessiert mich der Bereich „Museumsaufsicht". Ich möchte die Tätigkeiten dieses Bereiches besser kennenlernen und bewerbe mich, vorerst für ein Praktikum, bei Ihnen.

Mit meiner sehr zuverlässigen und verbindlichen Arbeitsweise, die während meiner Tätigkeit als Brauer und Mälzer kontinuierlich erforderlich war, werde ich den Sicherheitsanforderungen in Ihrem Museum sehr gut begegnen können. Ich bin überzeugt, dass es mir gut gelingen wird, darauf zu achten, dass Besucher die Vorschriften Ihres Museums einhalten − und beispielsweise keine Kunstwerke berühren und nicht mit Blitzlicht fotografieren.

Zudem wird es mir sicherlich Freude bereiten, den Besuchern beim Auffinden bestimmter Ausstellungsräume, der Cafeteria oder der Fahrstühle behilflich zu sein. In besonderer Weise freue ich mich, viel von Ihren erfahrenen Mitarbeitern lernen zu dürfen: Welche Auskünfte kann man zu einzelnen Sammlungsobjekten erteilen oder – ganz wichtig – wie reagiert man in Not- oder Konfliktfällen als erster Ansprechpartner der Besucher?

Da ich ein sehr ordentlicher Mensch bin, trage ich gerne dazu bei, dass die Ausstellungsräume absolut sauber gehalten werden.

Meine bisherige Tätigkeit als Brauer und Mälzer – in einem körperlich sehr beanspruchenden Umfeld – werde ich langfristig nicht mehr ausüben können, ohne gesundheitliche Einbußen zu erleiden. Um meine körperliche Fitness zu erhalten, suche ich nun frühzeitig nach einer neuen Verantwortung, der ich mich engagiert stellen kann. Ein Praktikum bei Ihnen sehe ich daher als eine besondere Chance für meine weitere berufliche Entwicklung.

Sollte ich Sie während des Praktikums überzeugen, freue ich mich selbstverständlich, wenn mein Einsatz zu einem späteren Zeitpunkt zu einer Festanstellung führt. Doch vorerst sehe ich mit großem Interesse einer für Sie unverbindlichen, und für mich sicherlich sehr erfahrungsreichen, Praktikumszeit entgegen.

Über Ihre Einladung zu einem Bewerbungsgespräch würde ich mich sehr freuen.

Es grüßt Sie freundlich   **Anlagen**

Zu 3) Orientierungspraktikum: neu aus gesundheitlichen Gründen – Beispiel 2

Hendrik Bachmayr

Hüttenweg 8, 35582 Wetzlar
Tel.: 06441 21341267

Santios Klinikum AG
Frau Katharina Pflug
Personalwesen
Grünberger Str. 10
35578 Wetzlar

14. April 2010

**Bewerbung um ein Praktikum
an der Pforte Ihres Klinikums**

Sehr geehrte Frau Pflug,

über meine Seminarleiterin, Frau Neumann vom KBE-Institut, habe ich erfahren, dass Sie möglicherweise Interesse an einem neuen Praktikanten im Bereich des Pfortendienstes haben.

Ich bin gelernter Schreiner und habe mich im Laufe der Berufsjahre schrittweise zum Oberbauleiter qualifiziert. Aus gesundheitlichen Gründen kann ich meine bisherigen Tätigkeiten nicht mehr ausführen. Für die Verantwortungsbereiche an der Pforte bin ich aber voll einsatzfähig und belastbar.

Organisatorische Aufgaben liegen mir sehr und für die EDV-gestützten Verwaltungsarbeiten bei Ihnen bereite ich mich durch meine derzeitige Weiterbildung hervorragend vor. Trotz meines höheren Alters: Ich freunde mich tatsächlich sehr gut mit dem PC an und wende Word und Excel bereits sicher an.

Meine Aufgabe in leitender Position verlangte ein sehr verantwortungsvolles Arbeiten. Diese Fähigkeit möchte ich sehr gerne für die Aufgaben an der Pforte einsetzen. In besonderer Weise freue ich mich auf die lebhafte Atmosphäre und den Kontakt mit Ärzten, Patienten, Angehörigen, Besuchern und Lieferanten im Pfortenbereich. Ein jederzeit freundliches, sehr höfliches wie auch seriöses Auftreten dürfen Sie von mir erwarten.

Um die beschriebenen Tätigkeitsfelder besser erkunden zu können, würde ich mich freuen, bei Ihnen die Gelegenheit eines Praktikums zu erhalten. Dieses ist für Sie, als Teil meiner aktuellen Qualifizierung, vollkommen kostenfrei. Es könnte ab sofort für die Dauer mehrerer Wochen vereinbart werden.

Darf ich Sie zu einem persönlichen Vorstellungsgespräch aufsuchen?
Ich würde mich sehr darüber freuen.

Mit freundlichen Grüßen

Anlage
Bewerbungsmappe

Betreff

Allgemein/neutral

Bewerbung um ein Praktikum

Bewerbung als Praktikant/Praktikantin

Mit Angabe des Zielbereichs

Bewerbung um ein Praktikum im Bereich [Büro und Verwaltung]

Bewerbung für Aufgaben in [der Organisation und im Versand]

In diesem Beispiel sehen Sie die Möglichkeit, mehrere Alternative anzubieten.

Bewerbung im Rahmen eines Praktikums als:
⇨ Kabelträger
⇨ Mitarbeiter für organisatorische Aufgaben
⇨ „Mädchen für Alles"

Mit Angabe des Zeitrahmens

Diese Angaben können Sie entweder direkt im Betreff aufnehmen oder in der Eröffnung oder am Ende des Anschreibens positionieren. Weitere Beispiele finden Sie auf Seite 194.

Bewerbung um ein Praktikum in der Pflege
− ab sofort, für die Dauer mehrerer Wochen

Bewerbung um ein Praktikum in Teilzeit
vom 12.04.2010 - 10.05.2010

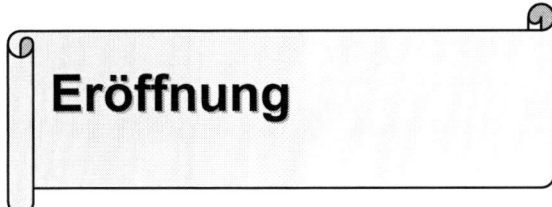

Eröffnung

Neben klassischen Eröffnungssätzen wie „mit hoher Motivation bewerbe ich mich in Ihrem Unterenehmen" können Sie wie folgt formulieren:

allgemeiner Einstieg

⇨ **Sehr geehrte Damen und Herren,**

sehr gerne würde ich ein Praktikum bei Ihnen im Bereich … machen.

mit großem Interesse bewerbe ich mich um ein Praktikum in Ihrem Unternehmen für Aufgaben im Bereich … .

über die Möglichkeit eines Praktikums in Ihrem Unternehmen - in der Abteilung … - würde ich mich sehr freuen.

Oder: spezifischer Einstieg mit Beschreibung Ihrer Motivation

Sie können bereits in der Eröffnung sehr spezifisch die Art Ihrer beruflichen Neuorientierung beschreiben. Im Folgenden sind lediglich vier mögliche Beweggründe für einen Praktikumswunsch aufgeführt. Formulierungsideen für weitere Gründe, wie beispielsweise die schlechte Wirtschaftslage Ihres bisherigen Berufsfeldes, für Ihre Suche nach einer neuen Tätigkeit können Sie unter „Meine Motivation – Grund meines Praktikums" auf Seite nachlesen. Diese können Sie selbstverständlich auch bereits in der Eröffnung verwenden.

Völlige berufliche Neuorientierung

⇨ **Sehr geehrte Damen und Herren,**

die Aufgaben … sind der Bereich, dem ich meine berufliche Zukunft widmen möchte.

im Rahmen meines derzeitigen Kurses habe ich die Möglichkeit, für mich neue berufliche Aufgaben über Praktika kennenzulernen. Ein Einsatz im Bereich … bei Ihnen wird meine berufliche Entwicklung mit Sicherheit sehr unterstützen.

Umorientierung zu Ähnlichem

⇨ **Sehr geehrte Damen und Herren,**

als gelernter … mit Erfahrung in … suche ich nach einem Einsatzfeld, das meinen bisherigen Tätigkeiten nahekommt. Ein Praktikum in Richtung der … gibt mir die Gelegenheit, diese Aufgaben besser kennenzulernen.

als … will ich mein praxiserprobtes Wissen auch weiterhin nutzen. Allerdings im angrenzenden Aufgabenfeld der … . Mit großem Interesse bewerbe ich mich daher für ein Praktikum bei Ihnen.

Neu- und Umorientierung aus gesundheitlichen Gründen

⇨ **Sehr geehrte Damen und Herren,**

nach dreijähriger Tätigkeit als gelernter Bäcker werde ich – bedingt durch eine Mehlstauballergie – meinen Arbeits-Elan zukünftig für andere Aufgaben und Anforderungen einbringen. Mich interessiert sehr

147

der Aufgabenbereich der ..., den ich – vorerst im Rahmen eines Praktikumseinsatzes – genauer kennenlernen möchte.

im Bereich der Altenpflege könnte ich problemlos und erfolgreich die nächsten Jahre weiterarbeiten. Ich will aber frühzeitig einen körperlich schonenderen Beruf ergreifen und interessiere mich daher für die neue Aufgabe im Bereich ... .

Meine Motivation – berufliche Orientierung

Sofern Sie Ihr Anschreiben mit einem allgemeinen Einstieg eröffnen, folgt anschließend ein Hinweis auf die Motivation für Ihr Praktikum: Warum wollen Sie ein Praktikum machen?

Auch wenn Sie in der Eröffnung bereits kurz auf den Grund für das Praktikum hingewiesen haben, sollten Sie diesen anschließend noch etwas genauer erläutern. So kann der Leser Anlass und Ziel Ihres Praktikums besser verstehen.

1 Völlige berufliche Neuorientierung

- Um bestimmte Eigenschaften/Interessen beruflich zu verwirklichen
- Ohne Angabe von Gründen

- **Um bestimmte Eigenschaften/Interessen beruflich zu verwirklichen:**

Schon seit Langem spiele ich mit dem Gedanken/plane ich, beruflich einer Aufgabe nachzugehen, bei der ich meine gute Stimme und meine klare Ausdrucksfähigkeit einsetzen/einbringen kann. Ein Praktikum kann mir diesen neuen Weg ermöglichen. Daher würde ich mich sehr freuen, meine Fähigkeiten und mein Talent bei Ihnen erproben zu dürfen.

Ich möchte meine sehr gute Kommunikationsfähigkeit beruflich stärker zur Geltung bringen. Nach intensiver Recherche gilt mein Hauptinteresse dem Bereich ... . Von einem Praktikum verspreche ich mir einen gezielteren und professionelleren Einblick in das Berufsfeld der ... .

Ich habe die Ausbildung zum [Fachlagerist] und eine aufbauende Zusatzqualifikation im Bereich der [Lagerlogistik] erfolgreich abgeschlossenen und verfüge über erste Berufserfahrung. Mein langfristiges Interesse gilt aber dem Bereich [„Registratur"]. Dieses Aufgabenfeld reizt mich deshalb so sehr, weil es im Vergleich zu meinen bisherigen Tätigkeiten vielseitiger und abwechslungsreicher ist und mich daher stark fordern würde.

Ich würde mich sehr freuen, mein großes Interesse an der Arbeit mit Kindern bei Ihnen in der Praxis erproben zu dürfen. Ich bin mir sicher, dass mir die Aufgaben der Betreuung, das gemeinsame Basteln und vor allem auch die Malstunden mit den Kindern sehr viel Freude bereiten werden.

Das Praktikum soll mir die Möglichkeit geben, die konkreten Aufgabenfelder einer [ergotherapeutischen Praxis] – insbesondere die Ansätze zur Verbesserung und Wiedererlangung der motorischen Funktionsfähigkeit – besser kennenzulernen. Sehr gerne können Sie mich aber auch für Aufgaben [am Empfang] und bei [der telefonischen Terminvereinbarung] einsetzen.

Ich lese gerne und viel und habe in Buchläden schon immer intensiv nach lesens- und empfehlenswerten Neuerscheinungen gestöbert. Mit einem Praktikum in Ihrer Buchhandlung kann ich eine Zäsur in meiner beruflichen Entwicklung setzen. Als Physiotherapeutin mit langjähriger Berufserfahrung will ich mich neuen Aufgaben zuwenden, Aufgaben, die mit meinem großen Interesse am Buchmarkt mehr in Einklang stehen.

Nach mehrjähriger Tätigkeit in … suche ich nun nach einer Tätigkeit, bei der ich meine … Arbeitsweise noch besser zur Geltung bringen kann. Daher bewerbe ich mich für ein Praktikum in der [Poststelle]. Meine Eignung für diesen Aufgabenbereich könnte ich auf diese Weise sehr gut einschätzen lernen.

Bisher war ich als … tätig. Ich würde mich sehr freuen, durch ein Praktikum bei Ihnen meine Befähigung für handwerkliche Aufgaben im [Hausmeisterumfeld] besser ein-schätzen zu können. Auch wenn dies ein komplett neues Aufgabenfeld für mich ist, vermute ich doch, dass ich diesem dank meiner klar strukturierten, zielgerichteten und ordnungsliebenden Arbeitsweise bestens gewachsen bin. Aus meiner Vermutung möchte ich gerne eine Überzeugung werden lassen – daher interessiert mich ein Praktikum bei Ihnen außerordentlich.

Zu meinem beruflichen Hintergrund: Ich bin gelernter Metzger und habe in diesem Beruf bereits 15 Jahre gearbeitet. Nun möchte ich mich beruflich neu orientieren. Der Aufgabenbereich der … ist für mich noch neu. Ich verfüge aber über eine sehr gute Auffassungsgabe und werde mich daher sicherlich schnell für die Arbeiten im … fit machen.

Ich möchte Schritt für Schritt die ersten Gehversuche im Bereich [„Verkauf"] machen. Eine Tätigkeit in diesem Bereich reizt mich sehr, da ich gut mit Menschen umgehen kann. Zudem habe ich ein Faible für … Dies ist der Grund für meine Bewerbung bei [Name des Geschäfts] – einem der ausgezeichnetsten Bastelgeschäfte der Region.

Zuletzt war ich langjährig als [Diamantsetzerin] angestellt. Diese sehr filigrane Aufgabe entsprach meiner Vorliebe für Handwerkliches und meinem Geschick für Handarbeit. Nun bin ich, aus eigenem Wunsch, auf der Suche nach neuen beruflichen Möglich-keiten. Diese sehe ich im Verkauf – insbesondere im Bereich [„Basteln und Deko-Artikel"].

Der Bereich bürorelevanter Aufgaben spricht mich sehr an, da ich ein gut organisierter und analytisch denkender Mensch bin. Daher bin ich mir sicher, dass ich den Anforderungen in Ihrer [Verwaltung] oder in Ihrem [Empfangsbereich] gut begegnen kann.

Vor Kurzem habe ich meine Ausbildung zur/zum … beendet. Dieses Berufsbild – das wusste ich bereits nach dem ersten Ausbildungsjahr – entspricht aber nicht meinem wirklichen Interessengebiet. Es war mir jedoch wichtig, zunächst einen Ausbildungsabschluss zu erreichen, bevor ich mich nun meinem eigentlichen Berufswunsch zuwende.

- **Ohne Angabe von Gründen**

Selbstverständlich können Sie schreiben, dass Sie einfach etwas Neues suchen – ohne Begründung. Ihre Präsentation gestaltet sich dann im Sinne von „Ich orientiere mich beruflich neu – daher möchte ich die Aufgaben im Bereich … näher kennenlernen."

Dies ist aber in der Regel nur dann empfehlenswert, wenn Sie sich gesundheitsbedingt verändern müssen und Sie die Krankheit rechtlich gesehen ohnehin nicht anführen müssen. Möglicherweise können Sie eine solche Veränderung zusätzlich auch damit begründen, dass Sie bestimmte persönliche Qualitäten, die bei bisherigen Stellen nicht von Ihnen gefordert waren, nun auch beruflich verwirklichen wollen.

In allen anderen Fällen ist es jedoch wirkungsvoller, den genauen Grund für Ihren Veränderungswunsch anzugeben.

Sehr gerne würde ich ein Praktikum bei Ihnen absolvieren, da ich meine berufliche Zukunft im [Wellness-] Bereich sehe. Zwar bringe ich noch keine Vorerfahrungen mit, jedoch ein großes Interesse für … .

Ich möchte mich beruflich neu orientieren. In besonderer Weise interessiert mich eine Aufgabe in der [Medienwelt]. Ein Praktikum bei Ihnen gäbe mir die Möglichkeit, meine Ziele klarer zu definieren.

Es würde mich sehr freuen, bei Ihnen als absoluter Neuling erste berufliche Erfahrungen im Bereich der … sammeln zu dürfen.

149

Derzeit suche ich nach neuen beruflichen Möglichkeiten. Daher würde ich mich sehr freuen, den Arbeitsbereich [einer Telefonzentrale] über ein Praktikum bei Ihnen näher kennenzulernen.

Ich bin gelernter [Handbuchbinder] mit mehrjähriger Berufserfahrung. Aufgrund der allgemeinen wirtschaftlichen Situation habe ich meine, zuletzt selbstständig ausgeübte Tätigkeit, beendet und will mich nun beruflich neu verwirklichen. Meine fachlichen und persönlichen Möglichkeiten sehe ich im Bereich [Büro] und [Archiv]. Diese Überzeugung möchte ich in einem Praktikum bei Ihnen überprüfen.

Nach meiner erfolgreichen Ausbildung zur [Gärtnerin] möchte ich mich nun beruflich neu orientieren. Durch das Praktikum in Ihrem [Buchladen] möchte ich erste Erfahrungen im Einzelhandel sammeln.

2 Umorientierung zu Ähnlichem

- Bereits Ähnliches beruflich gemacht
- Bereits Ähnliches im Ausland gemacht
- Bereits Praktikumserfahrungen gesammelt
- Bereits Kenntnisse in einem Kurs erworben
- Andere Erfahrungen

- **Bereits Ähnliches beruflich gemacht**

Ich bin ausgebildeter [Schlosser] und verfüge über jahrelange Berufserfahrung als [Schlosser] und [Schweißer]. Da ich langfristig eine neue Aufgabe suche, bei der ich mein handwerkliches Geschick breit gefächert einbringen kann, möchte ich mich für den [Hausmeisterbereich] qualifizieren. Ein Praktikum gibt mir die Gelegenheit, die konkreten Anforderungen besser kennenzulernen.

Ich möchte weiterhin im [Verkauf] arbeiten. Für die Abteilung [Bauzubehör] interessiere ich mich sehr, daher würde ich über ein Praktikum gerne einen Einblick in diesen Bereich erhalten.

Als ausgebildete [Ergotherapeutin] mit langjähriger Berufserfahrung bin ich auf der Suche nach einer neuen Aufgabe. Dabei ist es mein Wunsch, meine kreativen Qualitäten, verbunden mit meiner Freude am Umgang mit Menschen beruflich optimal einzubringen.

Ich verfüge über eine abgeschlossene Ausbildung als [Gärtnerin]. Da ich meine kreativen und handwerklichen Fähigkeiten beruflich noch besser verwirklichen möchte, interessiert mich der Bereich der [Glasgestaltung]. Durch ein Praktikum bei Ihnen kann ich meine Begabung für dieses [Handwerk] besser einschätzen lernen.

Ich bin gelernte Textilpflegerin und würde mich sehr freuen, einen intensiven Einblick in die [Verkaufstätigkeiten] in einem [Modegeschäft] zu erhalten.

Ein Praktikum bietet mir die Chance, mein Verkaufstalent unter Beweis zu stellen und die konkreten Produkte und Arbeitsstrukturen eines [Bau- und Gartenmarktes] besser kennenzulernen. Als [„rechte Hand" des Chefs] habe ich bereits wertvolle Erfahrungen in der [zuvorkommenden und gewinnorientierten Betreuung der Kunden] gesammelt.

Ich orientiere mich derzeit beruflich neu. Das Praktikum bei Ihnen soll mir die Möglichkeit geben, die konkreten Aufgabenfelder im [Prozess der Gutachtenerstellung] besser kennenzulernen.. Als [Psychologin] habe ich berufliche Erfahrungen in [psychodiagnostischen Testverfahren] gesammelt.

Ich bin ausgebildeter [Landschaftsgärtner]. Ein Praktikum im [Botanischen Garten] sehe ich als eine gute Orientierung für eine mögliche Zusatzqualifikation. Ich habe [ein Gespür für die Gestaltung von Pflanzen] und kann [relevante Pflegemaßnahmen am jeweiligen Standort gut einschätzen] und ausführen.

- **Bereits Ähnliches im Ausland gemacht**

Auch wenn Sie in Deutschland noch keine entsprechenden beruflichen Tätigkeiten ausgeübt haben, zählen dennoch die wertvollen Erfahrungen aus Ihrem Heimtland.

Mit vollem Engagement will ich an meinen [Redakteurs]beruf, den ich über [zehn] Jahre mit Leidenschaft in … beim [fünftgrößten Verlag der Welt] ausgeübt habe, anknüpfen. Daher sehe ich in einem Praktikum in [Ihrem Verlag] eine ganz besondere Chance.

Es war immer mein Traum, meine fremdsprachlichen Kompetenzen beruflich einzusetzen. In meinem Heimatland, Kroatien, habe ich dies auch verwirklicht: zuerst als Englischlehrerin, dann als [Dolmetscherin und Übersetzerin] in [industriellen Betrieben]. Vor [15] Jahren habe ich geheiratet und bin nach Deutschland umgezogen. Nun will ich mich im Bereich der [Sprach- und Büroaufgaben] weiterentwickeln. In Ihrem Unternehmen könnte ich als Praktikantin diese beiden Interessengebiete verbinden.

Nach [fünfjähriger] betriebswirtschaftlicher Tätigkeit in einem technischen Unternehmen in Russland will ich nun mein Wissen für die fachspezifischen Anforderungen in Deutschland aktualisieren. Daher wende ich mich mit meinem Praktikumswunsch an Sie.

Ein Praktikum gibt mir die Möglichkeit, an meine langjährigen beruflichen Erfahrungen, die ich als [Sachbearbeiterin eines Sozialamtes] in [der Ukraine] gesammelt habe, in Deutschland anknüpfen zu können.

- **Bereits Praktikumserfahrungen gesammelt**

Ihre Vorkenntnisse beziehen sich nicht auf Berufs-, sondern auf Praktikumserfahrungen? Beschreiben Sie diese. Zur Einschätzung Ihrer während des Praktikums angeeigneten fachlichen Kenntnisse beachten Sie die Bewertungshilfen im Kapitel 1.8 a) „Fachliche Kenntnisse einschätzen“ in der Kategorie „0^{PLUS}“ auf Seite 84.

Zuletzt arbeitete ich in … als [Hausmeistergehilfe] im Rahmen eines Praktikums. Dort war ich vor allem für … zuständig. Meine beruflichen Kenntnisse und Fertigkeiten gehen jedoch weit über das bei dieser Tätigkeit erwartete Wissen hinaus. Private Erfahrungen besitze ich im [Reparieren von Sanitäranlagen sowie Heizkörpern, beim Malen, Verputzen, Fliesen- oder Bodenlegen] sowie im Bereich der [Elektro- und Gartenarbeiten]. Gerne würde ich nun mein umfassendes Wissen im professionellen Umfeld erproben.

Meine im letzten Praktikum im Bereich … erworbenen Kenntnisse will ich durch weitere Erfahrungen ergänzen. Daher ist es für mich besonders interessant, im Aufgabengebiet … im Rahmen eines Praktikums bei Ihnen tätig/aktiv zu werden.

Bis vor Kurzem durfte ich sehr wertvolle Erfahrungen im [Verkauf] des [Name des Geschäfts] als Praktikantin sammeln. Meine neu gewonnenen Kenntnisse will ich durch ein Praktikum bei Ihnen weiter ausbauen. Ich habe bereits [erste Beratungen] durchgeführt, war aber vor allem [an der Kasse] im Einsatz. Zudem durfte ich mehrfach [die Waren im Schaufenster präsentieren] und [den Verkaufsraum dekorieren]. Für [Farben und kreative Arrangements] wurde mir ein „besonderes Händchen“ bestätigt.

In Zukunft möchte ich sehr gerne im Bereich … arbeiten. Von einem Praktikum erhoffe ich mir, meine Erfahrungen und mein Wissen zu erweitern und damit die Chancen für das Erreichen meines beruflichen Zieles zu erhöhen. Einen Grundstein hierfür legte ich bereits mit meinem Praktikum bei … .

Ich stelle mich Ihnen als [Schreinermeister] mit langjähriger Berufserfahrung als [Betriebsleiter] vor. Aufgrund der kritischen Arbeitsmarktsituation in der [Holz]branche, suche ich ein neues Wirkungsfeld. Daher will ich die jetzige Situation ganz gezielt nutzen, um meine Leidenschaft für Bücher und das Lesen beruflich zu verwirklichen. Seit meiner Kindheit lese ich sehr gerne und viel, vor allem geschichtliche Literatur. Daher entschied ich mich für ein Praktikum im [Archiv], bei dem ich mit der [EDV-gestützen Erfassung von Büchern und historischen Schriftstücken] befasst war. Das war für mich sehr interessant. An diese Erfahrungen will ich über ein Praktikum in Ihrem [Antiquariat] anknüpfen.

In meinem erlernten Beruf habe ich alles erreicht, was ich erreichen wollte. Jetzt würde ich mich freuen, eine Aufgabe als Mitarbeiterin am Empfang eines großen Klinikums auszuüben. Dieses langfristige Ziel will ich durch ein Praktikum bei Ihnen weiter vorbereiten. Erste Einblicke in diesen Bereich verdanke ich einem Praktikum bei … . Eine Vertiefung und Erweiterung meines Wissens durch einen Praktikumseinsatz in Ihrer Klinik wird mir auf meinem Weg sicherlich sehr hilfreich sein.

Im Juli 2009 habe ich meine Ausbildung zur [Werkerin im Zierpflanzenbau] erfolg-reich abgeschlossen. Ich habe jedoch keine Anstellung in diesem Beruf gefunden und mir deshalb im Rahmen mehrerer Praktika neue berufliche Einsatzfelder erschlossen. Ich war im [Lager] und als [Fahrerin für Dentallabore] im Einsatz. Als Nächstes würde ich mich freuen, die Tätigkeiten im Umfeld eines … näher kennenzulernen.

Im Bereich der [Objektbetreuung] bin ich nicht ganz unbedarft. Ein Praktikum [als Nachtwächter an der Pforte eines mittelständischen Unternehmens] und ein weiteres als [Aufseher] im [Name des Museums] bestärkten mich in meiner neuen beruflichen Wunschrichtung. Meine Erfahrungen möchte ich nun als [Aufsicht in einem großen Museum] wie Ihrem [Landesmuseum] noch erweitern.

In meiner früheren Heimat, der Slowakei, habe ich als [Mediengestalterin] in einem [Verlag] gearbeitet. Nach meinem Umzug nach Deutschland im [März 2002] erkannte ich sehr schnell, dass aufgrund der mangelnden Nachfrage des Arbeitsmarktes meine zukünftige Tätigkeit im [Office-]Umfeld liegen soll. Um diesem Ziel näher zu kommen, sammelte ich bereits grundlegende Erfahrungen als [Aushilfe im Versandbüro und im Archiv der König-Ludwig-Stiftung] in [Stuttgart]. Dort habe ich mich mit der [EDV-Erfassung, der Überprüfung und Aussortierung von historischen Akten] sowie aller im [Archiv] auftretenden Arbeiten vertraut gemacht. Durch ein Praktikum bei Ihnen möchte ich meine Kenntnisse noch erweitern.

Während meiner Praktika kristallisierten sich Fähigkeiten insbesondere im Bereich … heraus, die ich bevorzugt für Aufgaben im ... einsetzen will.

- ### *Bereits Kenntnisse in einem Kurs erworben:*

In einem aktuellen Kurs erworbene, für den jeweiligen Berufszweig relevante Kenntnisse erhöhen Ihre Praktikumschancen. Weitere Möglichkeiten, die Inhalte eines Kurses zu präsentieren, finden Sie im Abschnit „Meine möglichen Einsatzfelder" auf Seite 179.

Sehr gerne möchte ich die Anforderungen [an der Rezeption Ihres Hotels] in [Trier] näher kennenlernen. Ich verfüge bereits über [Hotelerfahrung – im Zimmerservice –] und habe mich kürzlich für eine [Office-] Qualifizierung bei [OFFICE-IN-WORK] in [Trier] entschieden. Dort eigne ich mir neben breit gefächerten [EDV-Kenntnissen], insbesondere in [Word, Excel und Outlook sowie im E-Commerce], die wesentlichen Standards im [professionellen Schriftverkehr] an.

Nach meiner erfolgreich absolvierten Ausbildung zur [Arzthelferin] suche ich nach erweiterten Einsatzmöglichkeiten. Daher qualifiziere ich mich derzeit im Bereich [„Management für Front- und Backoffice"] bei [MAINTRAINING] in [Würzburg]. Ein Praktikum im Bereich … Ihres Instituts kann mir sehr hilfreich sein, meinen Wunsch nach einer stärker bürobetonten Berufstätigkeit zu verwirklichen.

- ### *Andere Erfahrungen*

Sie verfügen weder über Praktikums- noch Berufserfahrung, haben sich aber mit den anvisierten Aufgabenbereichen bereits privat beschäftigt oder bringen dazu passende persönliche Wertvorstellungen mit? Alle relevanten Erfahrungen aus Hobbys, Freizeitaktivitäten, ehrenamtlichen Engagements oder aufgrund von Minijobs stärken Ihr Profil für die Praktikumsbewerbung.

In der Regel reicht eine kurze Beschreibung dessen, was Sie gemacht haben, aus.

Ein Praktikum im Bereich „Auto-Tuning" wäre etwas ganz Besonderes für mich. Ich bin zwar kein unbeschriebenes Blatt, was Autos betrifft: Mein Bruder ist KFZ-Meister, mein Onkel KFZ-Mechaniker und ich selbst bin ein leidenschaftlicher Auto-Fan. Daher kann ich einfache Arbeiten am PKW völlig selbstständig ausführen. Im Bereich der speziellen „Tuning-Finessen" sind jedoch Sie der Experte. Deswegen wende ich mich mit meiner Bitte um ein Praktikum an Sie.

Die [Wellness-]Branche habe ich nicht zufällig als Praktikumsumfeld ausgesucht. Mein ursprünglicher Berufswunsch war [Kosmetikerin]. Damals gab es jedoch nur wenige Lehrstellen. Immerhin konnte ich in den letzten Jahren bereits nebenberuflich [als Beraterin für Körperpflege- Produkte] und im Bereich der [Nahrungsergänzungsmittel] arbeiten. Weitere Anwendungen im [Wellness]-Bereich könnte ich im Rahmen eines Paktikums bei Ihnen kennenlernen – um mich anschließend erfolgreich für eine hauptberufliche Beschäftigung in der [Wellness]-Branche bewerben zu können.

In meiner Freizeit und im Urlaub habe ich immer wieder die Erfahrung gemacht, wie schön für mich die Bewegung und körperliche Betätigung in der freien Natur sind und wie sehr es mich bereichert, mit Tieren zu leben und zu arbeiten. Dies ist wirklich erfüllend für mich – ganz im Gegensatz zu meinem „Acht-Stunden-Bürojob". Meiner Freude im Umgang mit Tieren will ich daher in einem Praktikum Ausdruck verleihen und dabei meinen neuen Berufswunsch – Aufgaben im Bereich eines [Tierpflegers] – gezielt in der Praxis überprüfen.

Ein Praktikum bei Ihnen könnte mir die Gelegenheit bieten, meine Befähigung für Aufgaben im Bereich eines [KFZ-Mechanikers] besser einzuschätzen. An meinem eigenen Pkw und den Autos von Freunden führe ich zuverlässig und gut kleinere selbstständig durch. Dies sehe ich als eine gute Voraussetzung für weitere – pro-fessionelle – praktische Erfahrungen in Ihrer Werkstatt.

Einen praktischen Einsatz bei Ihnen sehe ich als eine große Chance für mich. Ich möchte im Gebiet der … noch mehr dazulernen, um mich für diese Aufgaben beruflich besser zu positionieren.

Als gelernte … habe ich noch keine Erfahrungen in …, bringe aber ein gutes Grundverständnis für die Abläufe und Anforderungen in dieser Branche mit. Über ein Praktikum in Ihrem Unternehmen kann ich mit … stärker in Berührung kommen. Dies bringt mich meiner neuen beruflichen Zielsetzung – eine Tätigkeit als … – mit Sicherheit entscheidend näher.

Mein Ziel ist es, beruflich in den Bereich [sozialer] Aufgaben zu wechseln. Dafür bringe ich schon Erfahrungen aus [ehrenamtlichen Einsätzen] mit, die ich durch ein Praktikum bei Ihnen erweitern will. So habe ich mich [mehrere] Jahre lang für die „Happy Five", eine Wohltätigkeitsorganisation für Kinder, engagiert. Wir führten z. B. [Freizeiten und Gruppenstunden für sozial benachteiligte Kinder und Jugendliche] durch. Neben der regemäßigen [Betreuung einer Kindergruppe] war ich für [die Absprachen mit unseren Kooperationspartnern bei groß angelegten Projekten] verantwortlich. Mein großes Engagement möchte ich nun für die Belange der … im Rahmen eines Praktikums einbringen.

Seit einigen Jahren beschäftige ich mich mit [Computern]. Meine Erfahrungen in diesem Bereich sind umfassend und reichen vom [defekten Motherboard] bis hin zur [Virenbekämpfung]. Darüber hinaus gestalte ich Internetauftritte für meine Freunde und Bekannten.. Über ein Praktikum will ich nun herausfinden, ob mir die [PC-]Welt auch im beruflichen Kontext so viel Freude bereitet und ob ich dafür geeignet bin.

Das Erlernen von [Dienstleistungs-, Verwaltungs- und Verkaufs]tätigkeiten interessiert mich außerordentlich. Durch das Geschäft meiner Mutter bin ich mit diesem Bereich großgeworden und verfüge über ein sehr gutes Grundverständnis der erforderlichen Arbeitsabläufe. In einem Praktikum möchte ich meine Kenntnisse nun professionalisieren.

Die Mutter meiner Freundin besitzt ein Friseurgeschäft. Ich habe dort früher öfters ausgeholfen: Von Reinigen der Räume bis hin zur Terminvereinbarung habe ich alle Tätigkeiten übernommen, die rund ums Haareschneiden anfallen. Jetzt würde ich gerne mehr lernen und mir über ein Praktikum bei Ihnen erste „richtige" Kenntnisse verschaffen.

Durch ein Praktikum in Ihrem Unternehmen kann ich meinen Berufswunsch – eine Tätigkeit in der [technischen Kundenbetreuung] – besser verwirklichen. Über erste Erfahrungen im [Kontakt mit Kunden] verfüge ich bereits: Während der letzten Jahren habe ich berufsbegleitend verschiedene Nebenjobs ausgeübt. So konnte ich mein freundliches und zuvorkommendes Auftreten als [Servicekraft in der Gastronomie] und als [Pizza-Auslieferungsfahrer] unter Beweis stellen.

3 Umorientierung aus gesundheitlichen Gründen

Berücksichtigen Sie, dass nicht jede gesundheitliche Einschränkung genannt werden muss (siehe im Kapitel „Besonderes" den Abschnitt „Behinderung – gesundheitlich beeinträchtigt" auf Seite 191). Sofern Sie diesen Aspekt nicht erwähnen wollen oder müssen, werden Ihnen die Formulierungen oben auf den Seiten 148 – 153 zur beruflichen Neu- oder Umorientierung hilfreich sein. Sie können auch ganz allgemein Ihre persönlichen Eigenschaften als beiderseitigen Vorteil Ihres Praktikumseinsatzes beschreiben.

153

Wenn Sie aufgrund einer Krankheit längere Zeit nicht berufstätig waren, formulieren Sie idealerweise wie bei einem Wiedereinstieg. („...will ich das Praktikum nutzen, um an meinen Kenntnisse als ... anzuknüpfen" etc.)

Bei einem Quereinstieg empfiehlt es sich, vor allem die persönlichen Qualitäten – die „übertragbaren" Eigenschaften (siehe Seite 64) – hervorzuheben.

Meinen bisherigen Beruf – [Dreher und Fräser] – kann ich aus gesundheitlichen Gründen nicht mehr ausüben. Für die Tätigkeit als [Fahrer] bin ich aber körperlich voll belastbar.

Von Beruf bin ich [Maurer]. Dank meiner [lang]jährigen Berufserfahrung bringe ich komplexe Baukenntnisse mit. Körperlich stark beanspruchende Arbeiten – wie bei meiner letzten Beschäftigung im [Hochbau] – kann ich nicht mehr ausüben. Eine berufliche Tätigkeit im Bereich des [Verkaufes von Bauzubehör] interessiert mich langfristig. Hierfür bin ich voll einsetzbar und belastbar.

Aufgrund der bisher körperlich schweren Arbeiten in ... suche ich nach einer Tätigkeit, bei der ich andere persönliche Qualitäten einbringen kann. Bisher hatte ich nur sehr wenig Gelegenheit, im [direkten Kundenkontakt] zu arbeiten. Gerade dies entspricht aber meiner aufgeschlossenen Art. Die Vorstellung, ein Praktikum im [Kundenservice] Ihrer Niederlassung in ... zu machen, weckt daher sehr viel Freude in mir. Haben Sie Praktikumsplätze in diesem oder ähnlichen Aufgabenfeldern anzubieten?
Ich kann körperlich nicht schwer heben, bis zu 15 kg sind aber möglich. Besonders hervorheben möchte ich meine sehr gewissenhafte Arbeitsweise. Im Praktikum werde ich neue Aufgaben daher sicherlich sehr effektiv bewältigen.

Selbstverständlich kann ich mein Können und Wissen als [Maler und Lackierer] während des Praktikums bei Ihnen weiterhin einsetzen. Diesen Beruf soll ich nur nicht mehr täglich und kontinuierlich ausüben.

Ich bin gelernter [Bauschlosser] und kann aus gesundheitlichen Gründen meinen erlernten Beruf nicht mehr ausüben. Für die Aufgaben in der [Postverteilung] bin ich aber voll belastbar und uneingeschränkt einsetzbar.

Ich will mich beruflich neu orientieren. Vor [vier] Jahren habe ich den Beruf der [Haus-wirtschaftstechnischen Helferin] erlernt und war dann zunächst als [Zimmermädchen] und zuletzt in der [Gebäudereinigung] tätig. Aufgrund einer Allergie auf chemische Reinigungsmittel kann ich solche Arbeiten aber nicht mehr ausüben. Vom Beruf der ... habe ich bisher lediglich eine vage Vorstellung, die auf Berufsbeschreibungen in Fachzeitschriften und im Internet basiert. Jetzt will ich die Praxis erleben und würde mich daher über ein Praktikum bei Ihnen sehr freuen.

Ich habe den IHK-Abschluss als ..., suche aber aufgrund der in diesem Beruf häufig körperlich sehr schweren Arbeiten nach einer neuen Aufgabe. Ich möchte ausgesprochen gerne als ... aktiv werden. Denn da ich zuverlässig und zielstrebig arbeite, glaube ich, dass ich diesen Aufgabenbereich sehr gut ausführen kann. Um dies sicher einschätzen zu können, würde mir ein Praktikum in Ihrem Unternehmen/Geschäft, bei dem ich mich einmal als ... versuche, eine große Hilfe sein.

Ihr Nutzen

Als Nutzen, den das Unternehmen aus Ihrem Orientierungspraktikum zieht, heben Sie bitte insbesondere Ihre schnelle Auffassungsgabe und damit die Gewährleistung einer guten, effektiven oder schnellen Einarbeitung hervor. Zudem können Sie Ihre Bereitschaft zu Routine- oder Helferaufgaben und Ihre hohe Motivation betonen.

Neben solchen klaren Vorteilen für den Arbeitgeber ist bereits die Tatsache Ihres kostenfreien Einsatzes ein großer Nutzen für ihn. Diesen Effekt der Kostenersparnis können Sie mit den Nutzen-Argumenten verbinden (siehe Seite 176: „Zeitliche und Finanzielle Modalitäten"). Weitere – allgemein gehaltene – Nutzenargumente finden Sie ebenfalls dort.

Ich möchte Ihr Team engagiert unterstützen und entlasten.

Dank meiner schnellen Auffassungsgabe und meiner hohen Motivation kann ich mich zügig in neue Aufgabengebiete einarbeiten und werde schnell eine wertvolle Hilfe für Sie sein.

Ich bin mir sicher, dass dieses Praktikum auch für Ihr Unternehmen von Vorteil ist, denn ich lerne gern Neues dazu und kann mich dank meiner guten Auffassungsgabe schnell auf die spezifischen Arbeitsabläufe eines Unternehmens einstellen. Aufgaben übernehme ich motiviert und selbstständig und erledige sie sehr zuverlässig, präzise und zielstrebig.

Viele Helferaufgaben werde ich mit Sicherheit schon eigenständig übernehmen und Ihr Team dadurch entlasten können. Ich bin körperlich voll belastbar.

Ich bin gerne bereit, zur Entlastung Ihres Teams alle einfachen Tätigkeiten zu über-nehmen. Selbstverständlich werde ich anfangs noch etwas Zeit brauchen, um mich auf Ihre Anforderungen einzustellen.

Ich bin mir sicher, dass mein Praktikumseinsatz auch für Sie von Interesse sein kann. Kurz zu meinem bisherigen Werdegang: … .

Ich bin davon überzeugt, mich dank meiner Kreativität und meines großen Interesses an [der Glas-Gestaltung] den neuen Aufgaben und Herausforderungen gut stellen zu können. Daher werde ich Ihnen sicherlich auch eine deutliche Arbeitsentlastung sein.

Für mich spricht mein großes Interesse an allem, was mit [Dekoration, Handarbeiten] und dem dazugehörigen Warensortiment zu tun hat.

- ## Praktikum als Berufseinsteiger/-in – mit Ausbildungsabschluss

• Praktikum als Berufseinsteiger/-in – mit Ausbildungsabschluss

Berufseinsteigern mit Hochschulabschluss empfehle ich das Buch „Ihre überzeugende Bewerbung als Hochschulabsolvent", insbesondere die Kapitel „Praktikums- und Trainee-Bewerbung".

Aufbau

Betreff

Bewerbung um ein Praktikum als qualifizierte Bürokauffrau

Anrede

Sehr geehrte Damen und Herren,

Eröffnung

mit großem Interesse bewerbe ich mich um ein Praktikum in Ihrem Unternehmen für Aufgaben im Bereich …

Meine Motivation – als Berufseinsteiger/in mit

Im Juli diesen Jahres schloss ich eine Ausbildung zum … mit einer erfolgreich absolvierten Prüfung ab. Meine guten Kenntnisse will ich über ein Praktikum bei Ihnen noch weiter ausbauen. Denn ich möchte, gerade als Berufsanfänger, jede Chance nutzen, um möglichst vielseitige praktische Erfahrungen zu sammeln.

Ihr Nutzen

Als Berufsanfänger dürfen Sie in besonderem Maße Dynamik und eine Offenheit für alle Aufgaben von mir erwarten.

Das qualifiziert mich:
Berufliches – Persönliches

Darüber hinaus profitieren Sie sicherlich von meinem Qualitäten ….

Zeitliche und finanzielle
Modalitäten

Das Praktikum kann ab sofort, für die Dauer mehrerer Wochen, für Sie völlig kostenfrei und unverbindlich vereinbart werden.

Abschluss

Wenn Sie eine Praktikantin suchen, die gerne arbeitet und sofort zur Verfügung steht, freue ich mich über Ihre Rückmeldung.

Grußformel

Freundliche Grüße

In diesem Kapitel werden lediglich die für die Berufseinsteiger relevanten Passagen berücksichtigt. Zu den anderen Inhalten des Anschreibens siehe den einleitenden Kommentar auf Seite 136.

Berufseinsteiger – Beispiel 1

Tim Schirndewa

Hohenloheweg 19
90441 Nürnberg
Tel.: 0174 66871293
E-Mail: kimschirndewa@web.de

Tim Schirndewa, Hohenloheweg 19, 90441 Nürnberg

„Land in Sicht" Jugendhaus
der Arbeiterwohlfahrt Nürnberg
Herrn Thomas Münster
Kogelweg 22
90403 Nürnberg

Köln, 16. Juni 2010

Bewerbung als Diplom-Sozialpädagoge (FH)
– vorerst für ein Praktikum

Sehr geehrter Herr Münster,
sehr geehrte Damen und Herren,

vielen Dank für das freundliche und aufschlussreiche Telefonat, das ich am heutigen Tag mit Ihnen Herr Münster führte und Ihr Interesse an meiner Bewerbung für einen Praktikumsplatz.

Ich stelle mich Ihnen als diplomierter Sozialpädagoge (Frühjahr 2004) mit vielseitiger Erfahrung in der Jugendarbeit vor. Neben einem zehnmonatigen Praktikum beim Jugendamt Lüneburg blicke ich auf soziale Engagements als Erziehungsbeistand, als Gruppenleiter in der katholischen Kirche und als Mitorganisator des Jugendkulturcafés „TU-DU" zurück.

Aufgrund dieser Aufgaben und meiner Mitwirkung an der Erstellung und Umsetzung von Jugendhilfeplänen beim Jugendamt bin ich mit lebensweltorientierten Konzepten in der Praxis vertraut. Der Mitarbeit an einem strukturierten pädagogischen Handlungskonzept für Ihr Jugendhaus sehe ich daher mit Freude und großem Interesse entgegen. Bei dieser Tätigkeit kann ich das Methodenwissen aus meinem Studienschwerpunkt „Familienhilfe" mit meinen fundierten Erfahrungen verbinden und engagiert umsetzen.

Im Umgang mit belasteten Jugendlichen erlebte ich Spontaneität gepaart mit einem klaren Durchsetzungsvermögen als zentral für einen gelingenden Kontakt. Ich konnte erleben, wie Vertrauen und Einfühlungsvermögen die soziale und selbstbestimmte Entwicklung der Jugendlichen förderten. Stets war mir dabei das konstruktive Miteinander im Team hilfreich. Im Team verbesserte und professionalisierte ich meine Akzeptanz auch gegenüber schwierigeren Jugendlichen.

Über ein Praktikum bei Ihnen kann ich mein Erfahrungswissen mit Sicherheit noch erweitern und freue mich daher sehr über ein persönliches Kennenlernen.

Es grüßt Sie freundlich   **Anlagen**

Berufseinsteiger – Beispiel 2

Silke Ruf

Rosenhügel 3
33104 Paderborn
Tel.: 05251 2091

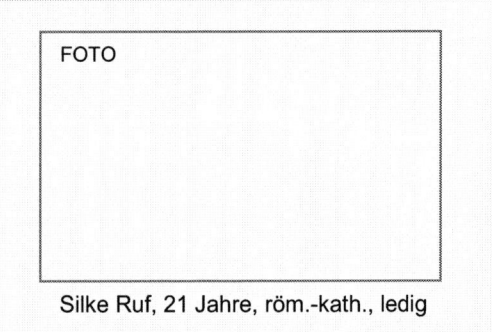

Silke Ruf, 21 Jahre, röm.-kath., ledig

Kanzlei Hartmann, Krüger & Köhler
Herrn Ralf Hartmann
Marktstr. 34
33100 Paderborn

4. Juni 2010

**Bewerbung um ein Praktikum
als qualifizierte Rechtsanwaltsfachangestellte**

Sehr geehrter Herr Hartmann,

meine Ausbildung als Rechtsanwaltsfachangestellte habe ich in der Kanzlei Dr. Uschner & Partner erfolgreich durchlaufen und im Juli 2009 beendet.

Da es bei Herrn Dr. Uschner keine Möglichkeit der Festanstellung gab, suche ich seither nach einem interessanten Berufseinstieg. Um meine Chancen zu ver-bessern, möchte ich über ein Praktikum weitere, beruflich relevante Erfahrungen sammeln.

Ihre Kanzlei mit dem, für mich noch relativ neuen, Schwerpunkt im Handelsrecht erscheint mir dafür beson-ders geeignet. Als ausgebildete Fachkraft werde ich mich mit Sicherheit gut mit den Abläufen bei Ihren vertraut machen und so Ihren Mitarbeiterinnen helfend zur Seite stehen können.

Ich bin ein Mensch der Praxis, der sehr zuverlässig, verantwortungsbewusst und verbindlich arbeitet., auch wenn meine schulischen Noten nicht besonders gut waren. Ich würde mich freuen, dies bei Ihnen unter Beweis stellen zu dürfen. Gerne möchte ich mir eine sehr gute Referenz während des für Sie völlig unverbindlichen und mehrwöchigen Praktikums erarbeiten.

Dieser kostenfreie Einsatz ist Teil meiner derzeitigen Weiterbildung beim PIW-Institut in Gütersloh und kann sofort beginnen. Als Ansprechpartnerin steht Ihnen dort gerne Frau Schäfer unter Tel. 05241 981223-192 zur Verfügung.

Ihrer Einladung zu einem persönlichen Vorstellungsge-spräch sehe ich mit großem Interesse entgegen.

Mit freundlichen Grüßen

Mein Werdegang:

- Ausbildung zur Rechtsanwaltsfach-angestellten in der Kanzlei Dr. Uschner & Partner, Gütersloh (Schwerpunkt Arbeitsrecht); Abschluss: 07/2009

- Freiwilliges Soziales Jahr im Internationalen Kinderwerk St. Sebastian in Hamburg

- Abschluss „Mittlere Reife" an der Hermann-Zilcher-Schule, Gütersloh

Ausbildungsschwer-punkte:

- Fristenüberwachung
- Mahn- und Klagewesen
- Regelungen zum Verfahrens- und Vollstreckungsrecht
- Abrechnungen gemäß des Kosten- und Gebührenrechts für Rechtsan-wälte
- Buchhaltung
- Korrespondenz in Word 2003
- Aktenverwaltung sowie Büroma-nagement

Betreff

„Frisch" ausgebildeter Buchhändler sucht Praktikumsstelle

Ausgebildeter IHK-Bürokaufmann (08/2010) bietet Ihnen kostenfreies Praktikum an

Engagierter Berufsstarter – Fachverkäufer … –
auf der Suche nach einem Praktikum in Ihrem Unternehmen

Praktikumsbewerbung im Bereich …

Bewerbung als … für ein Praktikum

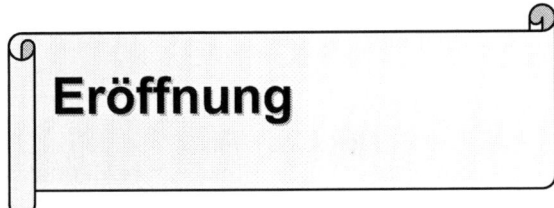

Eröffnung

Neben klassischen Eröffnungssätzen wie „mit hoher Motivation bewerbe ich mich in Ihrem Unterenehmen" können Sie eine der folgenden Formulierungen verwenden:

allgemeiner Einstieg

✍ So geht es anschließend weiter: Bei einem allgemeinen Einstieg beschreiben Sie anschließend Ihren aktuellen Status als Berufseinsteiger oder Ihre Motivation („Meine Motivation als Berufseinsteiger" Seite 160).

⇨ Sehr geehrte Damen und Herren,

sehr gerne würde ich ein Praktikum bei Ihnen im Bereich … machen.

mit großem Interesse bewerbe ich mich um ein Praktikum in Ihrem Unternehmen für Aufgaben im Bereich …

über die Ermöglichung eines Praktikums in Ihrem Unternehmen - in der Abteilung … - würde ich mich sehr freuen.

Oder: Spezifischer Einstieg mit Beschreibung Ihrer Motivation als Berufseinsteiger

Anstelle eines allgemein gehaltenen Einstiegs können Sie direkt auf Ihre Motivaton als Berufseinsteiger eingehen.

✍ So geht es anschließend weiter: Sofern Sie mit einer der folgenden Formulierungen Ihre Motivation ausreichend dargestellt haben, folgen gleich anschließend die Nutzen-Argumente für den Arbeitgeber. Wenn die folgenden Varianten Ihre persönliche Motivation nur zu einem Teil wiedergeben, dann ergänzen Sie diese mit den Inhalten aus dem nachfolgenden Kapitel „Meine Motivation – als Berufseinsteiger."

⇨ Sehr geehrte Damen und Herren,

suchen Sie eine engagierte Unterstützung für den Bereich …? Dann dürfte Sie mein Profil interessieren: Ich bin Berufsanfänger in der [„Energieanlagenelektronik"] …

als Nachwuchskraft „…" will ich einerseits noch viel lernen, bin mir aber andererseits sicher, dass ich Ihr Team schon jetzt – im Rahmen eines Praktikums – tatkräftig verstärken kann.

mit meinem frisch erworbenen Abschluss als … interessiere ich mich für ein Einsteiger-Praktikum bei Ihnen.

ich stelle mich Ihnen als … mit aktuellem Abschluss (05/2010) und dem Wunsch nach einem Praktikum in Ihrem Unternehmen vor.

Ihr Team kann ich – eine frisch ausgebildete … – als Praktikantin hoch motiviert unterstützen.

Meine Motivation – als Berufseinsteiger/-in

Im Juli 2010 habe ich meine Ausbildung zum [Handelsfachpacker] bei … erfolgreich beendet. Gerne würde ich jetzt in der „echten" Praxis meine ersten Berufserfahrungen sammeln. Ein Praktikum bei Ihnen wird es mir mit Sicherheit ermöglichen, trotz meiner noch fehlenden Berufserfahrungen zukünftig interessante Angebote zu erhalten.

Im Juli diesen Jahres schloss ich eine Ausbildung zum … mit einer erfolgreich absolvierten Prüfung ab. Meine guten Kenntnisse will ich über ein Praktikum bei Ihnen noch weiter ausbauen. Denn ich möchte, gerade als Berufsanfänger, jede Chance nutzen, um möglichst vielseitige praktische Erfahrungen zu sammeln.

Ich habe im Juli 2010 meine Ausbildung zum … erfolgreich abgeschlossen und befinde mich seitdem auf der Suche nach einem neuen Arbeitsplatz. Ich habe viel darüber gelernt, was einen professionellen "… „ ausmacht, und will mich den Anforderungen dieses Berufs nun vorerst in einem Praktikum stellen.

Das Ziel meines Einsatzes bei Ihnen ist, einen besseren Einblick in die berufliche Praxis der … zu erhalten. Meine fehlende Berufspraxis möchte ich durch ein Praktikum bei Ihnen ausgleichen. Ich bin mir sicher, dass es bei Ihnen viel für mich zu lernen und zu erfahren gibt. Daher würde ich mich über diese Chance sehr/außerordentlich freuen.

Ich weiß noch nicht, was es bedeutet, im [Pflege]alltag „seine Frau zu stehen". Das möchte ich nach meinem Abschluss als … im September diesen Jahres im professionellen Umfeld Ihres Unternehmens/Pflegeheims als Praktikantin erfahren.

Durch ein Praktikum bei Ihnen könnte ich meine in der Ausbildung gesammelten Erfahrungen noch erweitern. Denn gerade als Berufseinsteiger wird man ins „kalte Wasser geschmissen" und ich möchte gut darauf vorbereitet sein – idealerweise mit Hilfe eines Praktikumseinsatzes in Ihrem Unternehmen.

Als Berufsanfänger ist es mir wichtig, die berufliche Praxis eines … vollständig/umfassend kennenzulernen. Daher bewerbe ich mich um ein Praktikum im Bereich … bei Ihnen.

Meinen Berufseinstieg will ich – ein ausgebildeter … – durch ein Praktikum bei Ihnen gezielt vorbereiten.

Ein Praktikum bei Ihnen macht es mir möglich, meinen Berufseinstieg ganz gezielt vorzubereiten/gut vorbereitet zu gestalten.

Ihr Nutzen

Als Nutzen bei einem Einsteiger-Praktikum lässt sich insbesondere Ihr sehr aktuelles Wissen, Ihr „Anfänger"-Elan und Ihr großes Lerninteresse betonen.

Neben diesen Vorteilen für den Arbeitgeber ist bereits die Tatsache Ihres kostenfreien Einsatzes ein großer Nutzen für ihn. Diesen Effekt der Kostenersparnis können Sie direkt mit den Nutzen-Argumenten verbinden (siehe Seite 176 „Zeitliche und Finanzielle Modalitäten"). Weitere – allgemeiner gehaltene – Nutzenargumente finden Sie ebenfalls dort.

Ziel dieses Praktikums ist es, meine „taufrischen" Kenntnisse" in die Praxis umzusetzen und Sie engagiert zu unterstützen.

Als Berufsanfänger dürfen Sie in besonderem Maße Dynamik und eine Offenheit für alle Aufgaben von mir erwarten.

Einen fachlich qualifizierten Praktikanten – mit aktuellem Ausbildungswissen – gewinnen sie durch meinen mehrwöchigen Einsatz in Ihrem Unternehmen.

Im Praktikum stehe ich Ihnen als ausgebildeter … mit meinem aktuellen Wissen und meiner sehr engagierten Arbeitsweise zur Verfügung.

Es ist mein Wunsch, möglichst viel bei Ihnen zu lernen. Ich bin überzeugt, dass dies auch zu Ihrem Nutzen sein wird: Denn alles Neue möchte ich gerne gleich umsetzen und zum Gewinn Ihrer Abteilung … einbringen.

Aufgrund meiner hohen Lernmotivaton wird auch Ihr Unternehmen von meinem Einsatz profitieren.

• Praktikum als Wiedereinsteiger/-in

Unter „Wiedereinstieg" wird hier die Bewerbung auf Praktikumsstellen in Ihrem erlernten oder zuletzt langjährig ausgeübten beruflichen Bereich verstanden. Wenn es sich bei Ihrem Wiedereinstieg um eine Neuorientierung handelt, lesen Sie bitte oben im Abschnitt „Orientierungspraktikum" weiter.

Betreff

Bewerbung für ein Praktikum – Wiedereinstieg in das Bankwesen

Anrede*[1]

Sehr geehrte Damen und Herren,

Eröffnung

als engagierte Wiedereinsteigerin will ich Ihr Unternehmen – im Rahmen eines Praktikums – unterstützen.

Meine Motivation – als Wiedereinsteiger/in

Nach einer aktiven Familienphase möchte ich wieder in meinem erlernten Beruf einsteigen. Über ein Praktikum in Ihrem Betrieb kann ich altes Wissen auffrischen und Aktuelles dazulernen.

Ihr Nutzen

Auch wenn ich als Wiedereinsteigerin etwas Zeit brauchen werde, um mein Wissen den neuen Anforderungen anzupassen, bin ich überzeugt, Ihr Team – anfänglich gerne im Bereich der „einfacheren" Aufgaben – mit meinem Engagement gut unterstützen zu können.

Das qualifiziert mich: Berufliches -

Zu meinen früheren Aufgaben als ... gehörten u. a. ... Über meine aktuelle Weiterbildung habe ich mein Wissen im Bereich ... aufgefrischt.

Zeitliche und finanzielle Modalitäten*[2]

Das Praktikum ist für den Zeiraum vom ... bis zum ... geplant un d als Teil meiner derzeitigen Weiterbildung für Sie völlig kostenfrei und unverbindlich.

Abschluss*[1]

Ich würde mich freuen, wenn Sie an meiner Mitarbeit interessiert sind.

Grußformel*[1]

Es grüßt Sie freundlich

In diesem Kapitel werden lediglich die für die Wiedereinsteiger/-innen relevanten Passagen berücksichtigt. Zu den anderen Inhalten des Anschreibens siehe den einleitenden Kommentar auf Seite 136.

Wiedereinsteigerin - Beispiel

Lea Lesch

Goldbacher Str. 10   97318 Kitzingen
Mobil: 0157 789123192   lea_lesch@googlemail.com

Lea Lesch, Goldbacher Str. 10, 97318 Kitzingen

David Pegg & Co
Office-Service GmbH
Herrn David Pegg
Bahnhofstr. 40
97070 Würzburg
per Mail: personal@pegg-wuerzburg.de

6.6.2010

Lea Lesch
geb. am 20.03.1970
in fester Partnerschaft lebend,
2 Kinder
(9 und 13 Jahre)

Bewerbung um ein Praktikum als Office-Anwenderin
– in Teilzeit vom 05.07. bis zum 29.07.2010

Sehr geehrter Herr Pegg,

mein in zwölf Jahren erworbenes Wissen im Office-Alltag möchte ich effizient und sinnvoll in Ihr Unternehmen einbringen: im Rahmen eines vierwöchigen Praktikums.

Diese – kostenfreie und für Sie unverbindliche – Praktikums-phase bildet den Abschluss meiner aktuellen Qualifizierung zur „Office-Anwenderin" bei MAINTRAINING. Das Praktikum gäbe mir die Möglichkeit, mein theoretisch aktualisiertes und erweitertes Office- und EDV-Wissen als Wiedereinsteigerin in der Praxis zu erproben.

Ich bringe wertvolle Erfahrungen und Kenntnisse aus mehrjähriger Berufserfahrung u. a. in der Position einer Verwaltungskraft und kaufmännischen Angestellten mit. Mein Wissen bedarf der Auffrischung und Angleichung an die heutigen Anforderungen.

Aufgrund meiner schnellen Auffassungsgabe bin ich aber in der Lage, mich rasch in neue Verantwortungsbereiche einzuar-beiten. Daher werde Ihrem Team in dieser Zeit auch eine engagierte Entlastung sein. Zum guten Gelingen der mir gestellten Aufgaben trägt auch meine große Teamfähigkeit bei, die in meinem gesamten beruflichen Werdegang eine zentrale Rolle spielte.

Eventuell offene Fragen beantworte ich gerne in einem persönlichen Gespräch. Wollen Sie im Vorfeld noch mehr erfahren? Gerne sende ich Ihnen meine vollständige Bewerbung zu. Ich freue mich auf Ihre E-Mail oder Ihren Anruf.

Mit freundlichen Grüßen

Aktuelle Kenntnisse:

Inhalte meiner Weiterbildung „Office-Anwender" bei MAINTRAINING, Würzburg:
→ Grundlagen Netzwerktechnik (Note: 1)
→ MS-Office: Word (1), Excel (2), PowerPoint (1)
→ Outlook (1), Internet*, eCommerce*
→ Büroenglisch*
→ Professionelle Geschäfts-korrespondenz mit neuer Recht-schreibung*

   *= noch nicht geprüfte Fächer

Bisherige Verantwortungsbereiche u. a.:

→ Kundenberatung in der Kreditab-teilung
→ Eingabe, Auswertung und Prüfung von Bewegungsdaten unter An-wendung des Industriekontenrahmens
→ Erstellung von Angeboten, Rech-nungs- und Mahnwesen sowie Online-Zahlungsverkehr
→ Persönliche Kundenbetreuung
→ Reisebuchungen für die Außen-dienstmitarbeiter

Bisherige Positionen:

bei Heros-Finances AG, Schweinfurt/SIL Maschinenbau GmbH, Marktheidenfeld/ Regierung von Unterfranken, Würzburg

→ Kaufmännische Angestellte
→ Verwaltungsangestellte
→ Vertriebsassistentin

163

Betreff

Praktikum zur Vorbereitung meines Wiedereinstiegs als … gesucht

Wiedereinsteigerin – … – sucht Praktikumsplatz

Wiedereinsteigerin will ihre Kenntnisse auffrischen
und Sie als Praktikantin unterstützen!

Bewerbung um ein Praktikum im Bereich …

Bewerbung für ein Praktikum – Wiedereinstieg in das Bankwesen

Mit Angabe der Teilzeit

Sie können den Hinweis auf ein gewünschtes Teilzeitpraktikum auch zum Abschluss des Anschreibens platzieren. Für die konkreten Angaben zum zeitlichen Rahmen finden Sie vielfältige Varianten unter „Zeitliches, Finanzielles und Zusätzliches" (Seite 174) oder im Abschnitt „Besondere Formulierungen – Arbeitszeit" auf Seite 190.

Bewerbung um ein Praktikum in Teilzeit im Bereich …

Wiedereinsteigerin – ….– bewirbt sich um ein Teilzeit-Praktikum

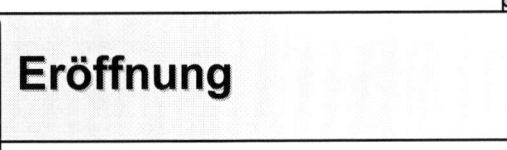

Eröffnung

Neben klassischen Eröffnungssätzen wie „mit hoher Motivation bewerbe ich mich in Ihrem Unternehmen um ein Praktikum" können Sie auch die folgenden Formulierungen wählen:

Allgemeiner Einstieg

✥ *so geht es anschließend weiter: Im Anschluss an einen solchen Einstieg folgt die Schilderung Ihrer Motivation. Siehe Seite 166.*

⇨ **Sehr geehrte Damen und Herren,**

sehr gerne würde ich ein Praktikum bei Ihnen im Bereich … machen.

mit großem Interesse bewerbe ich mich um ein Praktikum in Ihrem Unternehmen für Aufgaben im Bereich … .

über die Ermöglichung eines Praktikums in Ihrem Unternehmen – in der Abteilung … – würde ich mich sehr freuen.

Oder: Spezifischer Einstieg mit Beschreibung Ihrer Motivation als Wiedereinsteiger/-in

Anstelle eines allgemeinen Einstiegs können Sie zur Eröffnung auf Ihre besondere Motivaton als Wiedereinsteigerin eingehen.

🕯 *So geht es anschließend weiter: Sofern Sie mit den folgenden Formulierungen Ihre Motivation ausreichend dargestellt haben, folgen gleich anschließend die Nutzen-Argumente für den Arbeitgeber. Wenn die folgenden Varianten Ihre persönliche Motivation nur zu einem Teil wiedergeben, dann ergänzen Sie diese mit den Inhalten aus dem nachfolgenden Kapitel „Meine Motivation – als Wiedereinsteiger."*

⇨ **Sehr geehrte Damen und Herren,**

als engagierte Wiedereinsteigerin will ich Ihr Unternehmen – im Rahmen eines Praktikums – unterstützen.

Suchen Sie eine Unterstützung im Bereich der…? Ich bin eine berufserfahrene … . Nach einer [drei]jährigen Elternzeit möchte ich mich mit den aktuellen Anforderungen im Aufgabenfeld … über ein Praktikum wieder vertraut machen. Haben Sie Interesse an einem solchen – sicherlich auch für Sie vorteilhaften – Einsatz? Dann darf ich mich Ihnen kurz vorstellen: … .

Ich bin gelernte ... und verfüge über … Jahre Beufserfahrung. Meine fundierten fachlichen Kenntnisse – die ich in den letzten fünf Jahren als „Familienmanagerin" nicht benötigt habe – will ich nun durch ein Praktikum aktualisieren/auf den aktuellen Stand bringen.

Meine Motivation – als Wiedereinsteiger/-in

Weitere Formulierungen finden Sie auch unter „Besonderes" bei „Wiedereinstieg" (siehe Seite 221). Sie müssen bei den dortigen Vorschlägen lediglich „Stelle" durch „Praktikum"ersetzen.

Wenn Sie in der Eröffnung nur kurz auf den Grund des Praktikums hingewiesen haben, sollten Sie diesen anschließend weiter ausführen. So kann der Leser Anlass und Ziel Ihres Praktikums besser verstehen.

Rund um meine Motivation für den Wiedereinstieg
    1 als Frau
    2 als Mann
    3 im Rahmen von aktuellen Kursen
    4 im Sinne einer Neuorientierung

1 Mein Wiedereinstieg als Frau

Nach einer aktiven Familienphase möchte ich wieder in meinem erlernten Beruf einsteigen. Über ein Praktikum in Ihrem Betrieb kann ich altes Wissen auffrischen und Aktuelles dazulernen.

Ich war [fünf] Jahre als Mutter und Hausfrau hauptberuflich für meine Familie im Einsatz. Jetzt habe ich wieder genügend Kapazitäten, um meinem Beruf … in Teilzeit nachgehen zu können. Ein Praktikum bei Ihnen wird mir sicherlich einen gezielteren Wiedereinstieg ermöglichen.

In meinem bisherigen Berufsleben war es mir stets wichtig, fachlich sehr kompetent zu sein/aufzutreten. Aufgrund einer [mehr]jährigen Elternzeit habe ich Nachholbedarf und will meine Defizite durch ein Praktikum bei Ihnen ausgleichen.

Meine [vier] Kinder brauchen mich nun nicht mehr in dem Maße, wie es in den letzten Jahren der Fall war. Daher will ich mich nun wieder mehr/stärker der Berufswelt im Umfeld … zuwenden. Ein Praktikum soll mir meinen Wiedereinstieg erleichtern.

Mit einem Wiedereinsteiger-Praktikum will ich aktiv an meinem Bewerbungserfolg arbeiten. Ich bin mir sicher, dass ich bei Ihnen gut an mein bisheriges Wissen anknüpfen kann, viel Neues dazulernen werde und mir aufgrund Ihres Renommees gute Referenzen verschaffe.

166

Da meine beiden Kinder (14 und 17 Jahre) inzwischen tagsüber sehr gut versorgt und schon sehr selbstständig sind, möchte ich wieder einer interessanten beruflichen Tätigkeit nachgehen. Über ein Wiedereinsteiger-Praktikum bei Ihnen kann ich an meine früheren Kenntnisse anknüpfen und mir aktuelles Wissen aneignen.

Nachdem nun die Betreuung meiner Kinder gesichert ist, möchte ich wieder ins Berufsleben einsteigen. Zur Vorbereitung darauf bin ich an einer mehrwöchigen Praktikumsstelle bei Ihnen sehr interessiert.

Ich würde mich sehr freuen, wenn Sie mir die Chance zu einem Wiedereinstieg durch ein Praktikum geben. Als gelernte ... bringe ich wertvolle Erfahrungen (3 Jahre) als ... mit.

Meine Kinder sind – wie man so schön sagt – nun „aus dem Gröbsten raus" und ich möchte mein Wissen auf dem Gebiet der ... wieder auffrischen. Ein Praktikum sehe ich als die beste Möglichkeit zur inhaltlichen/fachlichen Vorbereitung meines Wiedereinstiegs.

2 Mein Wiedereinstieg als Mann

Im Wechsel mit meiner Partnerin habe ich zuletzt die Betreuung unserer Kinder über-nommen. Jetzt bereite ich meinen Wiedereinstieg vor und will meine beruflichen Chancen durch ein Praktikum bei Ihnen erhöhen.

Nachdem ich mich in den letzten vier Jahren primär um die Versorung unseres Kindes gekümmert habe, will ich mich nun wieder beruflich weiterentwickeln. Meine Ehefrau hat inzwischen beruflich alle wichtigen Schritte erreicht und ich kann nun langfristig planen. Ein Praktikum bei Ihnen betrachte ich als wichtigen und sehr interessanten Einstieg.

3 Mein Wiedereinstieg im Rahmen von aktuellen Kursen

Ergänzende Formulierungen, die die Inhalte einer aktuellen Weiterbildung mit Bezug zu Ihrem Praktikum beschreiben, finden Sie im Abschnitt „Meine möglichen Einsatzfelder" auf Seite 179.

Durch meine [vier]jährige Familienphase waren meine Kenntnisse als ... nicht mehr auf dem aktuellen Stand. Daher besuche ich derzeit eine Weiterbildung in Teilzeit bei [MAINTRAINING] als [Office-Anwenderin]. Ein Praktikum in Ihrem Unternehmen würde mich bei meinem Wiedereinstieg unterstützen. Ich könnte meine aktualisierten und neu hinzugewonnenen Kenntnisse im [Office-]Bereich in Ihrer alltäglichen Büro-Praxis gut erproben und effektiv einsetzen.

In den letzten [vier] Jahren war ich in Elternzeit. Jetzt bin ich sehr motiviert, wieder eine interessante, abwechslungsreiche und meinem Berufsbild entsprechende Tätigkeit auszuüben. Ich bewerbe mich bei Ihnen um eine Praktikumsstelle, um meine erweiterten und aktualisierten [Office]-Kenntnisse im lebendigen Büro-Alltag zu erproben und unter Beweis zu stellen.

In den letzten Jahren war ich für meine [drei] Kinder da. Sie sind größer und vor allem sehr selbstständig geworden. Momentan befinde ich mich in einer fachspezifischen Weiterbildung des Bildungsträgers [„MAIN-OFFICE-TRAINING"]. Für die Aufgaben im Bereich ... werde ich im Anschluss an diese Qualifizierung mit Sicherheit so gut vorbereitet sein, dass es mir gelingen wird, dieses Wissen Ihren Erfodernissen entsprechend umzusetzen.

4 Mein Wiedereinsteig im Sinne einer Neuorientierung

Berücksichtigen Sie insbesondere die Formulierungen im Kapitel „Orientierungspraktikum", oben Seite 137. Hier wird nur beispielhaft eine Neuorientierung aufgrund günstigerer Arbeitszeiten dargestellt. Weitere Ansätze hierzu finden sich auch im Kapitel „Besonderes" unter „Arbeitszeiten" (siehe S. 190).

Ich bin gelernte [Einzelhandelskauffrau], möchte jedoch nach einer [sieben]jährigen Elternzeit nicht mehr in dieses Berufsfeld zurückkehren, da die branchensspezifischen Arbeitszeiten keinen Raum für Familie und Privatleben zulassen.

Ihr Nutzen

Neben den im Folgenden angeführten Vorteilen für den Arbeitgeber ist allein die Tatsache Ihres kostenfreien Einsatzes ein großer Nutzen für ihn. Diesen Effekt der Kostenersparnis können Sie direkt mit diesen Nutzen-Argumenten verbinden (siehe Seite 194: „Zeitliches, Finanzielles und Zusätzliches"). Weitere – allgemein gehaltene – Nutzenargumente finden Sie ebenfalls dort.

Dank meiner Ausbildung und Vorerfahrungen dürfen Sie eine gewisse Routine und ein vertieftes Verständnis für die allgemeinen Abläufe voraussetzen.

Mit den Aufgaben im Bereich ... kann ich mich dank meiner Berufserfahrung u. a. bei … bestens identifizieren. Dies wird sich sicherlich auf meine Arbeitseffektivität bei Ihnen auswirken.

Eine jahrelange Erfahrung in diesem Umfeld ist etwas Unersetzbares. Daher bin ich überzeugt, dass ich Ihnen trotz meiner Familienpause äußerst engagiert für die relevanten Aufgaben zur Seite stehen kann.

Mein Wissen als ... ist nicht mehr auf dem neuesten Stand. Ich habe aber eine gute Auffassungsgabe und bin überzeugt, dass ich mich nach einer gewissen Zeit im Bereich des … wieder gut zurechtfinden werde und Ihr Team wirkungsvoll unterstützen kann.

Auch wenn ich als Wiedereinsteigerin etwas Zeit brauchen werde, um mein Wissen den neuen Anforderungen anzupassen, bin ich überzeugt, Ihr Team – anfänglich gerne im Bereich der „einfacheren" Aufgaben – mit meinem Engagement gut unterstützen zu können.

Bewerbung um ein Praktikum innerhalb meiner Weiterbildung ...

- ## Praktikum – zum Auffrischen alter und Umsetzen neu gewonnener Kenntnisse

Betreff

Bewerbung um ein Praktikum innerhalb meiner Weiterbildung ..

Anrede*1

Sehr geehrte Damen und Herren,

Eröffnung

über eine aktuelle Qualifizierung zum ... ergänze und erweitere ich meine Kentnisse insbesondere im Bereich ... . Dieses Wissen möchte ich gerne innerhalb eines Praktikums – am liebsten in Ihrem Unternehmen – zum Einsatz bringen.

Meine Motivation – zum Auffrischen alter und Umsetzen neu gewonnener Kenntnisse

Im Rahmen einer Qualifizierung zur [Office-Managerin] und [Fachkraft für Qualitätsmanagement] vertiefe und erweitere ich derzeit mein Wissen in den Bereichen [Wirtschaftsenglisch, professionelle Geschäftskorrespondenz sowie in der Anwendung von MS-Office, SAP R/3 und Lexware]. Diese Kenntnisse möchte ich in der Praxis anwenden – idealerweise in Ihrem Unternehmen. Mein Ziel ist es, mir eine gute Referenz bei Ihnen zu erarbeiten, um damit berufloich schneller voranzukommen.

Ihr Nutzen

Dank meiner guten Vorkenntnisse werde ich mich sicherlich schnell auf Ihre Anforderungen einstellen.

Das qualifiziert mich: Berufliches - Persönliches*1

Meine praktischen Erfahrungen beziehen sich auf ...

Zeitliche und finanzielle Modalitäten*2

Das Praktikum ist für den Zeiraum vom ... bis zum ... geplant un d als Teil meiner derzeitigen Weiterbildung für Sie völlig kostenfrei und unverbindlich.

Abschluss*1

Ich würde mich freuen, wenn Sie an meiner Mitarbeit interessiert sind.

Grußformel*1

Es grüßt Sie freundlich

In diesem Kapitel werden lediglich die für die Berufseinsteiger relevanten Passagen berücksichtigt. Zu den anderen Inhalten des Anschreibens siehe den einleitenden Kommentar auf Seite 136.

Galina Petrowa
Osterlandsweg 2
26871 Papenburg

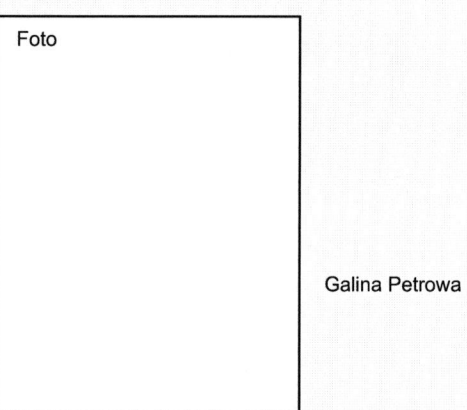

Foto

Galina Petrowa

G. Petrowa, Osterlandsweg 2, 26871 Papenburg

Emser Zeitung
Emder Straße 2
26871 Papenburg

15.03.2010

**Bewerbung um ein Praktikum
in der Redaktionsassistenz vom
3. bis zum 30. Mai 2010**

Sehr geehrte Damen und Herren,

mit hoher Motivation möchte ich Ihr Redaktionsteam im Bereich xy unterstützen.

Vor meiner Übersiedlung in die Bundesrepublik Deutschland war ich über 20 Jahre als Journalistin in der Ukraine tätig. Mehr als fünf Jahre war ich Redakteurin für die Monatszeitung der Deutschen in der Ukraine (Mitherausgeberin: Evangelisch-Lutherische Gemeinde Kiew). Die Tätigkeiten am Computer und in der Redaktion haben mir sehr gut gefallen und waren für mich stets besonders interessant und herausfordernd.

Seit über vier Jahren wohne ich nun in Papenburg und erweitere derzeit mein Office- und EDV-Know-how über meine Qualifizierung bei GILO-Trainings.

Gerne möchte ich meine hohe Leistungsbereitschaft, mein Engagement sowie mein redaktionelles Können in Ihrem Zeitungsverlag unter Beweis stellen und Neues von Ihnen lernen. Ich freue mich, wenn ich in diesem Zusammenhang meine deutschen Sprachkenntnisse noch weiter ausbauen kann.

Dank meiner umfassenden Erfahrungen und aufgrund meiner tatkräftigen Arbeitsweise werde ich Ihr Team sicher von Anfang an auch stark entlasten können.

Ich hoffe, dass meine Bewerbung Ihr Interesse geweckt hat und Sie mit mir ein, für Sie kostenfreies, Praktikum im oben angeführten Zeitraum vereinbaren wollen.

Meine komplette Bewerbung bringe ich gerne zum ersten Kennenlernen mit oder schicke Ihnen diese vorab zu. Ich freue mich von Ihnen zu hören.

Mit freundlichen Grüßen

Mein berufliches Profil

Erfahrungswissen

20 Jahre Berufserfahrung im Bereich Redaktion und Verlag in Deutschland und der Ukraine. Tätigkeitsbereiche und Funktionen:

- kontinuierliche Kontakte zu deutschen Behörden, Botschaften, dem Büro des deutschen Wirtschaftsministeriums in Kiew, der Konrad-Adenauer-Stiftung, dem Goethe-Institut und zu Kirchen

- verantwortliche Redakteurin

- Recherche und Lektorat

- Verfassen von Pressemitteilungen

- Organisation von Pressekonferenzen

Aktuelle Qualifizierung:

Office-Managerin und
Fachkraft für Qualitätsmanagement;
seit 01/2010 in Weiterbildung bei GILO-Trainings, Papenburg, mit u. a. folgenden Inhalten:

- Grundlagen Netzwerktechnik

- Windows Vista

- MS-Office 2007: Word, Excel, PowerPoint

- Outlook, Internet, eCommerce

- SAP R/3

- Buchhaltung mit Lexware und DATEV

Betreff

Bewerbung um eine Praktikumsstelle im Bereich …

Bewerbung um ein Praktikum innerhalb meiner Weiterbildung ...

Bewerbung um ein Praktikum

Berufserfahrene … mit aktueller Zusatzqualifikation
bietet Mitarbeit an

Eröffnung

⇨ *Sehr geehrte Damen und Herren,*

suchen Sie einen berufserfahrenen „…" für einen Praktikumseinsatz in Ihrem Unternehmen? Dann darf ich mich Ihnen kurz vorstellen: … .

ich bin im Berufsfeld … ausgebildet und berufserfahren. Zur Aktualisierung meines Wissens suche ich ein interessantes Praktikum – idealerweise in Ihrem Unternehmen.

im Rahmen meiner aktuellen Weiterbildung biete ich Ihnen als angehende " … „ ein Praktikum im Zeitraum vom ... bis ... an.

über eine aktuelle Qualifizierung zum … ergänze und erweitere ich meine Kentnisse insbesondere im Bereich … . Dieses Wissen möchte ich gerne innerhalb eines Praktikums – am liebsten in Ihrem Unternehmen – zum Einsatz bringen.

derzeit ergänze und erweitere ich – eine ausgebildete … – mein Know-how durch die Fortbildung …. Innerhalb dieser Qualifizierung besteht die Gelegenheit eines für Sie kostenfreien und unverbindlichen Praktikums.

Meine Motivation – Auffrischen und Umsetzen von Kenntnissen

a) Auf eigene Initiative

Als ... war ich für das Unternehmen ... mehrere Jahre tätig. Meine Praxiserfahrung möchte ich nun auf eine breitere Basis stellen. Ein Einsatz in Ihrem Unter-nehmen erscheint mir hierfür genau richtig.

Meine Erfahrungen im Bereich ... liegen ein paar Jahre zurück, daher will ich die Gelegenheit eines Praktikums nutzen, um meine Kenntnisse in dieser Richtung wieder aufzufrischen.

Zuletzt war ich [zwei] Jahre in einer [Großküche] als [Beikoch] tätig. In diesem Bereich sehe ich auch meine Stärke und möchte meine berufliche Zukunft darauf aufbauen. Über ein Praktikum kann ich meine beruflichen Chancen sicherlich noch verbessern.

Mit einem Praktikum bei Ihnen verbinde ich die Möglichkeit, an meine früheren Erfahrungen im Bereich der ... anzuknüpfen. So kann ich mein Wissen schrittweise überprüfen und aktualisieren.

Während meiner letzten Tätigkeit habe ich als ... gearbeitet. Allerdings liegt dies einige Zeit zurück. Mit einem Praktikum möchte/will ich mir einen Einblick in die Bedingungen der derzeitigen Arbeitswelt im Bereich ... verschaffen und meine Befähigung hierfür erproben.

Da ich bei meiner letzten Tätigkeit fachlich unterfordert war, freue ich mich auf eine Herausforderung bei Ihnen. Mein langfristiges Ziel ist eine Tätigkeit in der öffentlichen Verwaltung. Ein Praktikum bei Ihnen gibt mir die Gelegenheit, an meine kaufmännischen Kenntnisse und vielseitigen Erfahrungen anzuknüpfen und mich beruflich besser zu positionieren.

Als gelernte ... hatte ich bisher noch nicht die Gelegenheit, in meinem Beruf zu arbeiten. Übergangsweise war ich für längere Zeit als ... tätig. Jetzt will ich ganz gezielt meinen Einstieg in die Tätigkeitsfelder ... vorbereiten und mir über ein Praktikum fachliche Sicherheit aneignen.

b) innerhalb einer Weiterbildung

Seit [April 2010] vertiefe und erweitere ich mein Know-how über eine Weiterbildung zum [‚Office-Manager'] bei [MAINTRAINING]. Anspruchsvollen Sekretariats- und Bürotätigkeiten gilt auch mein langfristiges berufliches Interesse. Daher will ich meine Kenntnisse im Zeitraum vom 22.09. – 16.10.2010 bei Ihnen in der Praxis erproben und unter Beweis stellen. Auch Ihnen ist mit einem solchen Einsatz gedient.

Im Rahmen meines derzeitigen Qualifizierungskurses ist ein Praktikum im Zeitraum von ... bis ... vorgesehen. Sehr gerne würde ich meine neu gewonnenen und erweiterten Kenntnisse im [Office]-Bereich in Ihrem Unternehmen in der Praxis erproben und effektiv für Sie einsetzen.

Ich will die Praktikums-Phase nutzen, um meine erweiterten und aktualisierten Kenntnisse bei Ihnen einzusetzen und unter Beweis zu stellen. Auch Ihrem Unternehmen entstehen Vorteile: Als ausgebildete Einzelhandelskauffrau mit Berufser-fahrung in unterschiedlichen Positionen bringe ich große Lernfreude und eine hohe Flexibilität mit. Ich bin mir daher sicher, dass ich mich sehr gut auf Ihre konkreten Anforderungen einstellen kann.

Mein Wissen aus früheren Tätigkeiten habe ich durch die Weiterbildung zur „..." weiterentwickelt und aktualisiert. Nun möchte ich meine erweiterten und vertieften Kenntnisse bei Ihnen als Praktikantin in der Praxis erproben und unter Beweis stellen. Dies ermöglicht es mir, mich beruflich besser zu positionieren. Auch Ihnen bietet diese Zeit Vorteile. ...

Im Rahmen einer Qualifizierung zur [Office-Managerin] und [Fachkraft für Qualitäts-management] vertiefe und erweitere ich derzeit mein Wissen in den Bereichen [Wirtschaftsenglisch, professionelle Geschäftskorrespondenz sowie in der Anwendung von MS-Office, SAP R/3 und Lexware]. Diese

173

Kenntnisse möchte ich in der Praxis anwenden – idealerweise in Ihrem Unternehmen. Mein Ziel ist es, mir eine gute Referenz bei Ihnen zu erarbeiten, um damit berufloich schneller voranzukommen.

Ihr Nutzen

Neben den hier angeführten Vorteilen für den Arbeitgeber ist allein die Tatsache Ihres kostenfreien Einsatzes ein großer Nutzen für ihn. Diesen Effekt der Kostenersparnis können Sie direkt mit den Nutzen-Argumenten verbinden (siehe unterhalb: „Zeitliches, Finanzielles und Zusätzliches"). Weitere – allgemein gehaltene – Nutzenargumente finden Sie ebenfalls dort.

Dank meiner guten/sehr guten/ausbaufähigen Vorkenntnisse werde ich mich sicherlich schnell auf Ihre Anforderungen einstellen.

Das Arbeitsumfeld der … ist mir durch meine früheren Tätigkeiten gut vertraut. Eine starke Identifikation mit Ihren Zielen und eine große Aufgeschlossenheit für die aktuellen Anforderungen in diesem Arbeitsbereich dürfen Sie daher bei mir voraussetzen.

Aufgrund meiner aktuellen Weiterbildung habe ich mich mit den neuesten fachlichen Standards vertraut gemacht. Dadurch wird es mir leichter fallen, mich auf die heutigen Anforderungen im Gebiet der … einzustellen.

Aufgrund/Angesichts meiner – im Rahmen meines aktuellen Kurses – neu erworbenen und erweiterten Kenntnisse ist mein Wissen „up-to-date". Sicherlich wird es mir daher gut gelingen, an meine früheren Erfahrungen als … bei Ihnen anzuknüpfen und Ihre Geschäftsabläufe erfolgreich mitzugestalten.

c) Zeitliches, Finanzielles und Zusätzliches

Manche Arbeitgeber – gerade in kleineren Unternehmen – kennen sich mit Praktika und den entsprechenden Modalitäten nicht aus. Während die einen denken, es gäbe nur einwöchige Schülerpraktika zum Schnuppern, befürchten die anderen, dass hohe Kosten auf sie zukommen könnten. Manche erhoffen sich sogar, Geld vom Praktikanten zu erhalten. Benennen Sie daher klar die finanziellen Modalitäten. Die Angaben dazu setzen Sie beispielsweise vor die Abschlussformel: „Über Ihre Einladung zu einem Vorstellungsgespräch freue ich mich sehr.".

Darüber hinaus sollten Sie Ihre Wunsch-Einsatzbereiche angeben und eventuell schon erwähnen, dass Sie im Anschluss an das Praktikum gerne fest für das Unternhemen arbeiten würden.

- **Ihr Nutzen – allgemeine Argumente**

Hier finden Sie weitere allgemeine Vorteile für den Arbeitgeber. Spezifische Argumente finden Sie in den jeweiligen Unterkapiteln bezogen auf die konkrete Motivation (Seite 148; 160; 166; 173).

Selbstverständlich wird dieses Praktikum auch zu Ihrem Nutzen sein, denn ich möchte Ihr Team in dieser Zeit tatkräftig in allen Bereichen unterstützen. Dabei können mir auch gerne die sogenannten „unliebsamen" Arbeiten übertragen werden. Während ich Ihrem Team hilfreich zur Seite stehe, haben Sie die Gelegenheit, sich ein Bild von meinem Können und meiner Einsatzbereitschaft zu machen.

Ich bin überzeugt, dass ich Ihnen und Ihren Mitarbeitern während des Praktikums eine Unterstützung sein werde. Sehr gerne stehe ich Ihnen auch für Hilfsarbeiten zur Verfügung.

Ihr Vorteil könnte es sein, dass Sie eine Verstärkung Ihres Teams haben, die Ihren Mitarbeitern gerne die täglichen „unliebsamen" Arbeiten abnimmt. Selbstverständlich dürfen Sie aber auch mit meinen wertvollen beruflichen Erfahrungen aus dem Bereich … rechnen.

In einem Praktikum bei Ihnen kann ich nicht nur meine Erfahrungen erweitern, sondern auch Ihre Einrichtung tatkräftig unterstützen.

Zudem bin ich mir sicher, dass ich auch eine Entlastung für Ihre Abteilung sein kann, indem ich für Ihre Mitarbeiter die täglichen Routinearbeiten übernehme.

Ich würde mich freuen, diese Phase bei Ihnen nutzen zu dürfen. Gleichzeitig dürfen Sie mit meiner engagierten Unterstützung Ihres Teams rechnen.

Durch ein Praktikum bei Ihnen könnte ich mir die nötige Erfahrung für meine künftig angestrebte Arbeit aneignen − und Ihre Einrichtung mit voller Motivation unterstützen.

Ich bin mir sicher, dass das Praktikum einen Nutzen für beide Seiten haben wird: Ihnen steht mit mir eine engagierte Verstärkung Ihres Teams zur Verfügung und ich kann mein Wissen bei Ihnen in der Praxis erproben und unter Beweis stellen.

Für mich bedeutet das Praktikum die Möglichkeit, den …[Office-Management]-Bereich besser kennenzulernen, um mich anschließend effektiver zu bewerben. Für Sie könnte das eine kostenlose Möglichkeit der Arbeitsentlastung sein.

Ich würde mich sehr über ein Praktikum in Ihrem Unternehmen freuen, bei dem ich meine Stärken für Sie einsetzen und gleichzeitig mein persönliches Profil schärfen kann. So profitieren beide Seiten von diesem Praktikum.

In der Zeit des Praktikums möchte ich meine neuen Kenntnisse anwenden und gleichzeitig Ihr Team an der [Rezeption] tatkräftig unterstützen.

- **Zeitliche und finanzielle Modalitäten**

1 Zeitliche Modalitäten

Flexibler Praktikumszeitraum:

Als Starttermin für ein Praktikum ist für mich der … möglich.

Ich stehe während der [Sommer- oder Herbstferien] für einen [drei]wöchigen Einsatz zur Verfügung.

Das Praktikum kann ab [sofort] für die Dauer [mehrerer Wochen] vereinbart werden.

Mein Einsatz kann ab [sofort] erfolgen. Nach Absprache kann ich Ihnen bis zu … Wochen zur Verfügung stehen.

Hinsichtlich des Starttermins orientiere ich mich dabei gerne an Ihren organisatorischen und zeitlichen Vorgaben.

Ich kann Ihnen ab [sofort] zur Verfügung stehen.

Ein Praktikum kann ab [sofort] für die Dauer [mehrerer Wochen] vereinbart werden.

Festgelegter Praktikumszeitraum:

Ein Praktikum lässt sich am besten im [Februar oder Mai 2010] in meine derzeitige Kursplanung integrieren.

Zur Anwendung meines Wissens ist ein Praktikum für den Zeitraum vom ... bis zum ... vorgesehen. Dieses Praktikum ist für Sie völlig kostenfrei und unverbindlich.

Das Praktikum ist für den Zeitraum vom ... bis zum ... vorgesehen.

Mit Option zur Verlängerung:

Dieses Praktikum findet im Rahmen meines derzeitigen Kurses statt und ist für den Zeitraum vom ... bis ... vorgesehen. Bei Interesse besteht die Möglichkeit einer Verlängerung.

Das Praktikum ist, als Teil meiner aktuellen Weiterbildung, für den Zeitraum vom ... bis ... angesetzt. Da die Osterferien in diesen Zeitraum fallen, lässt sich mein Praktikum bis zum ...ausdehnen.

Möglicherweise besteht die Gelegenheit, mein Praktikum bei Ihnen zu verlängern.

In Teilzeit:

Formulierungen für eine mögliche Aufstockung der wöchentlichen Stundenzahl finden Sie unter „Besonderes" auf Seite 184.

Das Praktikum ist in Teilzeit geplant. Es ist für mich gut möglich, dafür fünf halbe Tage die Woche nach [Nürnberg] zu fahren.

Das [vierwöchige] Teilzeit-Praktikum ist für den Zeitraum vom ... bis zum ... mit einer Wochenarbeitszeit von [20 Stunden]. geplant. Es lässt sich aber auch auf drei Tage/Woche in Vollzeit komprimieren.

Als engagierte und anpassungsfähige Praktikantin stehe ich Ihnen zwischen dem ... und ... in Teilzeit zur Verfügung.

Das Praktikum kann ab Anfang Oktober – für vormittags (in Teilzeit) – vereinbart werden.

2 Finanzielle Modalitäten

Neben der Tatsache, dass dem Arbeitgeber durch Ihren Einsatz keine Kosten entstehen, können Sie anführen, dass sich dadurch keine Einstellungsverpflichtungen ergeben und das Praktikum für ihn somit „unverbindlich" ist. Gleichwohl können Sie selbstverständlich auf Ihr Interesse an einer langfristigen Mitarbeit hinweisen (siehe unten „Einstellungswunsch" Seite 181).

Das Praktikum ist für Sie kostenfrei und unverbindlich.

Als qualifizierte Fachkraft stehe ich Ihnen kostenfrei und für Sie unverbindlich zur Verfügung.

Ich stehe Ihnen vollkommen kostenfrei und völlig unverbindlich als Verstärkung Ihres Teams zur Verfügung.

Für Sie ist das die Möglichkeit, eine zusätzliche und unentgeltliche Kraft zur Verfügung zu haben.

Ihr Vorteil besteht darin, dass Sie eine qualifizierte Fachkraft mit Berufserfahrung kostenfrei und völlig unverbindlich als Unterstützung für Ihr Team nutzen können.

Aus dem Praktikum entstehen Ihnen keinerlei Kosten oder Verpflichtungen.

- **Zeitliche und finanzielle Modalitäten –
  sowie Angaben zur aktuellen Weiterbildung (mit Nennung von Ansprechpartnern)**

1 „Ihre Ansprechpartner innerhalb meiner Weiterbildung"

Für weitere Fragen können Sie neben meiner Person gerne auch Frau … vom [BBB-Institut] (Tel.:…) kontaktieren.

Bei eventuellen Rückfragen steht Ihnen auch gerne Frau …, meine Seminarleiterin vom [BBB-Institut] (Tel.: …), zur Verfügung.

Als weiteren Ansprechpartner können Sie sich gerne auch an meinen Kursbetreuer Herrn … vom [BBB-Institut] unter der Telefonnummer … wenden.

Neben meiner Person steht Ihnen als Ansprechpartner gerne auch Herr … vom … unter der Telefonnummer … zur Verfügung.

Meine Seminarleiterin Frau … können Sie für Rückfragen gerne telefonisch unter der Nummer … kontaktieren.

Weitere Informationen zum Praktikum erhalten Sie gerne auch von Frau … vom Institut … (Tel.: …).

Mein Berufstrainer Herr …. beantwortet Ihnen gerne weitere Fragen telefonisch unter … .

2 Kombinationen

Zeitliches & Finanzielles & Kurs:

Die folgenden Formulierungen verbinden zeitliche und finanzielle Angaben mit den Informationen zu Ihrem aktuellen Kurs.

Momentan befinde ich mich in einer beruflichen Weiterbildung bei … . Daher ist es mir möglich, durch – für Sie kostenfreie und unverbindliche – Praktika meine zukünftigen beruflichen Einsatzbereiche besser auszuloten. Ich kann Ihnen ab [sofort] für die Dauer [mehrerer Wochen] zur Verfügung stehen.

Das Praktikum ist Bestandteil meiner derzeitigen Weiterbildung bei … und für den Zeitraum vom … bis zum … angesetzt. Es ist für Sie völlig kostenfrei und unverbindlich.

Das Praktikum, Teil meines aktuellen Kurses bei …, wird vom … bis …stattfinden. Es ist für Sie völlig kostenfrei und unverbindlich. In diesem Zeitraum kann ich Ihre Teams tatkräftig unterstützen/Ihren Teams tatkräftig zur Seite stehen.

Die Praktikumsphase ist in meinen aktuellen Kurs, …, integriert. Daher kann ich Ihnen im Zeitraum vom ... bis zum … kostenfrei und für Sie völlig unverbindlich zur Verfügung stehen.

Dieses kostenfreie und für Sie unverbindliche Praktikum findet im Rahmen meiner Weiterbildung bei … in … statt.

Daher nutze ich derzeit die Gelegenheit, im Rahmen des Kurses [„Office-Management"] meine [Office-] Kenntnisse zu aktualisieren und zu erweitern. Das Praktikum, vom ... bis zum…., dient der praktischen Abrundung des erworbenen Wissens. Hierfür entstehen Ihnen keinerlei Kosten.

Für mich ist dieses Praktikum, im Zeitraum vom … bis zum …, die Gelegenheit, mein erweitertes und aktualisiertes [Office-]Wissen bei Ihnen in der Praxis zu erproben und unter Beweis zu stellen. Ihr Vorteil: Durch meinen Einsatz im Rahmen des Kurses [„Office-Anwenderin"] entstehen Ihnen keinerlei Kosten.

Meine oben genannte Weiterbildung sieht u. a. ein kostenfreies und für Sie unverbindliches Praktikum im Zeitraum vom … bis zum …vor. Dieses bietet mir die Gelegenheit, mein Können erneut unter Beweis zu stellen. Ihr Vorteil wäre es, eine tatkräftige Unterstützung zur Seite zu haben.

Zeitliches & Finanzielles & Ansprechpartner innerhalb meines Kurses

Neben den zeitlichen und finanziellen Modalitäten nennen diese Formulierungsvorschläge auch die für den Arbeitgeber relevanten Ansprechpartner innerhalb Ihres Kurses.

Dieses Praktikum findet im Rahmen meiner Weiterbildung bei … in … statt. Es kann in Bezug auf Beginn und Dauer flexibel gestaltet werden, ist für Sie unverbindlich und kostenfrei. Bei eventuellen Rückfragen steht Ihnen gerne auch mein Kursleiter Herr … (Tel.: …) zur Verfügung.

Das von mir angestrebte Praktikum findet im Rahmen meines derzeitigen Weiterbil-dungskurses statt. Es kann in [drei] Wochen beginnen und für die Dauer [mehrerer Wochen] vereinbart werden. Das Praktikum ist für Sie kostenfrei und unverbindlich. Als Ansprechpartnerin können Sie sich auch an die Sachbearbeiterin Frau ... unter [Telefonnummer] wenden.

So nutze ich derzeit die Möglichkeit eines Qualifizierungskurses bei ... . Da ich als [Sekretärin] im Bereich [Forschung und Lehre] tätig werden will, würde ich mich sehr freuen, durch ein Praktikum in Ihrem [Institut] meinem Ziel ein Stück näher zu kommen. Ihr Interesse vorausgesetzt, werde ich mein Engagement und meine Fähigkeiten in der Zeit vom ... bis zum ... bei Ihnen kostenfrei und für Sie unverbindlich unter Beweis stellen und eine Entlastung für Ihre Mitarbeiter sein. Neben meiner Person können Sie jederzeit auch Frau ... vom [BBB-Institut] kontaktieren.

- **Meine möglichen Einsatzfelder**

Nicht immer kann man einen Wunschzettel ausfüllen; oft kann man froh sein, sich über ein Praktikum überhaupt einen Erfahrungsvorteil oder – bei einem renommierten Unternehmen – eine Referenz verschaffen zu können.

Dennoch: Was wollen Sie lernen? In welchen Abteilungen wollen Sie zum Einsatz kommen? Verschaffen Sie sich Klarheit über Ihre Interessengebiete. Wenn Sie Ihr Praktikum ausschließlich in einem bestimmten Bereich machen möchten, geben Sie diesen als Ihre klare Zielvorgabe an.

Wenn Sie grundsätzlich offen sind, sich den Einsatz in einem bestimmten Bereich jedoch besonders gut vorstellen können, formulieren Sie diesen als Priorität (vorzugsweise/bevorzugt/idealerweise im Bereich/Aufgabenfeld ...) – mit der Offenheit für andere Einsatzfelder. Auch wenn Sie sich nicht sicher sind, was Sie „verlangen" dürfen, formulieren Sie Ihre Wünsche und Prioritäten – idealerweise wiederum gepaart mit der Offenheit für andere Aufgaben. Im Folgenden finden Sie einige unterstützende Formulierungen.

1 Meine Wunsch-Einsatzbereiche

Sofern es mehrere Praktikumsmöglichkeiten in Ihrem Haus gibt, bitte ich Sie, mich für den Bereich ... zu berücksichtigen.

Wenn ich eine Priorität aussprechen darf, ...

Am meisten lernen kann ich/will ich im Bereich ... .Da mir jedoch grundsätzlich an einem Praktikum in Ihrem Unternehmen gelegen ist, bitte ich meine Bewerbung auch für andere Aufgabenbereiche zu berücksichtigen.

Besonders stark interessiert mich der Bereich [Lohn, Gehalt und Buchhaltung]. Auf diesem Gebiet verfüge ich über eine [sechs]jährige, intensive Berufserfahrung.

Für das Praktikum könnte ich mir gut vorstellen, in erster Linie den Bereich ... zu übernehmen.

Die Aufgabenfelder ... interessieren mich in besonderer Weise.

Ich bin vor allem daran interessiert, mir Wissen in ... anzueignen.

Wenn Ihrerseits möglich, strebe ich ein Praktikum im Bereich/in Ihrer Abteilung ... an. Aber auch die Gebiete ... kommen für mich in Frage.

Am ehesten finde ich mich in einem Aufgabenbereich wie ... wieder. Ich möchte aber meine Offenheit für alle Ihre Abteilungen betonen.

An erster Stelle bin ich an einem Praktikum in Ihrem Unternehmen interessiert. Weniger wichtig ist also die Frage nach dem konkreten Aufgabenfeld, wobei mein größtes Interesse dem Bereich der ... gilt.

Während der Praktikumszeit können Sie mich beispielsweise auch für folgende Aufgaben einsetzen: [Kabel verlegen, Verdrahten, Schlitze schlagen, Dosen eingipsen, Elektrogeräte montieren/verkabeln]. In diesen Bereichen verfüge ich über gute Erfahrungen und Kenntnisse. Daher bin ich mir sicher, dass ich auch eine wertvolle Unterstützung und Entlastung für Ihre Firma sein werde.

Das Praktikum ist Bestandteil meines Lehrgangs ... . Ich möchte es eigenständig und verantwortungsvoll,

179

am liebsten in den Bereichen ...., gestalten. Auch andere Aufgabenfelder sind nach Absprache gerne möglich.

Ich bin vorzugsweise an einer Aufgabe im [Büro- bzw. kaufmännischen Bereich] interessiert.

Meine möglichen Einsatzbereiche sind sehr breit gefächert: Einerseits bin ich sehr aufgeschlossen für [alle Arbeiten wie Handlangertätigkeiten oder Aufsichtsfunktionen], andererseits kann ich mir auch sehr gut einen Einsatz bei [den unterschiedlichen Attraktionen vorstellen: Einlasskontrolle, Beaufsichtigung der Funktionsweise und der direkten Bedienung der Fahrgeräte].

2 Klare Zielvorgabe für meine Einsatzbereiche

Als Praktikant kann ich Ihnen in den Bereichen ... nützlich sein.

Ab [sofort] kann ich bestens für folgende Einsatzgebiete zur Verfügung stehen: ... .

Als Praktikantin würde ich sehr gerne bei Tätigkeiten in der [Vor- und Nachbereitung der Gutachtenerstellung] zum Einsatz kommen.

Einen ersten Einsatz bei Ihnen kann ich mir sehr gut als [Beifahrer] und anschließend gerne als [Fahrer unter Begleitung eines Mitarbeiters vorstellen].

Der Schwerpunkt meiner Tätigkeit soll weniger auf .[den typischen Verkaufsvorgängen] liegen, sondern eher im Bereich der [Logistik und Gestaltung/Dekoration der Verkaufsräume].

Folgende Aufgabenfelder kann ich mir sehr gut vorstellen: [einfache Helferaufgaben, Arbeiten im Gartenbereich, leichte Hausmeister- oder Renovierungstätigkeiten, Reinigungs- und Wäschereiarbeiten]. Grundsätzlich bin ich für alle in Ihrem Unternehmen anfallenden Tätigkeiten im [Helferbereich] aufgeschlossen. Möglicherweise werden sich im gemeinsamen Gespräch auch weitere gut geeignete Einsatzgebiete für mich ergeben.

Ich kann mir im Wechsel die Bereiche [Büro, Verkauf und Kasse] vorstellen oder gerne eine durchgehende Tätigkeit im Bereich [Büro oder Verkauf mit Kasse] übernehmen.

Bei Ihnen möchte ich gerne die spezifischen Anforderungen in der [Be- und Verarbeitung von Glas] kennenlernen.

Im Praktikum möchte ich gerne die Mitarbeiter Ihres Flughafen am Check-In oder in einem anderen Bereich mit Kundenbetreuung tatkräftig unterstützen..

Deshalb kann ich unter anderem folgende Aufgaben für Sie übernehmen: ... .

3 Meine Einsatzbereiche – passend zu den Inhalten meines Kurses

Der Schwerpunkt meiner Fortbildung liegt im Erlernen von [Microsoft Office-Programmen], aber ich eigne mir auch im [professionellen Schriftverkehr, im Zeit- und Konfliktmanagement] sowie im Bereich der Teamarbeit] Kenntnisse und ein erweitertes Wissen an. Idealerweise bietet mir das Praktikum die Möglichkeit, zumindest einen Teil dieser vielseitigen/umfassenden Kompetenzen bei Ihnen einzusetzen.

Aktuell qualifiziere ich mich für das [SAP/R 3]- Zertifikat bei der [Industrie- und Handelskammer]. Ich eigne mir wesentliche Kenntnisse in den Bereichen [Finanzbuchhaltung, Controlling, MM-Logistik, SE-Vertrieb und der Auftragsbearbeitung] an. Diese Qualifizierung ergänzt optimal meine [langjährige] Berufserfahrung im Bereich der [Sachbearbeitung] in den Abteilungen [Einkauf sowie Auftrags- und Rechnungsbe-arbeitung]. Ein Praktikum, bei dem ich meine neuen Kompetenzen unter Beweis stellen und zur Unterstützung Ihres Teams einsetzen kann,wird für Sie und mich von großem Vorteil sein.

In meiner aktuellen Weiterbildung lege ich meinen Schwerpunkt auf ... .Gerne kann ich diese neu gewonnenen Kenntnisse für Aufgaben bei Ihnen erproben und einbringen.

Momentan bilde ich mich zur [„Office Anwenderin"] bei [MAINTRAINING] in [Würzburg] weiter. Am Ende dieser Qualifizierung werde ich in allen gängigen MS-Office-Anwendungen (Word, Excel, PowerPoint, Outlook)] auf dem neuesten Stand sein. Im Rahmen des abschließenden Praktikums möchte ich mein vielseitiges und in anspruchsvollen Prüfungen erprobtes Wissen effektiv in der Berufspraxis einsetzen lernen.

Derzeit qualifiziere ich mich als [Office-Managerin] bei [MAINTRAINING Gisela Lohrey] in [Würzburg]. Dort eigne ich mir grundlegende Kenntnisse im Bereich der [EDV] und [bürorelevanter Software] an. Dieses umfassende, aber – vorerst – teilweise noch theoretische Wissen möchte ich bei Ihnen in der Praxis erproben und effektiv einsetzen.

Besonders bin ich an einer [Büro-]Tätigkeit im Bereich [der Anwendung gängiger Office-Programme] interessiert. Die Kenntnis der [entsprechenden Programme (Word, Excel, PowerPoint, Outlook)] ist der Weiterbildungsschwerpunkt meines derzeitigen Lehrgangs beim … [BBB Institut]. Nach meinem Abschluss strebe ich eine Tätigkeit als [Office-Anwenderin] an und würde mich deshalb sehr freuen, bei Ihnen als Praktikantin meine Kenntnisse in … überprüfen, umsetzen und so auch zu Ihrem Erfolg einbringen zu können.

Zu Ihrer besseren Orientierung über die Inhalte meines Lehrgangs habe ich Ihnen eine Kurzinformation beigelegt. Idealerweise decken sich Ihre Praktikumsanforderungen mit den zentralen/wichtigsten Inhalten meiner Qualifizierung.

- **Einstellungswunsch**

Warum ich mein aktuelles Wissen gerade in Ihrem Unternehmen überprüfen will? Da ich außerordentlich gerne im Anschluss an das Praktikum einer langjährigen Tätigkeit bei Ihnen nachgehen möchte.

Selbstverständlich freue ich mich, wenn mein Einsatz dazu führt, dass Sie mich bei zukünftigen Stellenbesetzungen in die engere Auswahl einbeziehen.

Bei Interesse an einer Festanstellung, im Anschluss an das Praktikum, stehe ich Ihnen gerne in Teilzeit zur Verfügung. Habe ich Sie neugierig gemacht? Ein persönliches Gespräch ist meinerseits jederzeit möglich.

Das Praktikum ist für Sie auch eine gute Gelegenheit, mich für einen möglichen zukünftigen Personalbedarf besser kennenzulernen. Über Ihre Einladung zu einem Vorstellungsgespräch würde ich mich sehr freuen.

Gerne dürfen Sie mich bei Bedarf jederzeit auch bei Ihrer langfristigen Personalplanung berücksichtigen.

Nach Beendigung des Kurses möchte ich in diesem interessanten Bereich in Teilzeit aktiv werden, sehr gerne als engagierte Mitarbeiterin in Ihrem Unternehmen. Das Prakti-kum ist aber für Sie völlig unverbindlich und kostenfrei.

Sollte ich Sie im Praktikum von meinen Fähigkeiten überzeugen, freue ich mich über Ihr Interesse an meiner langfristigen Mitarbeit im Rahmen einer Voll- oder Teilzeitstelle.

Sofern ich Sie während des Praktikums überzeugen kann, freue ich mich sehr, wenn Sie mich bei der zukünftigen Personalauswahl für diesen Bereich berücksichtigen werden.

Das Praktikum kann auch gerne zu einer Anstellung führen.

Wenn Sie mit meinen Leistungen zufrieden sind, freue ich mich selbstverständlich, wenn Sie mich bei Ihrer Personalauswahl für eine solche oder ähnliche Aufgabe im Rahmen einer Festanstellung berücksichtigen.

Ich freue mich sehr, wenn Sie mich nach einem erfolgreichen Praktikum in Ihrer langfristigen Personalplanung berücksichtigen.

Mit meinem Praktikum kann ich ab [sofort] beginnen. Über die 14-tägige Praktikumsphase – im Rahmen meines aktuellen Kurses – hinaus, kann ich Ihnen gerne für die Dauer mehrerer Wochen vorgeschaltet zu einer möglichen Festanstellung zur Verfügung stehen.

Die anvisierten Aufgaben im Büro kann ich kompetent und uneingeschränkt ausüben. Daher würde ich mich sehr freuen, wenn Sie langfristig von meinen Fähigkeiten als festangestellte Mitarbeiterin – eventull im Rahmen Ihres Beschäftigungsfonds – profitieren wollen.

d) Warum dieses Unternehmen?

Weitere Formulierungen finden Sie im Kapitel auf den Seiten 83 ff und 117 ff.

Warum bewerbe ich mich bei Ihnen? Als treue Kundin Ihrer Unternehmensgruppe schätze ich die guten und günstigen Produkte und bin daher hoch motiviert, meine Fähigkeiten bei. [EDEKA] zum Einsatz zu bringen. Zudem bin ich überzeugt, dass ich meine persönlichen Stärken bei Ihnen gut zur Geltung bringen kann.

Ihr Haus ist mir durch kundenfreundliche Angebote und sehr gute Konditionen bekannt. Mit großem Interesse möchte ich deshalb bei Ihnen eine Aufgabe im Bereich [Büro/Verkauf] wahrnehmen.

Ihr Baumarkt ist mir als [Heimwerker sowie als Maler und Verputzer] selbstverständlich bestens bekannt. Gerne würde ich Ihr Team als tatkräftiger und zuverlässiger Mitarbeiter unterstützen.

Auf der Suche nach einem lehrreichen und anspruchsvollen Arbeitsumfeld bin ich auf Ihr Unternehmen aufmerksam geworden.

Da ich weiß, dass Sie auf einem anspruchsvollen Niveau arbeiten und ich bei Ihnen viel lernen kann, würde ich mich freuen, für Sie als Praktikantin tätig zu werden.

Ihr Geschäft interessiert mich aufgrund der breiten Angebotspalette sehr. Ich würde mich freuen, mich im Rahmen eines Praktikums in Ihr Warensortiment einarbeiten zu dürfen und so meinen guten Kontakt zu Kunden in dieser Form erneut unter Beweis zu stellen.

Mit der Philosophie und den Zielen Ihres Unternehmens kann ich mich sehr gut identifizieren und werde mich daher in meinem Aufgabenbereich bestmöglich für den Gesamterfolg einbringen.

Seit einiger Zeit verfolge ich mit großem Interesse den Geschäftszuwachs Ihres innovativen und aufsteigenden Unternehmens.

Ich bin überzeugt, dass ich in Ihrem [Kinder- und Jugenddorf] meine Erfahrungen sinnvoll und effektiv zum Einsatz bringen kann. Ihre Wertvorstellungen decken sich mit meinem Wunsch nach einer [mitfühlenden menschlichen Gemeinschaft].

Ihre Filiale in [der Innenstadt] hat mein besonderes Interesse gefunden. Ich habe bereits ein paar Mal bei Ihnen eingekauft. Mir gefällt einerseits die Art der Dekoration und Präsentation Ihrer schönen Artikel, andererseits wurde ich immer sehr freundlich bedient.

Ein Praktikum in Ihrem Unternehmen bedeutet für mich sehr viel.

Eine Referenz Ihres Unternehmens wird meiner beruflichen Entwicklung sicher sehr dienlich sein.
Ich wende mich an Sie, weil Ihr europaweit agierendes Unternehmen eine ideale Lern- und Arbeitsplattform für mich darstellt.

Ich bin überzeugt, dass ein Praktikum bei Ihnen mir zu sehr anspruchsvollen beruflichen Erfahrungen verhilft. Dafür spricht Ihr beeindruckender Internetauftritt, der fachlich ein sehr hohes Niveau vermittelt.

Mein Praktikum würde ich gerne bei Ihnen absolvieren. Denn Ihre Produkte, die ich als treue Kundin gut kenne, überzeugen mich sehr und die Naturheilkunde erlebe ich insgesamt als einen wichtigen und zukunftsträchtigen Markt.

Mit großer Freude sehe ich der Möglichkeit entgegen, durch meine Tätigkeit den Menschen in Ihrer Einrichtung zu helfen und somit ein Teil Ihrer sozialen Gemeinschaft zu werden.

e) Abschluss/Grußformel

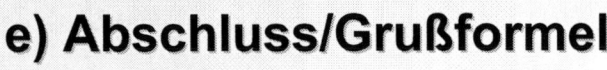

Weitere gängige Abschlusssätze wie „Ich freue mich über Ihre Einladung zu einem Vorstellungsgespräch" können Sie auf den Seiten 118 (Abschluss) und 122 (Grußformel) nachlesen. Hier folgen allgemeingehaltene, die zu einer ausführlichen Praktikumsbewerbung passen, und solche, die Sie bei einer Kurz-Initiativbewerbung für ein Praktikum verwenden können.

1 Allgemein
2 Bei Kurz-Initiativbewerbungen

1 Allgemein

Ich würde mich freuen, in Ihrem Unternehmen die Gelegenheit zur praktischen Anwen-dung meiner [bürorelevanten] Kompetenzen zu erhalten.

Daher freue ich mich, Ihnen im Rahmen eines Praktikums im Zeitraum vom ... bis zum ..., kostenfrei und unverbindlich zur Verfügung zu stehen. Dieser Einsatz ist das abschließende Modul meiner aktuellen Qualifizierung bei [MAINTRAINING].

Wenn Sie eine Praktikantin suchen, die gerne arbeitet und sofort zur Verfügung steht, freue ich mich über Ihre Rückmeldung.

Ich würde mich sehr freuen, wenn Sie mir die Chance zur Berufsfindung/zu einem Wiedereinstieg durch ein Praktikum in Ihrem Hause geben könnten.

Werden Sie mich bei meinem Wunsch nach einem qualifizierten Praktikum unterstützen? Ich würde mich außerordentlich freuen.

2 Bei Kurz-Initiativbewerbungen

Bei Kurz-Initiativbewerbungen weisen Sie bitte im Schlussatz noch darauf hin, dass Sie die vollständigen Unterlagen jederzeit nachreichen können.

Wenn Sie eine zuverlässige und gut organisierte Mitarbeiterin – im Rahmen eines Praktikums – suchen, freue ich mich über Ihre Einladung zu einem Vorstellungsge-spräch. Bei Interesse übersende ich Ihnen gerne meine vollständigen Bewerbungsunterlagen.

Wenn ich mit meiner Bewerbung Ihr Interesse geweckt haben sollte, schicke ich Ihnen gerne meine ausführlichen Unterlagen und freue mich auf Ihre Einladung zu einem persönlichen Gespräch.

Ein Praktikum in Ihrem Unternehmen ist für mich von ganz besonderem Interesse. Gerne übersende ich Ihnen hierfür vorab meine ausführlichen Bewerbungsunterlagen.

Haben Sie Fragen? Ich freue mich auf Ihre Einladung zu einem persönlichen Gespräch. Gerne schicke ich Ihnen auch meine vollständige Bewerbungsmappe.

3 Besondere Formulierungen bei der Praktikumsbewerbung

a) Ein strukturierte Betreuung ist erforderlich?
b) Eine Stundenaufstockung ist möglich?
c) Bezug zum Vorabkontakt zwischen Unternehmen und Bildungsträger

a) Eine strukturierte Betreuung ist erforderlich?

Sofern Sie darauf angewiesen sind, im Praktikum eindeutige und gezielte Vorgaben zu erhalten, bringen Sie dies schon in Ihrer Bewerbung zum Ausdruck.

Das Praktikum soll mir dazu dienen, die Aufgaben … erst einmal Schritt für Schritt kennenzulernen. Dabei ist es für mich wichtig, in einem überschaubaren Umfeld, unter Anleitung und mit klaren Vorgaben zu arbeiten.

Das Praktikum ist für mich eine Erprobung und daher sind für mich gerade in der Anfangsphase klare Anweisungen und eine gute Einarbeitung hilfreich.

Klar strukturierte Aufgabenstellungen ermöglichen es mir, sehr zuverlässig und erfolg-reich zu arbeiten.

b) Eine Stundenaufstockung ist möglich?

Praktika, die der Erprobung Ihrer Belastbarkeit dienen, erlauben oftmals eine sukzessive Aufstockung der Stundenzahl.

Mein Praktikum ist auf [4 – 6 Stunden täglich] angesetzt. Eine Erhöhung der Stundenzahl kann möglicherweise im Laufe der Zeit erfolgen.

Ich stehe Ihnen vorerst für [20 Stunden pro Woche – vormittags –] zu Verfügung. Eventuell. kann meine Gesamtstundenzahl sukzessive erhöht werden.

Meine Arbeitszeiten bei Ihnen sollten vormittags liegen und – zumindest in der Einge-wöhnungsphase – fünf Stunden täglich nicht überschreiten.

c) Bezug zum Vorabkontakt zwischen Unternehmen und Bildungsträger

Auf einen Vorabkontakt zwischen dem Unternehmen, bei dem Sie möglicherweise Ihr Praktikum machen können, und dem Veranstalter (Bildungsträger) Ihres Kurses, wird am besten gleich in der Eröffnung hingewiesen.

⇨ **Sehr geehrte Frau xy,**
Sehr geehrter Herr xy,
sehr geehrte Damen und Herren, …

von Frau … , meiner Kursleiterin im [BBB Institut], mit der Sie am … telefonierten, habe ich von Ihrem Interesse an meinen Bewerbungsunterlagen erfahren. Über die Möglichkeit einer persönlichen Vorstellung für einen Praktikumseinsatz bei Ihnen würde ich mich sehr freuen.

Herr …, mein Kursbetreuer beim [BBB Institut], hat mich informiert, dass ich Ihnen meine Praktikumsbewerbung zusenden darf. Mit großem Interesse stelle ich mich Ihnen für eine Mitarbeit im Bereich … vor.

vor dem Hintergrund des Telefonats Ihrer Mitarbeiterin [Frau Müller] mit Herrn … vom [BBB Institut] übersende ich Ihnen hoch motiviert meine Bewerbungsunterlagen. Im Rahmen meines aktuellen Kurses bei diesem Institut habe ich die Möglichkeit, mein Wissen im Rahmen von Praktika im Bereich … zu erproben.

im Telefonat meiner Kursbetreuerin Frau … vom [BBB Institut] mit Ihrem Mitarbeiter Herrn … wurden Sie als Ansprechpartner für meine Praktikumsbewerbung genannt. Ich freue mich, Ihnen meine Motivation für ein Praktikum bei Ihnen kurz schildern zu dürfen: …

2.4 Besondere Formulierungen von A-Z

a) Der Inhalt: Das Wichtigste auf einen Blick

b) Besondere Formulierungen zu diesen Stichworten

a) Der Inhalt: Das Wichtigste auf einen Blick

Betreffzeile

Bewerbung als ...
Ihre Anzeige in der ... vom ...

Anrede

Sehr geehrte Frau Weller,
sehr geehrte Damen und Herren,

Eröffnung

Ihr Inserat hat mich gleich angesprochen.

Berufliches

Fachspezifische Kenntnisse als Pharmakologin ha[...]
MexMed in den Bereichen ... angeeignet. Hier ha[...]
eingeführt und langjährig in der Praxis erprobt.

Persönliches

Als gelernte Pharmakologin bringe ich ein[...] ausge[...]
analytische und ergebnisorientierte Den[...]weise mi[...]
und kundenfreundliches Verhalten sind dabei für [...]
Worte, sondern selbstverständliche E[...]genschaften

Warum dieser Job?

Die Qualität Ihrer Produkte und das internationale [...]
Unternehmensgruppe finden i[...] diversen Publikati[...]
Resonanz. Ich würde mich freuen, als Pharmakol[...]
aktiv zu werden.

Abschluss

Haben Sie Interesse an einem Vorstellungsgespräch?
Dann freue ich mich auf Ihre Einladung.

Grußformel

Mit freundlichen Grüßen

Besondere Angaben wie:

⇨ Erinnerungsbewerbung
⇨ Erneute Bewerbung
⇨ Komplettbewerbung nachgereicht
⇨ Bewerbung nach einem Praktikum in diesem Unternehmen

können beispielsweise in der Eröffnung angeführt werden.

Folgende Hinweise lassen sich in der Regel am besten vor dem Abschlusssatz positionieren:

⇨ Alter
⇨ Arbeitsproben
⇨ Arbeitszeit
⇨ Eintrittstermin
⇨ Behinderung – gesundheitlich beeinträchtigt
⇨ Gehaltswunsch
⇨ Praktikum
⇨ Probetage
⇨ Referenzen
⇨ Sperrvermerk
⇨ Städtewahl
⇨ Vertraulichkeitsvermerk
⇨ Zeitarbeitsfirma/Personalvermittler

Vorschläge zur bestmöglichen Positionierung weiterer Angaben finden Sie im jeweiligen Abschnitt auf den nachfolgenden Seiten.

Abbruch von Ausbildung/Studium

Eine abgebrochene Ausbildung oder ein unvollendetes Studium werfen Fragen auf. Es kann daher Ihre Chance erhöhen, wenn Sie einen fehlenden Abschluss im Anschreiben aufgreifen. Alternativ bietet die Dritte Seite (Seite 282) dafür eine geeignete Plattform.

a) abgebrochen, weil …
b) aus gesundheitlichen Gründen

Liegt ein Abbruch bereits längere Zeit zurück (über fünf Jahre) und Sie haben in diesen Jahren berufliche Tätigkeiten ausgeübt oder Kurse und Qualifizierungen besucht, sodass der Lebenslauf durchaus als konsequente Lebensführung wahrgenommen werden kann, verzichten Sie besser darauf, eine abgebrochene Ausbildung oder ein vorzeitig beendetes Studium zu thematisieren. In diesem Fall könnte Ihr Hinweis darauf wie eine Rechtfertigung aussehen. Sofern auf den Abbruch ein erneute – abgeschlossene – Ausbildung bzw. ein Studium erfolgte, können Sie in der Regel ebenfalls von einer Erwähnung des Abbruchs absehen.

⚷ Diesen Hinweis fügen Sie in Ihrem Text z. B. an folgender Stelle ein:
- *als Einleitung vor „Berufliches und Persönliches" oder*
- *im Anschluss an „Berufliches"*

a) abgebrochen, weil …

Mein bis zur Zwischenprüfung erfolgreich absolviertes [Magister]studium der … habe ich zugunsten meiner … Karriere in … aufgegeben.

Nach bestandener Zwischenprüfung habe ich den Studiengang … zugunsten meiner neuen Ausrichtung – Studium der … – aufgegeben.

Zu meinem Bedauern konnte ich das Studium der ... nicht mit dem ...-Abschluss/Examen abschließen. Ich hatte auch die zweite Abschlussprüfung nicht bestanden.

Das Studium der … habe ich mit viel Interesse und teils auch sehr guten Noten durch-laufen. Allerdings habe ich die abschließende Prüfung auch beim zweiten Mal nicht bestanden. Dennoch dürfen Sie mit einem sehr guten Wissen in den von Ihnen geforderten Bereichen und meinem vollen Engagement – mit dem ich mich ganz auf Ihre Anforderungen einstellen werde – rechnen.

Ich habe schnell erkannt, dass dieser Beruf nicht das Richtige für mich ist, aber zu lange gezögert zu wechseln. Um so gefestigter war dann mein Interesse am [Mediendesign]. Ich würde mich sehr freuen, wenn mein Mut, in eine krisengeschüttelte Branche zu wechseln, mit einer Position in Ihrem Unternehmen belohnt wird. Inwiefern Sie davon profitieren? Ich verfüge über sehr gute Ausbildungsergebnisse, eine praxisbezogene Diplomarbeit und eine nachweislich gute Leistungsfähigkeit.

Die Ausbildung zur [Hauswirtschafterin] konnte ich aufgrund der Geburt meines Kindes nicht abschließen. Das Wissen, Können und die Fertigkeiten einer [Hauswirtschafterin] eignete ich mir aber engagiert und mit viel Freude während meiner Tätigkeit bei … an. Daher bringe ich sehr gute Kenntnisse mit, die ich bei Ihnen einsetzen möchte.

Die Ausbildung zum … habe ich komplett durchlaufen, jedoch aufgrund von Prüfungs-angst nur mit den praktischen Prüfungen abgeschlossen. Ich bin ein zuverlässig arbeitender Mensch und leiste daher eine qualitativ hochwertige Arbeit – auch ohne offiziellen Abschluss.

Die Ausbildung zur … brach ich nach [zwei] Jahren ab. Aus heutiger Sicht war dies ein deutlicher Fehler. Doch auch wenn mir die Erfahrungen und das Wissen des dritten Lehrjahres fehlen, bringe ich einen qualifizierteren Einblick in das Berufsfeld des … mit als jemand ohne diesen Ausbildungshintergrund. Ich bin mir deshalb sicher, Ihre Anforderungen sehr gut erfüllen zu können.

Der Beruf des … hat mir nach meinem ersten Schülerbetriebspraktikum sehr gut gefallen. Allerdings musste ich feststellen, dass ich bei den fachlichen Anforderungen, vor allem in technischer Hinsicht, nicht mithalten konnte. Die Ausbildung zum … war bisher meine zweite Wahl, wird nun aber immer interessanter für mich. Daher würde ich meine Befähigung für diese Aufgaben gerne über ein Praktikum bei Ihnen überprüfen.

b) aus gesundheitlichen Gründen

Im Mai 2008 habe ich – nach reiflicher Überlegung und dank meiner positiven Prakti-kumserfahrungen – eine Ausbildung [zum Konditor] begonnen. Leider wurde nach kurzer Zeit eine Allergie festgestellt.

Die Ausbildung zur … habe ich, gesundheitlich bedingt, abgebrochen. Für die Tätigkeiten bei Ihnen bin ich aber bestens einsetzbar.

Die Ausbildung zum … musste ich aufgrund einer in diesem Berufsfeld auftretenden körperlichen Reaktion frühzeitig beenden. Da ich meine Aufgaben mit viel Freude ausführte, fiel mir der Abbruch meiner Ausbildung nicht leicht. Umso wichtiger ist es mir nun, einen Tätigkeitsbereich zu übernehmen, in dem ich meine Fähigkeiten ebenso gut einbringen kann und der mir auch Spaß bereitet. Ich habe den Eindruck, dass das von Ihnen beschriebene Angebot mir die Möglichkeit zu beidem geben könnte.

Der Beruf des … bringt auf Dauer große körperliche Strapazen mit sich. Das habe ich bereits nach den ersten Ausbildungsmonaten erfahren müssen. Ursprünglich wollte ich meine Ausbildung dennoch beenden, um einen Abschluss in der Tasche zu haben. Nun habe ich mich aber doch für einen anderen Weg entschieden, bei dem ich meine Fähigkeiten optimalm entfalten und mit ganzer Motivation dabei sein kann: eine Aufgabe im Bereich …/eine Ausbildung zum … .

Allroundkraft

Grundsätzlich gilt: Je spezifischer die Angabe Ihrer Einsatzmöglichkeiten, desto besser. Bei der Initiativbewerbung ist es aber natürlich sehr verlockend, eine grundsätzliche Offenheit für „alles" zu signalisieren. Das ist prinzipiell nicht falsch, in manchen Fällen ist es sogar die einzig mögliche Vorgehensweise. Die Bandbreite Ihrer beruflichen Verwendungszwecke darf hingegen auch nicht zu groß sein. Dies würde dazu führen, dass man Ihr Potenzial schwer einschätzen kann: Während man befürchtet, dass Sie für die eine Position überqualifiziert sind (und Ihr Arbeitsverhältnis deshalb vermutlich nur von kurzer Dauer sein wird), glaubt man, dass Sie mit einer anderen Position überfordert sein werden.

Zur Beschreibung der Allrounderfähigkeiten sind auch die Formulierungshilfen im Abschnitt „Zwischenstationen" hilfreich (Seite 225). Lesen Sie auch die Hinweise unter „Persönliches (Flexibilität)" auf Seite 114.

☙ Diesen Hinweis fügen Sie in Ihrem Text z. B. an folgender Stelle ein:
- bei „Berufliches und Persönliches"

Ich verfüge über mehrjährige Berufserfahrung in den Bereichen … und bin somit vielseitig einsetzbar.

Selbstverständlich bin ich auch für andere Tätigkeiten flexibel einsetzbar.

Dank unterschiedlicher beruflicher Stationen habe ich mir Allrounder-Qualitäten angeeignet, die ich langfristig innerhalb Ihres Unternehmens einsetzen möchte.

Während meiner letzten Anstellung in einem Familienbetrieb war eine äußerst flexible Arbeitsweise von mir gefragt.

In der Position …habe ich vielfältige Aufgaben wahrgenommen. Ich war u. a. für … zuständig.

Ihrer Anforderung an einen vielseitigen Mitarbeiter kann ich mit meinem facettenreichen Erfahrungsschatz sehr gut begegnen.

Seit über … Jahren nehme ich vielfältige Aufgaben in Unternehmen aus Industrie und Handwerk wahr.

In den letzten Jahren habe ich sehr viele verschiedene Tätigkeiten ausgeübt. Stets habe ich in den Unternehmen eine neue Herausforderung gefunden und tatkräftig gemeistert.

Alter

Die Anzeige verlangt offensichtlich einen jungen Bewerber? Sie wollen sich davon nicht abschrecken lassen und fühlen sich gerade alt, erfahren und reif genug, um genau diese Aufgaben zu übernehmen? Zu Recht! Gehen Sie auf die Vorzüge Ihres „jungen Alters" ein.

✎ *Diesen Hinweis fügen Sie in Ihrem Text z. B. an folgender Stelle ein:*
- als Teil in der „Eröffnung" oder
- vor dem „Abschluss" oder
- bei „Persönliches"

Ihre Stelle hat mich sehr angesprochen, da ich jung als relativ betrachte.

Man ist so jung, wie man sich fühlt, vor allem wenn man sich – wie in meinem Fall – durch eine dynamische Ausschreibung wie die Ihre sehr angesprochen fühlt.

Auch mit [45 Jahren] zähle ich mich noch nicht zum alten Eisen.

Ich bin mit meinen [50 Jahren] immer noch eine Frau mit Power.

Sie suchen jemanden jüngeren Alters. Sie suchen also einen Menschen, der mit Elan viel bewirken kann. Dann sollten Sie meine Bewerbung nicht beiseite legen.

Nicht zuletzt sind es Sport und geistige Fitness, die mein „Alter" positiv prägen.

Jung betrachte ich als relativ und fühle mich durch Ihr Stellenangebot sehr angesprochen.

Ja, ich bin [50 Jahre] alt und damit zu jung für das Seniorenheim – glücklicherweise aber alt genug, um die verantwortungsvolle Position bei Ihnen zu übernehmen.

Ich habe zuletzt in einem stark altersgemischten Team gearbeitet. Es bereitet mir viel Freude, mich mit meinem großen Engagement auch in den Kreis jüngerer Mitarbeiter einzufügen.

Ich stelle mich Ihnen als geistig bewegliche und engagierte Mitarbeiterin vor.

Da ich noch nicht einmal die Hälfte meines Arbeitslebens aktiv gestaltet/realisiert habe, darf ich Ihnen mein nahezu unverbrauchtes Leitungsvermögen zur Verfügung stellen.

Eine Anmerkung zu dieser letzten Formulierung: Rechnen Sie einmal nach. Eine Mutter, die vor der Geburt ihres ersten Kindes vier Jahre gearbeitet hat und sich nun nach einer zehnjährigen Elternzeit wieder ihrem ursprünglichen Beruf zuwendet, kann zu Recht von sich behaupten, dass sie mit ihren 37 Jahren noch 30 Jahre bis zur Rente vor sich hat. Ihre Kindererziehungszeit hat sie nicht mit angerechnet. Kein schlechter Schachzug!

Arbeitsproben

Im künstlerischen, kreativen oder auch technisch-zeichnerischen Bereich sind Arbeitsproben unabdingbar für eine erfolgreiche Bewerbung. Das Versenden dieser ausschlaggebenden Dokumente kann aber sehr kostspielig sein. Eine Alternative bietet das Einscannen und Versenden per Mail. Durchaus berechtigt sind in diesem Zusammenhang aber Ihre Ängste hinsichtlich eines möglichen Ideenklaus, denn dieser grassiert bei elektronischen Formaten tatsächlich stark. Bei Befürchtungen dieser Art legen Sie Ihrer schriftlichen Bewerbung wenige Arbeitsproben bei und verweisen auf weitere Proben, die Sie zu einem persönlichen Gespräch mitbringen können.

✎ *Diesen Hinweis fügen Sie in Ihrem Text z. B. an folgender Stelle ein:*
- vor dem „Abschluss"

Darf ich Ihnen weitere Exempel/Bespiele meiner Arbeit persönlich vorlegen? Über Ihren Terminvorschlag würde ich mich sehr freuen.

Natürlich erhalten Sie bei Interesse gerne aktuelle Arbeitsproben.

Fordern Sie meine Arbeitsproben gerne telefonisch oder per Mail an.

n Ihnen meine Arbeitsproben? Ich hatte bereits Gelegenheit, einzelne Werke in Ausstellungen etplattformen zu präsentieren. Auf Anfrage lasse ich Ihnen gerne weitere Beispiele zukommen oder brinɣe diese direkt zum Gespräch mit.

Bitte beurteilen Sie anhand meiner Arbeitsproben mein Gespür für [Farben und Formen].

Beiliegende Farbkopien meiner [Gemälde und Entwürfe] sind nur eine kleine Auswahl meiner Werke. Zu einem Gespräch stelle ich gerne eine komplexere Mustermappe zusammen.

Arbeitsproben gewünscht? Sehr gerne! Auf Anfrage übersende ich Ihnen eine aussagekräftige Auswahl meiner Entwürfe für [den Bau eines Hochhauses, eines Kaufhauses und einer Privatwohnung].

Arbeitszeit

Siehe dazu auch die Rubrik „Betreffzeile" im Kapitel 2.2 Initiativbewerbungen (Seite 124).

a) Ich kann nur ...: Teilzeitstelle mit zeitlichen Vorgaben
b) Ich möchte nur ...: bewusste Entscheidung für Teilzeit
c) Wunsch nach Vollzeit
d) Flexibilität gewünscht: Schichtdienst, Überstunden, Wochenendarbeit & Co.

 Diesen Hinweis fügen Sie in Ihrem Text z. B. an folgender Stelle ein:
- vor dem „Abschluss"

a) Ich kann nur ...: Teilzeitstelle mit zeitlichen Vorgaben

Für die Teilzeittätigkeit stehe ich sowohl vormittags als auch nachmittags zur Verfügung.
Bei Bedarf bin ich auch außerhalb der Arbeitszeiten einsatzbereit.

Die zeitliche Einteilung der Halbtagstätigkeit kann von meiner Seite aus sehr flexibel gestaltet werden. Auch ein Zeitmodell, nach dem ich zwei bis drei Tage in der Woche ganztags arbeite, ist denkbar.

Zeitlich bin ich auf [08:00 Uhr bis 12:30 Uhr] festgelegt, wobei ich vereinzelt sehr gerne auch länger arbeiten kann. Wenn ich vorher Bescheid weiß, kann ich rechtzeitig für die Betreuung meines Kindes sorgen.

Zeitlich kann ich Ihnen im Rahmen von [16:00 Uhr bis18:00 Uhr] zur Verfügung stehen. Nach Absprache aber gerne auch … .

Die Arbeitszeit kann von meiner Seite aus zwischen 07:45 Uhr und 12:45 Uhr liegen.

b) Ich möchte nur ...: bewusste Entscheidung für Teilzeit

Bewerber, die eigentlich Vollzeit arbeiten können, also beispielsweise nicht durch die Betreuung ihrer Kinder gebunden sind, sollten bei unbefristeten Jobs hervorheben, dass sie sich bewusst auf eine Teilzeitstelle einlassen und diese langfristig ausüben wollen. Es könnte sonst die Befürchtung entstehen, dass Sie diese Stelle nur übergangsweise annehmen wollen.

Eine Teilzeitstelle ist für mich genau das Richtige. Daher würde ich mich über eine langfristige Zusammenarbeit sehr freuen.

Das Arbeiten in Teilzeit entspricht meinen Vorstellungen einer ausgewogenen Work-Life-Balance.

Ich bin auf der Suche nach einer langfristigen Aufgabe in Teilzeit. Daher passen auch die zeitlichen Rahmenbedingen bei Ihnen sehr gut für mich.

Die von Ihnen angebotene Teilzeitstelle korrespondiert mit meinen Wünschen.

Das Arbeiten in Teilzeit ist für mich optimal. Auch aus diesem Grund spricht mich Ihr Angebot sehr an.

c) Wunsch nach Vollzeit

Ich arbeite als Halbtagskraft bei …: Die Arbeit ist gut und bereitet mir Freude, aber ich suche eine Ganztagsstelle.

Bei meiner derzeitigen Tätigkeit besteht auf längere Sicht keine Möglichkeit der Stundenerweiterung. Eine Aufgabe in Vollzeit ist mir daher sehr willkommen.

Meine Kinder sind nun groß und ich wünsche mir eine Aufgabe mit 25 bis 35 Stunden pro Woche.

Ich habe bisher in Teilzeit gearbeitet und freue mich nun auf die Möglichkeit einer Vollzeitstelle.

d) Flexibilität gewünscht: Schichtdienst, Überstunden, Wochenendarbeit & Co

Die Bereitschaft zur Wechselschicht bringe ich mit.

Das Arbeiten im Drei-Schicht-Betrieb bin ich gewohnt.

Den Einsatz im Mehrschichtdienst kann ich sehr gut meistern.

Ich bin zeitlich völlig flexibel einsetzbar, auch an Wochenenden.

Wenn Sie eine aufgeschlossene und engagierte Mitarbeiterin suchen, die bei Bedarf auch Überstunden leistet, freue ich mich auf ein Vorstellungsgespräch.

Sie können von mir starkes Engagement erwarten und auch die Bereitschaft, an Wochenenden zu arbeiten.

Aus meiner Tätigkeit … bin ich ein zeitlich sehr flexibles Arbeiten gewohnt und stehe Ihnen daher variabel zur Verfügung.

Als alleinstehende(r) Frau/Herr bin ich zeitlich nicht gebunden und kann Sie bei Engpässen gerne flexibel unterstützen.

Meine bisherige – teils internationale – Reiseaktivität will ich zu Gunsten meiner Familie minimieren. Dies ist mit ein Grund, der Ihre Position mit einer geregelteren Arbeitszeit reizvoll macht.

Behinderung
- gesundheitlich beeinträchtigt

a) Nennen der (Schwer-)Behinderung und der Einsatzfähigkeit
b) Berufliche Neuorientierung aus gesundheitlichen Gründen

♻ *Diesen Hinweis fügen Sie in Ihrem Text z. B. an folgender Stelle ein:*
- vor dem Abschluss

Behinderung ist ja immer nur eine Behinderung in einer bestimmten Hinsicht. In anderen Bereichen wirkt sich die Beeinträchtigung zumeist gar nicht oder nur wenig aus. Gerade das ist es, was Arbeitgeber und andere Menschen nicht immer gleich verstehen. Eine wirklich behinderte Perspektive. Und der gilt es in Ihrem Anschreiben entgegenzutreten! Vorzugsweise stellen Sie im Anschreiben einen Hinweis auf die Behinderung an den Schluss – sofern Sie diese überhaupt erwähnen. Denn nur in einzelnen Fällen ist das Benennen einer gesundheitlichen Einschränkung oder Behinderung empfehlenswert. Zum Beispiel, wenn Sie sich bei Behörden bewerben und damit rechnen können, dass Sie aufgrund einer Schwerbehinderung oder der Möglichkeit der Gleichstellung bei einem Grad der Behinderung (GdB) von 30 oder 40 bevorzugt berücksichtigt werden.

Prüfen Sie daher sehr genau, ob Sie eine Mitteilungspflicht haben. Gesetzlich gesehen müssen Sie eine gesundheitliche Einschränkung oder Behinderung (Gdb 10 bis 100) vor Vertragsabschluss angeben, wenn erstens eine Selbst- oder Fremdgefährdung durch die Einschränkung am anvisierten Arbeitsplatz zu erwarten ist und/oder eine Beeinträchtigung Ihres Leistungsvermögens im zukünftigen Aufgabenfeld gegeben sein wird. (Bedenken Sie, dass ein zu Beginn des Arbeitsverhältnisses geplanter Kuraufenthalt stets im Vorfeld angeführt werden muss). Wenn einer dieser Aspekte bei Ihnen vorliegt, müssen Sie Ihre Beeinträchtigung erwähnen.

Ist dies nicht der Fall, müssen Sie auch auf Nachfragen hin eine gesundheitliche Einschränkung oder Behinderung (bis einschließlich zum Grad der Behinderung von 40) nicht mitteilen.

Aufgrund dieser Regelungen verzichten manche mitteilungspflichtige Bewerber im Anschreiben auf die Erwähnung ihrer Beeinträchtigung, weil Sie hoffen, im Gespräch so gut mit Ihrer Persönlichkeit zu überzeugen, dass man dann über die im Vorstellungsgespräch geäußerte Einschränkung hinwegsieht. Viele Einsteller fühlen Sich dadurch aber „hinter das Licht geführt". Sollten Sie diese Strategie wählen, empfehle ich Ihnen, den Behinderungsgrad gleich zu Beginn des Gesprächs zu nennen.

Bewerber mit einer sichtbaren Behinderung oder spezifischen Erfordernissen an einen Arbeitsplatz (z. B. vorhandene Treppengeländer als Gehhilfe) gehen darauf oft auch schon im Anschreiben ein.

Betonen Sie im Anschreiben und im Gespräch immer Ihre Qualifikationen für die anvisierte Position.

Soll man angeben, was man genau hat? Nur wenn es sich nach außen auch gut verkaufen lässt. Gut verkaufen kann man alles, wozu man steht und eine persönlich positive Distanz gewonnen hat. Gekauft wird es, wenn es gesund klingt. Führen Sie keine Einschränkungen an, die im weitesten Sinne eventuell doch bedenklich für die zukünftige Stelle sein könnten.

Eine berufliche Neuorientierung, die gesundheitlich bedingt ist, kann im Anschreiben durchaus auch anders begründet werden. Möglicherweise waren Sie zuletzt sehr lange in einem Unternehmen beschäftigt und können daher argumentieren, dass Sie in diesem Bereich bereits alles beherrschen und die Chance ergreifen wollen, etwas Neues auszupro-bieren, das ebenfalls Ihren Fähigkeiten entspricht. Passende Darstellungen Ihrer Motivationsgründe finden Sie daher auch auf Seite 253 „Stellenveränderung aus (un-) gekündigter Position". Mit Blick auf das Vorstellungsgespräch ist es wichtig, sich eine plausible Antwort auf diese Frage zu überlegen: „Warum haben Sie gekündigt, bevor Sie etwas anderes gefunden haben?" Ihre Antwort kann sinngemäß so lauten: "Ich war wohl etwas leichtsinnig und glaubte, schnell eine neue Stelle finden zu können. Aus heutiger Sicht hätte ich mich parallel bewerben sollen."

Bedenken Sie jedoch: Bei einer Praktikumsbewerbung – vor allem im Rahmen eines Rehabilita-tionskurses – ist das Anführen der Krankheit für viele Bewerber oft die sinnvollere Strategie. Der offene Umgang mit Ihren Einschränkungen und Ihrem Wunsch, Neues Schritt für Schritt (auch unter Berücksichtigung der eigenen Belastbarkeit für neue Tätigkeiten) auszuprobieren, ist häufig ein leichterer Einstieg, der besser zum Ziel führt.

a) Nennen der (Schwer-)Behinderung und der Einsatzfähigkeit

(Beispielsweise bei Praktikumsbewerbungen oder Bewerbungen in behördliche Richtung; bei gegebener Schwerbehinderung oder der Möglichkeit einer Gleichstellung – also einem GdB von 30 oder 40)

Da ich einen Schwerbehinderten-Grad von ... habe, wäre diese Tätigkeit genau die richtige für mich. Ich arbeite sehr zügig, wie jeder andere auch. Meine zuverlässige Art kennzeichnet meine Leistungen dabei besonders.

Ich habe einen Schwerbehinderten-Grad von ..., was mich in der Ausübung (m)einer Tätigkeit als ... nicht einschränkt.

Aufgrund eines Verkehrsunfalls und einer nachfolgenden Erkrankung bin ich zurzeit mit einem Grad von 60 schwerbehindert. Dies beeinträchtigt jedoch in keiner Weise meine Arbeitsleistung und Eignung für die an Ihrem Arbeitsplatz erforderlichen Voraussetzungen.

... Jetzt bin ich wieder völlig gesund und mein größtes Ziel ist, wieder zu arbeiten.

Eine festgestellte Schwerbehinderung von ... bedeutet keinerlei Beeinträchtigung für die beschriebene Tätigkeit.

Die äußerlich nicht sichtbare/erkennbare Schwerbehinderung von ... Grad beeinflusst mich in meiner Arbeit in keiner Weise.

Aufgrund eines Verkehrsunfalls liegt eine Schwerbehinderung vor. Für die ausgeschriebene Tätigkeit bin ich aber hoch motiviert und voll einsatzfähig.

Ich habe seit einem Verkehrsunfall vor ... Jahren einen Behinderungsgrad von ... .
Alle in Ihrer Anzeige beschriebenen Aufgaben kann ich natürlich bestens bewältigen.

Da ich ein ehrlicher Mensch bin, möchte ich Ihnen nicht verschweigen, dass ich aus gesundheitlichen Gründen schwere körperliche Arbeiten nicht mehr ausüben kann. Mit ... Jahren bin ich aber noch jung, voller Tatendrang und für viele Aufgaben fit. Ich wünsche mir eine Tätigkeit in ... . (zum Beispiel bei einer Initiativbewerbung)

Für die Ausstattung eines Arbeitsplatzes können Sie als Arbeitgeber Förderzuschüsse beanspruchen.

Meine körperliche Einsatzfähigkeit habe ich bereits bei meinem letzten Praktikum/bei meinem vorherigen Arbeitgeber gezeigt/während langjähriger Berufstätigkeit unter Beweis gestellt.

Trotz eines Grades der Behinderung von ... bin ich psychisch und physisch voll belastbar.

Trotz eines Grades der Behinderung von [40] kann ich Ihnen meine volle Einsatzfähigkeit für die von Ihnen skizzierten Aufgaben garantieren.

Einen vollkommen leistungsfähigen – und für alle beschriebenen Bereiche einsetzbaren – Mitarbeiter dürfen Sie von mir erwarten.

Erwähnen möchte ich noch meine – kaum sichtbare – Behinderung mit einem Grad von 30.

Sofern der Arbeitsplatz nicht ebenerdig gelegen ist, bin ich – aufgrund meiner eingeschränkten Gehfähigkeit (GdB von 60) – auf ein Treppengeländer oder einen Aufzug angewiesen.

Für die reibungslose Erledigung meiner EDV-gestützten Aufgaben nutze ich ein spezifisches Lesegerät. Diese Ausstattung wird seitens des [Rentenversicherungsträgers] zur Verfügung gestellt.

b) Berufliche Neuorientierung aus gesundheitlichen Gründen

Als ... habe ich in langjähriger Berufstätigkeit meine engagierte und tatkräftige Arbeitsweise unter Beweis gestellt. Leider kann ich diese Arbeit aufgrund von [Bandscheiben-/Hüftproblemen] nicht mehr ausführen. Gerne möchte ich meinen Arbeitselan als ... zum Einsatz bringen. In diesem Bereich bin ich voll belastbar.

Mit vollem körperlichem Einsatz habe ich meine Arbeitskraft bei der Firma ... unter Beweis gestellt. Leider führte dies zu Bandscheibenproblemen. Als Bürohilfskraft bin ich aber voll einsatzfähig und vor allem sehr motiviert.

Nach mehr als 30-jähriger Berufserfahrung als kaufmännische Angestellte möchte ich mich nun aus gesundheitlichen Gründen neu orientieren. Für die Aufgaben des ... bin ich voll einsetzbar.

Nach x-jähriger Berufstätigkeit mit überdurchschnittlich guten Leistungen konnte ich krankheitsbedingt nicht mehr in diesem Handwerk arbeiten. Meine ... Fähigkeiten habe ich seither als ... und weiterhin als ... mit vollem Einsatz und großer Motivation unter Beweis gestellt.

Die letzten x Jahre habe ich bei der Firma ... als ... gearbeitet. Aus gesundheitlichen Gründen darf ich diese schwere körperliche Arbeit aber nicht mehr ausüben, deshalb suche ich eine neue Herausforderung. Den Anforderungen im Bereich ... bin ich bestens gewachsen.

Aufgrund einer gesundheitlichen Einschränkung kann ich in meinem zuletzt ausgeübten Beruf als ... nicht mehr arbeiten. Für die Aufgaben ... biete ich Ihnen volle Belast-barkeit.

Aufgrund eines Kreissägeunfalls kann ich meiner letzten beruflichen Tätigkeit als ... nicht mehr nachgehen und suche deshalb eine neue Herausforderung. Für die Ausübung der Tätigkeit ... dürfen Sie meine volle Einsatzfähigkeit erwarten.

Die schweren körperlichen Arbeiten, die ich zuletzt verrichtete (ein altes Fabrikgelände aufräumen, schwere Maschinen zerlegen und abtransportieren), führten zu Bandscheibenproblemen mit langer Genesungszeit. Mir geht es heute wieder gut und ich wünsche mir eine Beschäftigung, bei der es viel zu tun gibt.

Bewerbung nach einem Praktikum

Sie haben ein Praktikum absolviert und wollen sich bei diesem Arbeitgeber für eine mögliche zukünftige Stellenbesetzung bewerben?

Möglichkeit 1: Auf einem separaten Blatt Papier, mit Ihrem Briefkopf versehen, schreiben Sie ein kurzes Dankeschön und fügen dann Ihre aktuelle komplette Bewerbung bei.

⇨   **Sehr geehrte Frau xy,**
      sehr geehrter Herr xy,
      sehr geehrte Damen und Herren, ...

vielen Dank für die Gelegenheit des Praktikums bei Ihnen. Ich würde mich freuen, wenn Sie mich bei zukünftigen Stellenbesetzungen berücksichtigen wollen. Meine Bewerbungsunterlagen habe ich dafür aktualisiert.

das Praktikum bei Ihnen hat mich persönlich und beruflich bereichert. Sollten Sie zukünftig Personal einstellen, würde ich mich sehr freuen, in der Auswahl berücksichtigt zu werden. Meine aktualisierte Bewerbung füge ich diesem Anschreiben bei.

Möglichkeit 2: Ihr Dankeschön für das Praktikum „verpacken" Sie direkt in das Anschreiben. Als Bewerbungstext können Sie durchaus auf die wesentlichen Elemente Ihres damaligen Praktikums-anschreibens zurückgreifen. Mögliche Einleitungen:

⇨   **Sehr geehrte Frau xy,**
      sehr geehrter Herr xy,
      sehr geehrte Damen und Herren, ...

über das Praktikum bei Ihnen hatte ich die Gelegenheit, Ihr Unternehmen kennenzulernen. Vielen Dank! Diese Erfahrungen haben mich bestärkt, für Sie tätig werden zu wollen. Daher bewerbe ich mich mit diesen aktualisierten Unterlagen für eine Mitarbeit im Bereich … bei Ihnen. Hier noch einmal die wichtigsten Stationen meines Lebenslaufs und meine Qualifikationen: …

vielen Dank! Das Praktikum im Zeitraum … in der Abteilung … hat mir einen interessanten Einblick in Ihr Unternehmen gewährt. Ich hatte die Möglichkeit, meine Kenntnisse aus dem Bereich ... bei Ihnen einzubringen. Auch die angenehme und effektive Zusammenarbeit innerhalb Ihres Teams hat mir sehr gut gefallen und ist ein weiterer Grund für meine Bewerbung um eine Festanstellung bei Ihnen. Meine Motivation und meine Stärken will ich Ihnen noch einmal – wie bereits in meinem Praktikumsanschreiben vom … – näher erläutern: … .

Chiffre-Bewerbung

Viele Bewerber scheuen sich bei einer anonymen Stellenanzeige Ihre kompletten persönlichen Daten zu übermitteln. Viel zu oft erhalten sie noch nicht einmal eine Absage und das Unternehmen dahinter bleibt für immer unbekannt. Hinter Chiffre-Anzeigen steckt oft genau das, was Sie vermuten: Firmen, die in der Öffentlichkeit unter einem angeknacksten Image leiden – wie z. B. Versicherungsunternehmen. Es können sich dahinter aber auch durchaus seriöse Anbieter verbergen. Die Gründe liegen auf der Hand. Eine offizielle Ausschreibung könnte unter den Angestellten zu einer gewissen Nervosität führen, die der Arbeitgeber wohl vermeiden möchte. Auch können befürchtete Spekulationen am Markt über mögliche Veränderungen einer Firma der Grund für diesen bedeckten Auftritt sein.

Die Form der Kurz-Initiativbewerbung können Sie auch für diese Anzeigen sehr gut verwenden. Abgesehen vom Vorteil der wirkungsvollen Optik und der inhaltlichen Komprimierung profitieren Sie davon, nicht gleich Ihren gesamten Lebenslauf einer unbekannten Adresse preiszugeben. Meine Empfehlung für Ihre Zeugnisse: Senden Sie nur das aktuellste oder aussagekräftigste Zeugnis mit (das mit dem inhaltlich stärksten Bezug oder der besten Bewertung).

Bewerber in ungekündigter Position müssen befürchten, dass sich hinter der Anzeige möglicherweise ihr derzeitiger Arbeitgeber verbirgt. Ein Sperrvermerk verbietet dem Zeitungsverlag die Weiterleitung Ihrer

Bewerbung an den von Ihnen ausgeschlossenen Adressaten (siehe dazu unten, Seite 210 unter Sperrvermerk).

So verpacken Sie Ihre Chiffre-Bewerbung:

1 Ihre Bewerbung stecken Sie in einen Umschlag mit der Aufschrift „Zeitungsverlag XY/Anzeigenabteilung/Chiffre-Nr 1234567".

2 Dieser Umschlag kommt in einen noch größeren Umschlag „Zeitungsverlag XY/Anzeigenabteilung/....-straße/PLZ und ORT.)

Die Form der Kurzbewerbung bedarf natürlich eines Hinweises:

✤ Diesen Hinweis fügen Sie in Ihrem Text z. B. an folgender Stelle ein:
- vor dem Abschluss

Mit dieser Bewerbung möchte ich Ihnen einen ersten Eindruck meines Profils ermöglichen. Auf Ihr Nachfragen übersende ich Ihnen gerne meine vollständigen Bewerbungsunterlagen.

Sollte Sie diese Kurzbewerbung neugierig gemacht haben, erhalten Sie auf Anfrage gerne weitere Dokumente.

Sobald mir mehr über Ihr Unternehmen bekannt ist, kann ich Ihnen in einer ausführlicheren Bewerbung meine Eignung und Motivation gern präziser darstellen.

Gerne erfahren Sie mehr über meinen Werdegang, sofern ich nähere Angaben zu Ihrem Untenehmen erhalten habe.

Habe ich Ihr Interesse geweckt, dann freue ich mich zu erfahren, wer sich hinter dieser Anzeige verbirgt und ob sich Ihre Anforderungen mit meinem Potenzial decken. Hierfür sende ich Ihnen selbstverständlich meine komplette Bewerbungsmappe zu.

EDV-Kenntnisse

Insbesondere potenzielle Mitarbeiter im Bürobereich müssen Ihre EDV-Kenntnisse im Vorstellungsgespräch anhand kurzer, oft unangekündigter Arbeitsproben unter Beweis stellen (Serienbrief erstellen, Tippen nach Phonodiktat etc.). Berücksichtigen Sie dies bei der Bewertung Ihrer Kenntnisse. Die Beispiele zur Einschätzung Ihrer fachlichen Leistungen auf Seite 81 geben Ihnen weitere Anhaltspunkte. Ergänzende Formulierungen zu EDV-Kenntnissen, die im Rahmen von Weiterbildungen erworben wurden, entnehmen Sie der Seite 103 ff.

✤ Diesen Hinweis fügen Sie in Ihrem Text z. B. an folgender Stelle ein:
- vor dem Abschluss

a) Erfahrungen mit EDV-Anwendungen
  • Konkrete Bewertungen
  • Die Praxis beschreibend
b) Einarbeitung in neue Software

a) Erfahrungen mit EDV-Anwendungen

  • **Konkrete Bewertungen**

Hier sind Sätze aufgelistet, die klare Angaben über ein gutes, sehr gutes oder auch mittelmäßiges Können geben.

Sie schreiben, dass bei Ihnen die Warenbuchungen mit SAP R/3 durchgeführt werden. Damit bin ich bestens vertraut.

Hinsichtlich der geforderten PowerPoint-Kenntnisse bin ich durch meine aktuelle Weiterbildung gut vorbereitet.

Hinsichtlich des MS-Office-Pakets dürfen Sie sehr gute Kenntnisse von mir erwarten.

In Word und Excel biete ich Ihnen ein gutes bis sehr gutes Anwenderwissen.

Meine Kenntnisse in Word (gut) und Excel (routiniert in spezifischen Anwendungen) werde ich gezielt für Ihre Aufgaben einsetzen können.

In Word und Excel, sowie teilweise auch PowerPoint, bringe ich eine gute Wissensbasis mit.

Word, Excel, und zum Teil auch Access, habe ich mehrjährig bei meiner Arbeit genutzt. Daher dürfen Sie einen sicheren Umgang mit diesen Anwendungen von mir erwarten.

- **Die Praxis beschreibend**

Eine direkte Bewertung wird bei den folgenden Beschreibungen nicht vorgenommen. Vielmehr wird beispielsweise der Bezug zu den konkreten Erfahrungen und zur Häufigkeit der Anwendung aufgezeigt.

Für die Beschreibung von EDV-Kenntnissen, die im Rahmen einer Weiterbildung erworben wurden, können Sie auch die Formulierungsbausteine unter „Weiterbildung" (siehe Seite 116) nutzen.

Das Arbeiten mit Excel (die Erstellung von Tabellen und Grafiken sowie die Verwendung einfacher Formeln) ist mir größtenteils geläufig.

Um das ... reibungsloser zu gestalten, habe ich mich in Excel eingearbeitet.

Ich selbst benutze zu Hause [Word 2007, Excel 2007] und weiß mit ... umzugehen.

Meine EDV-Kenntnisse habe ich durch eine Weiterbildung und meine letzte berufliche Station erworben./Meine EDV-Kenntnisse habe ich mir durch eine Weiterbildung und meine letzte berufliche Station erarbeitet.

In dieser Zeit habe ich die Vorteile einer EDV-gestützten Abwicklung mit SAP R/ 3 kennengelernt.

Mit Grafikprogrammen wie Photoshop Elements und Corel Draw weiß ich gleichfalls umzugehen.

In den Anwendungen der Mac-Welt bin ich bewandert und arbeite mich derzeit intensiv in die Office-Programme ein.

Ich nutze unter MS Windows oder Mac OS X Anwendungen wie Adobe Photoshop, Freehand sowie ... . In SAP habe ich mit einzelnen Anwendungen regelmäßig gearbeitet.

Eingearbeitet bin ich in alle wichtigen Adobe-Produkte und MS-Office-Anwendungen.

In meiner täglichen Arbeit nutze ich die MS-Office-Anwendungen Word und Excel, vereinzelt auch PowerPoint.

Seit Beginn meiner Ausbildung arbeite ich kontinuierlich mit den aktuellsten MS-Office-Versionen.

Die Themen ... und ... sind für mich kein Neuland: Bei ... habe ich erstmals diese Anwendungen genutzt.

Seit meiner Tätigkeit bei ... arbeite ich laufend/kontinuierlich mit der aktuellsten Version von ....

Als ehrenamtliches Angebot habe ich einen EDV-Kurs für Jugendliche konzipiert und biete diesen einmal die Woche mit gutem Erfolg an.

Bei meiner letzten Tätigkeit habe ich regelmäßig mit Word und Excel gearbeitet. In PowerPoint verfüge ich über ausbaufähige Grundkenntnisse.

Einen routinierten Umgang mit den wichtigsten MS-Office-Anwendungen dürfen Sie bei mir voraussetzen.

Die MS-Office-Anwendungen beherrsche ich gut bis sehr gut. *(Die Angabe eines Durchschnittswertes wie hier kann sehr vorteilhaft sein. Konkret kann dahinter dreimal ein Sehr gut und z. B. ein Befriedigend in Access stehen. Im Durchschnitt entspricht dies einem Sehr gut bis Gut).*

Bei der Weiterbildung ... habe ich mich in Word, Excel und PowerPoint eingearbeitet.

Im Rahmen dieser Qualifizierung habe ich auch meine Kenntnisse insbesondere in ... erweitert und aktualisiert.

Bei den Aufgaben im Bereich ... arbeitete ich stets mit Excel.

In [Word und Excel] bringe ich praxiserprobte Kenntnisse mit.

In Access verfüge ich über ... Kenntnisse, die ich bereits bei der [Huber GmbH] zum Einsatz brachte..

Mit meinem ... PowerPoint-Wissen konnte ich bereits Vorträge und Präsentationen bei der Firma ... vorbereiten.

b) Einarbeitung in neue Software

Die Begabung, mit der Sie sich bisher auf neue EDV-Anwendungen eingestellt haben, wird Ihnen auch hilfreich für die Einarbeitung in neue Softwareprogramme sein.

Meine berufliche Entwicklung veranlasste mich immer wieder dazu, den Umgang mit neuen Softwareprogrammen zu erlernen. Daher werde ich mich sicher auch gut auf das Programm ... bei Ihnen einstellen können.

Ich bin mir sicher, dass ich mich gut auf Ihre internen Software-Anwendungen einstellen kann. Auch bisher habe ich mich in unterschiedliche Programme sehr gut eingearbeitet.

Zahlreiche gängige EDV-Anwendungen nutzte ich bisher erfolgreich, daher bin ich überzeugt, dass ich mich gut auf Ihr Softwareprogramm einstellen kann.

Ich bin mir sicher, dass ich mich gut auf Ihre internen Software-Anwendungen einstellen kann. Auch bisher habe ich mit unterschiedlichen Programmen sehr gut gearbeitet.

Mit SAP habe ich noch keine Erfahrungen. Mit Sicherheit werde ich mich aber dank meiner sehr guten Erfahrungen mit verschiedenen firmenspezifischen Anwendungen [gut/schnell/effektiv] auf die SAP-Nutzung bei Ihnen einstellen können.

Eintrittstermin

Grundsätzlich sollten Sie immer so schnell wie möglich zur Verfügung stehen können − trotz möglicher Urlaubsabsichten etc. Es wurden schon einige Bewerber aus dem Rennen geworfen, weil sie in diesem Punkt nicht genügend Entschlossenheit gezeigt hatten.

⚘ Diesen Hinweis fügen Sie in Ihrem Text z. B. an folgender Stelle ein:
- vor dem Abschluss

a) Allgemein
b) Mit Bezug zum bestehenden Vertrag
- *Mein Eintrittstermin ist ab dem ... möglich*
- *Ich kann – vermutlich – schon bald bei Ihnen anfangen*

a) Allgemein

Ein sofortiger Eintritt in Ihr Unternehmen ist möglich.

Der Einstieg als ... in der Firma ... wäre frühestens zum ... möglich.

Der Start in Ihrem Unternehmen ist mir ab dem ... möglich.

Meine Tätigkeit könnte ich zum ... bei Ihnen aufnehmen.

Die Position in Ihrem Unternehmen könnte ich zum ... einnehmen.

Die von Ihnen angebotene Stelle kann ich am ... antreten.

Ich kann Ihnen ab dem ... zur Verfügung stehen.

Ihre ... Abteilung kann ich auch kurzfristig verstärken.

Ich kann zum ... beginnen.

b) Mit Bezug zum bestehenden Vertrag

- **Mein Eintrittstermin ist ab dem ... möglich**

Mein Arbeitsverhältnis ist ungekündigt. Ich habe eine ... monatige Kündigungsfrist.

Meine Kündigungsfrist beträgt zwei Wochen zum Monatsende.

Bei fristgemäßer Kündigung könnte ich am ... bei Ihnen die Arbeit aufnehmen.

Aufgrund meiner freiberuflichen Situation bin ich an keine Kündigungsfristen gebunden und kann Ihnen daher sofort zur Verfügung stehen.

Da wir bereits zum Jahresende umziehen, bin ich ab Januar 2011 verfügbar.

- **Ich kann – vermutlich – schon bald bei Ihnen anfangen**

Im Einvernehmen mit meinem jetzigen Arbeitgeber kann ich möglicherweise relativ kurzfristig bei Ihnen beginnen.

Die rückgängige Auftragslage der Branche XY veranlasst meinen Arbeitgeber zur Reduzierung seines Personals. Mit Sicherheit werde ich daher schnellstmöglich bei Ihnen anfangen können.

Anlässlich der Auslagerung meiner Abteilung nach [München] wird einem baldigen Eintritt in Ihr Unternehmen nichts im Wege stehen.

Aufgrund [anstehenden Personalabbaus] kann ich Ihnen nach Rücksprache mit meinem Arbeitgeber schon bald zur Verfügung stehen.

Da die Produktionsstätte meines derzeitigen Arbeitgebers ins Ausland verlagert wird, ist es sehr wahrscheinlich, dass ich frühzeitig aus dem Vertrag austreten kann.

Die Arbeit für Sie könnte ich zu dem von Ihnen gewünschten Zeitpunkt aufnehmen.

Den Arbeitsbeginn kann ich mit hoher Wahrscheinlichkeit nach Ihren Erfordernissen ausrichten.

Was den von Ihnen gewünschten Eintrittstermin betrifft, werde ich versuchen, Ihren zeitlichen Vorstellungen zu entsprechen.

E-Mail-Bewerbung

a) E-Mail-Stellenbewerbung
b) E-Mail-Kurz-Initiativbewerbung
c) E-Mail-Initiativbewerbung
d) Hinweis auf E-Mail-Doppelstrategie
- *Hinweis in der schriftlichen Bewerbungsmappe*
- *Hinweis in der E-Mail-Bewerbung*

a) E-Mail-Stellenbewerbung

Ihre Bewerbung sollten Sie komplett als Anhang versenden und das Mailfeld nur für einen Zweizeiler nutzen. Berücksichtigen Sie dazu bitte die Ausführungen auf Seite 317.

Diesen Hinweis fügen Sie in Ihrem Text z. B. an folgender Stelle ein:
- als Eröffnung

⇨   Sehr geehrte Frau xy,
        sehr geehrter Herr xy,
        sehr geehrte Damen und Herren, ...

die von Ihnen angebotene Stelle entspricht exakt meinem Profil. Erfahren Sie mehr in den angehängten Bewerbungsdokumenten. Mit freundlichen Grüßen ...

ich bitte um Berücksichtigung meiner beigefügten Bewerbung für die Position XY. Mit freundlichen Grüßen …

im Anhang finden Sie /mit dieser Mail erhalten Sie meine aussagekräftigen Bewerbungsunterlagen für die freie Stelle …. An der Mitarbeit in Ihrem Unternehmen bin ich sehr interessiert. Mit freundlichen Grüßen …

bitte prüfen Sie mein Profil für die ausgeschriebene Stelle. Über Ihre Rückmeldung freue ich mich. Mit freundlichen Grüßen …

beigefügt übersende ich meine Bewerbung mit großem Interesse an der Position XY in Ihrem Unternehmen. Ich freue mich, von Ihnen zu hören. Mit freundlichen Grüßen …

b) E-Mail-Kurz-Initiativbewerbung

Bei der E-Mail-Initiativbewerbung empfehle ich Ihnen ebenfalls das Kurz-Initiativformat (siehe Seite 296 ff.). Versenden Sie gegebenenfalls noch ein aktuelles aussagekräftiges Zeugnis. Den Rest können Sie nach einer ersten Kontaktaufnahme des Arbeitgebers nachreichen. Mehr zur Online-Bewerbung lesen Sie auf den Seiten 309 ff.

⚘ Diesen Hinweis fügen Sie in Ihrem Text z. B. an folgender Stelle ein:
- als Eröffnung

⇨ Sehr geehrte Frau xy,
sehr geehrter Herr xy,
sehr geehrte Damen und Herren, ...

zu Ihrer ersten Information maile ich Ihnen meine Kurzbewerbung als Attachment und schicke ich Ihnen auf Wunsch gerne meine vollständigen Unterlagen. Mit freundlichen Grüßen …

zu Ihrer ersten Information maile ich Ihnen meine Kurz-Initiativbewerbung mit Lebenslauf im Anhang. Ich schicke Ihnen auch gerne meine Bewerbungsmappe. Mit freundlichen Grüßen …

im Anhang finden Sie meine Kurz-Initiativbewerbung. Auf Ihren Wunsch schicke ich Ihnen gerne meine vollständigen Bewerbungsunterlagen zu. Mit freundlichen Grüßen …

darf ich Ihnen meine vollständigen Bewerbungsunterlagen schicken?
Ich freue mich auf Ihre Antwort. Mit freundlichen Grüßen …

ich maile Ihnen vorab meine Kurzbewerbung mit einem aktuellen Arbeitszeugnis und würde mich über Ihre Einladung zu einem Vorstellungsgespräch freuen. Mit freundlichen Grüßen …

wenn Sie in absehbarer Zeit in Ihrem Hause eine adäquate Stelle zu besetzen haben, freue ich mich über Ihre Kontaktaufnahme. Ich schicke Ihnen dann gerne meine vollständigen Unterlagen zu. Mit freundlichen Grüßen …

im Anhang finde Sie meine Bewerbung für …. An einer Mitarbeit in Ihrem Unternehmen bin ich sehr interessiert. Mit freundlichen Grüßen …

c) E-Mail-Initiativbewerbung

⚘ Diesen Hinweis fügen Sie in Ihrem Text z. B. an folgender Stelle ein:
- als Eröffnung

⇨ Sehr geehrte Frau xy,
sehr geehrter Herr xy,
sehr geehrte Damen und Herren, ...

eine Mitarbeit in Ihrem Unternehmen erscheint mir außerordentlich interessant. Erfahren Sie mehr über meinen Motivationshintergrund und meine Qualifikationen in der beige-fügten Bewerbung. Mit freundlichen Grüßen …

mit den beigefügten/angehängten Unterlagen bewerbe ich mich für eine Mitarbeit im Bereich … .

Mit freundlichen Grüßen …

im Anhang übersende ich Ihnen meine Bewerbung als [Dipl.-Ingenieur] in Ihrem Unternehmen. Ich freue mich, von Ihnen zu hören. Mit freundlichen Grüßen …

meine Bewerbungsunterlagen (im Anhang) beschreiben Ihnen mein Interesse an einer verantwortungsvollen Position in Ihrem Unternehmen und verdeutlichen mein Profil. Mit freundlichen Grüßen …

d) Hinweis auf E-Mail-Doppelstrategie

Die Doppelstrategie bei einer Bewerbung – wie im Kapitel „Online-Bewerbung" empfohlen (siehe S. 319) – können Sie mit den folgenden Formulierungen zum Ausdruck bringen:

⚘ Diesen Hinweis fügen Sie in Ihrem Text z. B. an folgender Stelle ein:
- siehe die jeweilige Positionsangabe in Klammern am Ende der Sätze.

- **Hinweis in der schriftlichen Bewerbungsmappe**

Diese Bewerbung habe ich Ihnen zusätzlich per E-Mail zugesandt.
(Positionierung: vor dem Abschluss)

Meine E-Mail-Bewerbung hat Sie bereits am gestrigen Tage erreicht.
(Positionierung: vor dem Abschluss)

Zusätzlich zu meiner Online-Bewerbung auf Ihrer Website möchte ich Ihnen meine komplette Bewerbung auf diesem klassischen Weg zukommen lassen.
(Positionierung: in der Eröffnung)

Neben meiner heutigen elektronischen Bewerbung will ich Ihnen parallel meine Motivation und mein Profil mit dieser Bewerbungsmappe zum Ausruck bringen.
(Positionierung: in der Eröffnung)

- **Hinweis in der E-Mail-Bewerbung**

Zusätzlich werde ich Ihnen meine Bewerbungsmappe per Post zukommen zu lassen.
(Positionierung: vor dem Abschluss)

Meine Bewerbung erreicht Sie auch als Briefsendung per Post.
(Positionierung: vor dem Abschluss)

Diese Bewerbung habe ich heute auch als Ausdruck auf den Postweg an Sie gebracht. (Positionierung: vor dem Abschluss)

Erinnerungsbewerbung

Im Fall einer Initiativ- oder Praktikumsbewerbung ist es empfehlenswert, etwa 14 Tage nach Abschicken nochmals nachzufragen, sofern Sie bis dahin noch keine Resonanz erhalten haben. Idealerweise nutzen Sie die Nachfrage, um telefonisch Kontakt aufzunehmen („Guten Tag …, ich habe Ihnen meine Bewerbung zugesandt und möchte nachfragen, ob diese bei Ihnen eingegangen ist und Sie derzeit Bedarf an Mitarbeitern/Praktikanten im Bereich …haben?") Doch nicht alle Bewerber schätzen die telefonische Kontaktaufnahme. Alternativ können Sie eine Erinnerungsbewerbung formulieren.

⚘ Diesen Hinweis fügen Sie in Ihrem Text z. B. an folgender Stelle ein:
- in der Eröffnung

meine Bewerbung vom … ist bisher ohne Rückmeldung geblieben. Mit diesem Schreiben möchte ich Ihnen erneut mein Interesse an einer Mitarbeit/an einem Praktikum im Bereich …

verdeutlichen/signalisieren. Kurz zur Erinnerung ein paar Hinweise zu meinem Werdegang und zu meinen Kenntnissen: … *(jetzt folgt der Inhalt Ihres üblichen Anschreibens. Sie können den Text aus Ihrem Erstanschreiben übernehmen).*

in Anknüpfung an meine Bewerbung vom … übersende ich Ihnen – mit weiterhin großem Interesse an einer Mitarbeit/an einem Praktikum im Bereich … – nochmals meine Bewerbung. …*(jetzt folgt der Inhalt Ihres üblichen Anschreibens. Sie können den Text aus Ihrem Erstanschreiben übernehmen).*

mit diesem Schreiben möchte ich an meine Bewerbung vom … erinnern. Nach wie vor würde ich sehr gerne für Ihr Unternehmen tätig werden. …*(jetzt folgt der Inhalt Ihres üblichen Anschreibens. Sie können den Text aus Ihrem Erstanschreiben übernehmen).*

Erneute Bewerbung

Eine Absage ist immer eine Absage zu einem bestimmten Zeitpunkt. Sie wurden vor dem Hintergrund einer bestimmten Auswahl an Bewerbern zu einem Zeitpunkt X nicht als Gesprächskandidat eingeladen oder nach einem Vorstellungsgespräch nicht eingestellt. Eine solche Entscheidung ist stets singulär und temporär. Es macht auf jeden Fall Sinn, sich erneut bei einem für Sie interessanten Unternehmen zu bewerben, unabhängig davon, ob Ihre Initiativ- oder Stellenbewerbung auch nach längerem Abwarten ohne Resonanz geblieben ist oder Sie eine negativen Bescheid erhalten haben.

Eine Absage nach einem Vorstellungsgespräch kann ja gleichwohl bedeuten, dass Sie der zweit- oder drittplatzierte Kandidat waren. Durch Ihre wiederholte Bewerbung zeigen Sie ein kontinuierliches Interesse am Unternehmen.

Möglicherweise haben Sie in einer Zeitung/im Internet eine aktuelle Stellenanzeige von einem Unternehmen gefunden, bei dem Sie sich bereits initiativ beworben haben, und wollen nun Bezug darauf nehmen.

☙ *Diesen Hinweis fügen Sie in Ihrem Text z. B. an folgender Stelle ein:*
- in der Eröffnung

Bereits im letzten Jahr hatte ich mich bei Ihnen beworben und auch die Gelegenheit zu einer persönlichen Vorstellung in Ihrem Unternehmen erhalten. Dieses Gespräch hat mich nachhaltig in meinem Wunsch geprägt, für Sie tätig werden zu wollen.

Meine Bewerbung bei Ihnen im vergangenen März führte leider nicht zum Erfolg. Eine Mitarbeit in Ihrem Unternehmen erscheint für mich aber weiterhin außerordentlich interessant. Einerseits gilt die [Müller AG] als eine der wichtigsten Adressen in der Branche. Andererseits bringe ich Erfahrungen und Kenntnisse mit, die für Ihr weiteres Wachstum von Interesse sein können.

Im Frühjahr diesen Jahres hatte ich mich bei Ihnen bereits schriftlich beworben, bin jedoch nicht in die engere Auswahl gekommen. Mit meiner heutigen Bewerbung will ich mein großes Interesse an einer Mitarbeit in Ihrem Unternehmen erneut zum Ausdruck bringen.

Meine Bewerbung vom … führte bisher noch nicht zum gewünschten Erfolg. Ihr Unternehmen ist für mich aber nach wie vor hochinteressant. Daher bewerbe ich mich erneut um eine Mitarbeit im Bereich … bei Ihnen.

Bei Ihrer Stellenausschreibung vom … schaffte ich es leider nicht in die engere Auswahl. Eine Mitarbeit in Ihrem Unternehmen ist für mich aber weiterhin besonders reizvoll. Dafür spricht … .

Ihr Inserat hat mein besonderes Interesse gefunden, zumal ich mich bereits vor wenigen Monaten initiativ bei Ihnen beworben hatte. …

Nachdem ich bei Ihrer letzten Stellenbesetzung im Bereich … nicht in die „letzte Runde" gekommen bin, bewerbe ich mich – diesmal initiativ und nach wie vor hochinteressiert – erneut um eine Mitarbeit als … .

Gehaltswunsch

Im Anschreiben geben Sie bitte keine Gehaltsvorstellungen an, außer man fordert Sie explizit dazu auf oder Sie erachten es für wichtig, weil Sie ein Minimum an Gehaltsniveau vorab geklärt wissen wollen. Wenn Sie bei einer Aufforderung keine entsprechenden Angaben machen, riskieren Sie, dass man Sie im Vorfeld aussortiert. Möglicherweise liegen genügend interessante Profile mit finanziellen Eckwerten vor.

Üblicherweise kommuniziert man das Einkommen auf der Ebene des Jahresbruttos. Für die Angabe Ihrer Vorstellungen geben Sie eine Bandbreite von bis zu 4000 oder 6000 Euro an, z. B. „Meine finanziellen Vorstellungen liegen im Bereich von 34 000 bis 40 000 € Jahresbrutto." Damit beugen Sie der Gefahr vor, dass man Sie entweder als zu billig oder als zu teuer einstuft. Die Nennung einer solchen Bandbreite gibt Ihnen für das Vorstellungsgespräch einen realistischen Verhandlungsspielraum.

Berücksichtigen Sie auch die Internet-Links zu Verdiensttabellen sowie die Brutto-Netto-Rechner, die Sie über Ihre Google-Recherche ausfindig machen können.
a) Nennung mit Spielraum
b) Konkrete Nennung
c) Keine konkrete Nennung

✍ Diesen Hinweis fügen Sie in Ihrem Text z. B. an folgender Stelle ein:
- vor dem Abschluss

a) Nennung mit Spielraum

Meine Einkommensvorstellung liegt in einer Marge zwischen ... und ... € Jahrebrutto.

Mein Jahresgehalt sollte sich im Bereich von ... bis ... € brutto bewegen.

Als Brutto-Jahreseinkommen stelle ich mir einen Betrag in der Höhe von ... bis zu ... € vor.

Mein jetziges Gehalt beträgt 35 000,- € Jahresbrutto (gerechnet aus Fixum plus Provision und Urlaubsgeld). Bei einem Wechsel möchte ich mich ungern finanziell verschlechtern.

Meine Gehaltsvorstellungen liegen bei € 35 000 (derzeit 13 Gehälter). Jährlich erhalte ich zusätzlich 7 000,00 € als Sonderzahlungen. Ich möchte mich finanziell nicht verschlechtern, bin aber gerne zu Kompromissen in der Einarbeitungszeit bereit.

Ich verdiene derzeit 2400,00 € brutto monatlich (bei 13 Gehältern) und habe eine vierwöchige Kündigungsfrist.

Mein Gehaltswunsch entspricht dem regional und für die Branche üblichen Rahmen.

Meinen Qualifikationen entsprechend sollte mein Gehalt nicht unter 45 000 EUR liegen.

Entsprechend meinem bisherigen beruflichen Niveau halte ich ein Jahresgehalt in Höhe von 50 000 bis 55 000 EUR für angemessen.

Meine Gehaltsvorstellung entspricht den branchenüblichen Rahmenbedingungen.

Für die ausgeschriebene Stelle vermute ich einen Jahresverdienst in Höhe von 25 000 EUR. Mein Einkommen sollte auf jeden Fall nicht unter ... liegen.

Ich halte ein Jahresgehalt von 38 000 bis zu 42 000 EUR für angemessen.

Zu Ihrer Frage nach meiner Gehaltseinstufung: ... € als Jahresbrutto entsprechen in etwa meinen derzeitigen Vorstellungen von dieser Position. Gerne können wir ge-meinsam erörtern, welcher Betrag für diese Verantwortungsebene für beide Seiten angemessen ist.

b) Konkrete Nennung

Mein Gehaltswunsch ist ...€ .

Als jährliches Zieleinkommen wünsche ich mir Euro 70 000.

Meine Gehaltsvorstellungen liegen bei ... € monatlich/p.a.

Ein monatliches Gehalt/Jahresgehalt von ... € halte ich für angemessen.

Mein Wunschgehalt liegt bei ... €.

c) Keine konkrete Nennung

Sollten sie dennoch persönliche Argumente haben, aufgrund derer Sie Ihren Gehaltwunsch nicht nennen wollen, formulieren Sie beispielsweise wie folgt:

Über meine Gehaltsvorstellungen spreche ich gerne persönlich mit Ihnen.

Haben Sie bitte Verständnis dafür, dass ich meine Gehaltsvorstellungen gerne persönlich mit Ihnen bespreche.

Die gemeinsame Erörterung eines adäquaten Gehalts möchte ich gerne dem persönlichen Gespräch vorbehalten.

Kinder/Persönliches

Auch in der heutigen Zeit, in der immer mehr Männer die Betreuung der Kinder übernehmen, vermutet man die Hauptverantwortung für die Kindererziehung bei der Mutter. Frauen stehen daher auch heute noch stärker in Erklärungsnot, dass sie trotz ihrer Kinder den Belastungen des Berufs gewachsen sind und sich zeitlich und hinsichtlich ihres Engagements gut auf den Arbeitgeber einstellen können. Dies ist eine gesellschaftlich schwierige Position und bedarf oft eines klaren, selbstsicheren Auftretens, um nicht in Rechtfertigungen zu verfallen. Erwähnen Sie daher im günstigen Fall das Alter der Kinder und dass diese, sofern dies Ihrer Situation entspricht, durch andere Personen gut mitversorgt sind.

Ab dem Eintritt in die Grundschule rechnet man mit weniger Kinderkrankheiten und einer größeren Selbstständigkeit Ihres Nachwuchses. Daher werden über 6-jährige Kinder oft lieber gesehen. Manche Mütter erwähnen daher das Alter ihrer Kleinen unter sechs Jahren bewusst nicht. Beschwichtigen Sie die Bedenken des Arbeitgebers. Sie dürfen durchaus von einem guten Betreuungsnetzwerk sprechen, auch wenn Sie wissen, dass Ihr Kind sie im Krankheitsfall benötigen wird. Das ist Ihr gutes Recht. Der Lebenslauf bietet ebenfalls eine gute Möglichkeit für den Hinweis auf die Versorgung der Kinder (siehe Seite 245).

Arbeitgeber sind bei der Einstellung von Frauen unter 35 Jahren, die noch keine Kinder haben, eher zurückhaltend. Vor allem wenn sie im Lebenslauf lesen, dass diese verheiratet sind oder in einer festen Beziehung leben. Sie müssen Ihren Partner nicht verschweigen, aber man sollte sich überlegen, ob es sinnvoll ist, diesen noch einmal explizit im Anschreiben hervorzuheben.

Die Erwähnung der Kinder im Lebenslauf ist völlig ausreichend. Einzelne Bewerber wünschen jedoch, Ihr Anschreiben durch solche Angaben persönlicher zu gestalten.

a) Zu meinen Kindern
b) Keine Kinder

Diesen Hinweis fügen Sie in Ihrem Text z. B. an folgender Stelle ein:
- bei Persönliches oder
- vor dem Abschluss

a) Zu meinen Kindern

Ich bin 38 Jahre alt, verheiratet und habe zwei Kinder, die tagsüber versorgt sind. Mein Mann ist in einem größeren Wirtschaftsunternehmen tätig.

Ich habe vier Kinder im Alter von sechs bis 16 Jahren. Für ihre Betreuung ist bestens gesorgt.

Dank eines sehr guten Betreuungsnetzwerkes ist die Versorgung meiner Kinder in vollem Umfang gesichert.

Meine Eltern, die ebenfalls in [Würzburg] leben, übernehmen jederzeit die Betreuung meiner Tochter Julia.

Dank guter Freunde und einer pensionierten Nachbarin weiß ich mein Kind in guten Händen und kann bei Bedarf – nach vorheriger Ankündigung – auch für Überstunden zur Verfügung stehen.

Meine beiden Töchter sind im jugendlichen Alter und daher schon sehr selbstständig.

Ich habe zwei erwachsene Kinder und kann mich den Aufgaben in Ihrem Unternehmen voll und ganz widmen.

Ich habe fünf Kinder und seit jeher Beruf und Familie bestens miteinander kombiniert. Sie dürfen also mit meiner vollen Leistungs- und Einsatzfähigjkeit rechnen.

Meine Familienplanung ist abgeschlossen und meine beiden Kinder, Julian und Mareike, werden immer selbstständiger.

Ich bin 47 Jahre, habe eine 16-jährige Tochter und arbeite seit Jahren als ... .

b) Keine Kinder

Auf diese Tatsache müssen Sie nicht hinweisen. Manche Frauen nutzen diesen Aspekt jedoch, um damit ihre zeitliche Flexibilität zu untermauern.

Ich bin 30 Jahre alt, verheiratet (ohne Kinder) und verfüge über fünf Berufsjahre als ... bei einer [Stuttgarter] Firma.

Ich bin 42 Jahre jung, kinderlos verheiratet und arbeite derzeit (seit 1994) bei ... in ... .

Ich lebe in einer eheähnlichen Lebensgemeinschaft, habe keine Kinder und würde mich freuen, Ihr Unternehmen mit Elan unterstützen zu dürfen.

Ich lebe völlig ungebunden und kann Ihrem Unternehmen dank meiner hohen Flexibilität auch bei der Bewältigung zeitlich sehr aufwändiger Aufgaben zur Verfügung stehen.

Komplettbewerbung – nachgereicht

Sie haben eine Kurz-Initiativbewerbung verschickt und nun die Anfrage nach Ihren kompletten Bewerbungsunterlagen erhalten? Selbstverständlich müssen Sie nicht noch einmal ein völlig neues Anschreiben formulieren. Sie haben zwei Möglichkeiten: Entweder Sie verfassen als neues Anschreiben lediglich einen Zweizeiler, in dem Sie sich für das Interesse bedanken (Version 1) oder Sie versenden nochmals exakt das gleiche Anschreiben und erläutern diese Doppelung zu Beginn Ihres Anschreibens mit dem Hinweis, dass Sie dem Empfänger der Einfachheit halber eine komplette Bewerbung vorlegen möchten (Version 2). Beide Vorgehensweisen sind gleich gut möglich. Wenn Sie sich nicht sicher sind, wie Sie es machen wollen, wählen Sie die zweite, vollständige Version.

♨ Diesen Hinweis fügen Sie in Ihrem Text z. B. an folgender Stelle ein:
- als Eröffnung

<u>Version 1</u>

vielen Dank für Ihr Interesse an meiner Bewerbung vom ....Gerne übersende ich Ihnen mit diesem Brief meine vollständige Bewerbung.

Ihr Interesse an meiner ausführlichen Bewerbung hat mich sehr gefreut. Im Anhang finden Sie die ausführlichen Unterlagen.

Ihrer Anfrage nach meiner ausführlichen Bewerbungsmappe komme ich mit diesem Schreiben sehr gerne nach.

<u>Version 2</u>

vielen Dank für Ihre Anfrage nach meiner kompletten Bewerbungsmappe. Damit Ihnen meine Unterlagen vollständig vorliegen, übernehme ich an dieser Stelle auch mein Anschreiben vom …: … .

sehr gerne komme ich Ihrer Anfrage nach Vervollständigung meiner Kurz-Initiativ-bewerbung vom … nach. Mein Interesse an einer Mitarbeit bei Ihnen, wie ich es Ihnen bereits in meinem damaligen Anschreiben beschrieb, ist nach wie vor aktuell und sehr groß. Daher möchte ich Ihnen mit diesem Text nochmals meine Motivation verdeutlichen: … .

herzlichen Dank für Ihr Interesse an meiner kompletten Bewerbungsmappe. Mein Anschreiben vom … greife ich hier zur Vervollständigung auf: … .

über Ihr Interesse an meiner ausführlichen Bewerbung freue ich mich sehr. Im Folgenden schildere ich Ihnen gerne noch einmal mein Profil/die wesentlichen Aspekte meines Profils und meinen Motivationshintergrund: … .

Kontakte

⚑ Diesen Hinweis fügen Sie in Ihrem Text z. B. an folgender Stelle ein:
- bei „Berufliches"
- vor dem Abschluss

Meine fundierten Kenntnisse des deutschen und europäischen Telekommunikationsmarkts sowie meine guten persönlichen Verbindungen in diesem Bereich werden den gemeinsamen Erfolg in Ihrem Unternehmen untermauern.

In diesem Zusammenhang dürfen Sie auch auf meine Kontakte zu wichtigen Entscheidungsträgern in der Branche …/im Bereich … setzen.

Aus meiner Studienzeit in … bringe ich – teils noch aktuelle – Kontakte innerhalb des relevanten fachlichen Netzwerkes mit.

Ich war bereits für … tätig. Einzelne Kontakte könnten für die Akquise neuer Kunden Ihres Unternehmens äußerst interessant sein.

Als … war ich im Zeitraum … bei vielen Unternehmen vor Ort bekannt. Ich bin mir sicher, dass ich auf diese Beziehungen für die Bewältigung der Aufgaben bei Ihnen gezielt zurückgreifen kann.

Körperlich fit

⚑ Diesen Hinweis fügen Sie in Ihrem Text z. B. an folgender Stelle ein:
- bei „Berufliches"
- bei „Persönliches"
- vor dem Abschluss

Mit ... Jahren bin ich voller Tatendrang und körperlich absolut belastbar.

Eine schwere körperliche Arbeit gibt mir das positive Gefühl, etwas „getan" zu haben. Ich würde mich freuen, meine Arbeitskraft bei Ihnen einzusetzen.

Trotz meiner 45 Jahre arbeite ich körperlich wie ein 20-Jähriger.

Seit 20 Jahren meistere ich körperlich schwere Arbeiten sowie Belastungen durch Schichtdienst problemlos. Ich bin körperlich voll belastbar und hoch qualifiziert.

In den letzten ... Jahren habe ich als ... in der Nachtschicht gearbeitet und überzeugte durch meine psychische und physische Belastbarkeit.

Psychische und physische Stabilität sind unabdingbar für die von Ihnen beschriebenen Aufgaben. Ohne diese Grundvoraussetzung hätte ich meine Tätigkeit bei der Firma ... gar nicht ausführen können.

Eine gute körperliche Konstitution zeichnet mich aus.

Ich bin sportlich aktiv und in vollem Umfang für die physisch beanspruchenden Aufgaben bei Ihnen einsetzbar.

Nebenbei-Jobs

Erfahrungen aus Tätigkeiten, die Sie ehrenamtlich oder auf geringfügiger Beschäftigungsbasis ausüben, können Ihre fachliche Eignung unterstreichen. Ansonsten ist es üblicherweise ausreichend, begleitende Tätigkeiten im Lebenslauf zu benennen. Zur Betonung Ihrer Belastbarkeit oder Ihres Engagements können Sie diese aber auch im Anschreiben erwähnen. Bitte bedenken Sie bei der Auswahl, dass bedauer-licherweise nicht bei jedem Arbeitgeber das konkrete Benennen von zusätzlich ausgeübten Reinigungs-tätigkeiten auf positive Resonanz stößt.

Für die Beschreibung studienbegleitender Tätigkeiten lesen Sie bitte auf Seite 208 im Abschnitt „Quereinstieg" nach.

✎ *Diesen Hinweis fügen Sie in Ihrem Text z. B. an folgender Stelle ein:*
- bei „Berufliches" am Ende
- bei „Persönliches" am Ende

Zurzeit übernehme ich kleinere Auftragsarbeiten für Privatpersonen, Selbstständige und kleine Firmen oder Organisationen. Nun würde ich meine Fähigkeiten gerne in Ihrem Unternehmen für Sie einsetzen.

Auch während der Erziehung meiner Kinder habe ich Aushilfstätigkeiten, u. a. in der Hotellerie, wahrgenommen.

Parallel zu meiner zuletzt ausgeführten Tätigkeit war ich noch im Verkauf und an der Kasse einer [Shell-Tankstelle] im Einsatz.

Während ich eine neue Stelle suchte, besuchte ich nicht nur Weiterbildungen, sondern übernahm übergangsweise auch kleinere Büroarbeiten auf geringfügiger Beschäftigungsbasis .
Während meiner Erziehungszeit war ich u. a. als Aushilfe in einer [Münchner Anwalts-kanzlei] beschäftigt.
Zusätzlich zur Erziehung meiner Kinder habe ich im Rahmen von Minijobs vielfältige Aufgaben wahrgenommen – beispielsweise im Verkauf einer [Mannheimer Mode-boutique].

Praktikum,
Probetage und andere Angebote

Bei einer Stellen-/Initiativbewerbung können Sie sich durch Ihren persönlichen Einsatz in Form eines Praktikums oder von Probearbeitstagen interessant machen. Einige Unternehmen schätzen diese Möglichkeit des Kennenlernens sehr.

Auch mögliche Lohnkostenzuschüsse (durch die Agentur für Arbeit oder den Rentenver-sicherungsträger) sprechen bestimmte Unternehmen positiv an. Aber nicht alle! Es lässt sich daher nur eine tendenzielle Empfehlung aussprechen: Bei Behörden und kleinen Familienbetrieben wirkt die Erwähnung einer solchen Möglichkeit im Anschreiben erfahrungsgemäß sehr positiv. Bei Unternehmen der freien Wirtschaft, der Industrie und des Handels hingegen kann es vorteilhafter sein, gegebenenfalls erst im Gespräch darauf zu verweisen.

Übrigens: Das Wort Praktikum erzeugt bei einige Bwerbern den Eindruck einer Sache, die nur für Teenies zur Ausbildungsorientierung gedacht ist. Weit gefehlt: Das Praktikum ist inzwischen eine vielfach eingesetzte Möglichkeit zum Jobeinstieg. Sie können auch andere Bezeichnungen dafür verwenden: Arbeitstestphase, Kennenlernphase, kostenfreie Erprobungszeit, intensive Hospitation etc..

Die folgenden Formulierungen berücksichtigen nur vorgeschaltete Angebote, die Sie für eine Stellen- oder Initiativbewerbung einsetzen können. Für die separate Praktikumsbewerbung lesen Sie mehr im entsprechenden Kapitel auf Seite 134 ff.

Erkundigen Sie sich im Vorfeld bei dem entsprechenden Sachbearbeiter der Agentur für Arbeit oder der für Ihre Arbeitslosengeld-Bezüge relevanten Behörde, auf welche Förderungsmöglichkeiten der Arbeitgeber zurückgreifen kann. Nicht alle Leistungen sind sogenannte Muss-Leistungen. Geben Sie also besser nur an, dass die Möglichkeit eines solchen Bezugs besteht.

🔥 Diesen Hinweis fügen Sie in Ihrem Text z. B. an folgender Stelle ein:
- vor dem Abschluss

a) Praktikum, Probearbeitstage und andere Angebote
b) Lohnkostenzuschüsse
c) Mehrere Leistungen gleichzeitig anbieten

a) Praktikum, Probearbeitstage und andere Angebote:

Ich biete Ihnen ein [vierwöchiges] Praktikum an. So kann ich einen tieferen Einblick in Ihren Arbeitsplatz erhalten und Sie können sich davon überzeugen, dass ich für Ihre Anforderungen motiviert und bestens geeignet bin.

Ich freue mich sehr darauf, meine Fähigkeiten unter Beweis zu stellen, und bin deshalb auch gerne bereit, eine [14-tägige] unentgeltliche Arbeitstestphase zum wechselseitigen Kennenlernen anzubieten.

Wollen Sie mich als zuverlässigen und belastbaren Mitarbeiter testen? Das können Sie in einem mehrwöchigen Praktikum gerne tun.

Was Sie noch wissen sollten: Ein erster unverbindlicher Einstieg ist auch über ein für Sie kostenfreies und unverbindliches Praktikum möglich.

Ihr Vorteil: Im Vorfel Ihrer Entscheidung komme ich gerne zu einem Praktikum zu Ihnen.

In den neuen Aufgabenbereich könnte ich mich rasch einarbeiten – möglicherweise zunächst auch in freiberuflicher Tätigkeit.

Nutzen Sie gerne auch die (attraktiven) Vorteile meines Einstiegs über ein Praktikum. ...

Profitieren Sie von mir als engagiertem Berufseinsteiger in Form eines Praktikums im Zeitraum zwischen dem 10.07. und 15.08.2010. Dies ist für Sie unverbindlich und kostenfrei, da das Praktikum Teil meiner zusätzlichen Office-Qualifizierung ist.

Seitens der Agentur für Arbeit besteht die Möglichkeit einer finanziell geförderten Einarbeitungszeit.

Meine Kenntnisse in ... stelle ich gerne im Rahmen eines vorgeschalteten Praktikums unter Beweis.

Vielleicht sind Sie neugierig geworden auf meine gute Teamfähigkeit? In einem vorgeschalteten Praktikum können Sie mich im lebendigen Arbeitsalltag erleben und sich so einen authentischen Eindruck verschaffen. Sehr gerne können Sie mich selbstverständlich erst einmal in einem unverbindlichen Bewerbungsgespräch kennenlernen.

Für eine Ausstattung meines Arbeitsplatzes gemäß meiner individuellen Bedürfnisse stehen Fördermittel in voller Höhe zur Verfügung.

b) Lohnkostenzuschüsse

Seitens des Bundes der Deutschen Rentenversicherungsträger und der Agentur für Arbeit ist eine Förderungsmöglichkeit zum Wiedererlangen eines Arbeitsplatzes ("Berufsfördernde Leistung") gegeben.

Eine Möglichkeit seitens des Bundes der Deutschen Rentenversicherungsträger oder des Arbeitsamtes zur "Berufsfördernden Leistung" ist gegeben.

Nähere Auskünfte zu der Möglichkeit eines 30-prozentigen Lohnkostenzuschusses im Falle einer Festanstellung erteilt Ihnen gerne auch mein Sachbearbeiter, Herr ..., bei der Agentur für Arbeit.

Bei einer Festanstellung dürfen Sie mit Lohnkostenzuschüssen in Höhe von bis zu 50 % für die Dauer eines halben Jahres rechnen.

Im Falle einer Festanstellung können Sie auf Förderungsmöglichkeiten seitens der Bundesagentur für Arbeit zurückgreifen.

ɔ̣ ᴍᴇʜʀᴇre Leistungen gleichzeitig anbieten

Zum beiderseitigen Kennenlernen besteht die Möglichkeit eines Praktikums, einer Probebeschäftigung oder einer Einstellung nach dem [Bayern-Modell].

Es besteht die Möglichkeit eines Praktikums, einer Probebeschäftigung oder einer Einstellung nach dem [Bayern-Modell]. Dies ist ein Fördermodell zum Abbau von Überstunden.

Ich freue mich sehr darauf, meine Kenntnisse und Fähigkeiten unter Beweis zu stellen. Zum wechselseitigen Kennenlernen besteht die Möglichkeit eines Praktikums oder einer kurzen Hospitation.

Möchten Sie mich testen? Eine für Sie völlig kostenlose bis zu zweimonatige Arbeits-erprobung wird von der Agentur für Arbeit gefördert. Sollten Sie sich dann für mich entscheiden, werden Ihnen zwei Jahre lang 50 % meines Gehaltes einschließlich der Arbeitgeber-Sozialabgaben erstattet.

Gern informiere ich Sie ausführlicher über die attraktiven Fördermöglichkeiten, die Ihnen dank der [U25-Initiative der Agentur für Arbeit] zur Verfügung stehen.

Nähere Informationen über die Zuschüsse, mit denen Sie bei einer Festanstellung rechnen dürfen, erteilt Ihnen gerne auch mein Sachbearbeiter Herr … unter der Telefonnr. … beim Landratsamt Nürnberg.

Quereinstieg

Das Anschreiben für einen Quereinstieg oder eine berufliche Neuorientierung bedarf besonderer Aufmerksamkeit – hinsichtlich der Beschreibung der fachlichen und persönlichen Fähigkeiten.

Fachliche Grundkenntnisse aus unterschiedlichen Quellen anbieten

Quereinsteiger verfügen über ein grundständiges fachliches Wissen. Dieses ausbaufähige Grundwissen müssen Sie unbedingt hervorheben. In der Regel kann man empfehlen: Berichten Sie über Ihre Erfahrungen und Kenntnisse auch dann, wenn Sie sich diese „nur" im Freizeitbereich, über Praktika oder ein Nebengewerbe angeeignet haben. Die Erfahrungen aus Praktika haben meistens einen höheren Aussagewert als privat angeeignete Kenntnisse. Vorsicht ist geboten, wenn Sie Ihr Nebengewerbe als Argumentationsgrundlage heranziehen. Sofern Sie dieses noch aktuell ausüben, könnte man Sie als möglichen Konkurrenten wahrnehmen.

Sie können formulieren, dass Sie im Sektor„… „bereits Erfahrungen bei der Firma xy gesammelt" haben. Das lässt ein qualifizierteres Wissen vermuten. Sie brauchen keine Angst zu haben, damit eventuell falsche Erwartungen zu wecken. Im Lebenslauf deklarieren Sie diese Positionen ja eindeutig als Praktikum. Der gewünschte Effekt, Sie als einen kompetenten Bewerber einzuladen, könnte mit einem solchen Schachzug erreicht werden.

Je nach der Bedeutung der angestrebten Position kann der Hinweis auf solche in einem Praktikum gewonnene oder gänzlich „private" Erfahrungen aber auch als zu nebensächlich und damit als Bagatelle beurteilt werden.

⚕ Diesen Hinweis fügen Sie in Ihrem Text z. B. an folgender Stelle ein:
- bei „Berufliches" und „Persönliches"

Persönliche Eigenschaften

Quereinsteiger können in der Regel nur eingeschränkt fachliche Fähigkeiten vorweisen. Daher ist es umso wichtiger, dass sie Ihre persönlichen Eigenschaften in den Vordergrund rücken. Auf deren Grundlage haben Sie auf Ihrem bisherigen Fachgebiet alle Aufgaben erledigt und diese stehen Ihnen daher auch für die Bewältigung der neuen fachlichen Anforderungen uneingeschränkt zur Verfügung. Man nennt das „übertragbare Eigenschaften". Ein extremes Beispiel: Wenn sich ein Bauarbeiter als Verkäufer für ein Wollefachgeschäft bewirbt, interessiert den Arbeitgeber weniger, welche Maschinen, Teersorten und Techniken dieser Mann beherrscht. Vor allem will er wissen, ob er aufgeschlossen, zuverlässig, belastbar etc. ist. Diese Stärken hat der Bauarbeiter bisher auch eingesetzt und wird sie nun als sein wesentliches Potenzial für die neue Stelle beschreiben.

Die Übertragung der Eigenschaften lässt sich logisch aufbauen, zum Beispiel: „Ich bin gelernter ... und verfüge daher über eine präzise Arbeitsweise, mit der ich mich für die Aufgaben der ... erfolgreich einsetzen kann". Weitere Formulierungen zum Kennenlernen neuer Berufsfelder bietet Ihnen das Kapitel „Praktikumsbewerbung" auf Seite 156. Nutzen Sie auch die Formulierungen unter „Nebenbei-Jobs" (siehe S. 206).

🕯 *Diesen Hinweis fügen Sie in Ihrem Text z. B. an folgender Stelle ein:*
- *vor dem Abschluss*

Während meines geisteswissenschaftlichen Studiums habe ich mich stets neuen Themen und Aufgaben gestellt. Die Einarbeitung in das von Ihnen dargestellte Wissensgebiet erscheint mir sehr interessant.

Als Geisteswissenschaftlerin ist es mir eigen, unbekannte Themen unerschrocken anzugehen, vielfältige Sichtweisen zu eruieren und optimale Lösungen zu finden. Daher sehe ich mich für Ihre Aufgaben gut vorbereitet.

Da ... für mich eine große Leidenschaft ist, würde ich gerne mein Hobby zum Beruf machen.

Als gute Ausgangsbasis für diese Stelle bringe ich Erfahrungen aus dem Bereich ... mit.

Wichtige Kenntnisse im ...-bereich konnte ich bei der Firma ... sammeln, wo ich im Verkauf tätig war. Ich habe schon immer leidenschaftlich gerne ... und bin ein ausgesprochener Freund/Fan von ... .
(Anmerkung: Eine solche Formulierung können Sie beispielsweise auch dann verwenden, wenn es sich "nur" um Praktika handelt!)

Durch Zufall bin ich in die ...-Branche hineingerutscht. Aus einem Zufall wurde mein Ziel geboren.

Den [Technikern] sagt man eher nach, dass sie [sehr rationelle Menschen] sind. Dies bestätigt sich in meiner Person nicht. Im Gegenteil, mein Ausbilder hat immer meine sehr [aufgeschlossene, soziale] Art an mir geschätzt.

Während meiner letzten beruflichen Stationen habe ich meine Vorliebe für … entdeckt und mich Schritt für Schritt in die Fragestellungen der … eingearbeitet.

Ich suche eine neue berufliche Herausforderung, deshalb bewerbe ich mich bei Ihnen. Bei meiner letzten Arbeitsstelle habe ich mich innerhalb kurzer Zeit sehr schnell und gut eingearbeitet, obwohl ich mit vielen fachlichen Fragen nicht vertraut war. Daher dürfen Sie sich meiner Leistungsstärke und meiner Fähigkeit, Neues schnell zu verstehen und effektiv für das Erreichen der Unternehmensziele umzusetzen, gewiss sein.

Bei meiner letzten Tätigkeit als ... waren ebenfalls Qualitäten wie Zuverlässigkeit und Zielstrebigkeit stark von mir gefordert. Daher bin ich mir sicher, dass ich den Aufgaben bei Ihnen sehr gut begegnen kann.

Als Angestellt des Unternehmens … wurden insbesondere meine Ausdauer und meine hohe Flexibilität geschätzt. Diese Eigenschaften sehe ich als wesentliche Voraussetzung, um mich zügig auf die fachlichen Anforderungen bei Ihnen einzustellen.

Referenzen

Ein Arbeitszeugnis, das noch nicht vorliegt oder gar nicht ausgestellt wurde, sollte Erwähnung finden. Nutzen Sie dazu aber besser ein separates Blatt Papier, das Sie bei den Zeugnissen einsortieren (siehe Seite 295), um nicht den kostbaren Platz des Anschreibens dafür zu beanspruchen. Der Hinweis auf persönliche oder sogar besonders bekannte Referenzgeber hingegen ist ein starkes Argument für Sie und sollte auch im Anschreiben Platz finden. Zusätzlich können Sie im Lebenslauf darauf verweisen.

🕯 *Diesen Hinweis fügen Sie in Ihrem Text z. B. an folgender Stelle ein:*
- *vor dem Abschluss*

Zusätzlich erlaube ich mir den Hinweis auf die Referenzen der [Professoren Ursprung, Meyer und Horstensen.]

Mein Arbeitszeugnis wird zu Zeit erstellt. Als mündlichen Referenzgeber dürfen Sie daher gerne meine Abteilungsleiterin, Frau …, unter der Telefonnr. …, kontaktieren.

Berücksichtigen Sie bitte auch die Möglichkeit einer persönlichen Referenz: Herr Müller, Geschäftsführer der Firma …, steht Ihnen gerne telefonisch für Auskünfte über mein berufliches Potenzial zur Verfügung.

Weitere Auskünfte über meine Person und mein Leistungsvermögen erteilt Ihnen gerne Frau …, Marktleiterin der Firma … (Tel.: …).

Durch meine Tätigkeit bei der Firma … habe ich fachlich mit den Herren … und … kooperiert. Ihre Nachfragen richten Sie daher gerne auch telefonisch an einen der beiden (Tel.: …).

Meine Zeugnisse und Referenzen belegen meine besondere Fähigkeit, Menschen zu begeistern und zu motivieren.

Meine Referenzen bestätigen Ihnen meine Fähigkeit zu präzisem Arbeiten unter strengen terminlichen Anforderungen.

Meine Referenzzeugnisse bestätigen Ihnen die hohe Qualität meiner Arbeit.

Mein besonderer Pluspunkt: … .

Referenzen, die Ihnen meine engagierte Arbeitsweise belegen, führe ich gesondert auf.

Der Geschäftsführer ist über meine Veränderungswünsche informiert und bereit, als Referenzgeber zur Verfügung zu stehen.

Ein genaueres Bild vermittelt Ihnen meine Bewerberseite [www.markokurtz.de].

Mein Bewerberprofil können Sie sich gerne auf Ihren Bildschirm herunterladen: [www.markokurtz.de]

Sie- oder Du-Anschreiben

Es ist ungewöhnlich ein Anschreiben mit „Du" zu formulieren, selbst wenn Sie den Entscheidungsträger persönlich kennen. Möglicherweise müssen Sie damit rechnen, dass weitere Verantwortliche des Unternehmens in Ihrer Bewerbung blättern und ihnen diese Form zu privat erscheint. Möglicherweise haben Sie einen Personalverant-wortlichen flüchtig kennengelernt und in diesem Rahmen war das Duzen an der Tagesordnung. Wenn Sie sich unsicher sind, ob das „Du" wirklich die geeignete Form für die Bewerbung ist, dann entscheiden Sie sich für das „Sie". Sie haben zwei Möglichkeiten, Ihr Dilemma galant zu verpacken: Sie rufen vorher kurz an und berichten, dass Sie die Bewerbung der Form halber lieber im „Sie"-Stil schreiben. Oder Sie fügen Ihrer – in der „Sie"-Form formulierten Bewerbung – eine „Du"-Kurznotiz bei. Auf dieser notieren Sie, dass Sie für das Anschreiben, um einer offiziellen Form gerecht zu werden, das „Sie" gewählt haben. Mit dieser Differenzierung zwischen Sie und Du signalisieren Sie auch, dass Sie Privates von Beruflichem zu trennen wissen.

Hallo Anja, um den offiziellen Charakter einer Bewerbung zu wahren, habe ich das beiliegende Anschreiben an dich in der Sie-Form geschrieben.

Lieber Jörg, um der üblichen Form einer Bewerbung gerecht zu werden, habe ich mich entschieden, das Anschreiben an dich in der offiziellen Sie-Form zu formulieren.

Hallo Michael, die beigefügte Bewerbung habe ich in der offiziellen Anrede-Form gehalten.

Guten Morgen Daniela, mein Anschreiben an dich habe ich bewusst in der gängigen Sie-Form geschrieben. So entspricht es der professionellen Ebene.

Sperrvermerk

Bei Chiffre-Bewerbungen müssen Bewerber in ungekündigter Position befürchten, dass sich hinter der Anzeige möglicherweise ihr derzeitiger Arbeitgeber verbirgt. Ein Sperrvermerk verbietet dem Zeitungsverlag die Weiterleitung Ihrer Bewerbung an die von Ihnen ausgeschlossenen Adressaten.

So richten Sie den Sperrvermerk ein:

1. Auf dem Umschlag Ihrer Bewerbungsunterlagen notieren Sie die Chiffre-Nummer sowie Ihren Absender.

2. Daran heften Sie einen Zettel mit dem Vermerk: „Bitte nicht an die Firma xyz weiterleiten!".

3. Das Ganze kommt in einen Briefumschlag mit der Anschrift der Zeitung („Anzeigenabteilung der Kölner Stadt Zeitung") und mit Ihrem Absender.

Zeitungsverlage sind bei Sperrvermerken gesetzlich zur Rücksendung Ihrer Unterlagen verpflichtet.

Sprachkenntnisse

Für die Einstufung Ihrer Kenntnisse finden Sie auf den Seiten 78 ff. Skalierungssysteme. Dass während des Vorstellungsgesprächs die Konversation plötzlich in einer anderen Sprache fortgesetzt wird, ist keineswegs unüblich. Bleiben Sie deshalb möglichst ehrlich bei der Beschreibung Ihrer Sprachkenntnisse.

1 Für ausländische Sprachkenntnisse
      a) Eine klare Beschreibung guter bis sehr guter Kenntnisse
      b) Grund- oder entwicklungsfähige Kenntnisse
          • Für Überzeugte, die nach kurzer Zeit wieder „gut bis sehr gut" sein werden
          • Ohne klare Bewertung
2   Für deutsche Sprachkenntnisse (Deutsch als Fremdsprache)

🕭 *Diesen Hinweis fügen Sie in Ihrem Text z. B. an folgender Stelle ein:*
- bei „Berufliches"

1 Für ausländische Sprachkenntnisse

a) Eine klare Beschreibung guter bis sehr guter Kenntnisse

Englisch verstehe ich hervorragend. Für die Verbesserung meines schriftlichen Ausdrucks und des Dialogs habe ich schon einen Kurs am ... -Institut anvisiert.

[Italienisch] verstehe ich in geschriebener und gesprochener Form sehr gut. Mein schriftlicher Ausdruck ist noch nicht ganz ausgereift.

Diese Sprachen beherrsche ich vortragssicher: ... .

Nachweisen kann ich ebenso mehrjährige Praxis in ... .

Mein [Englisch] ist fachsprachensicher.

Ich biete Ihnen alltagstaugliches [Französisch] und ein fachsprachensicheres [Englisch].

Ich kommuniziere sicher auf [Spanisch].

Aufgrund unseres internationalen Publikumsverkehrs gehört die [englische] Sprache zu meinem Arbeitsalltag.

Im internationalen Kundenkontakt kommuniziere ich sicher auf [Englisch].

Dank meiner mehrmonatigen Arbeits- sowie Bildungsaufenthalte in [Südamerika] verständige ich mich sicher auf [Englisch] und [Spanisch] in Wort und Schrift.

Das KMK-Fremdsprachenzertifikat in [Englisch] belegt meine sicheren Kenntnisse.

Dank meiner unterschiedlichen Einsatzbereiche verständige ich mich sicher auf [Chinesisch].

Meine hervorragenden Englischkenntnisse halte ich dank meiner kontinuierlichen Weiterbildung auf dem aktuellen Stand.

Dank häufiger Anwendung sowohl im privaten als auch im beruflichen Bereich und aufgrund angeleiteter Trainings kommuniziere ich sicher auf [Englisch].

Erwähnen möchte ich auch meine Mehrsprachigkeit. In [Englisch] und [Chinesisch] meistere ich internationale Geschäftskontakte. [Russisch] ist meine Muttersprache.

Meine Englischkenntnisse sind gut bis sehr gut: Im Sprechen, Verstehen und Lesen bin ich besser als im Schreiben.

Beim Lesen englischer Texte kann ich die Hauptinhalte komplexer Texte verstehen,, in der Konversation kann ich mich in vertrauten Themenbereichen klar und verständlich ausdrücken.

Bei Verwendung klarer Standardsprache kann ich die Inhalte sehr gut verstehen und adäquat kommunizieren.

Ein normales Gespräch mit Muttersprachlern ist für mich ohne größere Anstrengung möglich.

Zu einem breiten Themenspektrum kann ich mich klar und detailliert ausdrücken.

An der italienischen Konversation kann ich mich spontan und fließend beteiligen. .

Meine englischen Sprachkenntnisse entsprechen der Stufe C1 und C2 gemäß des Europäischen Referenzrahmens für Sprachen.
(Diese Skala sollten Sie nur in Bereichen anführen, in denen dieses System bekannt ist – d.h. bei Übersetzungsbüros, in großen Unternehmen etc.)

Gemäß des Europäischen Referenzrahmens für Sprachen sind meine chinesischen Sprachkenntnisse auf der Stufe B2 anzusetzen.
(Diese Skala sollten Sie nur in Bereichen anführen, in denen dieses System bekannt ist – d.h. bei Übersetzungsbüros, in großen Unternehmen etc.)

b) Grund- oder entwicklungsfähige Kenntnisse

- **Für Überzeugte, die nach kurzer Zeit wieder „gut bis sehr gut" sein werden**

Ich habe mich für einen berufsbegleitenden Sprachkurs (English-Advanced) angemeldet und bin überzeugt, Ihre Anforderungen erfüllen zu können.

Meine [Französisch-]Sprachkenntnisse erwarb ich während meiner Schulzeit. Da mir Sprachen aber nicht allzu schwer fallen, werde ich Ihren Anforderungen gewiss innerhalb kurzer Zeit gerecht werden können.

Meine Sprachkenntnisse in … müssen erst wieder aufgefrischt werden. Da ich sehr gerne fremde Sprachen spreche, werde ich mich aber sicherlich sehr schnell auch im Ausland zurechtfinden.

Durch regelmäßige Weiterbildungen habe ich mein [Englisch] früher stets auf aktuellem Stand gehalten. Auf dieses Wissen werde ich sicher nach einer kurzen Zeit wieder zurückgreifen können.

Das Erlernen von Fremdsprachen fällt mir sehr leicht. Daher werde ich mich auch gut in das [Portugiesische] einarbeiten und so den alltäglichen Geschäftskontakt in der Bestellannahme bei Ihnen regeln können.

Ich habe das [Englische] beruflich zwar seit Längerem nicht mehr genutzt, verfüge aber über ein gutes Sprachverständnis. Daher bin ich mir sicher, dass ich – unterstützt durch begleitende Fortbildungen – die Anforderungen der englischen Geschäftskorrespondenz bei Ihnen sehr schnell erfolgreich meistern kann.

- **Ohne klare Bewertung**

Privat habe ich mich in [Spanisch] und [Italienisch] weitergebildet.

Erste Italienischkenntnisse habe ich mir mit Hilfe geeigneter Lehrmaterialien selbst angeeignet.

Grundkenntnisse in [Französisch] habe ich mir mit Hilfe geeigneter Lehrmaterialien selbst beigebracht.

… weil ich diese Sprache [drei] Jahre in der Schule gelernt und sie erst vor Kurzem im Rahmen des professionellen Kurses „English for Advanced" aufgefrischt habe.

Ich spreche [Englisch] und habe meine Kenntnisse im fachspezifischen Business-Bereich aktualisiert und erweitert.

Meine Sprachkenntnisse habe ich außerhalb der Arbeitszeit an der „English Business School" verbessert.

Mein [Englisch] lässt sich durch ein gezieltes begleitendes Training zügig auf Fachsprachenniveau anheben.

Durch meine Besuche haben sich Freundschaften entwickelt, die ich zur Auffrischung meiner Sprachkenntnisse wiederbeleben kann.

Während meines Studiums habe ich vorrangig englischsprachige Fachliteratur gelesen und bringe daher eine solide Basis für die Aufgaben bei Ihnen mit.

Als [Netzwerkadministrator] war ich es gewohnt, mich mit Bedienungsanleitungen und Software-Einweisungen zu befassen, die nahezu alle auf Englisch verfasst worden waren. Mit meinem guten sprachlichen Verständnis dürfen Sie daher rechnen.

Die regelmäßige Kommunikation mit der Mutterzentrale unserer Unternehmensgruppe in [Bristol] führte ich auf [Englisch].

2) Für deutsche Sprachkenntnisse (Deutsch als Fremdsprache):

Da ich seit [20 Jahren] in [Karlsruhe] wohne, spreche ich gut deutsch.

Auch wenn ich noch etwas gebrochen spreche, ist mein schriftlicher Ausdruck einwandfrei. Schnellen Gesprächen kann ich sehr gut folgen.

Ich spreche ein ungebrochenes, nahezu flüssiges Deutsch.

Ich bin mit der deutschen Sprache aufgewachsen. Das vermutet jeder, der mich reden hört. Schriftlich allerdings arbeite ich noch an Unebenheiten.

Ich spreche mit einem leichten Akzent, aber sehr klar und deutlich. Ein einwandfreies Verstehen ist mir jederzeit wichtig, daher frage ich bei Bedarf nach.

Ich lebe seit [drei Jahren] in Deutschland und habe mir durch die tägliche Praxis bereits sehr gute Sprachkenntnisse (Reden, Verstehen) erworben. An meinem schriftlichen Ausdruck arbeite ich noch.

Ich spreche ein nahezu akzentfreies Deutsch.

Ich spreche mit einem leichten Akzent, aber sehr klar und deutlich. Ein einwandfreies Verstehen ist mir jederzeit wichtig, daher frage ich bei Bedarf nach.

Obwohl ich erst seit [drei Jahren] in Deutschland lebe und hier meine Ausbildung gemacht habe, kann ich mein Deutsch als gut bis sehr gut bezeichnen.

Städtewahl

Mittlerweile verlangt der Arbeitsmarkt von Arbeitnehmern eine sehr hohe Flexibilität. Von daher ist es für viele Bewerber, die sich für eine Stelle in einer weit entfernten Stadt bewerben, verwunderlich, wenn Sie dann im Vorstellungsgespräch ungläubig gefragt werden, ob sie sich denn wirklich vorstellen könnten, in diese Stadt umzuziehen. Es gibt auch viele Unternehmer, die bewusst nur Bewerber aus dem nahen Umkreis einstellen – aus Angst, dass alle anderen zu spät oder nicht ausgeschlafen zur Arbeit erscheinen oder sich langfristig am Arbeitsort nicht wohlfühlen werden. Betonen Sie daher bereits im Anschreiben, dass Sie diese örtliche Umstellung bewusst und gerne vornehmen.

🔔 *Diesen Hinweis fügen Sie in Ihrem Text z. B. an folgender Stelle ein:*
- vor dem Abschluss

a) Meine Heimatregion

Ich freue mich über ein Gespräch mit Ihnen in Düsseldorf – meiner Heimatstadt.

Ich stamme aus …, habe meine Ausbildung dort absolviert und habe zu vielen Menschen, die ich damals kennenlernte, noch Kontakt.

Als gebürtiger [Hesse] freue ich mich auf einen Umzug nach [Frankfurt].

Ich möchte meine berufliche Veränderung mit einer Rückkehr in meine Heimatregion verbinden. Ihr Unternehmen ist mir insbesondere aufgrund des … aufgefallen.

Nach langjähriger Berufstätigkeit in … zieht es mich nun wieder in meine Heimatregion.

b) Meine Wahlheimat

Ein Umzug in meine Wahlheimat … kommt mir sehr entgegen.

Ich sehe mich als Wahl-[Nürnberger] und würde mich daher über einen Umzug sehr freuen.

Der [norddeutschen] Mentalität fühle ich mich sehr verbunden. Da ich Land und Leute sehr schätze, bin ich mir sicher, dass eine Tätigkeit bei Ihnen für mich nicht nur ein ein äußerst interessantes Aufgabengebiet, sondern auch ein schönes Lebensumfeld bedeuten wird.

Ich freue mich auf einen Umzug nach …, wo ich noch viele Kontakte zu früheren Freunden und Bekannten habe.

Die Mentalität der Menschen Ihrer Region ist mir vertraut. Daher freue ich mich auf einen Umzug nach … .

Langfristig wollte ich meinen Lebensmittelpunkt ohnehin nach … verlagern.

Die Mentalität der … weiß ich sehr zu schätzen. Mit meinem Wechsel zu Ihnen kann ich eine interessante berufliche Aufgabe mit einem angenehmen Lebensumfeld verbinden.

Dass ich mich in … auch wohlfühlen werde, weiß ich, da aus früheren Zeiten noch viele Verbindungspunkte zu dieser Stadt bestehen.

Eine Mitarbeit bei Ihnen ist für mich nicht nur fachlich hochinteressant, sondern auch persönlich eine Bereicherung – zumal ich eine hohe Affinität zu [Frankfurt] habe.

Seit Langem möchte ich meinen beruflichen und privaten Schwerpunkt nach [Stuttgart] verlagern; die Wohnungsfrage ist dank vieler Bekannter vor Ort kein Problem.

Da ich zu [München] eine hohe Affinität habe, freue ich mich beruflich und privat über Ihre Einladung zu einem Vorstellungsgespräch.

Auf einen Umzug nach [Köln], eine meiner favorisierten Städte, freue ich mich.

Eine Stelle, deren Einsätze sich vorrangig auf den Raum [Sachsen] beschränken, entspricht meinen persönlichen Wünschen.

Meine Frau befindet sich derzeit noch in Elternzeit und möchte in etwa einem Jahr wieder beruflich einsteigen. Und das am liebsten in [München].

Meine Tätigkeiten in der … brachten auch Reisetätigkeit mit sich. Daher suche ich nach einer Stelle im dafür günstig gelegenen [Frankfurt] oder der näheren Umgebung.

c) Umzug aufgrund meines Partners

Bei Frauen unter 35 Jahren kann der Partner als Motivation für den Wohnortwechsel möglicherweise ein Einstellungshemmnis für den Arbeitgeber sein. Er könnte befürchten, dass die Bewerberin bald schwanger wird und für eine unbefristete Stelle nicht im gewünschten Rahmen zur Verfügung steht. Ihre Motivation sollten Sie also besser mit anderen, neutraleren Argumenten aus dem Abschnitt „Städtewahl" untermauern.

Ich orientiere mich räumlich um, da mein Mann eine Stelle im [Süden Bayerns] angenommen hat.

Meinen Arbeitsplatz, den ich zuletzt in [München] hatte, gab ich zugunsten meines familiär bedingten Umzugs nach [Nürnberg] auf.

Ich sehe mich nach einer anderen beruflichen Aufgabe um, weil mein Lebenspartner eine neue Herausforderung in [Bonn] annehmen wird.

Im Einverständnis mit meinem Vorgesetzten bin ich auf der Suche nach einer neuen Herausforderung in [Köln] – mein Ehemann wurde vor Kurzem als Professor an den Lehrstuhl … nach Köln berufen.

[Freiburg] mit seiner hohen Lebensqualität ist mir durch viele Besuchen bekannt. Daher ist es mein Ziel, dort zu leben und zu arbeiten.

Zurzeit arbeite ich als … in [Offenbach]. Meine Familie lebt allerdings in [Freiburg] – meinem Lebensmittelpunkt. Eine Mitarbeit bei Ihnen interessiert mich aber nicht nur aus regionalen Gründen, sondern ist vor allem in dem Wunsch begründet, für ein Unternehmen tätig zu werden, das … .

Meine Lebenspartnerin hat ein für sie sehr interessantes Angebot in … erhalten. Mein Ziel ist es daher, ebenfalls eine anspruchsvolle Aufgabe in dieser Region zu finden – und zwar vorzugsweise in Ihrem Unternehmen. Mit diesem verbinde ich … .

Ich möchte mich beruflich verändern, weil meine Frau [als Lehrerin] nach … versetzt wird/wurde. Ihr Unternehmen spricht mich sehr/in besonderer Weise an, weil … .

Mein Partner hat eine interessante Position bei einem Dienstleister (Bankwesen) im [Frankfurter Raum] erhalten. Nun suche auch ich nach einer neuen Herausforderung und bin überzeugt, dass mir Ihr Unternehmen interessante Perspektiven zu bieten hat. Ihr Unternehmen spricht mich bevorzugt an, weil …

Seit Jahren führe ich eine Wochenendbeziehung. Ich bin in einem ungekündigten, für mich durchaus noch sehr interessanten Arbeitsverhältnis. Als ich Ihre Anzeige las, wurde mir jedoch klar, dass Ihr Unternehmen fachlich eine besonders reizvolle Herausforderung für mich darstellt, der ich mich sehr gerne stellen möchte.

d) Meine Offenheit für eine neue Stadt

Ich bin ortsungebunden und kann mir einen Umzug nach … sehr gut vorstellen.

Einem Umzug nach … steht nichts im Wege. Ich bin … Jahre alt und familiär ungebunden.

Da mein Zuhause dort ist, wo meine Freunde sind, freue ich mich darauf, neue Menschen an meinem Arbeitsort kennenzulernen. In mir verbinden sich innere „Beweglichkeit" und äußere Mobilität.

Meine Heimat ist da, wo ich mich beruflich verwirklichen kann. Ist dies gewährleistet, fühle ich mich an jedem Ort wohl. .

Einem Wechsel nach [Köln] steht nichts entgegen.

In eine neue Umgebung kann ich mich problemlos einleben und freue mich daher auf einen Umzug nach … .

e) Zurück nach Deutschland

Nach nunmehr [vierjähriger] Auslandserfahrung entspricht eine Stelle in Deutschland meinen Plänen für den nächsten beruflichen Schritt.

Ich habe insgesamt [sechs Jahre] im Ausland gearbeitet. Jetzt möchte ich mich dauerhaft wieder nach Deutschland orientieren.

Die letzten [vier Jahre] habe ich beruflich in [China, Spanien und England] verbracht. Als nächste Station plane ich eine kontinuierliche Tätigkeit in Deutschland.

Meine Berufstätigkeit hat mich für die letzten [fünf Jahre] nach Frankreich geführt. Nach dieser erfahrungsreichen Zeit im Ausland freue ich mich nun wieder sehr auf eine interessante berufliche Herausforderung, die mit einem Wechsel zurück nach Deutschland.verbunden ist.

f) Auf ins Ausland!

Einer Aufgabe in den von Ihnen genannten Ländern sehe ich mit großem Interesse entgegen. Ich bin flexibel einsetzbar.

Für einen Einsatz in Ihren weltweit agierenden Tochterunternehmen bin ich – bevorzugt in [Japan oder Südamerika] – sehr aufgeschlossen.

Die Möglichkeit, meine ersten Jahre Berufserfahrung im Ausland zu sammeln, wäre für mich – gerade in Ihrem Unternehmen – eine hervorragende Chance für einen qualifizierten Berufseinstieg.

Eine Tätigkeiten in [Oslo] kann ich mir sehr gut vorstellen. Dafür sprechen auch die positiven Erfahrungen, die ich während meiner Praktika im Ausland sammeln durfte.

Ich verfüge bereits über Auslandserfahrung (zwei Studiensemester in [Edinburgh]) und würde mich sehr freuen, in den nächsten Jahren meine Qualifikationen für Ihre Niederlassung in [London] einbringen zu dürfen.

Stellenveränderung - aus (un-)gekündigter Position

🔥 *Diesen Hinweis fügen Sie in Ihrem Text z. B. an folgender Stelle ein:*
- *einleitend bei „Berufliches"*
- *vor dem Abschuss*

1 Stellenveränderung aus gekündigter oder bereits beendeter Position

Sie sind stellensuchend oder werden es bald sein. Möglicherweise liegt die Ursache dafür nicht in Ihrer Hand. Dies sollten Sie im Anschreiben erwähnen oder auch im Lebenslauf andeuten (siehe Seite 289).

Die Begründung, warum Sie sich jetzt ausgerechnet bei dem angeschriebenen Unternehmen bewerben, sollte einen konkreten Bezug zu diesem aufweisen. Sonst sieht es so aus, als ob Sie sich nur deshalb bei dem neuen Unternehmen bewerben, weil Sie nun arbeitsuchend sind. Formulierungshilfen bietet Ihnen das Kapitel „Warum dieser Job?" (Seite 1317).

Wirklich interessant für das neue Unternehmen ist nur der Umstand der Beendigung des letzten Arbeitsverhältnisses. Die Frage, warum Ihre davor liegenden Arbeitsverhältnisse endeten, wird durch Hinweise in Ihrem Lebenslauf oder durch die Anmerkungen in Ihren Zeugnissen beantwortet.

a) Beschlossene Auslagerung/Veränderungen meines Arbeitsgebietes sowie betriebsbedingte Kündigung

Ich möchte mich gerne verändern, weil mehrere Abteilungen meines bisherigen Arbeitgebers nach [Hamburg] verlegt werden/wurden. Ihr Unternehmen spricht mich bevorzugt an, weil … .

Aufgrund organisatorischer Veränderungen wurde mein Arbeitsgebiet ausgelagert. Deshalb bin ich auf der Suche nach einer neuen Position. Ihr Unternehmen spricht mich bevorzugt an, weil … .

Mein Wunsch nach einer Veränderung basiert auf der Auslagerung meiner Abteilung nach … .Die Anfahrt dorthin ist mir zu weit. So musste ich das Angebot einer Übernahme ablehnen. Ihr Unternehmen spricht mich bevorzugt an, weil … .

Wegen organisatorischer Veränderungen meines Unternehmens wurde mein Aufgabengebiet in den Süden von [Baden-Württemberg] verlegt. Trotz meiner sonstigen Flexibilität entspricht dies nicht meiner momentanen familiären Situation/meinem momentanen Interesse. Ihr Unternehmen spricht mich bevorzugt an, weil … .

Eine in mir in Aussicht gestellte Weiterbeschäftigung beim Mutterkonzern meines derzeitigen Arbeitgebers kommt für mich aufgrund des weiten Arbeitsweges (Nürnberg) nicht in Frage. Ihr Unternehmen spricht mich bevorzugt an, weil … .

Mein letztes Arbeitsverhältnis musste aufgrund der in dieser Region rückgängigen Auftragslage betriebsbedingt gekündigt werden. Ihr Unternehmen spricht mich bevorzugt an, weil … .

Die Branche … verzeichnete im letzten Jahr ein stark rückgängiges Geschäftsvolumen. Angesichts von Sanierungsmaßnahmen wurde unter anderem meine Stelle komplett gestrichen. Bei der Suche nach einer neuen Tätigkeit hat mich Ihr Unternehmen bevorzugt angesprochen, weil … .

Das Unternehmen meines derzeitigen Arbeitgebers wird verkauft. Daher bin ich auf der Suche nach einer neuen Aufgabe.

Aufgrund betriebsbedingter Entlassungen entfällt leider mein Arbeitsplatz zum … .

Wie Ihnen bekannt ist, befindet sich mein Arbeitgeber – die Chester Unternehmens-gruppe – in Auflösung. Sie wurden mir als renommierter Personalberater mehrfach empfohlen.

Nach [zehn Jahren] konsequenter Weiterentwicklung innerhalb des Unternehmens … bin ich nun – nach betriebsbedingter Kündigung – auf der Suche nach einer anspruchsvollen neuen Aufgabe.

b) Schließung/Konkurs

Da mein bisheriges Unternehmen wegen Konkurses aufgelöst wird, suche ich eine Tätigkeit als …, vorzugsweise im Bereich … . Ihr Unternehmen spricht mich bevorzugt an, weil … .

Aufgrund der Insolvenz meines Arbeitgebers verliere ich meinen Arbeitsplatz. Ihr Unternehmen spricht mich bevorzugt an, weil … .

Meine letzte Stelle habe ich aufgrund von Firmeninsolvenz verloren. Ihr Unternehmen spricht mich bevorzugt an, weil … .

Da der Geschäftsführer Herr … in diesem Jahr verstorben ist, wurde das Unternehmen geschlossen. Ihr Unternehmen spricht mich bevorzugt an, weil … .

Mein Arbeitgeber, Herr Dr. Müller, Partner der Anwaltskanzlei Dr. Müller, Dr. Reinhart, ist im Juni diesen Jahres verstorben. Da es bei seinem Kollegen keinen Personalbedaf gibt, endet mein Vertrag zum … und ich suche eine neue berufliche Herausforderung. Ihr Unternehmen spricht mich bevorzugt an, weil … .

Mein letztes Arbeitsverhältnis endete aufgrund einer Geschäftsaufgabe. Bei meiner Suche nach einer neuen beruflichen Aufgabe hat mich Ihr Unternehmen bevorzugt angesprochen, weil … .

Aufgrund der Schließung des Unternehmens … bin ich auf der Suche nach einer neuen, herausfordernden Aufgabe.

c) Anstehende Veränderungen im Unternehmen

Aufgrund geplanter Umstrukturierungen im Unternehmen meines derzeitigen Arbeitgebers möchte ich mich neu orientieren. Ihr Unternehmen spricht mich bevorzugt an, weil … .

Anstehende Personalreduzierungen bei meinem Arbeitgeber veranlassen mich bereits jetzt, Ausschau nach einem Unternehmen zu halten, das offen für fachlich qualifizierte und leistungsstarke Mitarbeiter ist. Ihr Unternehmen spricht mich bevorzugt an, weil ... .

Zurzeit bin ich in ungekündigter Position bei ... in ... tätig. Da der Bereich der ... demnächst nach ... ausgelagert wird, bin ich auf der Suche nach einem adäquaten Arbeitsplatz, möglichst in ... . Ihr Unternehmen spricht mich bevorzugt an, weil ...

Vor dem Hintergrund des drohenden Konkurses des Unternehmens, bei dem ich zurzeit beschäftigt bin, suche ich eine Tätigkeit als ..., vorzugsweise im Bereich ... . Ihr Unternehmen spricht mich in besonderer Weise an, weil ... .

2 Stellenveränderung aus ungekündigter Position

Sie sind in fester Anstellung und müssen keine Kündigung befürchten? Warum suchen Sie eine neue Stelle? Diese Frage wird den Leser Ihrer Bewerbung beschäftigen. Begründen Sie Ihren Stellenwechsel. Man will wissen, was Sie zu neuen Taten motiviert. Wenn Ihr derzeitiger Arbeitgeber über Ihre Pläne noch nicht informiert ist, versehen Sie Ihre Bewerbung unbedingt mit einem Vertraulichkeitsvermerk (s. u., Seite 221).

Falls Ihre Motivation für eine Veränderung durch Umstände begründet sein sollte, die Sie nicht schriftlich fixieren wollen, sollten Sie diese im Anschreiben auch nicht andeuten. Denn Sätze wie "Mein beruflicher Wechsel hat persönliche Gründe, die ich gerne in einem Gespräch ausführen möchte" geben allen möglichen Interpretationen Raum und geraten Ihnen nur zum Nachteil.

a) Ich habe keine Aufstiegschancen

Nachdem ich [drei Jahre] lang die ...[Aufgabe] übernommen habe, bin ich nun bereit, den nächsten Schritt zu gehen und die Verantwortung als ... zu übernehmen.

Mein letztes Arbeitsverhältnis habe ich gelöst, um mich weiterzuentwickeln.

Ich suche eine herausfordernde und vielseitige neue Position – im Bereich ... – und glaube, diese bei Ihnen finden zu können.

Bei diesem Projekt eröffneten sich mir neue Perspektiven und Möglichkeiten, denen ich in naher Zukunft nachgehen will.

Als nächste berufliche Stufe will ich die Position des ... erreichen/ Als nächste berufliche Station will ich die Position des ... erklimmen.

Meine derzeitige Position bietet zwar einige interessante Herausforderungen, meinen nächsten Karriereschritt sehe ich allerdings in einem Unternehmen, das ... .

Jetzt möchte ich meinen nächsten Karriereschritt angehen. Ich sehe diesen in der Position des ... .

In meinem momentanen Tätigkeitsbereich, der sich durch eine neue Geschäftsleitung fundamental verändert hat, kann ich meine Fähigkeiten nicht mehr wie bisher entfalten. Deshalb suche ich eine neue Aufgabe, die meinem Potenzial wieder mehr gerecht wird.

b) Ich will mich entwickeln

Berufliche Entwicklungsmöglichkeiten sind in meiner derzeitigen Position bei ... [Firmenname] nur begrenzt gegeben. Daher wende ich mich mit meinem Anliegen – die Bekleidung einer verantwortungsvollen Position im Bereich ... – an Sie.

Bei meinem jetzigen Arbeitgeber sind weitere berufliche Perspektiven nur eingeschränkt möglich.

Dies ist bei meinem derzeitigen Arbeitgeber nicht realisierbar, daher bewerbe ich mich mit großem Interesse bei Ihnen.

Ich möchte mich beruflich verändern, weil sich bei meinem derzeitigen Arbeitgeber keine Aufstiegsperspektiven abzeichnen.

Derzeit gibt es für mich in meinem Unternehmen keine Möglichkeit, beruflich weiterzukommen. Daher würde ich mich freuen, bei Ihnen eine verantwortungsvolle Aufgabe als ... zu übernehmen.

In meinem derzeitigen Aufgabenbereich kann ich mein Entwicklungspotenzial nicht vollständig entfalten. Einer Übernahme von Aufgaben im Bereich … sehe ich daher mit großem fachlichen Interesse entgegen.

Ich habe mir ein neues Ziel gesetzt: … . Für mich sprechen in erster Linie meine persönlichen Stärken … und … . Darüber hinaus … .

Bei meinem derzeitigen Unternehmen wird es für mich auf längere Sicht keine interessanten Veränderungsmöglichkeiten geben. In der von Ihnen beschriebenen Position sehe ich die Möglichkeit, meine Fähigkeiten im Bereich ... besser zur Geltung zu bringen.

Die von Ihnen angebotene Stelle entspricht meinen Erwartungen an mein berufliches Weiterkommen.

Angesichts meiner fachlichen Kenntnisse halte ich mich für prädestiniert, diese verantwortungsvolle Aufgabe zu übernehmen.

Die Position des … kann ich mir als nächsten Karriereschritt gut vorstellen.

Ich suche einen ausbaufähigen Arbeitsplatz.

Für diese Position bin ich fachlich und menschlich gut vorbereitet. Es reizt mich, mehr Verantwortung als bisher zu übernehmen.

Mich reizt die Möglichkeit beruflich aufzusteigen, weil ich mich fachlich und persönlich dafür in der Lage sehe.

Von der Übernahme der Position … verspreche ich mir einen erweiterten beruflichen Horizont.

Meine berufliche Zukunft ist klar: Sie liegt dort, wo ich gebraucht werde und meine Fähigkeiten weiterentwickeln und bestmöglich entfalten kann.

c) Ich habe neue Interessen

Ich bin derzeit in ungekündigter Position als ... in einem kleinen Unternehmen in ... tätig. Nun strebe ich eine Veränderung in eine größere Unternehmensgruppe an.

Ich schätze meine derzeitige Arbeit sehr. Aber nach ... Jahren/für meine weitere Entwicklung ist es (nun) an der Zeit, mich neuen Aufgaben und Anforderungen zu stellen, um langfristig nicht auf einer Stelle stehen zu bleiben.

Da ich meinen jetzigen Aufgabenbereich nun sicher und routiniert beherrsche, will ich mich nun an neuen Aufgaben messen und beruflich weiterentwickeln.

Meiner Vorstellung von einem erfüllten beruflichen Leben entspricht es, von Zeit zu Zeit neue Aufgaben und Unternehmen kennenzulernen.

Ich möchte mich gerne verändern. Die von Ihnen genannte Sparte der ... interessiert mich schon seit längerer Zeit. Ich sehe darin eine neue Herausforderung, für die ich mit meinen Qualifikationen gut vorbereitet bin.

Nach langjähriger Tätigkeit bei der Firma ... will ich nun Neues kennenlernen.

Ich beabsichtige mich beruflich neu zu orientieren.

d) Ich suche nach anderen Arbeitszeiten

Meine momentane Tätigkeit übe ich in Teilzeit aus. Daher freue ich mich sehr über eine Vollzeitstelle.

Langfristig suche ich nach einer Beschäftigung mit [20 – 25 Stunden/Woche]. Auch aus diesem Grund interessiert mich Ihr Angebot.

Seit Längerem plane ich eine Reduzierung meiner Stunden. Die Strukturen des Unter-nehmens, in dem ich derzeit tätig bin, bieten dafür allerdings keine Möglichkeit. Auch dies ist ein Grund, warum Ihr Stellenangebot für mich sehr reizvoll ist.

Bei meiner momentanen Arbeitsstelle arbeite ich regelmäßig an Wochenenden und bis spät in die Nacht. Obwohl mir die Arbeit viel Freude macht, liegt mir an einer eini-germaßen geregelten Arbeitszeit. Zu Überstunden bin ich natürlich nach wie vor bereit.

Nachdem ich jahrelang in der Verkaufsbranche mit den dort üblichen Arbeitszeiten beschäftigt war, freue ich mich nun auf ein Arbeitsfeld, das nicht von vorneherein auf den späten Abend oder auf Samstagsarbeit angelegt ist. Es ist für mich aber selbstverständlich, dass ich Ihnen bei Bedarf jederzeit mit Überstunden zur Verfügung stehe.

Aus familiären Gründen habe ich mich entschieden, eine Stelle in einer Branche zu suchen, die über etwas geregeltere Arbeitszeiten verfügt.

Bei meiner letzten Anstellung gab es nach Beendigung meiner Elternzeit keine adäquate Position mit reduzierter Stundenzahl für mich. Eine Teilzeittätigkeit bei Ihnen kann ich von meiner Seite aus zwischen [07:00 und 14:00 Uhr] ausüben.

Mit Beendigung meiner Elternzeit suche ich nach einer Aufgabe mit [20 – 25 Stunden] pro Woche.

Nach mehrjähriger Erziehungstätigkeit will ich nun in Teilzeit in Ihrem Unternehmen einsteigen. Meine möglichen Arbeitszeiten liegen zwischen [07:15 Uhr und 13:30 Uhr].

e) Ich bewerbe mich aus freiberuflicher Tätigkeit heraus

Meine freiberufliche Tätigkeit, mit stets schwankender Auftragslage, lässt mir ausreichend Freiraum für eine Festanstellung in Teilzeit.

Meine freiberufliche Tätigkeit als … übe ich bereits mehrere Jahre aus. Die Geschäfte laufen gut. Ich wünsche mir jedoch eine Tätigkeit, bei der ich stärker in ein Team einge-bunden und näher am Menschen arbeiten kann. Daher würde ich mich freuen, meine fachlichen und persönlichen Qualitäten bei Ihnen ein-bringen zu dürfen.

Meine freiberufliche Tätigkeit hatte ich aufgrund einzelner sehr interessanter Anfragen aufgenommen. Dies war jedoch nie auf Dauer angelegt.

Als Einzelunternehmer habe auch ich die rückgängige Auftragslage der Branche stark zu spüren bekommen. Preislich konnte ich mit den Großanbietern nicht mithalten und habe daher mein Unternehmen – abgesehen von wenigen aktuell auslaufenden Projekten – bereits beendet. Ich kann Ihnen ab sofort zur Verfügung stehen.

Studiendauer

⚵ Diesen Hinweis fügen Sie in Ihrem Text z. B. an folgender Stelle ein:
- bei „Berufliches"
- vor dem Abschuss

Dass ich mein Studium komplett selbst finanzierte, führte zu einer längeren Studiendauer.

Mit drei zusätzlichen Semestern liege ich über der Regelstudienzeit – was vor allem durch die teilweise Eigenfinanzierung meines Studiums bedingt war.

Aufgrund eines persönlichen Schicksalsschlags verlängerte sich meine Studiendauer. Die erzielten Ergebnisse zeigen Ihnen aber meine guten Leistungen.

Meine Studiendauer liegt deutlich sichtbar über der Regelstudienzeit. Erst nach dem Grundstudium widmete ich mich mit Ernst und Zielstrebigkeit den fachlichen Anforderungen.

Verspätete Unterlagen

✎ Diesen Hinweis fügen Sie in Ihrem Text z. B. an folgender Stelle ein:
- in der Eröffnung

Zuerst einmal herzlichen Dank für die Gelegenheit, Ihnen trotz laufendem Bewerbungsverfahren/im laufenden Bewerbungsverfahren noch meine Unterlagen einreichen zu dürfen.

Ich freue mich sehr, Ihnen meine Bewerbung vorlegen zu dürfen, obwohl das Auswahl-verfahren bereits abgeschlossen ist.

Vielen Dank für die Möglichkeit, Ihnen meine Bewerbung noch einreichen zu dürfen! Da mich Ihre Stellenbeschreibung in hohem Maße anspricht und sich Ihre Anforderungen im Wesentlichen mit meinen Erfahrungen und Abschlüssen decken, freut mich dies ganz besonders.

Vertraulichkeitsvermerk

Bei einem ungekündigten Arbeitsverhältnis ist es nicht ratsam, wenn Ihr Arbeitgeber von Ihrem möglichen Weggang erfährt. Ein entsprechender Vermerk kann Ihnen als Schutz dienen. Als zusätzliche Vorkehrung können Sie im Lebenslauf lediglich von Ihrer Tätigkeit bei „einem Unternehmen der Branche XY" oder „einem regional tätigen Dienstleister im Bereich XY" schreiben, statt die „Firma Müller, Hamburg" explizit zu erwähnen.

✎ Diesen Hinweis fügen Sie in Ihrem Text z. B. an folgender Stelle ein:
- vor Abschluss

Ich darf zum jetzigen Zeitpunkt um eine vertrauliche Behandlung meiner Bewerbung bitten, da ich in einem ungekündigten Arbeitsverhältnis stehe.

Da ich mich in ungekündigter Stellung befinde, bitte ich Sie um die vertrauliche Behandlung meiner Bewerbung.

Von Nachfragen bei meinem jetzigen Arbeitgeber bitte ich abzusehen. Ich habe ihn noch nicht über meine Veränderungspläne informiert.

Das Unternehmen [XY] habe ich noch nicht über meinen Wunsch nach Veränderung in Kenntnis gesetzt. Ich bitte Sie daher um Verschwiegenheit.

Bitte stellen Sie derzeit keine Referenznachfragen an meinen Arbeitgeber. In meinem Unternehmen sind meine weiteren beruflichen Pläne noch nicht bekannt.

Ich bitte um Ihr Verständnis, dass ich meinen derzeitigen Arbeitgeber zum momentanen Zeitpunkt nicht preisgeben möchte.

Mein Arbeitgeber ist über meinen Veränderungswunsch noch nicht informiert, daher baue ich auf Ihre diskrete Behandlung meiner Unterlagen.

Das Unternehmen, bei dem ich derzeit tätig bin, möchte ich zum momentanen Zeitpunkt namentlich nicht nennen.

Ich bitte Sie um Verständnis, dass ich meinen momentanen Arbeitgeber jetzt nicht benennen möchte.

Wiedereinstieg

Für den Wiedereinstieg kann ein Praktikum ein sehr hilfreiches, beschleunigendes Instrument sein. Lesen Sie daher auch die Formulierungen zum Themenbereich „Praktikum als Wiedereinsteigerin" auf den Seiten 162. Sollten Sie während der Elternzeit gearbeitet haben, sind auch die Hinweise im Abschnitt „Nebenbei-Jobs" (siehe Seite 206) von Interesse für Sie. Wenn Sie Ihren Wiedereinstieg im Anschreiben bewusst thematisieren wollen – was Sie ja nicht müssen, da sich dieser bereits durch Ihren Lebenslauf erklärt – sprechen Sie besser nicht von Elternpause, Erziehungsurlaub oder Ähnlichem. Verwenden Sie aktivere Begriffe wie Erziehungsphase, Elternzeit oder Betreuungszeit.

⚒ Diesen Hinweis fügen Sie in Ihrem Text z. B. an folgender Stelle ein:
- *in der Eröffnung*
- *einleitend bei „Berufliches"*

Nachdem meine beiden Kinder erwachsen und aus dem Haus sind, will ich gerne wieder in meinem erlernten Beruf tätig werden, den ich mit Leib und Seele ausübte, .

Nach einer Phase der Betreuung meiner Kinder will ich mich nun wieder den beruflichen Aufgaben der … widmen.

Ich bin mir sicher, dass mir nach Ablauf der Elternzeit wieder ein guter Einstieg in die Aufgaben meines Berufs der … gelingt.
Meine letzte Aufgabe – die Führung eines kleinen Familienunternehmens (Julia 8 und Markus 10 Jahre) – erfüllt mich nicht mehr voll und ganz. Die beiden sind nun schon sehr selbstständig und ich will mich wieder im Bereich … verwirklichen.

Vor meiner Erziehungsphase habe ich bei einem Unternehmen im Aufgabenfeld einer … gearbeitet. Ich bin mir sicher, dass es mir gut gelingen wird, an meine dortigen Erfahrungen anzuknüpfen und mich zielorientiert auf Ihre Anforderungen einzustellen.

Auch wenn ich nun mehrere Jahre nicht in meinem Beruf gearbeitet habe, werde ich es dank meiner hohen Motivation schaffen, mich in einem angemessenen Zeitraum fachlich wieder auf den aktuellen Stand zu bringen.

Begleitend zur Erziehungszeit habe ich mich vielfach ehrenamtlich engagiert und zudem Weiterbildungen besucht. Dank meiner engagierten und lerninteressierten Art werde ich die Aufgaben bei Ihnen mit Sicherheit effektiv bewältigen können.

Nach einer [vierjährigen] Familienphase suche ich nun die nächste anspruchsvolle Aufgabe – im Bereich … .

Ich möchte in meinen Beruf als … zurückkehren, denn zu Hause habe ich mich „wegrationalisiert" – meine Kinder sind jetzt erwachsen.

Die Arbeit zu Hause füllt mich nicht mehr aus, da meine Kinder selbstständig geworden sind. Ich bin außerordentlich motiviert und voller Elan, nun meine „alten" beruflichen Fähigkeiten wieder aufzufrischen. Daher habe ich mich vor Kurzem für die Weiterbildung „ …" angemeldet.

Nach der Geburt meines Sohnes habe ich diese Stelle aufgegeben, um mich ganz seiner Erziehung zu widmen.

Diese Stelle hatte ich aufgegeben, um mich ganz meinen Kindern und dem reibungslosen Ablauf des komplexen Familienalltags zu widmen. In dieser Zeit habe ich viel gelernt, bin an den vielfältigen Aufgaben gewachsen und – was den Umgang mit Stress betrifft – weit über mich hinausgewachsen: Ich fühle mich nun stressresistenter und reifer als zuvor.

Nach mehrjähriger Familienzeit benötige ich sicher eine intensivere Einarbeitungszeit. Ich bin aber überzeugt, dass ich mich sehr gewissenhaft auf die Anforderungen bei Ihnen einstellen kann und für Sie langfristig eine qualitativ und quantitativ hochwertige Mitarbeiterin werden kann.

Inzwischen bin ich Mutter von [vier] Kindern. Die Erziehung meiner Kinder hat mir eine neue Sichtweise auf das Leben vermittelt, mein Verantwortungsbewusstsein gestärkt und mir tiefe Einblicke in das kindliche Wachstum und die Entwicklung eines Menschen geschenkt. Daher waren die Jahre der Elternzeit auch eine berufliche Bereicherung für mich. *(Formulierung eignet sich zum Beispiel für Bewerbungen von Erzieherinnen, Sozialpädagoginnen, Kinderärztinnen etc.)*

WIND, WETTER UND ANDERE WIDRIGKEITEN

⚒ Diesen Hinweis fügen Sie in Ihrem Text z. B. an folgender Stelle ein:
- *am Ende bei „Berufliches"*
- *vor dem Abschluss*

Ich bin „wetterfest". Dies habe ich während meiner langjährigen Tätigkeit auf dem Bau bestens unter Beweis gestellt.

Die heißen Temperaturen in der Backstube machen mir nichts aus. Im Gegenteil: Ich liebe nicht nur warme Urlaubsländer, sondern auch ein angenehmes Arbeitsklima.

Ich bin mir der Tatsache bewusst, dass das Arbeiten bei Ihnen überwiegend bei Temperaturen unterhalb des Gefrierpunktes stattfindet. Das ist für mich kein Problem.

Bei meiner Tätigkeit bei … war ich jedem möglichen Wind und Wetter ausgesetzt. Daher dürfen Sie mit meiner vollen Einsatzfähigkeit rechnen.

In meiner Freizeit treibe ich gerne Sport und lasse mich dabei von keinem Wetter abhalten. So werde ich es auch bei den Aufgaben bei Ihnen halten.

Arbeiten bei widrigem Wetter bin ich durch meine Arbeit auf Baustellen durchaus gewohnt.

Zeitarbeitsfirma/Personalvermittlung

Wenn Sie sich aus einer ungekündigten Stellung bewerben und Ihr Arbeitgeber nichts von Ihren Bewerbungen wissen soll, richten Sie in Ihrem Anschreiben an eine vermittelnde Institution einen Sperrvermerk ein. Mit dem Hinweis „Bitte nicht an die Firma xyz weiterleiten!" stellen Sie sicher, dass Ihre Bewerbung nicht bei Ihrem Arbeitgeber landet.

Besonders vorsichtige Bewerber nennen im Lebenslauf auch nicht den Namen des Unternehmens, bei dem sie aktuell tätig sind, und bevorzugen Formulierungen wie „Angestellter im Bereich … bei einem regional tätigen Wirtschaftsunternehmen" oder „Angestellter im Bereich … eines mittelständischen Unternehmens in der XY-Branche."

In diesem Fall können Sie das Anschreiben an den Personalvermittler mit der folgenden Aufforderung abschließen: „Ich bitte Sie, mich über den Namen des Unternehmens zu informieren, an welches Sie meine Bewerbungsunterlagen weiterleiten möchten."

a) Bei der Stellenbewerbung
b) Bei der Initiativbewerbung

a) Bei der Stellenbewerbung

⚜ *Diesen Hinweis fügen Sie in Ihrem Text z. B. an folgender Stelle ein:*
- siehe die jeweilige Positionsangabe in Klammern am Ende der Sätze.

In der beschriebenen Aufgabe sehe ich aus den genannten Gründen eine sehr gute Möglichkeit, meine ersten Erfahrungen zum Thema [CRM] bei Ihrem Klienten einsetzen zu können. (Positionierung: als Eröffnung)

Für diese interessante Position möchte ich mich als ausgebildeter … mit Berufserfahrung in … ins Gespräch bringen. (Positionierung: als Abschluss)

Einem Vorstellungsgespräch mit Ihnen oder direkt mit dem Zielunternehmen sehe ich mit großer Freude entgegen. (Positionierung: als Abschluss)

Über Ihre Einladung zu einem ersten Kennenlernen und eine sich möglicherweise daraus ergebende Weiterempfehlung würde ich mich sehr freuen. (Positionierung: als Abschluss)

Die beschriebenen Aufgaben bei Ihrem Kunden sprechen mich sehr an. Ich bitte Sie um einen Terminvorschlag, damit ich Ihnen im persönlichen Gespräch verdeutlichen kann, dass mein Potenzial sehr gut mit dem Anforderungsprofil des Unternehmens korrespondiert/(oder schlichter:) dass meine Fähigkeiten und Kenntnisse sehr gut zu den Anforderungen des Unternehmens passen. (Positionierung: als Abschluss)

Habe ich Ihr Interesse für meinen Einsatz bei Ihrem Kunden geweckt? Dann freue ich mich über Ihre Einladung zu einem Vorstellungsgespräch. (Positionierung: als Abschluss)

b) Bei der Initiativbewerbung

⚡ *Diesen Hinweis fügen Sie in Ihrem Text z. B. an folgender Stelle ein:*
- siehe die jeweilige Positionsangabe in Klammern am Ende der Sätze.

Vielen Dank für Ihre freundliche Unterstützung bei der Suche nach Arbeitgebern, die an meinem Profil interessiert sein könnten. (Positionierung: als Eröffnung)

Eine branchenspezifische Ausrichtung kann einerseits im Bereich des …, andererseits in anderen Dienstleistungsunternehmen liegen. (Positionierung: als Abschluss)

Ich würde mich sehr freuen, wenn meine Bewerbung zu Einsätzen in interessierten Unternehmen führen würde. (Positionierung: als Abschluss)

Ich freue mich, wenn Sie mein Bewerberprofil auch zu einem späteren Zeitpunkt für Ihre Kundenanfragen berücksichtigen. (Positionierung: als Abschluss)

Zusätzliche Anforderungen und Werte

Häufig beinhalten Stellenanzeigen auch den Wunsch, dass dem Bewerber die Philosophie des Unternehmens zusagt oder dass ihn die konkreten Produkte auch persönlich ansprechen.

Auch wenn es für einen Buchhalter im Grunde gleichgültig ist, welche Artikel oder Dienstleistungen sich hinter den Zahlen verbergen − es ist das Anliegen der Arbeitgeber, dass sich alle Mitarbeiter mit dem Unternehmen, seiner Ausrichtung und Philosophie identifizieren können. Denn dann werden sie auch besser miteinander kommunizieren und arbeiten. Vor dem Hintergrund einer solchen Corporate Identity wird dann beispielsweise von Lagerhelfern, kaufmännischen Angestellten oder Sekretärinnen Umweltbewusstsein, technisches Interesse oder eine soziale Grundhaltung verlangt.

Ergänzend lesen Sie bitte auch die Hinweise und Formulierungstipps im Abschnitt „Persönliches" (S. 109 „Das bin ich … mit meinen persönlichen Werten und Haltungen.").

Mein [Umweltbewusstsein] sowie [ökologisches] Denken kann ich mit dieser Beschäftigung noch besser in Einklang bringen.

Ich bin sehr lerninteressiert, daher steht dem Ausbau meines [technischen] Verständnisses nichts im Wege.

Eine Aufgabe im Büro einer [sozialen] Organisation entspricht am ehesten meiner Persönlichkeit.

Ich bin eine Person, die Werte wie [Achtung, Würde und die Gleichheit aller Menschen] sehr ernst nimmt und schätzt und kann mich daher mit dem Leitbild Ihres Unternehmens sehr gut identifizieren.

Eine Tätigkeit im ... Bereich Ihres Unternehmens gibt mir die Gelegenheit, mein soziales Interesse mit meinen beruflichen Aufgaben noch besser zu verbinden.

Ich bin ein logisch-rational denkender und handelnder Mensch. Eine [Büro-]aufgabe in einem [mathematisch-wissenschaftlichen] Umfeld würde auch persönlich sehr gut zu mir passen.

Mit einer Anstellung bei Ihnen würde sich auch mein Wunsch erfüllen, meine persönlichen Wertvorstellungen in den Berufsalltag mit einfließen zu lassen.

Eine [anthroposophische] Grundhaltung entspricht meiner Lebensart. Daher könnte ich mich auch als Mensch in Ihrem Unternehmen verwirklichen.

Werte wie … sind in meinem Leben von großer Bedeutung. Daher würde ich mich sehr freuen, in einem Umfeld, wie es Ihr Unternehmen bietet, eine Aufgabe im [Sekretariat] auszuüben..

Eine Orientierung an Werten wie … prägt mich seit meiner Kindheit. Das Arbeiten in Ihrer Einrichtung entspricht deshalb auch meinen persönlichen Ansprüchen an einen erfüllenden Arbeitsplatz.

Mit dieser Tätigkeit bei Ihnen kann ich mein Interesse, dem ich bisher in meiner Freizeit z. B. mit der Durchführung von … nachging, mit meinen beruflichen Zielen verbinden.

Eine Büroaufgabe im [sozialen] Umfeld bedeutet für mich die Chance, meine Berufserfahrungen im [sozialen] Bereich und meine aktuelle Office-Qualifizierung auf ideale Weise miteinander zu verbinden.

Bei der von Ihnen angebotenen Arbeit schätze ich den Zusammenhang zwischen … .

Bereits seit einiger Zeit denke ich darüber nach, in welchem konkreten Bereich ich beides, meine Fachkenntnisse und meine persönlichen Wertvorstellungen, am besten einsetzen kann. Eine Symbiose aus … könnte die optimale Lösung für mich sein.

Bereits vor [zwei Jahren] war mir klar: Meine Fähigkeiten werde ich dort am besten verwirklichen können, wo sich [technische] Fragestellungen mit Tätigkeiten überschneiden, bei denen der Mensch im Zentrum steht. Daher sehe ich die Übernahme von Aufgaben in Ihrem Unternehmen als eine folgerichtige Fortführung meines bisherigen Werdegangs.

Die ausgeschriebene Position ist von einem wertorientierten Anforderungsprofil geprägt, das mir persönlich sehr zusagt. Ich sehe darin eine gute Basis für eine langfristige Zusammenarbeit.

Zwischenstationen

Eventuell waren Sie für kurze Zeit übergangsweise in einem anderen beruflichen Feld tätig oder wollen nun nach langjähriger anderweitiger Beschäftigung wieder in Ihren ursprünglichen Beruf zurückkehren. (Informationen dazu finden Sie auch im Abschnitt „Persönliches", dort unter „Flexibilität" [siehe Seite 114], und im Abschnitt „Besonderes" unter „Allroundkraft" [siehe Seite 188]).

a) Zurück zu den Wurzeln
b) Kurze Überbrückungstätigkeiten

🕯 *Diesen Hinweis fügen Sie in Ihrem Text z. B. an folgender Stelle ein:*
- bei „Berufliches"

a) Zurück zu den Wurzeln

Nach [sechs Jahren] Tätigkeit in … möchte ich nun zurück zu meinen beruflichen Wurzeln: … .

Die Voraussetzungen für diese Tätigkeit bringe ich von meinem erlernten Beruf als … mit. Auch die unterschiedlichen Arbeitsmethoden, die ich mir im Laufe meines Lebens in diversen Branchen angeeignet habe, zählen dazu.

Ich habe zwar zuletzt im Bereich … gearbeitet, will mich aber langfristig wieder in die Arbeitsabläufe einer IT-Abteilung integrieren. Dort kann ich mein Engagement und meine Stärken wieder besser einsetzen.

Die Aufgabe bei Ihnen steht für mich im Zeichen von „Back to the roots". Denn bereits vor [zehn Jahren] habe ich Aufgaben im Bereich … übernommen.

b) Kurze Überbrückungstätigkeiten

Nach meiner Ausbildung habe ich zunächst für [ein halbes Jahr] als … für ein Unternehmen der Branche gearbeitet, um überhaupt erst einmal beruflich Fuß zu fassen.

Übergangsweise habe ich im Bereich … gearbeitet.

Nach einer Zwischenstation als … will ich mich nun wieder auf meine Kernkompetenzen konzentrieren: die … .

Um die Phase der Stellensuche sinnvoll zu überbrücken, arbeite ich seit [Mai 2007] als Assistentin des Geschäftsführers im Unternehmen meines Vaters.

3   Alles rund um die Bewerbungsunterlagen

3.1 Die Gesamtwirkung

Die Bewerbungsunterlagen sind Ihre Visitenkarte. Nur über diese haben Sie die Möglichkeit zu zeigen, wer Sie sind. Erscheinen Sie als jemand Besonderes? Legen Sie Wert auf eine repräsentative und individuell durchdachte Gestaltung? Oder gehören Sie eher zur großen Masse der 0815 Bewerber?

Wesentlich ist ein gewinnender Gesamteindruck. Eine einheitliche, in sich abgerundete Präsentation wird viel zu wenig von Bewerbern genutzt, um sich deutlich von Mitbewerbern zu unterscheiden. Den Personalern liegen oft bis zu mehrere Hundert Bewerbungen vor – jede von ihnen ist grafisch anders aufbereitet. Was meinen Sie, wie positiv es in all dem optischen Durcheinander auffällt, wenn eine Mappe sich aus einem Guss präsentiert. Haben Sie keine Scheu, optisch etwas Neues auszuprobieren. Die Musterbeispiele in diesem Buch sind keineswegs zu auffällig, sondern bewusst ausgewählte stilvolle Exempel erfolgreicher Bewerber. Die folgenden drei Tipps helfen Ihnen, eine wirkungsvolle, einheitliche Präsentation zu erzielen:

1. Verwenden Sie durchgängig die gleichen grafischen Stilmittel:Wenn Sie das Deckblatt mit einem senkrechten Strich versehen, sollte der Lebenslauf keine horizontalen Linien aufweisen. In Sinne der Stimmigkeit empfiehlt sich auch die einheitliche Verwendung Ihres Briefkopfes. Entscheiden Sie sich für eine optische Variante und nutzen diese konsequent auf jedem Ihrer Bewerbungsdokumente.

2. Sie können auch dezent mit Farben arbeiten (ein normales Blau ist immer richtig!) – zum Beispiel, falls Sie einen Unterstrich bei Ihrem Briefkopf verwenden, diesen farbig halten, oder Ihren Namenszug nicht schwarz schreiben oder Sie können die Überschriften im Lebenslauf farbig setzen. Stimmen Sie die gewählte Farbe auch auf Ihre Mappe ab, gegebenenfalls zudem auf den Hintergrund Ihres Fotos und auf die Farbwahl des Unternehmens bei seiner Präsentation in der Anzeige, im Internet oder in Broschüren.

3. Wählen Sie eine der Position und dem Gehaltniveau angemessene Mappe und entsprechendes Papier.

Die folgende Musterbewerbung überzeugt auf den ersten Blick. Sie ist aus einem „Guss".

Ryan Nordhoff

Rahnstr. 78
22359 Hamburg
Mobil : 0178 981231923
Ryan@ryan-nordhoff.de

Bewerbung
um die Position des ´Field Sales Managers´ bei
German Ping-Entertainment GmbH, Hamburg

Ryan Nordhoff

Ryan Nordhoff

Rahnstr. 78
22359 Hamburg
Mobil: 0178 981231923
Ryan@ryan-nordhoff.de

German Ping-Entertainment GmbH
Herrn Jakob Maas
Am Damm 12
21079 Hamburg

Hamburg, 14. April 2010

Bewerbung um die Position des ´Field Sales Manager´

Sehr geehrter Herr Maas,

seit einiger Zeit trage ich mich mit dem Gedanken, mich beruflich zu verändern. Ihre ausgeschriebene Stelle erscheint mir als eine besonders interessante Herausforderung für eine neue Weichenstellung.

Seit Jahren akquiriere und betreue ich in großen Teilen Deutschlands als Gebietsleiter und Key Account Manager Großkunden und Kunden aus Handel, Einkaufskooperationen und Banken. Angeboten werden Absatzfinanzierungen in Verbindung mit Kundenkreditkarten. Die Schulung des Verkaufspersonals unserer Vertragspartner sowie Präsentationen auf Fachhandelsmessen und ERFA-Tagungen spielen bei einem solch erklärungsbedürftigen Produkt eine zentrale Rolle.

Wichtige Schwerpunkte meiner Arbeit sind, neben zahlreichen Projektarbeiten für Großkunden und Banken, die Marktanalyse, die Wettbewerbsbeobachtung und die Durchführung von Informationsveranstaltungen. Auch das Führen mir unterstehender Mitarbeiter sowie die Einarbeitung neuer Kollegen sind und waren stets Teil meines Verantwortungsbereiches.

In meinem jetzigen Tätigkeitsbereich gelten ein absolut sicheres Auftreten und die Bereitschaft, sich überdurchschnittlich für das Unternehmen einzusetzen, als selbstverständlich. Zu meinen Stärken zählen Verhandlungsgeschick mit Abschlusssicherheit sowie eine bereichsübergreifende und betriebswirtschaftlich orientierte Denkweise. Meine Gehaltsvorstellung liegt bei 55 000 € p.a.

Über ein persönliches Gespräch, in dem ich Sie von meiner Eignung für diese besonders verantwortungsvolle Position überzeugen möchte, würde ich mich sehr freuen.

Mit freundlichen Grüßen   **Anlagen**

Ryan Nordhoff

Ryan Nordhoff

Rahnstr. 78
22359 Hamburg
Mobil: 0178 9812319
Ryan@ryan-nordhoff.de

WERDEGANG

ZUR PERSON

geb. am 1. Juli 1970 in Hamburg
verheiratet, zwei Kinder

BERUFLICHER WERDEGANG

Seit 10/2006	ConCredit Bank Hamburg (Kundenkarten-System)

- ☑ Absatzfinanzierung in Verbindung mit Kundenkreditkarten
- ☑ Key Account Manager
- ☑ Schwerpunkt: Akquisition und Betreuung der Vertragspartner
- ☑ Akquisition von Neukunden u. a. aus dem Bereich Unterhaltungselektronik
- ☑ Mitarbeiterführung
- ☑ Durchführung von Schulungen und Messen

2004 - 2006   C.S.W.O-Cash, Hannover (Elektronischer Zahlungsverkehr)

- ☑ Betreuung und Akquisition von Banken und Großkunden
- ☑ Durchführung von Schulungen und Überwachung von Projekten

1998 - 2004   FIN-Card, Hamburg (Kundenkarten-System)

- ☑ Absatzfinanzierung in Verbindung mit Kundenkreditkarten
- ☑ Betreuung der ca. 700 Vertragspartner im Außen- und Innendienst
- ☑ Durchführung von Schulungen und Messen
- ☑ Akquisition von Neukunden
- ☑ ab Januar 2003 Key Account Manager

1996 - 1998   PRO Cranes International AG, Berlin (Kranbau)

- ☑ Akquisition von Neukunden und Betreuung des vorhandenen Kundenstammes

1994 - 1996   Bundeswehr

1990 - 1994   Industriemechaniker, GGS-Ships, Kiel (Schiffsbau)

Ryan Nordhoff

Rahnstr. 78
22359 Hamburg
Mobil: 0178 9812319
Ryan@ryan-nordhoff.de

WEITERBILDUNGEN

2001 - 2003	Offensiv-Training für Management und Verkauf: Aufbaustufe 2 (2003) Aufbaustufe 1 (2002) Spezial (2001)
1996 - 1998	Qualifizierung zum Handelsfachwirt (berufsbegleitend), Handels-Akademie (HA-IT) in Hamburg; Erfolgreicher Abschluss

AUSBILDUNG

1987 - 1990	Ausbildung zum Industriemechaniker bei der Steuer & Kiepenbreu GmbH, Hamburg; erfolgreicher Abschluss
1987	Mittlerer Bildungsabschluss an der Gerhart-Hauptmann-Realschule, Hamburg

Hamburg, 14. April 2010

3.2 Das Wichtigste auf einen Blick

Diese Angaben beziehen sich auf die Bewerbung für eine ausgeschriebene Stelle. Spezielle Hinweise für die (Kurz-) Initiativbewerbung finden Sie auf Seite 327.

Sortierung in
zweiteiligen Mappen

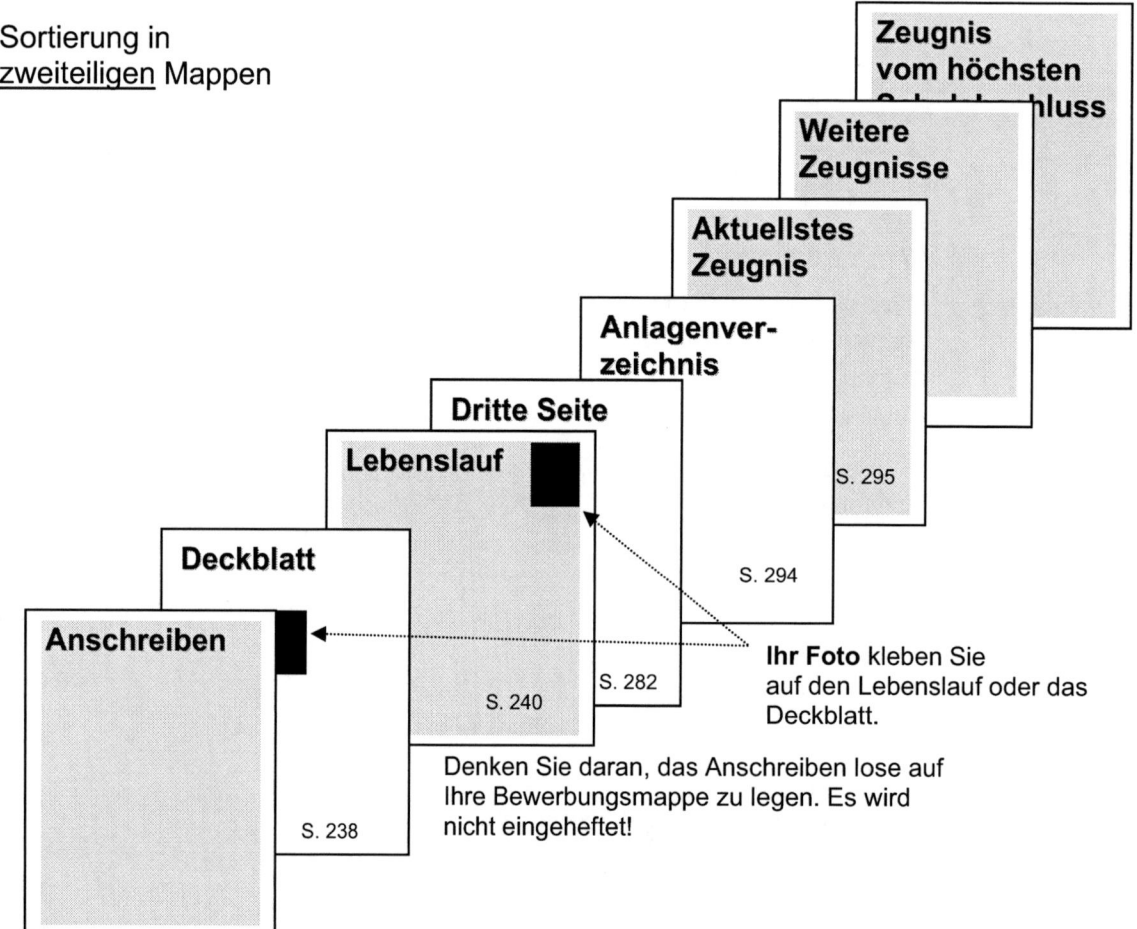

S. 238

S. 240

S. 282

S. 294

S. 295

Ihr Foto kleben Sie
auf den Lebenslauf oder das
Deckblatt.

Denken Sie daran, das Anschreiben lose auf
Ihre Bewerbungsmappe zu legen. Es wird
nicht eingeheftet!

MUSS

Diese Dokumente gehören
immer zu einer Bewerbungsmappe:

- Anschreiben
- Lebenslauf
- Zeugnisse

KANN

Diese Dokumente können Ihre Bewerbungsmappe verbessern:

- **Deckblatt**
  ...ist wie ein Buchdeckel, der Ihre Unterlagen eröffnet.

- **Dritte Seite**
  ...können Sie als fachliches, persönliches, berufliches oder auch kreatives Profil oder als einen „Schwächen-in-Stärken-Verwandler" nutzen

- **Anlagenverzeichnis**
  ...empfiehlt sich, wenn Sie viele Zeugnisse beifügen

3.3 Die Bewerbungsunterlagen – Schritt für Schritt

a) Mappen, Umschläge und Papier

Die passende Mappe

Einen positiven Eindruck beim Einsteller erreichen Sie schon durch die richtige Wahl der Bewerbungsmappe. Sie haben die Wahl von der einfachen, aber stilvollen Plastikklippmappe bis hin zur dreiklapprigen Edelkartonausführung. Sie bekommen diese Mappen in den unterschiedlichsten Farben. Schwarz oder Grau eignet sich z. B. für juristische Bereiche. Blau ist eine seriöse Farbe, die Sie fast überall verwenden können. Der Naturton „chammois" ist wirkt edel, aber gleichzeitig dezent und hat Stil.

In Stadtverwaltungen, bei öffentlichen Trägern und natürlich in Umweltverbänden wird Wert auf ökologische Mappen gelegt: Hier hat alles aus Pappe Chancen. Bei Greenpeace sollten Sie sich also nicht mit einer Plastikmappe vorstellen.

Verwenden Sie nur Klemmmappen. Klarsichthüllen und Heftmappen (mit Laschen zum Einheften von Gelochtem) verwendet man heute nicht mehr.

Sie werden selbst ein Gespür dafür haben oder entwickeln, welche Mappen zu Ihrem Qualifikationsniveau, der Branche und Ihrem Zielunternehmen passen. Nicht immer ist eine Luxusmappe angebracht: Sie kann z. B. bei einem ohnehin überqualifizierten Bewerber prompt zu einer Absage führen. Die Entscheidung ist immer auch eine Frage, wie viel man investieren möchte oder kann, und hängt mit der individuellen Gesamtpräsentation sowie mit der Einschätzung der Persönlichkeit des Einstellers zusammen. Letzteres ist jedoch sehr schwer auszumachen. Es gibt Einsteller, die zuerst zu den dreiteiligen Mappen greifen, weil sie mit diesen die vielversprechenderen Bewerber verbinden. Andere Personaler beschweren sich über das unhandliche Format dieser Mappen!

Tendenziell halte ich die dreiteiligen Bewerbungsmappen aus meiner Erfahrungspraxis in folgenden Fällen für empfehlenswert:

- für hoch qualifizierte Positionen
- für Stellen, die ein repräsentatives Auftreten im Kundenkontakt von Ihnen erfordern
- für Bewerbungen in Image- und Prestige-Unternehmen
- überall dort, wo Sie vermuten, mit einer solchen Mappe positiv auffallen zu können.

Eine mögliche Sortierung bei dreiteiligen Mappen:

MAPPENTYP 1:

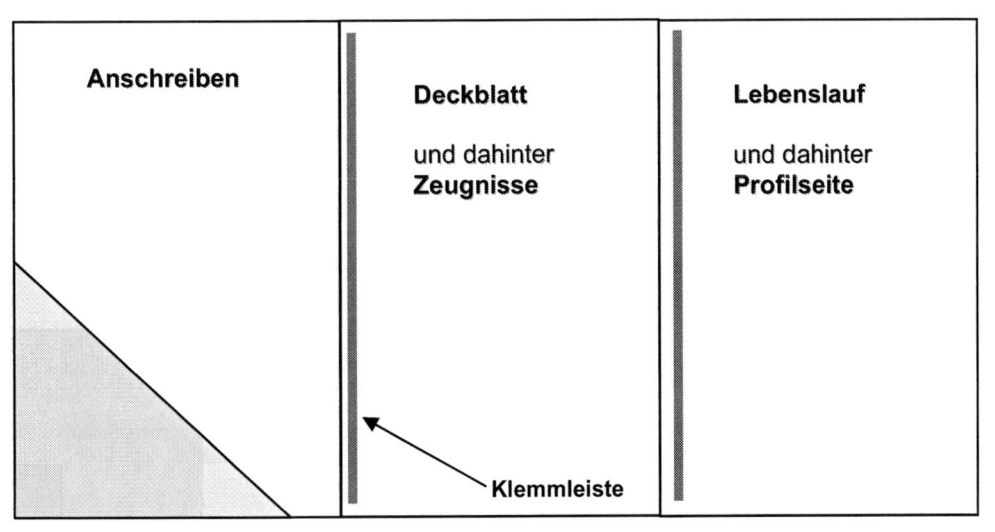

Zum Einklemmen der Papiere gibt es hier Laschen oder Klemmleisten. Wenn Sie einen zweiseitigen Lebenslauf haben, müssen Sie unbedingt zwei Klemmleisten in Ihrer Mappe haben. Wenn Sie über sehr viele Anlagen verfügen, achten Sie auf eine ausreichende Dicke der Klemmleisten. Es gibt unterschiedlich dicke Klemmleisten (für 15 oder 30 Blatt etc.). Dies gilt auch für die zweiteiligen Bewerbungsmappen.

MAPPENTYP 2:

Klemmlaschen

Deckblatt

und dahinter
Zeugnisse

Lebenslauf

und dahinter
Profilseite

Das Anschreiben
wird hier auf der
Rückseite platziert!

Anschreiben

<u>Das richtige Papier</u>

Üblicherweise drucken Sie Ihre Dokumente auf handelsüblichem weißen 80g-Papier, so wie es in jedem Kopierer vorzufinden ist. Den optischen Eindruck Ihrer Bewerbung können Sie aber auch mit der Wahl eines anderen Papiers deutlich verstärken: durch strukturiertes Papier (feine Oberflächenstruktur), Wasserzeichenpapier (z. B. für eher konservativ-klassisch ausgerichtete Adressaten) oder auch stärkeres Papier (ca. 110g; dieses hinterlässt beim Anfassen einen hochwertigen Eindruck). Ein dezent farbiges Papier (wie z. B. im Naturton „Chammois") wirkt ebenfalls äußerst stilvoll.

Bei der Verwendung von besonderem Papier können Sie durchaus so vorgehen: Während Sie alle selbst erstellen Dokumente auf dem Sonderpapier drucken, kopieren Sie alle Zeugnisse auf normalem 80 g-Papier. Dies ist beim Einsatz von stärkerem Papier sogar zu empfehlen, da Sie ansonsten einen viel zu dicken Zeugnisanhang haben.

b) Das Foto

Im Journalismus heißt es „Bild schlägt Text". Liegen einem Arbeitgeber zwei qualitativ ähnliche Bewerberprofile vor, bestimmt das Bild, wen er einlädt. Für alle Fotoscheuen sei gesagt: Ein Foto ist so gut wie sein Fotograf. Um sich ins rechte Licht rücken zu lassen, braucht es eine gute, lockere Arbeitsatmosphäre bei den Aufnahmen.

Wie professionell ein Fotograf arbeitet, erkennen Sie im Schaufenster oder in den Innenräumen. Erkundigen Sie sich nach Preisen, danach, wie solche Aufnahmen im Endergebnis aussehen, ob Sie einen Termin brauchen etc. Lassen Sie sich eine Visitenkarte geben und denken Sie in Ruhe über den besten Fotografen nach. Anhaltspunkte für ein gutes Bild sind der Hintergrund des Bildes und die Positionierung des Bewerbers im Bild. Das Bild sollte im Längsformat mindestens 4 x 6 cm und kann bis zu ca. 6,5 x 8,5 cm groß sein. Lassen Sie sich nichts Kleineres als 4 x 6 cm verkaufen!

Ein Vorteil der heutigen High-Tech-Aufnahmen ist es, dass Fotografen die Daten zum Kauf oftmals auch auf CD anbieten. Klären Sie zu Ihrer Sicherheit, dass Sie damit auch die Berechtigung zur digitalen Verwendung haben. Das Einscannen der Bilder – auch wenn dies fast alle Bewerber machen – verletzt die Rechte des Fotografen.

Für die Kleiderfrage gilt wie im Bewerbungsgespräch auch: Falls Sie sich nicht sicher sind, dann kleiden Sie sich lieber einen Tick zu chick. Wählen Sie nichts zu Buntes oder stark Kariertes. Schwarze Kleidung schluckt viel Licht und verdüstert die Ausstrahlung.

Die folgenden vier Beispiele geben gelungene Aufnahmen wieder. Sie sehen: Ein stilvolles Schwarz-Weiss (auch Sepia-Farben, d.h. Brauntöne, sind möglich) ist genauso wirkungsvoll wie Farbe. Auch quadratische Varianten können einen außergewöhnlichen Eindruck erwecken. Nutzen Sie die für sich beste Idee, um sich von anderen Bewerbern abzuheben.

Originalfoto oder Farbdruck?
Für eine ausgeschriebene Stelle empfehle ich nach wie vor das Originalfoto. Je höher oder auch um so bedeutungsvoller die Position ist, desto wahrscheinlicher ist es, dass ein eingescanntes Foto als zu billig gewertet wird. Mangelnde Motivation, fehlende Würdigung gegenüber dem Unternehmen – das sind Gedankenketten, die sich beim Empfänger in Bezug auf Akademiker und Spitzenbewerber spinnen könnten, die eingescannte Fotos verwenden. Eine Ausnahme besteht sicherlich bei Bewerbern im Bereich der Multimediaberufe und der IT-Branche.

Für Initiativ- oder auch Praktikumsbewerbungen können Sie aber − und zwar vollkommen unabhängig vom Postionsniveau − mit in Farbe gedruckten Bildern aufwarten. Dafür benötigen Sie noch nicht einmal Fotopapier.

Die Nachbestellungen für Fotos sind beim Fotografen teilweise sehr teuer. Daher entscheiden sich viele Bewerber − nach Erwerb der entsprechenden Lizenz beim Fotografen − für die günstigere und erstaunlich gute Möglichkeit, die sich heute mit den „Vor-Ort-Fotodruckern" der Drogeriemärkte oder der großen Elektro-/Mediageschäfte bieten: Sie nehmen Ihre Foto-CD mit und erhalten sofort einen sehr guten Abdruck auf Fotopapier zu äußerst günstigen Preisen.

c) Ihr individueller Briefkopf

Entwerfen Sie Ihren eigenen Briefkopf. So wie sich ein Logo konsequent in einer Präsentation durchzieht, setzen Sie diesen auf

⇨ Ihr Anschreiben
⇨ den Lebenslauf
⇨ falls vorhanden: Ihre Dritte Seite
⇨ falls vorhanden: ein Anlagenverzeichnis
⇨ eventuell. weitere Dokumente

Somit verfügen Sie über Ihr eigenes Briefpapier. Ihre Bewerbungsunterlagen erhalten dadurch eine sehr persönliche und professionelle Ausstrahlung. Hier einige Inspirationen für Ihren individuellen Briefkopf:

... als Absenderblock

Andreas Appel
Medizinisch Technischer Assistent

Adlerweg 14
22767 Hamburg
Tel.: 040 4688416

Sarah Jakobi

✉ Jahnstraße 14
79100 Freiburg
☎ 0761 885044

Sarah Jakobi

✉ Jahnstraße 14
79100 Freiburg
☎ 0761 885044
🖳 Jakobi@web.de

Sarah Jakobi
Jahnstraße 14
79000 Freiburg
Tel.: 0761 885044

Barabas Barnikel
Dipl.-Pflegewirt (FH)

Goethestr.1
50676 Köln
Tel.: 0221 12348899
E-Mail: b.barnikel@gmx.de

Julia Schierke

Dörenweg 12
47051 Duisburg
Tel.: 0203 445122
juschier@web.de

Julia Schierke

Dörenweg 12
47051 Duisburg
Tel.: 0203 445122
juschier@web.de

Julia Schierke

Dörenweg 12
47051 Duisburg
Tel.: 0203 45122
juschier@web.de

Julia Schierke

Dörenweg 12
47051 Duisburg
Tel: 0203 445122
juschier@web.de

d) Das Deckblatt

Nach wie vor finden Deckblätter einen positiven Anklang. Durchaus gibt es aber Personalentscheider, denen es lästig ist, bei einer Vielzahl an Bewerbungen täglich zweihundertmal ein, aus Ihrer Sicht, unnötiges Papier zu blättern. Aus meiner persönlichen Erfahrung bewährt sich ein solches Dokument aber auch heute noch, wenn es richtig verwendet wird. Sie müssen sich von den anderen Stellen-Interessenten mit ihren „Massen"-Deckblättern abheben. Individualisieren Sie diese Eröffnungsseite, indem Sie die Ziel-position und das Unternehmen notieren („Bewerbung als … bei …") – wiederum unter Verwendung Ihres Briefkopfes. Der Name des Unternehmens und der Ort sind völlig ausreichend.

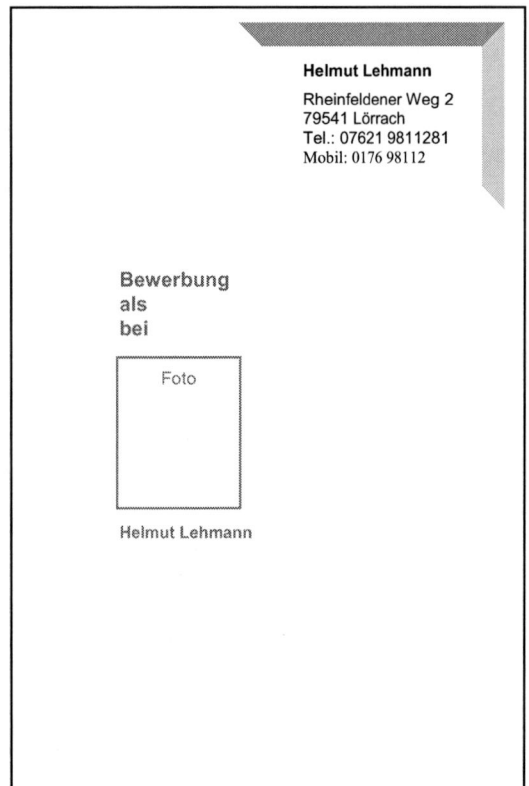

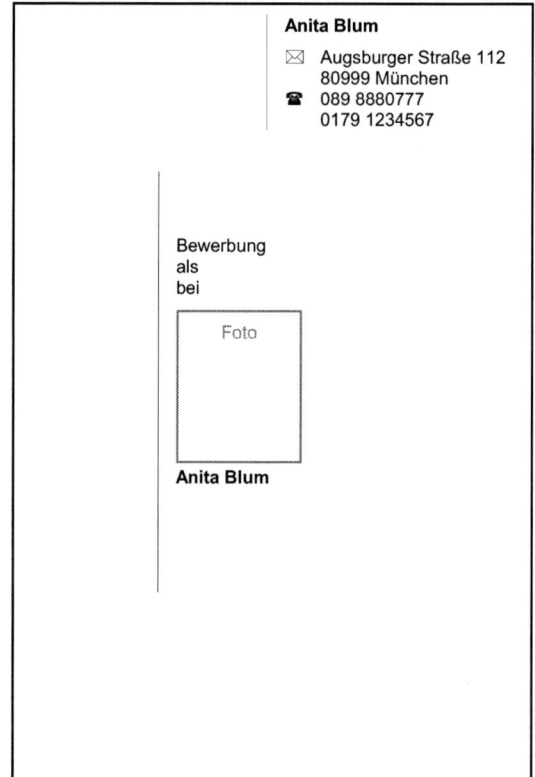

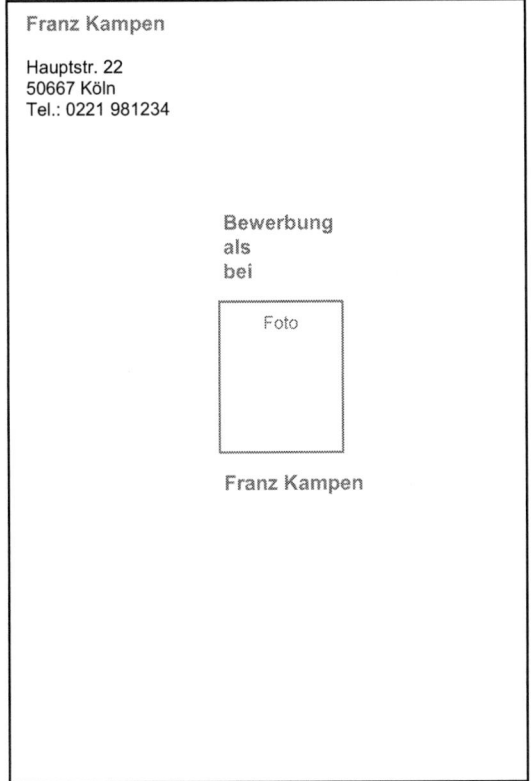

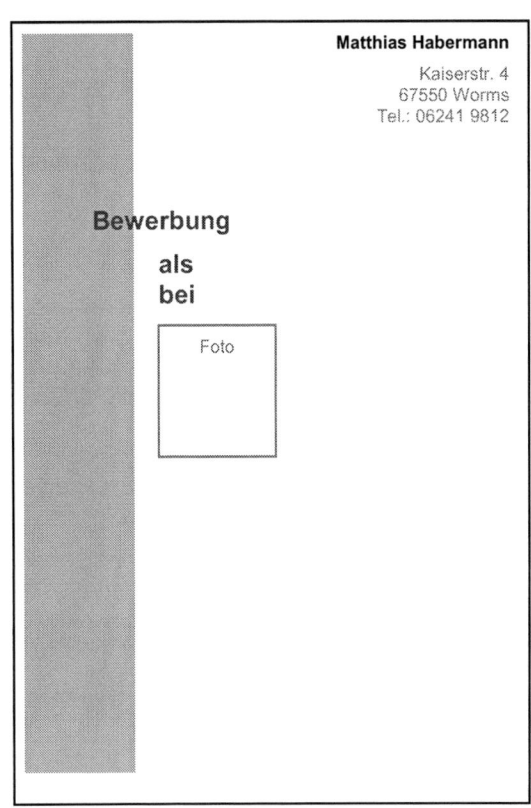

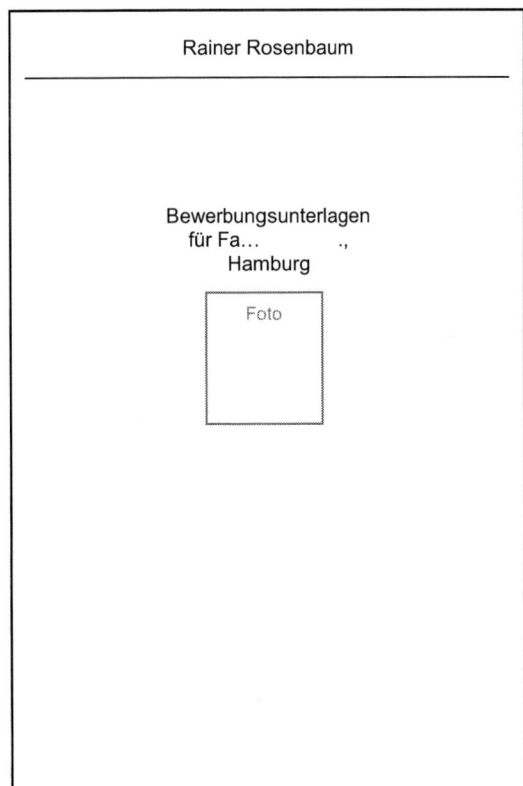

e) Der Lebenslauf

- **Zwei Formen**

Der Lebenslauf wird im tabellarischen, also stichpunktartig gegliederten Stil gehalten. Die ausführliche Textform oder eine handschriftliche Fassung wird nur noch selten verlangt, z. B. bei Bewerbungen um einen Ausbildungsplatz. Wählen Sie diese Formen also nur auf ausdrücklichen Wunsch. Es gibt nur zwei wirklich empfehlenswerte Möglichkeiten, den Lebenslauf zu strukturieren:

Chronologisch

Das ist die bekannteste Form der Darstellung des Lebenslaufes. Sie gibt – geordnet nach der tat-sächlichen zeitlichen Abfolge – eine Etappe nach der anderen wieder. Diese Variante ist für manche Bewerbungen ideal, z. B. um dadurch eine bereits seit Langem andauernde arbeitsuchende Phase nicht gleich am Anfang präsentieren zu müssen.

Lebensläufe, die sich gut auf einer Seite platzieren lassen, können ebenfalls wirkungsvoll in diese Form gebracht werden: Die einseitige Übersicht ermöglicht es, das Profil schnell zu erfassen. Konservativ geprägte Entscheider bevorzugen sicherlich diesen gewohnten Stil.

Chronologisch rückwärts

Das ist in vielen Fällen die bessere Form. Einzelne Berater und Autoren behaupten gar, dass diese Variante heute die einzige zulässige ist. Das ist nicht richtig. Den Lebenslauf mit der Jetztzeit beginnen zu lassen, ist insofern häufig die optimalere Präsentationsform, weil man sich meistens auf Stellen bewirbt, die der bisherigen Tätigkeit gleichen oder zumindest ähneln.

Aus Gründen einer europaweiten Standardisierung hat eine Kommission der EU den EU-Lebenslauf (ausschließlich in der chronologisch rückläufigen Form) entworfen (siehe dazu Seite 241.)

Der Lebenslauf	Der Lebenslauf
Persönliche Daten	**Persönliche Daten**
Schulbildung	**Berufstätigkeiten**
Grundschule	1990 – 2002 Stellvertr. Gesch
Realschule	1985 – 1990 Vertriebsleiter
Gymnasium	1970 – 1985 Verkäufer ....
Ausbildung/Studium	**Wehrdienst**
Wehrdienst	**Ausbildung/Studium**
Berufstätigkeiten	**Schulbildung**
1970 – 1985 Verkäufer	Gymnasium
1985 – 1990 Vertriebsleiter	Realschule
1990 – 2002 Stellvertr. Gesch..	Grundschule
Zusätzliches	**Zusätzliches**
Ort, Datum und Unterschrift	Ort, Datum und Unterschrift

- **Der EU-Lebenslauf**

Für Bewerbungen bei Großunternehmen, insbesondere bei den amerikanisch ausgerichteten, ist der EU-Lebenslauf sehr ratsam. Der chronologisch rückläufige Aufbau ist den Gewohnheiten aus dem anglo-amerikanischen Raum entnommen und spricht Arbeitgeber oftmals auch wegen der klaren Systematik, der modernen Präsentation und der Vergleichbarkeit mit anderen Profilen sehr an. Informieren Sie sich ausführlich über die komplette standardisierte EU-Bewerbungsform unter http://www.europass-info.de/de/europass-lebenslauf.asp.

Europass-Lebenslauf

Hier wird das Foto eingefügt.

Angaben zur Person

Nachname(n)/Vorname(n) **Vorname(n) Nachname(n)**

Adresse(n) Straße, Hausnummer, Postleitzahl, Ort, Staat

Telefon Mobil

Fax

E-Mail

Staatsangehörigkeit

Geburtsdatum

Geschlecht

Gewünschte Beschäftigung/
gewünschtes Berufsfeld

Berufserfahrung

Daten

Beruf oder Funktion

Wichtigste Tätigkeiten und Zuständigkeiten

Name und Adresse des Arbeitgebers

Tätigkeitsbereich oder Branche

> Die Auflistung erfolgt chronolgisch rückläufig, d.h. die am kürzesten zurückliegende Aus-/Schulbildung wird zuerst gelistet.
>
> Für jede Station soll eine separate Eintragung vorgenommen werden.

Schul- und Berufsbildung

Daten

Bezeichnung der erworbenen Qualifikation(en)

> Die Auflistung erfolgt chronolgisch rückläufig, d.h. die am kürzesten zurückliegende Aus-/Schulbildung wird zuerst gelistet.
>
> Für jede Station soll eine separate Eintragung vorgenommen werden.

Hauptfächer/berufliche
Fähigkeiten

Name und Art der Bildungs- oder
Ausbildungseinrichtung

Stufe der nationalen oder
internationalen Klassifikation

Persönliche Fähigkeiten
und Kompetenzen

Muttersprache(n)

Sonstige Sprache(n)

Selbstbeurteilung	Verstehen		Sprechen		Schreiben
Europäische Kompetenzstufe (*)	Hören	Lesen	An Gesprächen teilnehmen	Zusammen-hängendes Sprechen	
Sprache	A1 Elementare Sprach-verwendung	A1 Elementare Sprach-verwendung	A1 Elementare Sprach-verwendung	A1 Elementare Sprach-verwendung	A1 Elementare Sprach-verwendun
Sprache	A1 Elementare Sprach-verwendung	A1 Elementare Sprach-verwendung	A1 Elementare Sprach-verwendung	A1 Elementare Sprach-verwendung	A1 Elementare Sprach-verwendun

(*) Referenzniveau des gemeinsamen europäischen Referenzrahmens

Soziale Fähigkeiten und
Kompetenzen

Organisatorische Fähigkeiten und
Kompetenzen

Technische Fähigkeiten und
Kompetenzen

IKT-Kenntnisse und Kompetenzen .

Künstlerische Fähigkeiten und
Kompetenzen

Sonstige Fähigkeiten und
Kompetenzen

> Diese Texte durch eine Beschreibung der
> einschlägigen Kompetenzen ersetzen und
> angeben, wo diese erworben wurden.
>
> Falls nicht relevant, Rubrik bitte löschen
> (siehe Anleitung).

Führerschein(e) — Angabe über den Besitz eines Führerscheins und für welche Fahrzeugklassen dieser gilt.

Zusätzliche Angaben

Hier weitere Angaben machen, die relevant sein können, z. B. zu Kontaktpersonen, Referenzer
usw.

Anlagen

Gegebenenfalls Anlagen auflisten.

- **Das Wichtigste auf einen Blick**

Als Überschrift können Sie anstelle von Lebenslauf auch die lateinische Variante „Curriculum Vitae" (in den Inseraten oft abgekürzt als „CV") wählen. Achten Sie sowohl auf eine übersichtliche Darstellung als auch auf eine erkennbare Chronologie.

1 Übersichtliche Darstellung

Lebenslauf

Persönliche Daten

Name
Geburtsdatum/-ort
Familienstand
(Staatsangehörigkeit)
(Religionszughörigkeit)

Schulbildung

Jahr - Jahr	Grundschule **(mit NAME/ORT)**
Jahr - Jahr	Gymnasium **(mit NAME/ORT) Abschluss: XYZ**

Studium

Monat/Jahr - Monat/Jahr	Studium der ... **WAS?/Bei WEM? und WO?**

Berufstätigkeit

Monat/Jahr - Monat/Jahr	Tätigkeit ... **WAS?/Bei WEM? und WO?**

Zusätzliches

Ort, Datum Unterschrift

Schriftart
Verwenden Sie die gleiche Schriftart wie in Ihrem Anschreiben und den anderen Dokumenten. Die Empfehlung laut DIN-Norm ist Arial, aber auch andere serifenlose Schriften (Verdana, Calibri, Tahoma, Garamond) sind möglich.

Schriftgröße
Die Größe der Schrift kann durchaus bis um einen Punkt vom Anschreiben abweichen, insbesondere wenn Sie den Lebenslauf dadurch auf eine Seite komprimieren können. Mindestgröße ist 10 Punkt, empfohlen wird 12 Punkt.

Angabe der Daten
Wer lediglich Jahreszahlen notiert, muss befürchten, dass ihm ein Vertuschen großer Lücken angelastet wird. Notieren Sie – zumindest für die letzten 10 bis 15 Jahre – die Daten mit Monatsangaben und zeigen somit eine glaubwürdige Transparenz. Die Hinweise auf Seite 289 unterstützen Sie im Umgang mit möglichen Lücken. Das tagesgenaue Notieren der Daten verwirrt nur und liefert keinen wichtigen Informationswert. Folgende Schreibweisen sind möglich:

11/2008 - 03/2010 oder 11.2008 - 11.2010

Anstelle des Mittestriches (DIN-Norm) kann auch „bis" (laut DUDEN) geschrieben werden. Grundsätzlich ist auch die zweiziffrige Schreibweise der Jahreszahlen bei allen Varianten möglich (11.08 - 03.10); sie kann aber verwirrend wirken. Wenn Sie ausschließlich Ziffern verwenden, haben Sie den Voteil einer klaren Gliederung. Alle Daten stehen genau untereinander. Aber auch die alpha-numerische Schreibweise ist möglich und interessant. Sie ist für manche besser lesbar und eingängiger:

November 2008 - März 2010 oder
Nov. 2008 bis März 2010

Eine einheitliche Darstellung
Entscheiden Sie sich für einen einheitlichen Stil:

01.05 - 10.08 Vertriebsassistentin, Schneider AG, Hamburg
11.08 - 03.10 Chefsekretärin, Heller GmbH & Co. KG, Köln

oder z. B.:
01.05 - 10.08 Vertriebsassistentin **bei der** Schneider AG **in** Hamburg
11.08 - 03.10 Chefsekretärin **bei der** Heller GmbH & Co. KG **in** Köln

Beschreibung der Position/Tätigkeit
Verzichten Sie auf Füllwörter wie „Tätigkeit als ..." oder „Angestellt als ...". Schreiben Sie direkt „Techniker bei ..." oder „Abteilungsleiter bei ...".

Optische Hervorhebungen
Mit Fett-/Kursivdruck oder beispielsweise Unterstreichungen lassen sich die wichtigsten Profilpunkte oft noch besser präsentieren.

2) Eine erkennbare Chronologie

Durch die Unterteilung des Lebenslaufs in Rubriken wie Berufstätigkeit, Weiterbildungen, Zivil-/Wehrdienst etc. wird dieser möglicherweise in seiner Chronologie unterbrochen. Diese thematische Gruppierung ist aber durchaus sinnvoll. Sie haben zwei Möglichkeiten, um eine erkennbare Zeitenabfolge beizubehalten:

Möglichkeit A

Berufstätigkeit	
...	
07/1995 – 12/2001	Dipl.-Psychologe bei der Erziehungsberatungsstelle ERZ der Diakonie in Trier
02/2001 – 09/2001	**s. u. Weiterbildung**
12/2001 – 01/2004	Dipl.-Psychologe beim Institut für lernpädagogische Forschung IFO in Hilden
...	

Sie verweisen auf die andere Rubrik!
Vorteil: Ein lückenloser Zeitablauf wird sofort erkennbar. Außerdem erhält die Weiterbildung eine besondere Gewichtung durch einen eigenen Abschnitt! (Der Fettdruck dient hier nur der Verdeutlichung.)

Möglichkeit B

Berufstätigkeit	
...	
07/1995 – 12/2001	Dipl.-Psychologe bei der Erziehungsberatungsstelle ERZ der Diakonie in Trier
02/2001 – 09/2001	**Weiterbildung am Institut für Lernpädagogik Prof. Dr. Schürer, Mainz**
12/2001 – 01/2004	Dipl.-Psychologe beim Institut für lernpädagogische Forschung IFO in Hilden
...	

Sie belassen die Weiterbildung in der Rubrik Berufstätigkeit!
Vorteil: Die berufliche Entwicklung ist direkt inhaltlich nachvollziehbar. (Der Fettdruck dient hier nur der Verdeutlichung.)

- **Die Inhalte Ihres Lebenslaufs**

Inhaltlich gibt es einige Spielräume und viele Raffinessen. So lassen sich zum Beispiel Schwerpunkte und Hauptaufgaben Ihrer Tätigkeiten schon im Lebenslauf in Form von Stichpunkten benennen. Wenn Sie Ihren Lebenslauf entworfen haben, dient Ihnen dieser als Standard-Dokument, welches Sie je nach Art des Arbeitgebers und der angestrebten Position modifizieren können.

Persönliche Daten

Name, Vorname

Den Mädchennamen müssen Sie nicht mehr angeben, sind ältere Zeugnisse auf Ihren ersten Namen ausgestellt, kann es aber durchaus sinnvoll sein. Das Gleiche gilt bei ausländischen Herkunftsnamen, die vom „eingebürgerten" deutschen Namen abweichen..

Bei ausländischen Namen sollte zur klaren Zuordnung der Nachname als solcher eindeutig erkennbar sein (durch Großdruck oder durch Voranstellung des Familiennamens: Mustermann, Lisa).

Anschrift

Die Anschrift müssen Sie hier nicht nochmals wiederholen, wenn diese im Briefkopf auf dem Lebenslauf zu finden ist.

Geburtsdatum/-ort

15.08.1980 in Würzburg

Staatsangehörigkeit

➢ ist grundsätzlich bei der Bewerbung bei Ämtern und Behörden anzugeben

Ist ansonsten nur dann eine sinnvolle Information, wenn:

➢ eine ausländische Staatsangehörigkeit besteht
➢ Sie im Ausland geboren wurden
➢ Sie ausländische Vor- oder Nachnamen haben

Religionszugehörigkeit

➢nur für die Bewerbung bei konfessionell gebundenen Trägern wichtig

Familienstand

➢ ledig – verheiratet – unverheiratet – geschieden
Anstelle von „geschieden" können Sie auch „unverheiratet" schreiben – nicht jedoch „ledig".

➢ „eheähnliche Lebensgemeinschaft" – „in eheähnlicher Partnerschaft lebend" – „in fester Partnerschaft lebend" oder Ähnliches ist möglich

➢ Kinder (14 und 10 Jahre)

Die Altersangabe zu den Kindern ist freiwillig. Sie empfiehlt sich gegebenenfalls für Frauen, um zu zeigen, dass die Kinder „aus dem Gröbsten raus" und somit keine Fehlzeiten zu befürchten sind. Gerade bei jüngeren Kindern kann es Ihre Flexibilität hervorheben, wenn Sie die Betreuungsform mit anführen: „bestens betreut durch die Großeltern vor Ort" oder „betreut in Ganztagskindergarten". Sie können aber auch einfach schreiben: „2 Kinder".

➢ Angaben zum Beruf des Ehegatten/der Ehegattin sind nicht mehr üblich. Arbeitet er oder sie aber in der gleichen oder in einer ähnlichen Branche oder in einer bedeutungsvollen Position, kann das Ihr Profil durchaus stärken.

Eltern/Geschwister

Angaben zu Eltern und Geschwistern sind nur für junge Bewerber, in der Regel für junge Ausbildungsplatzsuchende, Standard. In anderen Fällen wirkt dieser Hinweis eher befremdlich, da er als Zeichen einer gewissen Zurückgebliebenheit gedeutet werden könnte. Ausnahme: Auch in der fortgeschrittenen beruflichen Entwicklung kann das Benennen der Eltern von Interesse sein, wenn sich diese in der gleichen oder in einer ähnlichen Branche bewegen oder in einer bedeutungsvollen Position sind.

Schulbildung

Geben Sie auch den Schulabschluss an. Das ist vor allem dann wichtig, wenn man allein am Namen der Schule nicht erkennen kann, mit welcher Qualifikation Sie diese beendet haben.

09/1998 – 07/2003	Hans-Kögel-Realschule, München Qualifizierender Hauptschulabschluss

Wehr-/Zivildienst

Sie können den Wehr-/Zivildienst wie im Beispiel unten als eigene Kategorie aufführen. Das Platzieren innerhalb einer anderen Rubrik kann aber unter Umständen zu einer besseren Lesbarkeit Ihres Lebenslaufs führen; Sie könnten den Wehr-/Zivildienst z. B. auch unter "Berufstätigkeit" zwischen zwei Arbeitsverhältnissen positionieren.

Sollte eine Ausmusterung vorliegen, verweisen Sie nicht eigens darauf. Es könnte so aussehen, als wären Sie körperlich nicht fit.

09/2000 – 10/2001	Zivildienst im Seniorenheim St. Josef, Stuttgart

Berufsausbildung

Setzen Sie hinter Ihre Ausbildung einen Hinweis wie „Erfolgreiche Prüfung vor der IHK Düsseldorf" oder „Abschluss: Friseur". Damit stellen Sie unmissverständlich klar, dass es sich um eine abgeschlossene Ausbildung handelt. Für Sie ist das vielleicht selbstverständlich, aber die Zahl der Auszubildenden, die kurz vor den Prüfungen ihre Lehre abbrechen, ist nicht gerade klein. Mögliche Darstellungen hierzu finden Sie im Abschnitt „Optimierungen im Lebenslauf" unter „Fehlender Abschluss".

Sie können aus den Abschnitten zur Berufs- und Schulbildung auch ein Kapitel machen: Aus- und Schulbildung.

09/2000 – 07/2003	Ausbildung zum Friseur bei „Schönhaupt" in Düsseldorf Erfolgreiche Prüfung vor der IHK Düsseldorf

Studium

Wichtig sind:

- Studienschwerpunkt
- ggf. Promotion
- die Note (sofern diese gut ist. Aus meiner Erfahrung ist es von Interesse, Noten bis zu 2,7 anzuführen).

Sofern für diese Stelle relevant:
- Seminare
- Praktika
- Hauptfach/Nebenfach
- Thema der Diplom-/Examensarbeit

Gegebenenfalls nennen Sie auch Namen von bekannten Professoren, bei denen Sie studiert oder geforscht haben.

10/2000 – 05/2005	Studium der Psychologie an der Julius-Maximilian-Universität in Würzburg Abschluss: Diplom-Psychologe

Berufstätigkeit

Listen Sie die Schwerpunkte der relevanten und einigermaßen aktuellen Tätigkeiten in Stichworten auf. Der Einsteller kann das zwar in Ihren Zeugnissen nachlesen, aber im Lebenslauf werden ihm die Argumente für Ihre Person auf einen Blick serviert. Das ist Ihre Chance! Viele Personaler überfliegen bei der Erstauswahl nur die Lebensläufe und entscheiden anhand dieses Profils, ob Sie weiterkommen. Wenn man nicht sofort erkennen kann, dass Sie für die Stelle geeignet sind, werden Sie schon bei dieser ersten Grobdurchsicht aussortiert. Eine Wiederholung der Inhalte Ihres Anschreibens oder des Zeugnisses im Lebenslauf können Sie also positiv als doppelten Werbeeffekt sehen.

Als Überschrift können Sie alternativ zu „Berufstätigkeit" auch „Beruflicher Werdegang" schreiben. Dies ist ratsam, wenn neben Tätigkeiten auch Weiterbildungen oder anderes darunter aufgelistet wird.

04/2000 – 12/2003	Bauingenieur bei HANSEN-HOCHTIEF GmbH in Berlin
	➢ Führung des 4-köpfigen Inbetriebnahmeteams
	➢ Verantwortung für die Planung, Durchführung und Koordination der Inbetriebnahme von. Dampferzeugern, Feuerungen sowie Hilfseinrichtungen
	➢ Prüfung und Optimierung des Anlagebetriebes
	➢ Dokumentation der Inbetriebnahmeergebnisse
	➢ Erstellung der Betriebsanleitung

<u>Zusätzliche Information zur Beendigung einer Tätigkeit</u>
Wenn das Arbeitsverhältnis aus folgenden oder ähnlichen Gründen endete, erwähnen Sie den Grund:

➢ Krankheitsvertretung
➢ Saisonbedingte Arbeit
➢ Schwangerschaftsvertretung
➢ Konkursbedingte Kündigung
➢ betriebsbedingte Kündigung
➢ befristeter Einsatz durch Zeitarbeitsfirma
➢ aufgrund der Auslagerung meines Tätigkeitsfeldes
➢ befristeter Vertrag ohne Option auf Verlängerung

04/2000 – 12/2003	Bauingenieur bei HANSEN-HOCHTIEF GmbH in Berlin
	(Unternehmensinsolvenz)

Familienphase

Die Zeit, in der Sie sich in erster Linie der Erziehung Ihrer Kinder gewidmet haben. der Elternschaft kann durchaus als eigene Rubrik dargestellt werden. Üblicherweise fügen Sie diese aber chronologisch in einen passenden Abschnitt ein. Diese Angabe passt gut unter die Überschrift „Berufstätigkeit". Denn schließlich war diese Tätigkeit Ihr damals ausgeübter Beruf.

Mögliche Bezeichnungen:
➤ Elternzeit
➤ Erziehungszeit
➤ Elternschaft (s.o)
➤ Mutterschaft/Vaterschaft (s.o.)
➤ Hausfrau und Mutter/Hausmann und Vater
➤ Geburt und Erziehung meiner Kinder
➤ Familienphase

09/2000 – 04/2008	Elternzeit

Weiterbildungen

Geben Sie den Abschluss an:

2008 – 2010	Fachanwaltslehrgang: Arbeitsrecht bei IWA in Mannheim; erfolgreicher Abschluss

2007	„Richtig Verkaufen" bei VHS Lüneburg (Zertifikat)

Alle Kurse, die für Ihre angestrebte Tätigkeit wichtig sein könnten, dürfen nicht fehlen. Weiterbildungen, die über fünf Jahre zurückliegen, verweisen nicht unbedingt auf ein aktuelles Wissen. Das Auflisten kann aber dennoch zeigen, dass Sie sich stets um Ihre berufliche Entwicklung bemüht haben. Auch auf zukünftige Fortbildungen sollten Sie unbedingt hinweisen.

Bewerben Sie sich in neue berufliche Bereiche, so sind detaillierte Angaben über frühere, aus aktueller Sicht „berufsfremde" Kurse und Seminare nicht nur bedeutungslos, sondern lenken den Blick auch in eine falsche Richtung. Mit dem Vermerk „Zahlreiche Fortbildungen im Bereich ... zwischen 1990 und 1998" zeigen Sie aber Ihren grundsätzlich großen Weiterbildungswillen, der auch in der neuen Position für Ihren Arbeitgeber wichtig sein kann.
Maßnahmen, die von den Arbeitsagenturen oder anderen relevanten Behörden finanziert werden:

03/00 – 06/00	LZA-Kurs, bei Bildungsinstitut Heidelberg
	Schwerpunkte u. a.: Grundlagen MS-Office, Rechtskunde

Kurstitel
Häufig haben diese Kurse unvorteilhafte Titel („Reintegration von...", „Qualifizierung für Langzeitarbeitslose..."). Verwenden Sie in solchen Fällen Abkürzungen wie LZA-Kurs oder BRPE-Weiterbildung oder sprechen Sie neutral von „Berufliche Weiterbildung".

Wer diese Kürzel nutzen möchte, muss gegebenenfalls überlegen, ob es sinnvoll ist, das Zertifikat über diese Maßnahme den Bewerbungsunterlagen beizufügen. Wesentlich ist die positive Darstellung im Lebenslauf – auch wenn das Zertifikat im Anhang den ganzen Titel preisgibt. Spätestens im Gespräch würden Sie vermutlich ohnehin den Kursnamen nennen.

Schreiben Sie Kurs statt Maßnahme
Oft haben geförderte Kurse den Namen „XY-Maßnahme". Dies klingt sehr nach Zwang oder Pflichtübung und erinnert an eine „Strafmaßnahme". Auch wenn Sie vielleicht unfreiwillig einen solchen Kurs besuchen mussten, schreiben Sie lieber „XY-Kurs", „XY-Weiterbildung", „XY-Fortbildung" oder verwenden Bezeichnungen wie „Seminar" oder „Qualifizierung".

Nennen Sie die Inhalte
Wer Abkürzungen verwendet, zeigt aber auch, dass es möglicherweise etwas zu verstecken gibt. Nennen Sie deshalb die wichtigen Inhalte des Kurses. Natürlich nur jene, die auch für die aktuelle Stelle relevant sind. So lenken Sie den Blick des Lesers auf Ihre Fähigkeiten.

Manche Bewerber befürchten, dass das Aufführen der Inhalte die Erwartung weckt, dass man die genannten Bereiche auch beherrscht. Durch die Nennung von „Schwerpunkten" oder „Inhalten" haben Sie aber in keiner Weise etwas über Ihren Wissensstand ausgesagt. Falls Sie aber über „Vorzeige-Kenntnisse" verfügen, sollten Sie diese auch – mit Bewertung – zur Geltung bringen, z. B. unter „Zusätzliches" (s. u. S. 250).

Kurse mit Praktika

06/00 – 02/01	BRPE-Weiterbildung, Kolping Ludwigsburg <u>mit integrierten PRAKTIKA (je 4 Wochen):</u> ➢ Pflegestation im Altenheim „Zur Sonne", Ludwigsburg ➢ Urologie im Kreiskrankenhaus Mannheim

Die Praktika können auch gesondert als eigene Kategorie in Ihrem Lebenslauf erscheinen (s. u.).

Praktika

Praktika während einer Weiterbildung

Hier positioniert erhalten Praktika, die Sie innerhalb eines Kurses bei einem Bildungsträger absolviert haben, eine sehr starke Gewichtung. Wer sich z. B. erstmals als Verkäufer bewerben möchte und noch keine andere Erfahrung als ein Praktikum aufzuweisen hat, kann mit dieser Platzierung optimal auf seine Erfahrungen aufmerksam machen. Insbesondere wenn die Praktika einen Großteil der Kursdauer eingenommen haben, ist diese Darstellung sinnvoll. Andernfalls integrieren Sie Ihre Praktika besser unter der oben vorgestellten Rubrik „Kurse mit Praktika" (siehe Abschnitt „Weiterbildungen" (S. 248).

01/02 – 12/02	<u>je 6 Wochen Praktikum als:</u> ➢ <u>Verkäufer</u> bei Möbel TRÖLL, Mannheim ➢ <u>Verkäufer</u> bei Warenhaus „KUNTERBUNT", Mannheim im Rahmen meiner TTM-Weiterbildung bei der AWO Mannheim

Akademische Praktika:
Studenten mit Praktika im Rahmen ihres Studiums erhöhen die Wirkung dieser Einsätze ebenfalls, indem diese in einem eigenen Abschnitt platziert werden.

| 1996/1997 | Praktikum (10 Monate) bei Scottish Association for Mental Health, Edinburgh/Scotland |
| | Betreuung der Kursteilnehmer in einem beruflichen Reintegrationszentrum |

Zusätzliches

Hier listen Sie den „Restbestand" Ihres Repertoires auf. Aber nur das, was für den anvisierten Arbeits-platz wirklich von Interesse ist und Ihr breitgefächertes Wissen prägnant aufzeigt. Wenn Sie in diesem Sinne nichts Zusätzliches anzubieten haben, lassen Sie diesen Punkt weg.
Wie gut oder schlecht sind Ihre Kenntnisse? Für eine realistische Einschätzung stehen Ihnen die Bewertungs-Tipps auf Seite 73 ff. zur Verfügung.

Sehr gute Kenntnisse in MS Office

Führerschein Klasse 3, eigener Pkw vorhanden

Englisch: sehr gut in Wort und Schrift

Deutsch:
gute Aussprache; sehr gutes Verstehen

Die deutsche Sprache
Wer sich als Ausländer in Deutschland bewirbt, sollte unbedingt zuerst seine deutschen Sprachkenntnisse (und erst dann seine Muttersprachkenntnisse) aufführen und bewerten.
Beispiele sind:
- Deutsch: verbindliche und verständliche Kommunikation
- Deutsch: Ich spreche Deutsch wie eine Muttersprache.
- Deutsch: gut im Verstehen, gut im Sprechen (leichter Akzent)

Wer bereits mehrere Jahre in Deutschland lebt und arbeitet, hat bereits sein gutes Deutsch bewiesen und kann gegebenenfalls auf eine solche Beschreibung seiner Sprachkenntnisse verzichten.

Fremdsprachen

Ihre Beurteilungskriterien könnten so aussehen:
- gut, sehr gut
- fließend
- verhandlungssicher
- früher verhandlungssicher – schnell auffrischbar
- gutes Schulfranzösisch
- gut in Alltagskommunikation
- Business-English
- sehr gut in Wort und gut in Schrift
- Englisch/aktuell (Business-English an der IBS-School)

Informieren Sie sich auch über die Bewertungsstufen anhand des „Europäischen Refenzrahmens für Sprachen" auf Seite 86.

Weitere Punkte

Mögliche Überschriften für weitere abschließende Punkte sind:

- Ehrenamt
- Engagement
- Zusatzqualifikationen
- Besondere Kenntnisse

Idealerweise wählen Sie eine sehr allgemeine Überschrift, um darunter viele kleinere Informationen listen zu können. Das trägt auch zu einem insgesamt „ruhigen" optischen Gesamteindruck bei.. Möglicherweise lassen sich mit einer geeigneten Überschrift auch Ihre Hobbys als Unterpunkt bei „Zusätzliches" integrieren.

Hobbys/Interessen/Aktivitäten

Wichtig: Wer Hobbys angibt, rundet das eigene Profil ab. Man kann daran erkennen, was für ein Typ Mensch Sie sind. Mannschaftssportarten stehen für Teamgeist, Krimis erfordern einen analytisch denkenden Leser etc. Vorsicht ist geboten bei Risikosportarten wie Fußball. Aufgrund des hohen Veletzungsrisikos befürchtet man schnell mögliche Krankheitstage.

Stellen Sie sich vor, der Personaler hat drei ähnliche Bewerbungen auf seinem Tisch liegen. Von diesen drei Bewerbern möchte er aber nur einen zum Gespräch einladen. Da die Qualifikationen und Voraussetzungen bei allen dreien sehr ähnlich sind, wird er sich sehr wahrscheinlich für den Kandidaten entscheiden, dessen Persönlichkeit durch die Hobbys noch etwas deutlich erkennbar wird. Einer gibt vielleicht gar keine Hobbys an. Der Zweite sammelt gerne Briefmarken. Der Dritte spielt Volleyball und ist langjähriger Karnevalsredner im Lions Club. Sicherlich wird dieser der interessantere Kandidat für die Stelle eines Öffentlich-keitsreferenten sein.

Hobbys/Interessen	Joggen, Volleyball, Lesen (Krimiliteratur)

Weitere Nennungen
Ebenso können Sie auch Interessen miteinbeziehen. Das sind z. B. frühere Hobbys oder ein Faible für andere Kulturen, Länder oder bestimmte Themengebiete.

Besonders erwähnenswert sind selbstverständlich auch ehrenamtliche Engagements (z. B. im sozialen Bereich oder als Mitglied im Elternbeirat).

Ort/Datum

Verwenden Sie das genaue Tagesdatum – deckungsgleich mit dem Anschreiben. Es zeigt, dass Sie Ihre gesamten Unterlagen individuell für diese Stelle entworfen haben. Wer vorarbeiten möchte, kann durchaus nur „Stuttgart, im Mai 2001" schreiben, sollte aber bedenken, dass das nach Serienproduktion riechen kann.

Vergessen Sie Ihre handschriftliche Unterschrift nicht. Diese dokumentiert die Richtigkeit Ihrer Angaben. Möglicherweise werden Sie zu einem späteren Zeitpunkt gebeten, auf einem Personalfragebogen Ihre Lebensdaten nochmals zu nennen und zu unterschreiben. Darüber hinaus: Mit Ihrer Unterschrift geben Sie diesem Dokument im wahrsten Sinne des Wortes Ihre „persönliche Handschrift".

Stuttgart, 14. Mai 2001

Gustav Maier

- **Optimierungen im Lebenslauf**

Zu viele Stationen im Lebenslauf führen zu einem unübersichtlichen Gesamtbild. Oftmals zählt der erste optische Eindruck. Wird insgesamt ein „ruhiges" und damit stetes Auftreten vermittelt? Ihr Ziel muss es daher sein zu komprimieren und begrifflich zu optimieren. Dazu habe ich Verbesserungsvorschläge entwickelt, die sich in meiner Beratungspraxis langjährig bewährt haben und Ihnen eine Hilfestellung sein können. Sie finden sie gegliedert in diese thematischen Bereiche:

1 Ausbildung und Berufstätigkeit

Übliche Darstellung:

07/2005 – 09/2005   Automobilkaufmann
                           bei Autohaus Decker und Drey, Freiburg

09/2002 – 07/2005   Ausbildung zum Automobilkaufmann
                           bei Autohaus Decker und Drey, Freiburg
                           Erfolgreicher Abschluss

Verbesserte Darstellung:

Bei einer sehr kurzen Weiterbeschäftigung im Anschlus an das Ausbildungsverhältnis ist eine zusammengefasste Präsentation schöner und klarer.

09/2002 – 09/2005   Ausbildung zum Automobilkaufmann
                           bei Autohaus Decker und Drey, Freiburg
                           Erfolgreicher Abschluss (Befristeter Arbeitsvertrag: 07/05 – 09/05)

2 Änderung des Firmennamens

Den folgenden Vorschlag können Sie auch dann umsetzen, wenn es sich bei der Folgetätigkeit um eine Weiterbeschäftigung in der Schwesterfirma oder beispielsweise im Mutterkonzern handelt. Der Bewerber im folgenden Beispiel hat fünf Jahre an ein und demselben Arbeitsplatz gearbeitet, jedoch die ersten zwei Jahre für die Kraft GmbH und später, nachdem dieses Unternehmen aufgekauft wurde, für die Malcom United AG.

Übliche Darstellung:

1998 – 2001   Kommissionierer bei Malcom United AG, München

| 1996 – 1998 | Kommissionierer bei Kraft GmbH & Co. KG, München |

Verbesserte Darstellung:

Vorschlag 1:

| 1996 – 2001 | Kommissionierer bei Kraft GmbH & Co. KG/Malcom United AG, München |

Vorschlag 2:

| 1996 – 2001 | Kommissionierer bei
Kraft GmbH & Co. KG (96–98)/Malcom United AG (98–01), München |

3 Ein Unternehmen – viele Positionen

Übliche Darstellung:

02/1998 – 04/2006	Chefsekretärin, Spiele & Mehr Vertriebs GmbH & Co. KG, Köln
10/1994 – 01/1998	Sekretärin, Spiele & Mehr Vertriebs GmbH & Co. KG, Köln
10/1992 – 09/1994	Mitarbeiterin im Außendienst, Spiele & Mehr Vertriebs GmbH & Co. KG, Köln

Verbesserte Darstellung:

Der gesamte Zeitraum der Zugehörigkeit zu einem Unternehmen kommt im Folgenden deutlich besser zum Ausdruck und vermittelt neben Kontinuität auch Loyallität auf den ersten Blick. Die Schreibung der Jahreszahlen mit zwei anstelle von vier Ziffern (der DIN-Norm nach durchaus erlaubt) zeigt noch eindeutiger, dass es sich bei den weiteren Zeilen um Unterpunkte handelt.

Vorschlag 1:

10/1992 – 04/2006	Mitarbeiterin bei Spiele & Mehr Vertriebs GmbH & Co. KG, Köln
02/98 – 04/06	Chefsekretärin
10/94 – 01/98	Sekretärin
10/92 – 09/94	Mitarbeiterin im Außendienst

Vorschlag 2:

Wer beruflich viel mit Zahlen zu tun hat, wie z. B. in der Buchhaltung, sollte konsequent auf eine einheitliche Darstellung der Zahlen Wert legen und alle Jahreszahlen mit vier Ziffern schreiben. Optisch können durch unterschiedliche Grautöne der Schrift die Unterpunkte klarer signalisiert werden. Die Angaben der unterschiedlichen Positionen (Chefsekretärin, Sekretärin ...) in dem einen Unternehmen lassen sich auch durch eine kleinere Schriftgröße (bis zu 1,5 Punkt kleiner als der Standardtext) positiv hervorheben.

10/1992 – 04/2006	Mitarbeiterin bei Spiele & Mehr Vertriebs GmbH & Co. KG, Köln
02/1998 – 04/2006	Chefsekretärin
10/1994 – 01/1998	Sekretärin
10/1992 – 09/1994	Mitarbeiterin im Außendienst

4 Ein-Euro-Job

Übliche Darstellung:

| 07/2005 – 06/2006 | 1-Euro-Job im Passamt bei der Stadtverwaltung Marburg |

Verbesserte Darstellung:

| 07/2005 – 06/2006 | Mitarbeiterin im Passamt der Stadtverwaltung Marburg, Zeitvertrag |

5 Erziehungszeit

Übliche Darstellung:

| 10/2005 – 01/2010 | Erziehungszeit |
| 09/1999 – 12/2005 | Dipl.-Psychologin im Kinderheim Sonneneck, Hannover |

Verbesserte Darstellung:

Wenn der Arbeitsvertrag offiziell erst im Januar 2010 endet, optimiert die folgende Komprimierung Ihr Profil:

| 09/1999 – 01/2010 | Dipl.-Psychologin im Kinderheim Sonneneck, Hannover (mit Erziehungszeit 12/05 – 01/10) |

6 Fehlender Abschluss

Durch den Zusatz „o. A." oder die ausgeschriebene Form „ohne Abschluss" benennen Sie offen und ehrlich Ihren Bildungsweg. Es gibt in diesem Punkt aber sehr unterschiedliche Erfahrungen der Bewerber. Ein Hochschulabgänger beispielsweise hat nach erfolgloser Examensprüfung diesen Umstand bewusst nicht benannt. Mit seinem Lebenslauf, der unten als zweites Beispiel dient, erhielt er einige Einladungen und sogar ein interessantes Stellenangebot. Die jeweiligen Arbeitgeber erfuhren selbstverständlich im Gespräch von seinem fehlenden Abschluss, dies war jedoch nicht von Belang für sie und er wurde eingestellt. Dieser Bewerber erreichte mit der Ausklammerung des fehlenden Abschlusses im Lebenslauf sein Ziel: die Chance, sich im persönlichen Gespräch überzeugend vorstellen zu können.

Beispiel 1:

09/2000 – 07/2003	Ausbildung zum **Speditionskaufmann** bei MICHEL Transporte International, Nürnberg; erfolgreicher Abschluss
11/1999 – 05/2000	Möbelpacker bei Spedition ShareGo!, Coburg
09/1995 – 07/1998	Ausbildung als Schreiner bei Schreinerei ÖKO-Tec, Coburg (o. A.)

Beispiel 2:

| 09/2003 – 07/2008 | Studium der Rechtswissenschaften an der Georg-August-Universität in Göttingen |

7 Minijobs

a) Erst gearbeitet – anschließend weitergejobbt

Übliche Darstellung:

2004 – 2006	geringfügig beschäftigt im Architekturbüro Dierendorf, Frankfurt
2000 – 2004	Sekretärin im Architekturbüro Dierendorf, Frankfurt

<u>Verbesserte Darstellung:</u>

2000 – 2006	Sekretärin im Architekturbüro Dierendorf, Frankfurt (2004 – 2006: geringfügige Beschäftigung)

b) Nebenbei gejobbt

<u>Übliche Darstellung:</u>

02/2002 – 04/2004	Kfz-Mechaniker Werkstatt „Rudolf Kimmer", Jena
seit 07/2002	Mitarbeiter an der Kasse und im Service einer Jet-Tankstelle, Jena (Minijob)

<u>Verbesserte Darstellung:</u>

02/2002 - 04/2004	Kfz-Mechaniker Werkstatt „Rudolf Kimmer", Jena; begleitend: Mitarbeiter an der Kasse/im Service und für die Abrechnung an einer Jet-Tankstelle, Jena (Minijob)

c) Nebenjobs während des Studiums

<u>Übliche Darstellung:</u>

1999 – 2005	Studium der Betriebswirtschaft an der Albert-Ludwigs-Universität, Freiburg
2001 – 2003	Servicetätigkeiten in der Gastronomie (geringfügige Beschäftigung) zur Eigenfinanzierung meines Studiums

<u>Verbesserte Darstellung:</u>

Es ist nicht von besonderem Interesse, wann genau Sie solche studienbegleitenden Tätigkeiten ausgeübt haben. Durchaus vorteilhaft kann aber das Benennen an sich sein, da damit eine erhöhte Belastbarkeit und möglicherweise auch eine stärkere Zielstrebigkeit mit dem Bewerperprofil assoziiert werden. Wer sein Studium alleine oder zu einem größeren Teil selbstständig finanziert, beweist auf jeden Fall einen starken Willen. Als Zusatz kann auch formuliert werden „zur Teilfinanzierung meines Studiums".

Sofern Ihre Nebenjobs einen inhaltlichen oder fachlichen Bezug zum Berufsziel haben, müssen Sie auf jeden Fall konkreter benannt werden. Möglicherweise ist sogar die Präsentation innerhalb einer gesonderten Rubrik von Vorteil, z. B. unter „Beruflich relevante Erfahrungen". Bewusst ist hier nicht von Berufserfahrung, sondern von Erfahrungen mit Bezug zum Beruflichen die Rede. Eine solche Überschrift ist deutlich hochwertiger als z. B. die Überschrift „Nebentätigkeiten".

1999 – 2005	Studium der Betriebswirtschaft an der Albert-Ludwigs-Universität, Freiburg; <u>begleitend:</u> Servicetätigkeiten in der Gastronomie zur Eigenfinanzierung meines Studiums

8 Saisonale Tätigkeiten

<u>Übliche Darstellung:</u>

03/2004 – 10/2004	Servicekraft im Schützenhof, Würzburg
03/2003 – 10/2003	Servicekraft im Schützenhof, Würzburg
03/2002 – 10/2002	Servicekraft im Schützenhof, Würzburg

<u>Verbesserte Darstellung</u>

03/2002 – 10/2004	Servicekraft im Schützenhof, Würzburg (mit jeweils saisonalen Unterbrechungen: Nov. bis März)

9 Schulzeiten

<u>Übliche Darstellung:</u>

1990 – 1992	Grundschule St. Stephan, Heidelberg
1992 – 1994	Elisabethen-Grundschule, Darmstadt
1995 – 1997	Hauptschule Erlangen
1997 – 1999	Hugo-von-Hofmannsthal-Hauptschule, Erlangen Erfolgreicher Hauptschulabschluss

<u>Verbesserte Darstellung</u>

1990 – 1999	Schulzeit mit erfolgreichem Hauptschulabschluss an der Hugo-von-Hofmannsthal-Hauptschule, Erlangen

10 Transfergesellschaften

<u>Übliche Darstellung:</u>

01/2001 – 10/2008	Betriebsschlosser bei GRIGGL & WACHS AG, Bochum
10/2008 – 03/2009	Transfergesellschaft TransJob GmbH, Bochum

<u>Verbesserte Darstellung</u>

01/2001 – 03/2009	Betriebsschlosser bei GRIGGL & WACHS AG, Bochum (10/08 – 03/09 über die Transfergesellschaft TransJob GmbH, Bochum, beschäftigt)

11 Viele Tätigkeiten innerhalb kurzer Zeit

Bei sehr kurzen Beschäftigungsverhältnissen – insbesondere wenn diese erstens mehrere Jahre zurückliegen und zweitens zur zukünftigen beruflichen Aufgabe keinen Bezug haben – bietet der folgende

Optimierungsvorschlag den Vorteil einer kurzen, knappen Erwähnung, ohne dass die einzelnen Punkte zu wichtig wirken.

Übliche Darstellung:

01/1995 – 06/1995	Mitarbeiter im Lager, Fa. Kuhnert, Stuttgart
06/1996 – 10/1996	Mitarbeiter im Versand, LogPrint, Stuttgart
01/1995 – 04/1997	Taxifahrer, ZITTY-Taxi Stuttgart (Mininjob)
01/1997 – 06/1997	Helfer in der Metallverarbeitung Matt & Co. KG, Mannheim

Verbesserte Darstellung

01/1994 – 03/1999	Tätigkeiten im Lager, im Versand und in der Metallverarbeitungsbranche, Stuttgart und Mannheim (begleitend: Taxifahrer in Stuttgart von 01/95 – 09/97)

In allen anderen Fällen als dem oben in der Einleitung erwähnten kann die komprimierte zweite Version jedoch so aussehen, als ob Sie eventuell kürzere Tätigkeiten – als dies faktisch der Fall war – ausgeübt haben.

12 Zeitarbeit

a) Nur eine Zeitarbeits-Station

Übliche Darstellung:

05/2005 – 02/2006	Metallschweißer, Randstad Würzburg

Verbesserte Darstellung:

Die größte Aussagekraft hat das Unternehmen, bei dem Sie tatsächlich vor Ort gearbeitet haben. Daher sollte es auch als Erstes genannt werden. Nur an zweiter Stelle ist es interessant zu wissen, mit wem Sie den Vertrag geschlossen haben.

05/2005 – 02/2006	Metallschweißer bei Bosch Rexroth, Würzburg über Randstad Würzburg

b) Mehrere Zeitarbeits-Stationen mit unterschiedlicher Relevanz

Übliche Darstellung:

05/2005 – 02/2006	Metallschweißer (05/05 – 10/05), Fa. Sterendorf & Söhne, Düsseldorf Produktionsmitarbeiter (11/05 – 12/05), Pro King AG, Düsseldorf Mitarbeiter im Lager (01/06 – 02/06), Nord NW GmbH, Düsseldorf
	jeweils über LUTZ Personalmanagement, Düsseldorf

Verbesserte Darstellung:

Die verbesserte Version zielt darauf, den Bewerber bei seinem Ziel – einer neuen Tätigkeit bevorzugt als Schweißer – besser zu unterstützen. Im Folgenden kommt nach wie vor seine Flexibilität durch den Einsatz in der Produktion und im Lager zum Ausdruck. Der eigentliche Fokus liegt hier aber auf der Beschäftigung als Metallschweißer.

05/2005 – 02/2006	Metallschweißer (20 Wochen), Fa. Sterendorf & Söhne, Düsseldorf Produktionsmitarbeiter, Pro King AG, Düsseldorf Mitarbeiter im Lager, Nord NW GmbH, Düsseldorf jeweils über LUTZ Personalmanagement, Düsseldorf

Übliche Darstellung:

04/2009 – 02/2010	Mitarbeiter bei Krothe und Schneifert-Personalvermittlung, Nürnberg, im Einsatz als: Versandmitarbeiter bei ConSygia, Nürnberg Produktionshelfer bei FortePiano, Nürnberg Mitarbeiterin in der Kommissionierung, Nürnberg

Verbesserte Darstellung:

Die übliche Darstellung ist durchaus gut. Wollen Sie jedoch gezielt einen Bereich herausheben, weil er für Ihre zukünftigen Tätigkeiten am wichtigsten ist, so ist der folgende Vorschlag am sinnvollsten:

04/2009 – 02/2010	Mitarbeiter bei Krothe und Schneifert-Personalvermittlung, Nürnberg, im Einsatz u. a. als: Versandmitarbeiter bei ConSygia, Nürnberg

Diese verkürzte Variante ist auch dann von Vorteil, wenn die Zeitarbeitstätigkeiten überhaupt keinen Bezug zu Ihrem Berufsziel haben. Sie bieten dem Leser einen kurzen konkreten Hinweis, sodass er sich eine vage Vorstellung machen kann. Gleichzeitg machen Sie optisch nicht unnötigerweise eine zu große Lebenslauf-Station daraus.

c) Übernahme nach Zeitarbeit

Übliche Darstellung:

07/2007 – 02/2010	Handelsfachwirt bei der Deca AG, München
01/2007 – 07/2007	Handelsfachwirt bei der Deca AG, München, über Frieser & Partner Zeitarbeits GmbH, München

Bei einer anschließenden Übernahme erzielen Sie eine verbesserte Wirkung mit dieser Version:

Verbesserte Darstellung:

01/2007 – 02/2010	Handelsfachwirt bei der Deca AG, München (von 01/07 – 07/07 über Frieser & Partner Zeiatrbeits GmbH)

13 Zwei Teilzeitstellen fast gleichzeitig

Übliche Darstellung:

04/2001 – 09/2003	Verkäuferin, Blum & Berg Kreativshop, Hamburg (Teilzeit)
08/2002 – 12/2003	Sachbearbeiterin, DFG-Verbraucherservice, Hamburg (Teilzeit)

Verbesserte Darstellung:

04/2001 – 12/2003	Verkäuferin, Blum & Berg Kreativshop, Hamburg (Teilzeit: 04/01-09/03) Sachbearbeiterin, DFG-Verbraucherservice, (Teilzeit: 08/02-12/03)

- **Die Tücke mit der Lücke**

Lücken im Lebenslauf ergeben sich meist unfreiwillig. Aber immer sind sie Anlass zu größerer Skepsis bei den Personalern. Zumindest, wenn sie einen längeren Zeitraum umfassen und vermehrt auftreten. Bei der Vergabe hochkarätiger Positionen achten Einsteller haargenau auf die engagierte und schlüssige berufliche Entwicklung des Bewerbers. Es ist eine Routineübung für sie, mit der Lupe nach den Lücken zu suchen.

Aber nicht in jeder Branche sind Kontinuität und Aufstieg wesentliche Eigenschaften für die Einstellung. Auch andere Kriterien spielen eine Rolle, wie z. B. vielfältige Erfahrungen oder ein besonderes Aufgabengebiet. Diese Aspekte können beispielsweise für Bewerber aus dem Handwerk oder sozialen Bereich ein wichtiger positiver Punkt bei deren Beurteilung sein.

Arbeit suchend sind Sie vielleicht geworden, weil Ihnen betriebsbedingt gekündigt wurde, Sie aufgrund eines Unfalls in Ihrem Beruf nicht mehr arbeiten konnten usw. All das sind plausible Gründe und als Informationen für den Arbeitgeber äußerst wichtig. Er entnimmt diesen, dass Ihre Arbeitslosigkeit nicht einem eigenen Verschulden, einer schlechten Arbeitsleistung oder einem flatterhaften Charakter zuzuschreiben ist. Sie zeigen sich als ein transparenter Bewerber, der seine Arbeitsbiografie verständlich macht. Die Gründe für die Beendigung des Arbeitsverhältnisses sollten im Zeugnis stehen. Wenn Sie diese zusätzlich im Lebenslauf benennen, kann das − insbesondere bei häufigen Wechseln − Ihr Profil sehr „entlasten".

Drei wichtige Tipps

→ Wählen Sie immer die aktive Formulierung **„Arbeit suchend"***
   (niemals „arbeitslos". Dies ist die passive Form.)

→ **Lücken von 1 bis 3 Monaten sind nicht nennenswert.**

   Solche kurzen Lücken nimmt der Leser als akzeptable Übergangszeiten wahr. Sie brauchen dafür nicht extra „Arbeit suchend" zu schreiben.

→ **Bleiben Sie so ehrlich wie möglich**

* Anstelle „Arbeit suchend" ist auch die Form „arbeitsuchend" korrekt, nicht jedoch „arbeitssuchend".

Im Folgenden sehen Sie die Vielfalt der Möglichkeiten, die Phasen der Arbeitsuche zu begründen und neu zu betiteln.

Viele Lücken

Sie haben viele Lücken, die sich nicht plausibel darstellen lassen? Jede einzelne aufzulisten, zerstückelt Ihren Lebenslauf, wie in diesem Beispiel, auf unnötige Weise.

Beispiel 1)

Übliche Darstellung:

O9/1988 – 09/1989	Freiwilliges soziales Jahr Altenheim St. Benigna
10/1989 – 10/1991	**Arbeit suchend**
	Kinderpflegerin:
11/1991 – 03/1992	Kindergarten St. Radegunde/Mainz (Krankheitsvertretung)
04/1992 – 07/1992	Kindergarten Zur Sonne/Mainz (Krankheitsvertretung)
	Altenpflegerin:
10/1992 – 11/1992	Altenpflegeheim „Zur Ruhe"/Mainz
12/1992 – 03/1994	**Arbeit suchend**
04/1994 – 12/1994	Sozialstation der Arbeiterwohlfahrt
01/1995 – 03/1995	St. Annastift/Mainz
05/1995 – 10/1995	Uniklinik Mainz
11/1995 – 06/1996	**Arbeit suchend**
02/1996 – 03/1996	Augustinum Mainz
01/1997 – 12/2000	**Arbeit suchend**
seit 01/2001	Kassiererin bei Karstadt/Mainz
seit 02/2002	Euroschulen Mainz – Weiterbildung

Der Fettdruck bei „**Arbeit suchend**" dient hier nur der besseren Ansicht.

Verbesserte Darstellung:

O9/1988 – 09/1989	Freiwilliges soziales Jahr Altenheim St. Benigna
	Kinderpflegerin:
11/1991 – 03/1992	Kindergarten St. Radegunde/Mainz (Krankheitsvertretung)
04/1992 – 07/1992	Kindergarten Zur Sonne/Mainz (Krankheitsvertretung)
	Altenpflegerin:
10/1992 – 11/1992	Altenpflegeheim „Zur Ruhe"/Mainz
04/1994 – 12/1994	Sozialstation der Arbeiterwohlfahrt
01/1995 – 03/1995	St. Annastift/Mainz
05/1995 – 10/1995	Uniklinik Mainz
02/1996 – 03/1996	Augustinum Mainz
seit 01/2001	Kassiererin bei Karstadt/Mainz
seit 02/2002-04-15	Euroschulen Mainz – Weiterbildung
	Zwischenzeiten sind Zeiten der Arbeitsuche

Das Tätigkeitsprofil bleibt erhalten!

Dennoch:
offensiver Umgang mit den Lücken.

Diese Zeile ist hier nur zur besseren Darstellung fett gedruckt.

Vielleicht wurde Ihnen immer wieder gekündigt oder Sie sind selbst gegangen. Möglicherweise ergibt sich bei Ihnen dadurch ein solches Bild mit zahlreichen Arbeitsverhältnissen und vielen Leerzeiten dazwischen.

Dann sollten Sie alle Ihre Berufstätigkeiten untereinander schreiben und die jeweiligen Zwischenzeiten nur mit einem einzigen Satz – wie im Beispiel oben – erwähnen. So kann sich der Arbeitgeber einen schnelleren Überblick über Ihren Werdegang verschaffen. Trotz der faktischen Zerstückelung durch Phasen der Arbeitsuche stellen Sie auf diese Weise die Kontinuität Ihrer Arbeitskraft, nämlich beispielsweise Ihr konsequentes Arbeiten innerhalb Ihres Berufes, in den Vordergrund.
Beim abschließenden Zusatz „Zwischenzeiten" können Sie die Lücken auch mit konkreten Zeitangaben benennen. Der Vorteil: Man weiß um die tatsächlichen Zwischenräume und interpretiert nicht mehr zwischen den Zeilen. Der Nachteil: Der Blick des Betrachters wird allein dadurch, dass diesem Umstand mehr Platz gewidmet wird, auf die Lücken gelenkt und diesen dadurch eine zu große Bedeutung beigemessen. Entscheiden Sie das nach Ihrem persönlichen Eindruck. Eine konkrete Aufllistung sähe für das obige Beispiel so aus: „Zwischenzeiten: Arbeit suchend (10/89-10/91; 12/92-03/94; 11/95-06/96; 01/97-12/00)"

Beispiel 2

<u>Übliche Darstellung:</u>

10/2000 – 07/2005	Studium der Mathematik an der Julius-Maximilians-Universität Würzburg <u>Abschluss:</u> Diplom (Note 2,0)
12/1999 – 09/2000	Arbeit suchend
05/1999 – 12/1999	Bankkaufmann bei der Sparkasse Würzburg
08/1998 – 04/1999	Arbeit suchend
05/1997 – 07/1998	Bankkaufmann bei der Hypo Vereinsbank, Frankfurt
08/1996 – 04/1997	Arbeit suchend
09/1993 – 07/1996	Ausbildung zum Bankkaufmann bei der Dresdner Bank, Frankfurt

<u>Verbesserte Darstellung:</u>

10/2000 – 07/2005	Studium der Mathematik an der Julius-Maximilians-Universität Würzburg <u>Abschluss:</u> Diplom (Note 2,0)
05/1999 – 12/1999	Bankkaufmann bei der Sparkasse Würzburg
05/1997 – 07/1998	Bankkaufmann bei der Hypo Vereinsbank, Frankfurt
09/1993 – 07/1996	Ausbildung zum Bankkaufmann bei der Dresdner Bank, Frankfurt
	Zwischenzeiten: Arbeit suchend

nders beschreiben

Die Beschreibung „Arbeit suchend" kann beim Arbeitgeber ein stereotypes Schubladendenken hervorrufen. Versuchen Sie es einmal mit anderen Begriffen und entscheiden sich für die zu Ihrer Person und Situation passendste Form. Denn je nachdem, auf welchen Voraussetzungen die Lücken in Ihrem Lebenslauf jeweils basieren, können andere Bezeichnungen Ihre reale Situation möglicherweise eindeutiger widerspiegeln.

→ **Stellen suchend**

→ **auf der Suche nach einer Aufgabe als ...**

→ **auf der Suche nach einer Herausforderung als ...**

Wenn Sie verbal das Ziel mit in Ihre Suche einbinden, bringen Sie Ihre gewünschte berufliche Ausrichtung klar zum Ausdruck. Dies ist zum Beispiel besonders interessant, wenn Sie sich beruflich neu orientieren oder einen ganz konkreten beruflichen Akzent setzen wollen (als Chefsekretärin, Abteilungsleiter, in neuen Verantwortungsbereichen innerhalb des bisherigen Erfahrungsfeldes etc.).

→ **Ziel: eine Aufgabe/Herausforderung als ...**

Indem Sie Ihren Zukunftswunsch, anstatt den aktuellen Prozess der Arbeitsuche, zum Ausdruck bringen, treten Sie zielfokussiert auf und drücken Dynamik aus.

→ **Berufliche Neuorientierung**

Eine Lücke als Phase der „beruflichen Neuorientierung" zu benennen bietet sich in zwei Fällen an:
1) Sofern Sie nach der Lücke einer − im Vergleich zur Ihrer letzten Anstellung davor− anderen Art von beruflicher Tätigkeit nachgegangen sind, können Sie diese Zeit der Arbeitsuche definitiv als Neuorientierung beschreiben.
 2) Wenn Sie sich aktuell auf Stellen bewerben, die außerhalb des Tätigkeitsumfeldes liegen, in dem Sie früher gearbeitet haben, so können Sie in Ihren Bewerbungen die aktuelle Arbeit suchende Phase als Neu- oder Umorientierung beschreiben.

→ **Unfall mit anschließender Genesungszeit**

Üblicherweise ist es empfehlenswert, eine Krankheit nicht anzugeben (siehe die Ausführungen auf Seite 214). Sollte es sich jedoch um eine sehr lange Lücke und eine „akzeptable" Krankheit handeln (aufgrund derer Sie eventuell auch eine folgende Umschulung finanziert bekommen haben), dann lässt sich die Lücke logisch erklären und der Werdegang schlüssig nachvollziehen.

→ **Wohnortwechsel aus familiären Gründen**

Obwohl im Lebenslauf jede Arbeitsstation mit den entsprechenden Orten angegeben wird, kann, gerade für „Schnellleser", der gesonderte Hinweis auf die Ursache der längeren Lücke hilfreich sein.

→ **Stellen suchend/ohne Beschäftigung**

Möglicherweise konnten Sie, aufgrund einer physischen oder psychischen Erkrankung, über einen langen Zeitraum gar nicht aktiv nach einer Arbeit suchen. „Arbeit suchend" wäre in Ihrem Fall streng genommen falsch, „ohne Beschäftigung" klingt aber zu passiv. Eine Kombinaton aus beidem ist dann nicht gelogen, wenn Sie mindestens einen Monat offiziell nach Arbeitsstellen gesucht haben. In der richtigen

Reihenfolge genannt, wie oben, kommt auch hier anstelle einer bloßen Lücke eine aktive Phase zum Ausdruck. Gut möglich, dass dennoch im Gespräch hinterfragt wird, warum Sie so lange keine Arbeit gefunden haben. Diese Darstellung ist aber erfahrungsgemäß schlüssiger und zielführender für eine Einladung zum Vorstellungsgespräch als nur der Hinweis auf die Beschäftigungslosigkeit.

<u>Minijobs und Ehenämter neben der Stellensuche:</u>

→ **Taxifahrer (Aushilfstätigkeit)/Stellen suchend**

→ **Verkäufer bei Hopp&FIT, Karlsruhe (geringfügige Beschäftigung)**
   und Stellen suchend
   Wer parallel zur Arbeit suchenden Phase Minijobs, Ehrenämter oder Ähnliches ausgeübt hat, erwähnt zunächst diese. So erscheint auf den ersten Blick erscheint keine einzige wirkliche Lücke. Und der erste Eindruck ist oft der entscheidende.

- **Muster-Lebensläufe**

Lebenslauf

Werner Dörenberg

Heckenweg 2
76187 Karlsruhe
Tel.: 0170 227519

Person & Profil

⇨ Werner Dörenberg
geb. am 02.05.1960 in Dorsten
verheiratet, zwei Kinder

⇨ Dipl.-Ing. (BA) Bau
⇨ Sachverständiger für Baumängel/-schäden (Hochbau)

⇨ Auto CAD 2008
⇨ Allplan 2009
⇨ Sinus 3-D-Pojekt-Programm
⇨ AVA-Programm

⇨ MS OFFICE 2008 (Winword, Excel, Access)
⇨ DOS; Windows Vista; LINUX

⇨ Englisch / Spanisch: verhandlungssicher

Berufstätigkeiten

11/2002 bis jetzt	Baustellenleiter bei MAX und KUNZE GmbH, Düsseldorf
09/1994 – 09/2001	Baustellenleiter bei Hoch/Tief Heerendorf GmbH, Hamburg
02/1988 – 06/1994	Projektleiter bei Schürer & Söhne AG, Neustein
11/1985 – 12/1987	Kalkulator bei Friesendorf & Co, Nürnberg

Studium

1981 – 1984	Studium an der Berufsakademie Scheuerburg in Vielsen <u>Abschluss: Dipl.-Ing. (BA) Bau; Note 1,6</u>

Schule/Wehrdienst

1979/1980	Wehrdienst
1970 – 1979	Ludwigs-Gymnasium, Karlsruhe Abschluss: Abitur
1966 – 1970	Röttinger Grundschule, Karlsruhe

Düsseldorf, 1. August 2010   *Werner Dörenberg*

Agnes Wenk

Volltorstr. 10
80801 München
Mobil 0176 146522987
Agnes_wenk@web.de

Curriculum Vitae

Agnes Wenk
geb. am 5. Juli 1983 in München
ledig, deutsch

Berufserfahrung

seit 11/2009	Ziel: eine neue Herausforderung im Controlling

12/2008 – 10/2009 **Dipl.-Betriebswirtin im Controlling**
der H & H Schubert AG, Hamburg
(Kündigung auf eigenen Wunsch)

✓ Verantwortung des Budget- und Forecastprozesses
✓ Langzeitplanung
✓ Vorbereitung und Durchführung der rollierenden Forecasts
✓ Führende Rolle bei Make-or-Buy Entscheidungen
✓ Financial Modelling

Akademischer Werdegang

10/2003 – 09/2008 Studium der Betriebswirtschaftslehre an der
Ludwig-Maximilians-Universität München

Abschluss: Diplom-Betriebswirtin, 09/2007 (Note: 1,9)

09/1994 – 07/2003 Erasmus-Grasser-Gymnasium München, Abitur (Note: 2,2)

09/1990 – 07/1994 Katholische Grundschule Rosenheim

Agnes Wenk

Volltorstr. 10
80801 München
Mobil 0176 146522987
Agnes_wenk@web.de

Berufsbezogene Erfahrungen während des Studiums

01/2007 – 03/2008	Kundenbetreuung bei F&T GOST-shopping, München
07/2006 – 10/2006	Praktikum freaky-sales GmbH & Co KG, Nürnberg, Abteilung Sales Hardware

Zusätzliches

Sprachen	Englisch: fließend in Wort und Schrift Spanisch: sicher in Wort und Schrift Französisch: Grundkenntnisse in Wort und Schrift
EDV	Microsoft Office Paket 2007/2010, Windows, Linux
Hobbys	Basketball, Mitglied in einem Gospelchor

München, 10. Juli 2010

Sabine Schneider
Dipl.-Sozialpädagogin (FH)

Küsterstr. 2, 60486 Frankfurt, Tel.: 0172 4467911

Zur Person

Sabine Schneider
geb. am 4. April 1958 in Frankfurt,
verheiratet, 1 Kind, röm.-kath.

Berufstätigkeit

Dipl.-Sozialpädagogin (FH):

08/2000 – 01/2010	in der Schulsozialarbeit im Kolleg St. Andreas in Frankfurt
06/1996 – 06/2000	in der Schulsozialarbeit im Röntgengymnasium in Frankfurt
04/1990 – 03/1996	Geburt und Erziehung meiner Tochter Janet begleitend: Erziehungsbeistandschaft über die Stadt Frankfurt

Dipl.-Sozialpädagogin (FH):

10/1981 – 01/1990	als Betreuungskraft im Kinderheim Sonne in Frankfurt

Studium

1977 – 1981   Studium der Sozialen Arbeit / Sozialpädagogik
                     an der Staatlichen Fachhochschule in Frankfurt

Schwerpunkt:	Familienhilfe
2 Praxissemester:	Betreuung von verhaltensauffälligen Jugendlichen im Caritas-Mädchenheim
Abschluss:	Diplom-Sozialpädagogin (FH)

Interessen

Tanzen, Kulturreisen, Neue deutsche Literatur

Frankfurt, 26. Februar 2010

Harald Odenwald

Arkazienweg 22
60486 Frankfurt
Tel.: 069 99387281
har_odenwald@web.de

Person & Ziel

<u>Person:</u> geb.: 2. Februar 1955 in Radolfzell
eheähnliche Lebensgemeinschaft

<u>Ziel:</u> eine beanspruchende Herausforderung
als Filialleiter im Großhandel

Berufliches

01/1996 – 03/2010	<u>Freier Handelsvertreter</u> bei ToyToyToy, Frankfurt verantwortlich für den Verkaufsraum Hessen / Saarland; für Einzelhandelskunden
04/1982 – 10/1993	<u>Freier Handelsvertreter</u> bei FLORA & Fantasy GmbH & Co. KG, Stuttgart verantwortlich für den Verkaufsraum Baden Württemberg; für Groß- und Einzelhandelskunden
07/1979 – 02/1982	<u>Außendienstmitarbeiter</u> bei Theo Kranz Landmaschinen, Stuttgart verantwortlich für das Verkaufsgebiet Schwaben

<u>Sabbatical Year</u> 1994/1995: Gesellschaftliche Kommunikation, Wanderungen, viele Vorträge besucht

Qualifikationen

1976 – 1979	Ausbildung zum <u>Groß- und Außenhandelskaufmann</u> bei Glöckle AG, Stuttgart Erfolgreicher IHK-Abschluss
1972 – 1975	Ausbildung zum <u>Maschinenschlosser</u> bei Kreut & Kreuzner, Radolfzell Erfolgreicher HWK-Abschluss

Schulbildung

1962 – 1972	Schulzeit mit Abschluss Mittlere Reife an der Graf-von-Zeppelin-Realschule, Radolfzell

Frankfurt, den 15. April 2010

Karina Kraus

Lebenslauf von

Name	Karina Kraus
Geburtstag und -ort	12. März 1978 in Engen
Familienstand	verheiratet, 1 Kind

Schule und Studium

07/1998	Abitur am Herz-Jesu-Gymnasium, Friedrichshafen
10/1998 – 08/1999	Freiwilliges Ökologisches Jahr im EuroPlant-Camp, Italien
10/1999 – 09/2006	Studium der Rechtswissenschaften Bayerische Albert-Ludwigs-Universität in Freiburg Abschluss: Juristin (Univ.)

Referendariat

Zivilstation: LG Offenburg, zuständig für Zivilsachen 1. Instanz

Strafstation: Staatsanwaltschaft Freiburg, Dezernat: Strafsachen gegen erwachsene Täter, Straftaten im Zusammenhang mit Gewalt in der Familie

Verwaltungsstation: Landratsamt Breisgau-Hochschwarzwald, Abteilung Bau und Umwelt und in der Kanzlei Wegner & Schöbener, Freiburg

Anwaltsstation: Kanzlei Schubert & Helmer, Kirchzarten

Wahlstation: Rechtsanwalt Hörner, Pallak und Kollegen; mit Schwerpunkt Zivilrecht, Staufen

Beruflicher Werdegang

10/2006 – 10/2007	Reklamationsbearbeitung in der Schadensregulierung CON-Drag Versicherungen, Konstanz (Zeitvertrag)
10/2007 – 05/2010	Mutter und Hausfrau

Zusätzliches

Seminare	IHK Freiburg: Vortragsreihe für Rechtsreferendare „Recht und Steuern im Betrieb, Praxisfragen der Unternehmensführung" (05/2005)
	Seminar zum Verhandlungsmanagement (Dr. Klinker, Prof. Heer), Baden-Württembergisches Justizministerium (01/2005)
Englisch	sehr gute Kenntnisse
Computerkenntnisse	MS-Office Word, Excel, RA Micro

Singen, 5. Mai 2010

Hohentwieler Straße 2   78224 Singen
Tel.: 07731 9818723   Mobil: 0157 981223210   E-Mail: KarinaKraus_juris@web.de

Helmut Lehmann

Rheinfeldener Weg 2
79541 Lörrach
Tel.: 07621 9811281
Mobil: 0176 98112
E-Mail: helm_lehrm@web.de

Lebenslauf

Persönliche Daten

geb. 1. September 1955 in Ulm
verheiratet, 3 erwachsene Kinder

Beruflicher Werdegang

12/2005 – 03/2010	TecSanau GmbH & Co. KG, Lörrach **Gebietsverkaufsleiter** für Saunatechnologie, Verkaufsgebiet: Süd-Baden-Württemberg, Schweiz
07/1999 – 11/2005	Gastro DeLuxe Export AG, Hannover **Gebietsverkaufsleiter** im Außendienst "Gastronomie" Verkaufsgebiet: Berlin und Neue Bundesländer
07/1998 – 06/1999	BIK-Institut, Hamburg Qualifizierung / Stellen suchend
10/1988 – 06/1998	ALDI-Nord, Hamburg **Bezirksleiter**
11/1975 – 09/1988	Quelle Verkaufshaus, Frankfurt **Abteilungsleiter** (8 Jahre) / Verkäufer (5 Jahre)

Aus- und Schulbildung

09/1973 – 06/1975	Zivildienst im Seniorenheim „Schöne Heimat", Göppingen
09/1970 – 07/1973	Ausbildung zum Industriekaufmann bei der Senftinger GmbH, Göppingen (Erfolgreicher Abschluss)
07/1970	Mittlere Reife an der Schiller-Realschule, Ulm

15. Januar 2010

Jörg Leibrach
Hinterer Huttenweg 2
22767 Hamburg
Tel. 040 4567221

Lebenslauf

Zur Person

Jörg Leibrach
geb. am 22. August 1965 in Düsseldorf;
unverheiratet, 1 Kind

Schul-/Ausbildung

1971 – 1975	Otto-Feuerstein-Grundschule, Düsseldorf
1975 – 1984	Graf-Eger-Gymnasium, Düsseldorf; <u>Abitur</u>
1984 – 1987	**Ausbildung zum Koch** beim Landhotel Adler, Diepholz: Erfolgreicher Abschluss

Wehrdienst

1987 – 1988	Wehrdienst, Bergische Kaserne, Düsseldorf

Berufstätigkeit

Dezember 1988 – März 1990	**Koch** im Hotel Prinzen, Köln ➢ kreative, marktfrische Küche; Vollwertkost
April 1990 – Januar 1995	**Koch** im Hotel Viktoria, Düsseldorf ➢ à la carte; Bankett; Büfett ➢ Assistenz der Küchenleitung: Kalkulation, Einkauf, Einsatzplanung
Mai 1995 – Juni 2010	**Koch** im Hotel Vier-Jahres-Zeiten, Hamburg ➢ gehobene, internationale Küche

Qualifikationen und anderes

Qualifikation	Rotisseur, Entremetier (2000)
EDV	Word, Excel, Calmenu für Windows
Sprachen	Englisch: gut in Wort; mittel in Schrift Spanisch und Französisch: gute Grundkenntnisse
Führerschein	B, C1; eigener Pkw vorhanden
Hobbys	Flugsimulation, Judo, Airbrush-Painting

Hamburg, 1. Juli 2010	Jörg Leibrach

Anita Blum

✉ Augsburger Straße 112
80999 München
☎ 089 8880777
0179 1234567

LEBENSLAUF

Persönliche Daten

Anita Blum
geb. am 1. Mai 1958, St. Stefano/Italien
deutsch, ledig
2 Kinder (7 und 8 Jahre)

Aus- und Schulbildung

1965 - 1969	Grundschule "Am Grafen", München
1969 - 1975	Droste-Hülshoff-Hauptschule, München
	Qualifizierender Hauptschulabschluss
1975 - 1978	Ausbildung als **Kosmetikerin bei**
	Gräfin Dönau - Kosmetikfachschule, München
	Erfolgreicher Abschluss

Berufstätigkeit

09/78 - 10/89	Kosmetikerin, Kosmetikstudio Jeanette Berlin
01/90 - 05/95	Kosmetikerin, Kosmetikstudio Orleans, Baden-Baden
07/95 - 06/99	Kosmetikfachverkäuferin, Marcs & Spencer, London
01/00 - 12/09	Stilberatung und Mitarbeiterin im Bereich Wellnessanwendungen, „Just BE"-Niederlassung München (mit Unterbrechung durch vier Jahre Elternzeit)

Weiterbildung

03/05	IHK-Verkaufsschulung, München
04/08	"Beauty & Wellness"-Seminar, Studio ISI/Bonn

Zusätzliches

Sprachen	Englisch/Französisch: sehr gut in Wort und Schrift
EDV	Word, Excel: sehr gut
Führerschein	Führerschein Klasse 3, Pkw vorhanden

London, 15. Juli 2010   *Anita Blum*

Anna Kolb
Wolfstr. 12
96052 Bamberg
Tel.: 0951 78977231

Lebenslauf

Zu meiner Person

geb. am 14. August 1968 in Diepholz
verheiratet, getrennt lebend; ein Kind (12 Jahre)

Schulbildung

1975 – 1984	Schulzeit mit Abschluss Mittlere Reife an der Graf-von-Bodelschwingh-Schule, Diepholz

Beruflicher Werdegang

10/1984 – 05/1986	Mitarbeiterin in der Bäckerei Brümstedt, Diepholz (Verkaufs- und Produktionshelferin)
06/1986 – 11/1994	Geburt und Erziehung meiner Tochter
12/1994 – 04/1998	Mitarbeiterin in der Bäckerei Brümstedt, Diepholz (Verkaufs- und Produktionshelferin)
05/1998 – 08/2004	Mitarbeiterin in der Küche und Personalkantine des Kreiskrankenhauses Rahden (Essenszubereitung, Kasse, Service)
01/2004 – 12/2009	Empfangsdame im Altenheim St. Rosa, Diepholz
seit 01/2010	suche ich eine Aufgabe, bei der ich meine zuverlässige Arbeitsweise wieder gut einbringen kann!

und...

Führerschein, Klasse 3; eigener Pkw vorhanden

Diepholz, 8. Juni 2010

Lena Müller-Landrath

Satellitenweg 1	Bismarckstr. 6
30855 Langenhagen	97070 Würzburg

Mobil 0178 98122342
lena_mueller_2010@web.de

Zur Person

geb. am 23. Mai 1960 in Hannover
2 erwachsene Kinder, in fester Partnerschaft lebend

Beruflicher Werdegang

seit 03/2010
Office-Managerin und **Fachkraft für Qualitätsmanagement,**
Qualifizierung bei MAINTRAINING, Würzburg; Schwerpunkte:

- SAP R/3 (Note: 1)
- MS-Office 2007: Word (1), Excel (1), PowerPoint (1), Access (2)
- Netzwerktechnik (2)
- Outlook, Internet, eCommerce (1)

- Büroorganisation*, Qualitäts- und Zeitmanagement*
- Professionelle Geschäftskorrespondenz mit neuer Rechtschreibung*
- Geschäftsenglisch*

*= noch nicht geprüfte Fächer

02/2002 – 01/2010
Kaufmännische Angestellte, Heleus AG, Würzburg (Insolvenz)

Aufgaben:
- Angebots- und Auftragsabwicklung
- Einkauf
- Fakturierung
- Lagerhaltung
- Korrespondenz

08/1999 – 09/2001
Sekretärin, VELVO KG, Würzburg

Aufgaben:
- Sekretariatsführung
- Kundenbetreuung
- Erstellen von Kalkulationen/Angebotswesen
- Zahlungs-/Mahnwesen
- Auftragsannahme

01/1990 – 07/1999
Kaufmännische Angestellte, Rhön KG, Würzburg (Minijob),
EDV-Qualifizierung und Elternzeit

09/1988 – 09/1989
Kauffrau für Bürokommunikation,
B&B Bavaria AG, Schweinfurt

07/1980 – 07/1988
Kauffrau für Bürokommunikation,
Schmitter & Wegmann Group, Würzburg

Lena Müller-Landrath

Satellitenweg 1
30855 Langenhagen

Bismarckstr. 6
97070 Würzburg

Mobil 0178 98122342
lena_mueller_2010@web.de

Aus- und Schulbildung

09/1977 – 06/1980 Ausbildung zur Kauffrau für Bürokommunikation
bei der Schmitter & Wegmann Group, Würzburg
mit erfolgreichem IHK-Abschluss

09/1967 – 07/1977 Schulzeit mit erfolgreicher Mittlere Reife
an der St. Ursula-Schule, Würzburg

Office-Know-how

EDV Neben den oben erwähnten aktuellen EDV-Kenntnissen verfüge ich
über folgende EDV-Kenntnisse – aus regelmäßiger Anwendung:
* Word 2003
* Excel 2003
* Outlook 2003

Zusätzliches

Interessen Gesang, Kunst, Reisen, Sudoku,
Fitness (Joggen, Gymnastik, Schwimmen)

Ehrenamt Elternbeiratsvorsitzende (2 Jahre)
Engagement im Tierheim

Würzburg, 15.03.2010

Matthias Habermann

Kaiserstr. 4
67550 Worms
Tel.: 06241 9812

Person & Ziel

geb. am 2. Januar 1970 in Köln
geschieden, 1 Sohn

eine Aufgabe als Hausmeister, bei der ich mein umfang-
reiches handwerkliches Können und Wissen zum Einsatz
bringen kann!

Qualifikationen

- Maler und Verputzer mit 15 Jahren Berufserfahrung
  und guten Referenzen im Hausmeisterbereich!
- Trockenbau
- Sandstrahlen
- Betonsanierung
- Asbest Demontage
- Gerüstbau
- Sanitärinstallation
- Fliesen legen
- Allgemeine Holz- und Metallarbeiten
- Allgemeine Reparaturarbeiten

Werdegang

seit 09/2009

Berufliche Weiterbildung bei der
BAG gGmbH in Worms; mit Schwerpunkt EDV und Praktika:
Hausmeister im Seniorenheim St. Hildegard, Worms
(4 Wochen Praktikum)
Hausmeister bei der Stadtbau GmbH, Worms
(4 Wochen Praktikum)

02/2009 – 08/2009

Mitarbeiter im Verkauf
im Hornbach Baumarkt, Worms (Zeitvertrag)

01/1993 – 09/2008

Maler und Verputzer
bei Georg Rosenthal Malermeister, Worms

Aus-/Schulbildung

09/1989 – 06/1992

Ausbildung zum Maler und Lackierer – Fachrichtung Putz;
bei FABER´S Farben, Worms; Erfolgreicher HWK-Abschluss

03/1988 – 06/1989

Grundwehrdienst in Kassel

07/1987

Hauptschulabschluss an der Diesterweg-Hauptschule, Worms

Zusätzliches

EDV
AUTO

Grundkenntnisse in Word 2007 und Excel 2007
Führerschein Kl. B, C1; eigener PKW vorhanden

1. Mai 2010

Simon Beck

Holzapfelgasse 1
97941 Tauberbischofsheim
Mobil 0176 981123
simon@beck-2010.de

■ Persönliche Daten

geb. am 31.12.1965 in Furtwangen
unverheiratet, 2 erwachsene Kinder

■ Beruflicher Werdegang

seit 05.2010
Qualifizierung: **IT Security 2010**
SBU Schulungen GmbH & Co. KG, Veitshöchheim

mit den weltweit anerkannten Microsoft-Zertifikaten:
MCITP,MCTS, CCNA,ITIL

01.2006 – 03.2010
Vertriebsbeauftragter
Account Manager Daten Service, WM-Mobile, Buchen

03.1997 – 08.2005
Geschäftsstellenleiter
Deutsche Telekom AG, Offenburg

04.1991 – 02.1996
Service-Techniker für Bürokommunikationsgeräte
Equi-Schwarz GmbH, Villingen-Schwenningen

09.1989 – 12.1990
Wehrdienst
als KFZ Panzerschlosser in Hof

10.1988 – 04.1989
Uhrmacher
Uhrengeschäft Schönretzer & Sohn, Furtwangen

■ Aus- und Schulbildung

1983 – 1986
Ausbildung zum Uhrmacher, Furtwangen
Erfolgreicher Abschluss

1973 – 1983
Schulzeit mit Abschluss der Mittleren Reife
am Otto-Hahn-Gymnasium, Furtwangen

■ Qualifizierungen

seit 10.2009
Wirtschaftsinformatiker (HWK)
Handwerkskammer Tauberbischofsheim

09.2003 – 03.2006
Handelsfachwirt Akademie Handel Bayern
mit erfolgreichem Abschluss und Meisterpreis der
Bayerischen Staatsregierung

02.1995 – 02.1996
Fortbildung zum Betriebsleiter für Klein- und Mittelbetriebe
Kolping Akademie Tauberbischofsheim

1. Juli 2010

278

Dr. med. Wanja DSCHUMABAEV

Vita

Wanja DSCHUMABAEV
geb. am 12.12.1958 in Almaty/Kasachstan
deutsche Staatsangehörigkeit

Erlaubnis zur Berufsausübung nach § 10 BÄO

Ziel

Die verantwortungsvolle Aufgabe als Anästhesist
bei der Klinik Seeblick, Lindau

Beruflicher Werdegang

Anästhesist in der Bodenseeklinik, Radolfzell	06/1996 – 02/2010
Mitarbeiter in der Anästhesie in der Privatklinik Prof. Dr. Dr. h. c. Walter, Fulda – Praktikum im Rahmen des Qualifizierungskurses –	11/1995 – 03/1996
Qualifizierungskurs „Integration immigrierter Ärzte" bei der AFD Deutschland Akademie, Bayreuth	12/1994 – 10/1995
Produktionshelfer bei Schmöker & Lämmlin, Lindau	01/1994 – 10/1994
Einreise in die Bundesrepublik Deutschland Eingliederungs- und Sprachkurse in Frankfurt / Köln und Lindau	1990 – 1993
Anästhesist bei „Zentrale Klinik", Saran/Kasachstan	1984 – 1990
Studium der Medizin an der Medizinischen Fakultät in Almaty/Kasachstan Abschluss: Dr. med.	1977 – 1984

Hobbys

Tauchen, Klettern, Vögel	1965 – 1977

Lindau, 10. Februar 2010

■ **Jürgen Hahn**

Nordstr. 33, 49356 Diepholz
Tel.: 05441 8812309
E-Mail: juergenhahn@web.de

Lebenslauf

geb. am 1. Juni 1988 in Diepholz
ledig, 1 Kind

■ Schule

| 1995 – 1999 | Grundschule, Dettenbrück |
| 1999 – 2004 | Hauptschule, Dettenbrück |

■ Beruflicher Werdegang

01/2005 – 05/2005
fit for future
„Berufliches Bildungshaus Diephols" (bbd), Diepholz

mit Praktikum als Hausmeistergehilfe
Städtisches Krankenhaus Diepholz

06/2005 – 10/2006
Hausmeistergehilfe
Städtisches Krankenhaus Diepholz

01/2006 – 04/2010
Lagerhelfer
ProPharma, Lübbecke

05/2010 – 09/2010
Mitarbeiter im Wareneingang / Lagerhelfer
XT-SoloMono, Diepholz

■ und ...

Fsk B, C1

Diepholz, 1. August 2010

Dongdei Schneider

Hermann-Zilcher-Weg 1, 47051 Duisburg
Tel.: 0203 999874 oder Mobil: 0173 66781223

Lebenslauf

Zur Person

Dongdei Schneider, geborene Plamum
geb. am 12. Juli 1965 in Bangkok/Thailand
verheiratet mit einem deutschen Mann, 2 Kinder,
deutsche Staatsangehörigkeit

Schule

1978 – 1986	Volksschule in Bangkok/Thailand

Ausbildung

1986 – 1990	Ausbildung zur Erzieherin an der Privatschule Dogen den, Bangkok
1991	Einreise in die Bundesrepublik Deutschland
1992 – 2002	Geburt und Erziehung meiner beiden Kinder begleitend: Sprachkurse an der Euro-Akademie Duisburg (Level 1/2/3; Abschlussnote: sehr gut)

Werdegang

01/2002 – 02/2004	Küchenhilfe bei „Sabine´s Café und Bistro", Duisburg (Vollzeit)
09/2004 – 05/2006	Altenpflegehelferin im Seniorenstift Morgenstern (Vollzeit)
08/2006 – 06/2010	Küchenhilfe bei Le Clochard, Duisburg (Teilzeit)

Zusätzliches

06/2004	Schwesternhelferinnen-Kurs bei den Johannitern, Duisburg

6. Juni 2010

te Seite

Dieses Zusatzblatt, das Sie bei Bedarf Ihren Bewerbungen hinzufügen können, aber nicht müsssen, wird mit den unterschiedlichsten Namen versehen. Nicht nur „Dritte", sondern auch „Vierte Seite" oder Kompetenz- oder Qualifikationsprofil wird sie genannt. In jedem Fall bietet sie eine unschätzbare Möglichkeit, wichtige Daten in Ihren Unterlagen gezielt zu positionieren. Die folgenden Vorschläge können Ihr Profil positiv unterstützen. Die Dritte Seite kann verwendet werden als:

- Fachliches Profil

- Persönliches Profil

- „Schwächen-in-Stärken-Verwandler"

- Berufsprofil

- Kreatives Profil

<u>Grafische Beispiele für die Dritte Seite</u>

Die Optik gestalten Sie im Sinne eines einheitlichen Auftretens entsprechend Ihrer Standarddokumente:

Mein fachliches Spektrum

xyz ...
xyz ...

Über mich als Mensch

<u>Über meine Einstellung zur Arbeit</u>
xyz ...
xyz ...

<u>Über meine Motivation</u>
xyz ...
xyz ...

<u>Über meine Interessen</u>
xyz ...
xyz ...

Wie ich wurde, was ich bin

xyz ...
xyz ...

<u>Mögliche Überschriften – je nach Art Ihrer Dritten Seite – sind:</u>

Mein Fachwissen von A–Z – Meine Wissenspalette – Zu meiner Person: beruflich und fachlich –

Wer bin ich? – Zu mir: Persönliches & Fachliches – Was Sie sonst noch über mich wissen sollten! –

Ich über mich – Meine Einstellung zu meiner Arbeit – „Zur Person: …– Zum Ziel: … – Zum Berufseinstieg:.." – „Meine beruflichen Leistungen" – „Meine Arbeitsweise" – „Zu meiner Motivation" –

„Mein Profil: Meine Ausbildungen, Erfahrungen und Fähigkeiten"

- **Das fachliche Profil**

Ihr fachliches Wissen auf einen Blick – das ist der Vorteil dieser Art der Dritten Seite. Verwenden Sie bevorzugt Stichworte. Sie können hier sowohl Ihre Kenntnisse (EDV-, Sprach-, Technikkenntnisse oder anderes) beschreiben als auch Ihre bisherigen Aufgaben und Verantwortungsbereiche. Bei akademischen Profilen werden auf diesem Blatt beispielsweise die Publikationen präsentiert. All diese Informationen lassen sich stattdessen auch in den Lebenslauf integriereren. Handelt es sich aber um eine Fülle an Profilpunkten, empfiehlt es sich auf jeden Fall, diese auf einer Dritten Seite zu separieren. Eventuell entspricht es auch einfach Ihrem Wunsch, Ihr fachliches Potenzial durch eine Dritte Seite gesondert herauszuheben.

Wie würde eine Bewerbung der derzeitigen Bundeskanzlerin aussehen? Möglicherweise würde die promovierte Naturwissenschaftlerin sich für eine solche fachliche Dritte Seite entscheiden, wenn sie sich nach einer erfolglosen Kanzlerkandidatur auf dem Stellenmarkt umsehen müsste und an ihre beruflichen Wurzeln anknüpfen wollte:

Beispiel 1:

Dr. rer. nat.
Angela Merkel

Wissenschaftliche Arbeiten und Veröffentlichungen

- Zs. m. Ilka Böger, Hans Jochim Spangenberg, Lutz Zülicke: Berechnung von Hochdruck-Geschwindigkeitskonstanten für Zerfalls- und Rekombinatonsreaktionen einfacher Kohlenwasserstoffmoleküle und -radikale. In: Zeitschrift für physikalische Chemie. 1982, 263 (3), S. 449-460.

- Zs. m. Lutz Zülicke: Berechnung von Geschwindigkeits- konstanten für den C-H-Bindungsbruch im Methylradikal.
  In: Zeitschrift für physikalische Chemie. 1995, 266 (2),
  S. 353-361.

- Zs. m. Lutz Zülicke: Nonempirical parameter estimate for the statistical adiabatic theory of unimolecular fragmentation carbon-hydrogen bond breaking in methyl.
  In: Molecular Physics. 1997, 60 (6), S. 1379-1393.

- Zs. m. Zdenek Havlas, Rudolf Zahradnik: Evaluation of the rate constant for the SN2 reaction fluoromethane + hydride: methane + fluoride in the gas phase. In: Journal of American Chemical Society. 1988, 110 (25), S. 8355-8359.

- Zs. m. Lutz Zülicke: Theoretical approach to reactions of polyatomic molecules. In: Journal of Quantum Chemistry. 1990, 36, S. 191-208.

Politische Schriften

- Der Preis des Überlebens. Gedanken und Gespräche über zukünftige Aufgaben der Umweltpolitik. Stuttgart 1997,
  ISBN-3-4210-5113-5.

- Europa und die deutsche Einheit. Zehn Jahre Wiederereinigung: Bilanz und Ausblick. Freiburg 2000, ISBN 3-451-20140-2

Beispiel 2:

Der folgende Bewerber verwendete die fachliche Dritte Seite – mit Erfolg –, um die Kombination aus seinen handwerklichen Erfahrungen und seinem Bürowissen zu beschreiben. Zum Zeitpunkt der Bewerbung war er, nach einer erfolgreichen kaufmännischen Umschulung, für längere Zeit auf der Suche nach einer neuen Stelle. Körperlich bedingt konnte er nicht mehr ausschließlich handwerklich arbeiten. Seiner Bewerbung um die Position des Abteilungsleiters in einem großen Baufachmarkt fügte er diese fachliche Dritte Seite bei und wurde zum Vorstellungsgespräch eingeladen.

DAS FACHLICHE WISSEN & KÖNNEN VON MARC SCHNEIDER ...
... ALS BETRIEBSLEITER/MAURERMEISTER/BÜROKAUFMANN
AUS <u>13 JAHREN ERFAHRUNG</u> IN:

- Kalkulation
- Aufmaß
- Abrechnungen
- Ein- und Verkauf
- Material-/Lagerdisposition
- Personalverantwortung für bis zu 80 Mitarbeiter
- Bauleitung/Abwicklung von Bauvorhaben

IN FOLGENDEN
PRODUKT-/ HERSTELLER- UND ANWENDUNGSBEREICHEN:

- <u>als Maurermeister</u> selbstverständlich komplexe Kenntnisse hinsichtlich aller Produkte, Hersteller- und Verarbeitungsfragen im Bereich Maurern, Schalen

- <u>Mörteln/Verputzen</u> (Mineral-, Kunstharz- und Gipsputz)

- <u>Trockenausbau:</u> Gipskartonplatten, Fermacellplatten, Ständerwände (einfach/doppelt beplankt)

- verschiedene <u>Baudämmstoffe</u> im Innenaus- und Dachaufbau

- <u>Künstliche Steine:</u> Ziegel, Bims, Ytong, Beton, Poroton, Kalksandsteine etc.

- <u>Fliesen legen</u> im Dünnbett-/Dickbettverfahren

- Diverse <u>Pflasterarbeiten</u> (Garten-, Gehwege, Hofeinfahrten etc.) Rabattensteine, Rand-/Bordsteine

- <u>Fußbodenbau:</u> ESTRICH: Zement- Anhydrit-, Gips-, Gussasphalt-, Kunststoff-, Trocken-, Magnesiaestriche

- <u>Laminat:</u> verschiedene Produkte, Trends in der Verarbeitung, relevante Klebstoffe

- <u>Holzdecken</u> (verschiedenste Kunststoff- und Naturprodukte)

- <u>Sanitärbereich:</u> HT- und KG-Rohre

- <u>Werkzeuge:</u> für allgemeine handwerkliche und baurelevante Arbeiten

Selbstverständlich verfüge ich auch in anderen Bereichen über gute bis sehr gute Produktkenntnisse!

- **Das persönliche Profil**

Im Gegensatz zum fachlichen Profil geht es hier nicht um die „harten Fakten", sondern um die soge-nannten „soft skills". Ihre sozialen Kompetenzen gewinnen in der heutigen Arbeitswelt immer mehr an Bedeutung. Diese sind z. B. ausschlaggebend dafür, wie effektiv Sie Ihre Arbeit bewältigen oder wie gut Sie im Team kooperieren können. Insbesondere bei der Präsentation der persönlichen Stärken warne ich aber davor, lediglich zu beschreiben, dass Sie durchsetzungsstark oder zielstrebig sind. Eine solche Behauptung kann jeder aufstellen. Untermauern Sie Ihre Argumente mit dem Effekt, den Sie mit Ihren Eigenschaften erreicht haben. Nicht immer lässt sich der „Gewinn" in Zahlen angeben – wie im folgenden Exempel, mit dem der Bewerber gleich mehrere Gesprächseinladungen erzielt hat. Sie können auch die durch Ihre Sozialkompetenzen entstandene Güte Ihrer täglichen Arbeit oder die dadurch veränderte Qualität in den Kunden- oder Klientenbeziehungen beschreiben.

Im zweiten Beispiel zeigt Frau Tietz wie sie als Berufseinsteigerin ihre persönlichen Qualitäten auf eine sympathische Weise und in einer sehr ansprechenden Art präsentieren kann. In ihrem Fall – als Kunsttherapeutin – ist die rein beschreibende Form ihrer persönlichen Qualitäten äußerst zielführend. Messbare Ergebnisse kann sie ohne Berufserfahrung, außer den Zeugnisnoten, gar nicht vorlegen. Ihr Trumpf ist ihre persönliche Entwicklung und menschliche Reife.

Clemens Krüger

Alsenweg 16   81927 München
Tel.: 089 9129931   Mobil: 0157 7871992
E-Mail: clemens_chem_krueger@web.de

Persönliche Gewinnbringer

⇨ **Als ehrgeizige Persönlichkeit** habe ich äußerst anspruchsvolle Kunden vom Konkurrenten abgeworben und diese langfristig an das Unternehmen gebunden. Neben meiner überzeugenden Beharrlichkeit war es das Auftreten auf gleicher Augenhöhe, das mir viele Vorteile bei Vertretern aller Ebenen verschaffte.

Zum Beispiel: als Pharmaberater bei der Schaefer Pharm AG: Die Zahl der umsatzstärksten Ärzte konnte ich um ca. 60 % erhöhen.

⇨ **Mit einem seismografischen Analysevermögen** habe ich innerhalb kürzester Zeit Marktbedürfnisse unter Berücksichtigung unternehmensspezifischer Produktausrichtungen erfasst, individuelle Vertriebskonzepte entwickelt und zielgerichtete – globale – Marketingmaßnahmen mit großem Erfolg realisiert.

Zum Beispiel:

1) Als Projektleiter bei ChecTec (2009):
a) Steigerungsrate von 13,8 % (der beste Mitbewerber erreichte nur 4,5 %) bei einer Wachstumsrate des Marktes von nur 7,9 %.
b) Umsatzverdoppelung im Vergleich zum Vorjahr beim Vertrieb des Präparats ImpChain.
2) Als Pharmaberater bei der ConTrumpf AG (2005 – 2007): Verdoppelung des Gesamtumsatzes innerhalb von 2 Jahren.

⇨ **Ein verbindliches Auftreten und ein hohes kommunikatives Geschick:** Ich habe meine Mitarbeiter stets als Mittelpunkt meiner Arbeit gesehen. Indem ich sie persönlich geachtet und gefördert habe, war es mir immer möglich, diese für mich zu gewinnen. Mit solch effektiven Teams im Rücken ist es mir gelungen, optimale Ergebnisse zu erzielen und für die höchste Zufriedenheit meiner Geschäftspartner und des Vorstands zu sorgen.

Zum Beispiel: Bei der Poly-Shell Inc. konnte ich als Ergebnis meiner Verhandlungen mit einem internationalen Lizenzgeber 1/2 Mio. € als Gewinn verzeichnen.

⇨ **Aufgrund meiner Vertrauenswürdigkeit und fachlich stets wachsenden Kompetenz** wurden meine Aufgabenbereiche kontinuierlich erweitert und ich wurde mit jeweils höheren Entscheidungsbefugnissen ausgestattet. Mein Motto war und ist »Überzeugen – nicht überreden«.

Zum Beispiel: während meiner Promotion in den USA: Die Hochschule hat 1/2 Mio. € Zugewinn an staatlichen Forschungsgeldern allein aufgrund meiner Forschungsergebnisse erhalten.

Natalie Tietz

Ringstr. 15
89079 Ulm
Tel.: 0178 981223254

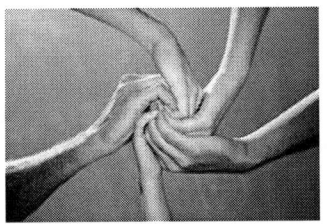

Meine Persönlichkeit blüht in einem Umfeld auf, das getragen ist von echtem Interesse, Zuwendung und wechselseitiger Wertschätzung. Als Tanzbegeisterte zehre ich seit Jahren von der „Kontaktimprovisation", einer experimentierfreudigen und etablierten Tanzform. Dem Du begegnen und dabei die Grenzen des Zusammenspiels in Gleichklang, Wechselspiel und auch Dissonanz zu erleben – das bereichert meine Persönlichkeit.

Tai-Chi, das ich seit meinem 20. Lebensjahr intensiv pflege, bringt Balance in meinen Alltag. Es schenkt mir Ausgeglichenheit. Es weckt tiefe Kräfte. Und es inspiriert mich, meinen Daseinsgrund mit Spürsinn zu ertasten. Viele schätzen meine Klarheit und Ruhe.

Seit geraumer Zeit spielt Rafting eine wichtige Rolle in meinem Leben. Es bringt mich an meine eigenen Grenzen und nährt mein Bedürfnis nach Abenteuerlust. Vor allem aber schöpfe ich aus den Erfahrungen innerhalb unseres Teams: sich auf andere verlassen, sich einander anzuvertrauen, verantwortlich zu sein und auch Hilfe anzunehmen. Das kostet viel Mut und ermöglicht mir erstaunliche Lernprozesse.

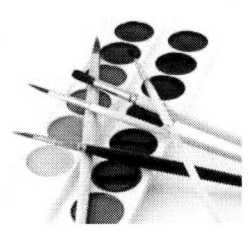

Auch in meiner Freizeit genieße ich es, im künstlerischen Tun meiner Verspieltheit und meinen Ur-Impulsen Ausdruck zu verleihen.

Neue Anregungen erhalte ich immer wieder auf der Kreativ & Co-Messe und spezifischen Fachseminaren.

- **„Schwächen-in-Stärken-Verwandler"**

Die Dritte Seite eignet sich, um kritische Daten positiv aufzubereiten. Dies können lange Lücken, schlechte Noten oder beispielsweise eine abgebrochene Qualifikation sein. Viele Personaler sehen dafür einen Erklärungsbedarf. Oftmals werfen Lebensläufe Fragen auf und werden deshalb negativ bewertet. Ihre Antworten auf der Dritten Seite können da ein entscheidender Erfolgsfaktor sein. Machen Sie – trotz eines Mankos – auf Ihre individuellen Vorzüge aufmerksam. Gewähren Sie Einsicht in Ihre Veränderungs-prozesse, Ihre ganz persönlichen Eigenschaften und Einstellungen. Indem Sie Ihre individuellen Entwick-lungen und Entscheidungen im Leben aufzeigen, schaffen Sie Transparenz. Der Leser kann dadurch berufliche Stationen besser nachvollziehen: Welche Prioritäten hat der Bewerber gesetzt, welche inneren Werte und beruflichen Ziele verfolgte er? Aus Ihren Antworten erschließt sich Ihr Charakter. Dafür sind die Informationen im Lebenslauf in der Regel zu dürftig.

Empfehlenswert sind solche Seiten häufig ganz besonders bei Bewerbungen im sozialen Bereich, bei Familienbetrieben oder bei Konzernen mit lebendiger, innovativer Unternehmenskultur. Grundsätzich sollten Sie im Vorfeld immer abwägen, ob eine solche Form der Dritten Seite in Ihrem individuellen Fall sinnvoll ist. Eine Dritte Seite empfiehlt sich grundsätzlich:

⇨ bei einer abgebrochenen Ausbildung
⇨ bei vielen kurzfristigen Tätigkeiten
⇨ bei häufig wechselnden, verschiedenen Tätigkeiten
⇨ bei langen Zeiten ohne Beschäftigung
⇨ wenn Sie keine Idealabschlussnote haben
⇨ wenn Sie nicht das gewünschte Diplomarbeitsthema haben
⇨ wenn Sie nicht den relevanten Studienschwerpunkt haben
⇨ bei sehr langer Studiendauer

Nicht alles im Leben muss begründet werden. Von einer Dritten Seite ist abzuraten, wenn:

⇨ Sie glauben, auch ohne eine Dritte Seite eine Gesprächseinladung zu erreichen
⇨ die Schwachstelle nur klein ist
⇨ der kritische Aspekt des Lebenslaufs zu privat ist
⇨ Ihre Ausführung eher eine Rechtfertigung ist
⇨ das Ereignis lange zurückliegt und mehrere Jahre Arbeit/Qualifikation darauf folgten.

Sie haben drei Möglichkeiten, um den Ängsten und Fehlinterpretationen des Arbeitgebers beim Entdecken einer „Schwachstelle im Lebenslauf" entgegenzuwirken:
1 Schwächen in Stärken zu verwandeln
2 Zu Schwächen zu stehen und
3 Persönliche Einblicke zu gewähren.

1 Schwächen in Stärken verwandeln!

Jede Medaille hat zwei Seiten. Überlegen Sie, was die „gute" Seite der Ereignisse war. Beleuchten Sie die positiven Aspekte, indem Sie „wechselhaft" in „flexibel" oder in „reich an Erfahrungen" umbenennen. Zum Beispiel:

Wenn man glaubt Sie sind ..:,		... sollten Sie betonen, dass Sie so sind:
unzuverlässig	→	ausdauernd/verbindlich
unstetig/flatterhaft	→	flexibel/aufgeschlossen/aufstrebend
unentschlossen	→	zielstrebig/engagiert/reif

Durchforsten Sie Ihr Engagement und Ihre Entwicklungsprozesse. Diese Fragen unterstützen Sie dabei:

- Was ist typisch für mich?
- Wie engagierte ich mich bei der Arbeit?
- Welchen beruflichen Preis habe ich bezahlt, um ein für mich wichtiges Ziel zu erreichen?
- Welchen Sinn hatte eine lange Lücke?
- Welches Ziel stand z. B. hinter meinen häufigen Stellenwechseln?

Wenden Sie Ihren Blick auf das Resultat dieser Zeiten. Was kam danach? Das gibt Ihnen einen Hinweis auf das, was Sie schreiben können.

2 Zu Schwächen stehen

Wenn man etwas nicht verbergen kann, stellt man es in das Rampenlicht. So sehen es zumindest Schauspieler − und machen aus einer Panne eine wertvolle Szene. Die entscheidende Veränderung ist, etwas so zu nehmen, wie es ist. Sie haben kein Interesse daran, etwas zu verbiegen. Sie stehen zu Ihrem Leben. Wenige wagen das. Ihre Chancen auf eine Gesprächseinladung können sich dadurch durchaus verbessern. Oft entscheiden sich beispielsweise Menschen mit Hafthintergrund für eine ehrliche Darstellung. Nicht in allen Fällen ist dies rechtlich erforderlich und die zielführendste Form. Viele Betroffene haben sich aber von einem „Lügenberg" und Doppelleben verabschiedet und überzeugen durch das ehrliche Benennen mit ihrer Glaubwürdigkeit.

3 Persönliche Einblicke gewähren

Beleuchten Sie Ihre privaten Seiten. Erzählen Sie von der schwierigen Zeit, dem Schicksal, das Sie zu bewältigen hatten. Das kann der Tod eines Familienangehörigen oder Lebenspartners, die schmerzhafte Scheidung der Eltern in jungen Jahren, der Einsatz für den elterlichen landwirtschaftlichen Betrieb nach einer Feuerkatastrophe etc. sein. Etwas in Ihrem Leben hat Sie herausgefordert. Sie haben sich dem gestellt und einen Preis dafür bezahlt: das Studium abgebrochen, für viele Jahre keine Arbeit mehr angenommen, keine anspruchsvolle Managerposition bekleidet und vieles mehr.

Warum diese Ehrlichkeit? Stellen Sie sich einen Personaler vor, der ein besonderes Interesse an fünf von achtzig Bewerbungen gefunden hat. Zwei davon interessieren ihn außerordentlich. Die anderen drei sind nahezu identisch (gleiches Alter, vergleichbare Qualifikationen etc.). Sie haben sogar das gleiche „Manko": eine längere Lücke im Lebenslauf. Der Personaler will einen dieser drei zusätzlich zur Gesprächsrunde einladen. Wer ist am interessantesten? In vielen Fällen ist es derjenige, der Individualität, Mut und eine nachvollziehbare Glaubwürdigkeit ausstrahlt.

Ungefragt − es gibt auch Einstellungsverantwortliche, die solche Bewerbungen vorneweg aussortieren. Man kann sich zu Recht die Frage stellen, ob es dann eigentlich nicht sehr gut ist, gerade dort keine Arbeitsstelle angeboten zu bekommen.

In der Offenheit liegt Ihre Chance. Sie kann Nähe und Respekt erzeugen. Etwas, das die anderen vier Bewerber nicht schaffen werden. Entscheidend ist, dass Ihre Verwandlung deutlich wird. Der Arbeitgeber muss Ihre neuen Kräfte erkennen können. Er muss lesen, dass Sie jetzt wieder gefestigt, engagiert und souverän in das Berufleben einsteigen möchten. Er muss erkennen, dass Sie trotz einer schlechten Abschlussnote ein zielstrebiger, fachlich zuverlässiger Mitarbeiter sein werden. Eine solche Dritte Seite beschreibt immer eine Verwandlung. Am Ende steht eine vertrauenswürdige, aktive Persönlichkeit.

Wie ehrlich dürfen Sie sein? Gehen Sie nicht zu tief. Es sollte kein allzu großes „Leid" durchschimmern. Sie selbst müssen bereits eine positive Distanz zu einer schwierigen Lebenssituation entwickelt haben. Der Schmerz, Ihre tatsächlichen Tiefs und Ihr Bedauern, sind überlicherweise nicht zielführend.

Exempel 1: Eine junge Textilreinigerin – ohne Abschluss

Eine junge – angehende – Textilreinigerin hat diese Ausbildung drei Jahre erfolgreich durchlaufen. Die praktische Abschlussprüfung verlief erfolgreich, die theoretische Prüfung hat sie allerdings nicht bestanden. Sie hat diese auch nicht wiederholt. Das hatte zwei Gründe: Prüfungsängste und das Angebot ihres Ausbilders. Er hatte ihr einen unbefristeten Vertrag auch ohne Ausbildungsabschluss ermöglicht. Nach zwei Jahren meldete dieser Betrieb Konkurs an und die Bewerberin begab sich – letztendlich mit dieser Dritten Seite erfolgreich – in die Bewerbungsphase.

Das liest der Leser im Lebenslauf:

Auszug aus dem **Lebenslauf:**

...

09/1996 – 02/2000	Ausbildung zur Textilreinigerin bei Wäscherei FÜLLER, Köln (ohne Abschluss)
03/2000 – 12/2002	Textilreinigende Mitarbeiterin bei Wäscherei FÜLLER, Köln
seit 01/2003	Arbeit suchend (wegen Konkurs)

...

Zu meiner Person

Wie habe ich es geschafft, ohne bestandene theoretische Prüfung dennoch als qualifizierte Textilreinigerin zu arbeiten?

Mein Chef war mit meinen Leistungen als Auszubildende so zufrieden, dass er in meinem Fall einen formalen Abschluss für unwichtig hielt. Er bot mir einen unbefristeten Arbeitsvertrag an, um weiterhin von meinem Einsatz in der Mangelabteilung und im – stark beanspruchenden – Sortierraum zu profitieren. Da sagte ich ja!

Es liegt mir, in der Praxis zügig und zuverlässig zu arbeiten.
Und das ist es auch, was ich in Ihrer Wäscherei tun möchte.

... dank der Dritten Seite:

⇨ Sie wirkt zuverlässig und ehrlich – auch ohne Abschluss.
⇨ Ihr bestes Zeugnis ist ihr Chef: ein unbefristetes Arbeitsverhältnis.
⇨ Fachliches Wissen zeigt sich in ihrem praktischen Erfolg.

Exempel 2: Eine Gerontopsychiatrische Fachkraft – mit Herz

Die Bewerberin, die im Folgenden vorgestellt wird, hat es mit ihrer Dritten Seite erfolgreich geschafft, eine lange Lebenslauflücke zu schließen. Passend zu ihrer zukünftigen beruflichen Ausrichtung auf Aufgaben im sozialen Bereich schildert sie ihr privates – zu guter Letzt erfolgreiches – Engagement für jemanden, der ihr ganz persönlich am Herzen lag: ihren Lebenspartner. Dieser Einsatz erforderte aber eine zweijährige Auszeit, in der sie alle inneren Kräfte mobilisieren musste, um äußerlich stark zu sein.

Im Lebenslauf lesen wir:

1989 – 2000	Heirat meines Mannes (siehe Dritte Seite)
04/00 – 09/00	Mitarbeit in der Schreinerei Dörker, Passau

Zu meiner Person

1998 – 2000:

Obwohl mein Lebenspartner, Juvri Scrobbi, bereits vier Jahre in Deutschland lebte, wurde ihm keine weitere Aufenthaltserlaubnis ausgestellt. Er musste zurück in sein Heimatland – eine Bürgerkriegsregion.

In der Zeit von 1998 bis 2000 war ich ausschließlich damit beschäftigt, alles für die Rückkehr „meines Mannes" zu tun, was uns letztendlich glücklicherweise gelungen ist.

Inzwischen ist er mein Ehemann und hat eine unbefristete Aufenthaltserlaubnis und ich bin wieder frei für meine Arbeit als Gerontopsychiatrische Fachkraft.

- **Das Berufs-Profil**

Neue Ausbildungsberufe und zunehmend exotisch anmutende Masterabschlüsse verwirren Arbeitgeber immer mehr. Ein kurzer Hinweis im Anschreiben, dass es sich bei dieser Qualifizierung um eine kombinierte Ausbildung im Bereich x und y handelt, reicht in manchen Fällen aus, aber nicht immer. Sehen Sie hier beispielhaft eine Darstellung, die dem Arbeitgeber schön übersichtlich die wichtigsten Eckpfeiler des Bewerber-Qualifikationsprofils auf einen Blick zusammenfasst:

Eric Junghans

Grabener Straße 12
73734 Esslingen
0711 2019223

Zum Profil meiner Qualifikation
Berufspädagogik/Ingenieurwissenschaften (Master of Science)

Der Master-Studiengang Berufspädagogik/Ingenieurwissenschaften ist ein neuer Studiengang speziell im Bundesland Baden-Württemberg. Er bereitet auf verantwortungsvolle Positionen in der industriellen Aus- und Weiterbildung vor.

Das Studium verzahnt eine solide ingenieurwissenschaftliche Ausbildung mit der Technikdidaktik und Berufspädagogik. Diese pädagogisch-didaktische Zusatzqualifikation bezieht sich auf allgemeine und spezielle erziehungswissenschaftliche Inhalte und vermittelt in ausführlicher und sehr anwendungsbezogener Form:

- pädagogische
- psychologische
- soziologische und
- fachdidaktische Grundlagen.

Dank dieses Studienganges habe ich eine äußerst praxisorientierte Ausbildung durchlaufen, insbesondere durch:

- zwei Schulpraktika,
- unterstützende Begleitseminare zur Reflexion und
- ein 18-monatiges Referendariat.

Die zahlreichen, sehr wertvollen Lehrveranstaltungen der Professoren der kooperierenden Pädagogischen Hochschule haben mein konkretes Praxisinteresse zusätzlich bestärkt. Nicht nur meine Freude am Umgang mit jungen Menschen und an der Vermittlung von Fachinhalten habe ich innerhalb des Masterstudiengangs erfolgreich überprüft, auch meine Eignung für ein Tätigkeitsfeld in der industriellen Aus- und Weiterbildung.

Die während meines Studiums erworbenen Kompetenzen und mein fachliches Wissen möchte ich für die Steigerung der Aus- und Weiterbildungsqualität in einem Großunternehmen der Automobilbranche einbringen.

• Das kreative Profil

Fein abgestimmt auf die jeweilige Zieladresse und die anvisierte Position können kreative Aspekte in einer Bewerbung eine Besonderheit darstellen, die Ihr Profil schärft. Soche kreativen Momente können den Einstellungsverantwortlichen zum Schmunzeln einladen und dazu führen, dass man sich an Ihre Bewerbung ganz besonders gut erinnert. Das ist ein ganz wesentlicher Aspekt, um sich von seinen Mitbewerbern abzuheben. Beispiele, wie Sie sich stark im Bewusstsein des Lesers verankern können, sind eine außergewöhliche Optik, der intelligente Einfallsreichtum Ihrer inhaltlichen Darstellung oder eine raffinierte „Profil-Verpackung" (wie im Beispiel unten).

Beispiel

DAS REZEPT VON

MARKUS JÖRG GEWINNER

Markus Jörg Gewinner
können Sie für
1 – 1000 Personen einsetzen!

Zutaten
Markus Jörg Gewinner – dafür nehme man:

4 Jahre Berufserfahrung
1000 g Beharrlichkeit
1 l Geschmeidigkeit
1 Prise Humor

Garzeit
zwischen 0,1 Sekunden
und 1 Minute

Am besten zu genießen
zu jeder Arbeitszeit

Eine andere Bewerberin überzeugte durch eine Dritte Seite in der Form eines medizinischen Beipackzettels. Unter Überschriften wie „Darreichungsform", „Anwendungsgebiete" oder auch „Nebenwirkungen" verpackte sie ihr fachliches und persönliches Profil.

Weitere Möglichkeiten sind beispielsweise ein simuliertes Vorstellungsgespräch als niedergeschriebener Dialog zwischen Ihnen und dem Personalleiter oder Geschäftsführer des anvisierten Unternehmens oder eine fiktive „protokollierte" Unterhaltung mit einem Freund über Ihre tatsächliche Motivation für genau diese Position bei Ihrem Traumunternehmen. Diese Variante ist sehr wirkungsvoll, weil sie suggeriert, dass dieses „Echtgespräch" authentischer ist als die „üblichen" Pflichtsätze im Kontext eines Anschreibens.

g) Das Anlagenverzeichnis

Ein Anlagenverzeichnis brauchen Sie Ihren Unterlagen nicht beizufügen. Es kann aber eine durchaus schöne und vor allem auch sehr sinnvolle Seite sein: Wie ein Deckblatt die gesamte Bewerbung wie eine Art Buchdeckel eröffnet, so kann das Anlagenverzeichnis als Beginn des Kapitels „Zeugnisse" fungieren. Vor allem wenn Sie Ihre Zeugnisse inhaltlich und nicht chronologisch sortieren, erhält der Leser mit dem Verzeichnis einen besseren Überblick.

Entsprechend Ihrer Zeugnissortierung (s. u.) entscheiden Sie sich für das passende Anlagenverzeichnis. Stimmen Sie die optische Präsentation auf den grafischen Gesamtauftritt Ihrer Unterlagen ab.

Eine chronologische Auflistung:

Mareike Mahr
Maximilianstraße 16
68167 Mannheim
Tel.: 0621 78372

Anlagenverzeichnis

✓ Arbeitszeugnis Müller
✓ Arbeitszeugnis Meier
✓ Ausbildungszeugnis Bankkauffrau
✓ Zeugnis Allgmeine Hochschulreife

Die Sortierung nach Gruppen:

Mareike Mahr
Maximilianstraße 16
68167 Mannheim
Tel.: 0621 78372

Anlagenverzeichnis

Arbeitszeugnisse:
    Arbeitszeugnis Müller

Zertifikate – Fortbildungen:
    Fortbildung MAINTRAINING

Gesellenbrief/Diplomurkunde:
    Ausbildungszeugnis Bankkauffrau

h) Die Zeugnisse

Welche Zeugnisse legen Sie bei? Eine Faustregel wird heute immer noch in einigen Ratgebern propagiert: Alles, was im Lebenslauf erwähnt wird, muss durch Belege dokumentiert werden. Diese Regel ist hinsichtlich aller Arbeitsstationen absolut empfehlenswert. Denn jedes fehlende Arbeitszeugnis weckt den Verdacht, dass ein schlechtes zu Hause liegt oder dass der Bewerber aufgrund einer schwierigen Lage gar keines hat ausstellen lassen. Daher empfehle ich Ihnen auch, auf fehlende Arbeits-Zeugnisse gesondert hinzuweisen.

Allerdings ist es wenig ratsam, mit Dokumenten und Zertifikaten aufzuwarten, die für den Einsteller keine Relevanz mehr haben. Im Bereich der Zertifikate, Fortbildungs- und Seminarbescheinigungen rate ich Ihnen Folgendes: Legen Sie derartige Bescheinigungen immer bei, wenn die Inhalte einen Bezug zu Ihren zukünftigen Tätigkeiten haben und diese nicht viel älter als fünf Jahre sind. Bei Bewerbern in jüngeren Jahren oder mit insgesamt sehr wenigen Anlagen kann es sinnvoll sein, auch ältere oder nicht ganz so relevante Nachweise beizufügen. Schon rein optisch wirkt das bei dem einen oder anderen Leser im positiven Sinne „inhaltlich gewichtiger".

Belege über Fort- und Weiterbildungen, die nicht auf Ihrer zukünftigen Zielgeraden liegen, sind nicht von Interesse. Dennoch empfehle ich Ihnen, im Lebenslauf auf diese Qualifizierungen hinzuweisen. Ein Bewerber, der früher als Handwerker zahlreiche Fach-Seminare besucht hat und sich jetzt als IT-Vertriebsmitarbeiter vorstellt, dokumentiert mit dieser Angabe im Lebenslauf sein großes Lerninteresse. Man wird daher vermuten, dass er auch bei seinen neuen Aufgaben alles dafür tun wird, um Neues dazuzulernen.

Ein zweite gängige Faustregel empfiehlt, alle Zeugnisse bis zurück zum höchsten Schulabschluss beizufügen. Dies wird von Personalern durchaus unterschiedlich gesehen: Während die einen (oftmals Behörden) den tatsächlichen schulischen Abschluss, also z. B. Mittlere Reife oder Abitur, sogar von Bewerbern mit über 30 Jahren Berufserfahrung sehen wollen, wünschen die anderen in der Regel lediglich den Beleg des höchsten Bildungsgrades (also z. B. Ausbildungsabschluss oder MA-/Master-Urkunde).

Bei den jungen Bewerbern – vor allem Berufseinsteigern – können die schulischen Zeugnisse der letzten und vorletzten Klasse sehr sinnvoll sein, wenn sie gut ausgefallen sind. Der Grund: Bei ihnen liegen noch zu wenig externe Bewertungen vor. Wie Sie sich letztendlich entscheiden, bleibt aber immer Ihnen überlassen, da die Stellenanzeigen keine Auskunft darüber geben.

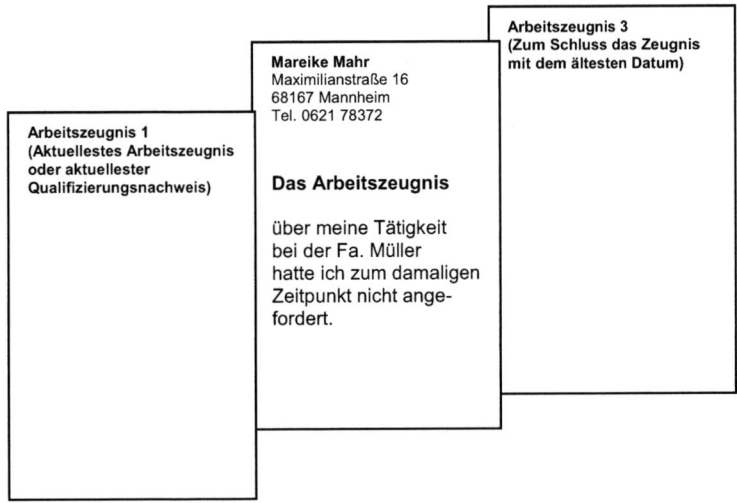

Der Hinweis auf ein fehlendes Arbeitszeugnis, wie im Beispiel oben, kann selbstverständlich auch im Anlagenverzeichnis erfolgen. In der Regel ist es aber nicht ratsam, das Anschreiben mit einem solchen Hinweis zu belasten. Auf ein Arbeitszeugnis, das noch geschrieben oder überarbeitet werden muss, können Sie hinweisen, indem Sie auf einem Zusatzblatt formulieren: „Das Arbeitszeugnis über meine Tätigkeit bei der Fa. Müller wird mir derzeit erstellt. Sobald es mir vorliegt, werde ich es Ihnen nachreichen."

Wie sortieren Sie Ihre Zeugnisse?

Idealerweise sortieren Sie Ihre Anlagen chronologisch rückläufig:

- das aktuellste Zeugnis kommt zuerst,
- dann folgen alle anderen Dokumente zeitlich rückläufig einsortiert
- den unteren Abschluss bildet das Zeugnis des höchsten Schulabschlusses.

Auch wenn Sie zuletzt in einem ganz anderen beruflichen Bereich gearbeitet haben, hat das aktuelle Zeugnis in der Regel die höchste Aussagekraft. Anders verhält es sich, wenn aus früheren Beschäftigsungsverhältnissen – mit Relevanz zum Zielbereich – Zeugnisse vorliegen: In diesen Fällen kann die bewusste Platzierung eines solchen „alten" Zeugnisses an erster Stelle durchaus ratsam sein.

Eine aktuelle Bewertung sagt immer auch etwas über Ihre derzeitige Leistungsfähigkeit und Ihr persönliches Verhalten aus. Dies ist ist auch für eine neue berufliche Ausrichtung von größerer Bedeutung als ältere Beurteilungen.

4 Die Kurz-Initiativbewerbung

4.1 Eine Kurzbewerbung – viele Anfragen, dank ...

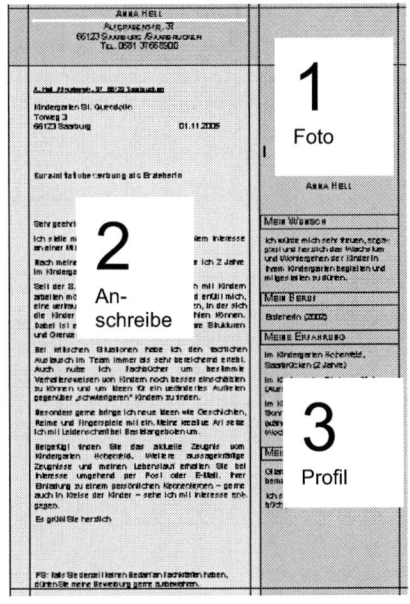

... einer klaren und komprimierten Präsentation.

Auf einer Seite präsentieren Sie

1 Ihr Foto

2 Ihr Anschreiben und

3 innerhalb des Profils Ihre wichtigsten Qualifikationen, Erfahrungen und beruflichen Stationen.

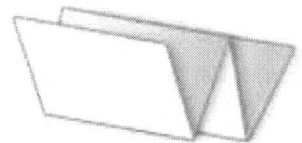

Es wird nur **diese eine** DIN-A4-Seite verschickt – in einem kleinen Längs-Briefumschlag (DIN C6) mit Sichtfenster.

Sie legen keinen Lebenslauf oder weitere Dokumente bei.
Diese Bewerbung wirkt – neben ihrer bestechenden Optik – aufgrund der auf das Wesentliche reduzierten Darstellung.

Dieses Format ist auf dem Bewerber-Markt nicht nur sehr neu, sondern auch und insbesondere äußerst effektiv. Seit über fünf Jahren empfehle ich diese Kurz-Initiativbewerbungen täglich mit großem Erfolg in meiner Beratungspraxis. Wie ist diese Präsentationsform entstanden? Ein Produktionshelfer suchte nach einer kostengünstigen Bewerbungsform mit hohem Effekt. Wir arbeiteten gemeinsam daran und erzielten eine erstaunlich hohe Einladungsquote für ihn mit dem entstandenen „Prototyp". In neuen beruflichen Bereichen und bei höheren Positionen verfügte ich zunächst über keinerlei Erfahrungswerte mit diesem neuen Modell. Ich wies die Bewerber darauf hin, dass ich über einen möglichen Erfolg in ihrem Zielbereich keine Aussage machen könne. Doch die, nach kurer Zeit weiter optimierte Kurz-Initiativbewerbung hat sich bei Bewerbern wie ein Lauffeuer verbreitet. Es sind die optisch vielfältigen, stilvollen Präsentations-möglichkeiten und vor allem die komprimierte Profildarstellung, die dieses Modell so besonders machen. Der Vorteil für die Personaler liegt auf der Hand: „Auf einen Blick kann ich auf einer einzigen Seite das ganze Profil erfassen. Auf einen Blick kann ich grob umreißen, wer dieser Bewerber ist." Die – zwar teils noch als exotisch geltende – Flyer-Bewerbung (A4-Seite mit Vor- und Rückseite als 6-Spalter bedruckt) ist im Vergleich dazu längst veraltet, da zu unübersichtlich und viel zu ausführlich. Zudem verbindet sich mit dieser ein bisschen zu sehr der Beigeschmack von „Briefkasten-Werbung".

4.2 Die Einsatzbereiche

Die Kurz-Initiativbewerbung eignet sich nicht nur für nahezu alle Positionen – von der Helfertätigkeit bis zur hoch dotierten Position – sondern vor allem auch für fast alle Berufsgruppen. Darüber hinaus wurde sie vielfach erfolgreich bei Praktikumsbewerbungen und Initiativbewerbungen für Ausbildungsplätze eingesetzt. Sie ist ideal auch für die direkte Bewerbung (Sie gehen initiativ bei einem Unternehmen vorbei und wollen einmal Ihr Profil abgeben), eine Minijob- oder Chiffre-Bewerbung. Gerade bei dieser letztgenannten Form sind sich Bewerber oftmals sehr unsicher, was mit den persönlichen Daten geschieht, weil man nicht immer eine Antwort vom Inserenten erhält. Durch diese Form erwecken Sie Aufmerksamkeit, halten sich aber auch bewusst mit den konkreten chronologischen Fakten zurück, bis sich der Arbeitgeber zu erkennen gibt.

Kurz-Initiativbewerbungen können Sie auch als Online-Bewerbung versenden, als Anhang in das PDF-Format umgewandelt (siehe Seite 318). Im Online-Geschehen ist man schnell versucht, eine Bewerbung durch Zeugnisse und den Lebenslauf zu ergänzen. Vertrauen Sie auf die Wirkung dieses einseitigen Formats! Die Tatsache der Komprimierung aller wesentlichen Aspekte und die optisch ansprechende Präsentation wecken das Interesse, nicht – zumindest nicht zu diesem Zeitpunkt – die Überfütterung mit Informationen.

4.3 Die vielfachen Vorteile auf einen Blick

1. Der Fokus wird auf das Wesentliche gelenkt.

Die wichtigsten Qualifikationen, Fachkenntnisse und beruflichen Stationen werden komprimiert präsentiert und können auf einen Blick erfasst werden.

2. Unwichtiges bleibt außen vor.

Dieses Format basiert nicht auf einer gewohnheitsmäßigen Erwartung, dass chronolgische Daten gelistet werden. Das ermöglicht es Ihnen, folgende Punkte vorerst im Hintergrund zu belassen: a) „irrelevante" Beschäftigungen, b) häufig wechselnde oder sehr kurze Arbeitsverhältnisse, c) unwichtige Qualifizierungen ohne Abschluss, d) zu geringe Berufserfahrungen und d) Lücken im Lebenslauf.

3. Schlechte Zeugnisnoten oder ungünstige Arbeitszeugnisse sind nicht ersichtlich.

4. Diese Form der Bewerbung ist für Sie extrem kostensparend.

4.4 Sieben erfolgreiche Kurz-Initiativbewerbungen

Foto

Katja Liebermann

Gaußstr. 44 ● 8167 Münster ● Tel.: 0251 10928321

24 Jahre, verheiratet,
örtlich flexibel

K. Liebermann, Gaußstr. 4, 48167 Münster

TIW World AG
Postfach 10 23 98 21
13158 Berlin   8. Januar 2010

Bewerbung als Betriebswirtin (BA)

Sehr geehrte Damen und Herren,

das Event-Management begeistert mich voll und ganz!

Beruflich hatte ich meine Weichen in andere Richtungen gestellt. Mein überdurchschnittliches Leistungsvermögen möchte ich jedoch in einer anspruchsvollen Position einbringen, bei der ich mein persönliches Interesse mit meinem akademischen Hintergrundwissen verbinden kann. Dabei dürfen Sie mit meinem außerordentlichen Engagement und meinem vielseitigen kreativen Potential rechnen.

Mein besonderes Interesse gilt der Durchführung repräsentativer und komplex angelegter Aktivitäten zur Gewinnung und Bindung von Ge-schäftspartnern und Kunden. Für Ihre Kunden innovative Lösungsvorschläge für deren Veranstaltungen individuell zu entwickeln stelle ich mir als die Kernaufgabe meiner zukünftigen Tätigkeit bei Ihnen vor. Für das Verhandeln solcher Konzeptideen bringe ich menschliches Geschick, Charme und Durchsetzungsstärke mit.

Die entscheidende Grundlage für ein erfolgreiches Veranstaltungskonzept sind fundierte Kosten-, Nutzen- und Budgetkontrollen auf der Basis einer eingehenden Analyse des Veranstaltungsmarktes. Mein facettenreiches Wissen in den Bereichen Marketing, Betriebswirtschaftslehre und Mathematik – resul-tierend aus der Zeit am Wirtschaftsgymnasium und als Studentin – habe ich in Praktika und zuletzt in freiberuflicher Tätigkeit eingesetzt. So konnte ich mein unternehmerisches Denken und mein vertriebsorientiertes   Arbeiten in ersten beruflichen Erfahrungsfeldern bereits unter Beweis stellen.

Die Durchführung eines individuell ausgerichteten, neuartigen und faszinierenden Events, unter Berücksichtigung des Wirtschaftlichkeitsprinzip, ist ein Gewinn für beide Seiten: den Kunden und Ihr Unternehmen. Daran will ich mitwirken.

Habe ich Ihre Neugier geweckt? Dann sollten wir uns kennenlernen und in einem Gespräch die Möglichkeiten einer Zusammenarbeit besprechen.

Mit freundlichen Grüßen

Akademische Qualifikation

⇨ Betriebswirtin (BA); Note 1,8

⇨ Studienschwerpunkt:
Sozialversicherungen an der
Fachhochschule Münster

⇨ Abitur am Wirtschafts-
gymnasium Theodor-Heuss in
Münster (Note: 1,6)

Beruflich relevante Erfahrungen:

⇨ David & Carlsson Inc.
(Finances), Colorado/USA

⇨ GENT - Institute For Marketing
Research, Madrid

⇨ MLP-Bank, Hamm

Sprachen:

⇨ Englisch: sehr gut

⇨ Spanisch: gut

⇨ Chinesisch: Basiskenntnisse

Bernd Paland

Herzogenstr. 2, 33330 Gütersloh,
Tel.: 05241 102568

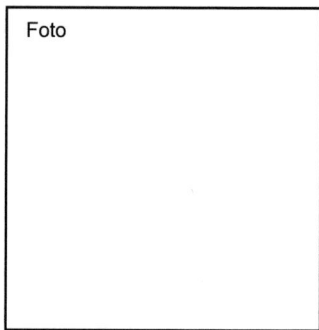

B. Paland, Herzogenstr. 2, 33330 Gütersloh

P.I.L.O.T e.V.
Frau Heike Uschmann
Hauptstr. 31
33609 Bielefeld

12.6.2010

52 Jahre, verheiratet, 3 Kinder

Bewerbung als Diplom-Sozialpädagoge (FH)

Sehr geehrte Frau Uschmann,

Ihr P.I.L.O.T.-Projekt interessiert mich sehr. Mit dieser Bewerbung stelle ich mich Ihnen als Diplom-Sozialpädagoge – mit langjähriger Erfahrung in der Arbeit mit chronisch Suchtkranken – für einen zukünftigen Bedarf an Fachkräften im Rahmen Ihres Projektes vor.

Ich habe mit chronisch Abhängigen, mit problematischem und pathologischem Suchtverhalten, in den unterschiedlichsten Settings (stationär, ambulant, aufsuchende Sozialarbeit) gearbeitet.

Das gesamte Spektrum des Problemfeldes ist mir daher sehr gut bekannt: von der Hilfestellung und Anleitung zur alltäglichen Lebensführung über die psychotherapeutische Begleitung bis hin zur Aufnahme und Gestaltung neuer sozialer Beziehungen und – im Idealfall – der beruflichen Wiedereingliederung.

Im Rahmen des professionellen Sozialmanagements ge-hörte die Kooperation mit gesetzlichen Betreuern, der Jugendhilfe, dem Gesundheitswesen, der Justiz und der Sozialverwaltung kontinuierlich zu meinen Aufgaben. Sehr gute sozialrechtliche Kenntnisse leiten sich daraus ab.

Als besonders lohnende Herausforderung habe ich es stets erlebt, einzelfallbezogene und bedarfsgerechte Betreuungsangebote zu entwickeln. Gerade dann, wenn die Jugendlichen mit herkömmlichen Interventionsansätzen nicht mehr zu erreichen waren.

Ein warmherziges, empathisches „Mitgehen" in den Pro-zessen des Klienten und ein konsequentes, sicheres Auftreten sowie klares Rollen- und Betreuungsverständnis prägen meine Person gleichermaßen.

Über Ihre Einladung zu einem Vorstellungsgespräch würde ich mich sehr freuen.

Herzliche Grüße

Meine Qualifikationen

- Diplom-Sozialpädagoge (FH), 05/1981

- Verhaltenstherapie-Basis-Ausbildung für den Kinder- und Jugendlichenpsychotherapeuten, 10/1991

Berufliche Stationen u. a.

- Psychosoziale Beratungsstelle für Suchterkrankungen der DER GmbH, Paderborn (zuletzt für 8 Jahre)

- Suchtberatungsstelle des Landkreises Fürth (4 Jahre)

- Kinder- und Jugendwohnheim KEGG, Nürnberg (10 Jahre)

- SEGEL-Klinik für Suchterkrankungen, Buchen/Odenwald (2 Jahre)

Zusätzliches

Auf Anfrage übersende ich Ihnen umgehend meine komplette Bewerbungsmappe.

Anton Müller

Heinrich-Schütz-Str. 12
18107 Rostock
Mobil: 0157 8822113
E-Mail: AnMue2010@web.de

Foto

A. Mueller, Heinrich-Schütz-Str. 12, 18107 Rostock

MESPA GmbH & Co. KG
Personalmanagement
Nansenstr. 1
18055 Rostock
per Mail: pm@mespa-rostock.de

geb. am 18.07.1976 in Kiel
getrennt lebend, 1 Sohn (11 Jahre)

16.5.2010

Kunden- und kostenorientiertes Handeln in Ihrer Versandabteilung gewünscht?

Sehr geehrte Damen und Herren,

wollen Sie Ihre Versandstrukturen optimieren? Dann wird mein Profil von Interesse für Sie sein.

Nach meiner erfolgreichen Ausbildung in der Verpackungs- und Papierindustrie wechselte ich zur NA-Gastro AG in Rostock. Aufgrund meiner hohen Belastbarkeit und meines starken Qualitäts- und Sicherheitsbewusstseins wurde ich, zuerst mit der stellvertretenden, zwei Jahre später mit der vollständigen Versandleitung betraut. Die flachen Hierarchien und kurzen Entscheidungswege bedingten ein besonderes Maß an Verantwortungsbewusstsein.

In diesem hochklassigen Gastronomiesektor, mit einem Artikelspektrum von bis zu 5000 täglich verfügbaren Frisch- und Trockenwaren, waren eine termingerechte Bereitstellung der Ware und eine permanente Überwachung der Produktqualität das A und O meiner Position.

Mein Ziel war eine kontinuierliche Prozessverbesserung. In diesem Sinne erarbeitete und implementierte ich innovative Maßnahmen.

Es versteht sich von selbst, dass die korrekte und effiziente Abwicklung des Versands und der Warenwirtschaft in Abstimmung mit Einkauf, Vertrieb und Fuhrpark eine hervorragende Kommunikation mit den angeschlossenen Filialen und der Hauptverwaltung sowie den externen Dienstleistern voraussetzt.

Das sind die Qualitäten die ich Ihrem innovativen und leistungsorientierten Unternehmen ab dem 01.08.2010 zur Verfügung stellen will.

Habe ich Sie überzeugt? Dann sende ich Ihnen weitere Bewerbungsunterlagen gerne per Mail zu.

Freundliche Grüße

PROFIL

▶ Speditionskaufmann (07/98)
▶ langjährige Berufserfahrung als Versandleiter
▶ gute Englischkenntnisse
▶ Anwenderkenntnisse in SAP R3 und AEB Assist4

ERFAHRUNGEN

Mein Aufgabenspektrum als Versandleiter (seit 12 Jahren) umfasst:

▶ Operative und administrative Leitung des gesamten Versand- und Retourenbereichs
▶ Planung und Einleitung der Filialbelieferungen und -retouren
▶ Fachliche und disziplinarische Leitung der Packerei und des Versands
▶ Überwachung und Einhaltung der Zollvorschriften
▶ Optimierung der Verpackungsabläufe
▶ Einholen und Auswerten von Angeboten für den nationalen und internationalen Transport

Nadine Weiss

Baumallee 2
79541 Lörrach
Mobil: 0178 1214481

Foto

N. Weiss, Baumallee 2, 79541 Lörrach

Kindergarten „Schmetterling"
Sandgrubenweg 2
79576 Weil am Rhein

geb. am 20.01.1982, ledig

13.04.2010

MEIN WUNSCH …

… ist es, engagiert und herzlich das Wachstum der Kinder in Ihrem Kindergarten begleiten und mitgestalten zu dürfen.

Kurz-Initiativbewerbung als Erzieherin

Sehr geehrte Damen,

mit großem Interesse bewerbe ich mich für eine Mitarbeit in Ihrem Kindergarten.

Zuletzt war ich für acht Jahre im Kindergarten „Flohkiste" in Lahr als Gruppenleiterin und zeitweise als Vertretung der Kindergartenleitung angestellt. Mit über 60 Plätzen für Kinder im Alter von 2 bis 6 Jahren und der charakteristischen Besonderheit von Jahresprojekten mit klar definierten Bildungs- und Erziehungszielen (jeweils in Zusammenarbeit mit den Eltern) bildete diese Zeit einen reichen Erfahrungsschatz für mich.

Neben wöchentlichen Waldtagen, Sporttagen und der Vorschularbeit gehörte auch die Anleitung der Praktikanten zu meinen Aufgaben. Darüber hinaus arbeitete ich sehr engagiert auf der Basis einer wertschätzenden Elternarbeit mit den Herkunftsfamilien der Kinder zusammen und war für die erfolgreiche Kooperation mit Schulen, Ärzten und Behörden verantwortlich. Während meiner Ausbildung sammelte ich zudem Erfahrungen mit einer integrativen Gruppe.

Mit regem Interesse nutzte ich Supervisionen und Fortbildungen zur Spiel- und Entwicklungspädagogik. Daraus bezog ich noch mehr Ideen und Inspirationen für einen liebevollen und lebendigen Umgang mit den Kindern und für eine optimale Förderung ihres Entfaltungs- und Entwicklungsspielraums.

Nachdem aufgrund einer veränderten Trägerstruktur der Kindergarten neu strukturiert wurde, sind 1,5 Stellen weggefallen. Ich bin wieder hierher zurück in meine Heimat gezogen und möchte meine Erfahrungen sehr gerne bei Ihnen einbringen. Daher würde ich mich freuen, Ihr bekanntermaßen familiäres Klima und Ihr herzliches Team im Rahmen einer Vorstellungsrunde näher kennenlernen zu dürfen.

Schöne Grüße

MEIN BERUF

Erzieherin (07/2002)

MEINE ERFAHRUNG

im Kindergarten „Flohkiste", Lahr (8 Jahre)

im Kindergarten „St. Anna", Baden Baden (Ausbildung 4 Jahre)

u. a. auch im Kinder und Jugendwohnheim „Sonnenschein", Wiesbaden (während der Ausbildung, 6 Wochen)

MEINE INTERESSEN

- Gitarre und Querflöte spielen
- Glas bemalen
- Patchworktechniken
- Ich sammle gerne Geschichtenbücher für Kinder.

Claudia Zeus

Foto

Kaiserstr. 20
97100 Freiburg
☎ 0761 224870
E-Mail: c_zeus@web.de

C. Zeus, Kaiserstr. 20, 97100 Freiburg

TEAM FOR 2 – TV
Herrn Wilhelm Dorkenschmitt
Schlossbergstraße 55
79100 Freiburg

Bürokauffrau

mit langjähriger Berufserfahrung

15.3.2010

Zusatzqualifikation

**Initiativbewerbung für die
Mitarbeit in Buchhaltung und Sekretariat**
in Teilzeit (20 Std./Woche)

Office-Managerin (10/2009) bei
MAINTRAINING, Würzburg

Kenntnisse

Sehr geehrter Herr Dorkenschmitt,
sehr geehrte Damen und Herren,

- O EDV und Buchhaltung
- O KHK, Lexware: sehr gut
- O MS-Office XP:

mit großem Interesse will ich in Ihrer Fernsehanstalt tätig
werden. Meine bevorzugten Aufgabenbereiche liegen im
Sekretariat und in der Verwaltung.

- O Word: sehr gut
- O Excel: sehr gut

Bei einem renommierten Versicherungsunternehmen war
ich lange Zeit für die allgemeinen Sekretariatsaufgaben, die
internationale Korrespondenz und das Controlling der
Vertriebszahlen verantwortlich.

- O Access: gut
- O PowerPoint: gut
- O SAP R/3

Ich bin stilgewandt, beherrsche die aktuellen Recht-
schreibregeln und verfasse Geschäftsbriefe auch in
Englisch. Diese Kompetenzen habe ich bereits bei meiner
letzten Tätigkeit unter Beweis gestellt.

- O Navision
- O Internet/eCommerce

Es bereitet mir Freude, freundlich, zuvorkommend und
seriös auf Kunden einzugehen. Mit hohem Engagement will
ich daher den Anforderungen in Ihrem Hause begegnen.

Sprachen

Englisch: sehr gut in Wort und Schrift

Aufgrund des beruflichen Wechsels meines Ehemannes
nach Freiburg suche ich eine neue Aufgabe in dieser
Region. Wenn Sie eine zuverlässige, gut organisierte und
belastbare Mitarbeiterin suchen, freue ich mich daher sehr
über Ihre Einladung zu einem Vorstellungsgespräch.

Gerne übersende ich Ihnen vorab meine ausführlichen
Bewerbungsunterlagen.

Mit freundlichen Grüßen

PS: Meine Bewerbung dürfen Sie bei Interesse gerne in
Ihre langfristige Personalplanung einbeziehen.

Foto

David Adler

Fürstenstr. 2
10439 Berlin
Tel.: 030 2291845
Mobil: 0176 1982834

geb. am 01.01.1991, ledig

EX-Socco GmbH
Herrn Rudolf Richter
Personalabteilung
Bremer Str. 100
10713 Berlin

**Das Wichtigste über
David Adler auf einen Blick**

26.01.2010

<u>Fachkraft für Kreislauf- und
Abfallwirtschaft</u> mit erfolgreichem
Abschluss: 07/2009 (Note: 2,2)

Initiativbewerbung als Ver- und Entsorger

Sehr geehrter Herr Richter,

suchen Sie einen motivierten Berufsanfänger? Dann haben Sie ihn
gefunden: Mein Name ist David Adler und ich habe die Ausbildung
zur Fachkraft für Kreislauf- und Abfallwirtschaft bei einem privaten
Recyclingunternehmen in Berlin erfolgreich durchlaufen.

Als Berufsanfänger fehlt mir zwar die Erfahrungs-Bandbreite älterer
Kollegen. Mit einer sehr guten Portion an Dynamik und meiner
wirklich guten Auffassungsgabe werde ich mich jedoch schnell mit
den Anforderungen bei Ihnen vertraut machen können.

Bei der ReRo & Söhne GmbH bestand nach meinem
Ausbildungsabschluss leider keine Möglichkeit der dauerhaften
Weiterbeschäftigung, sodass ich am liebsten bei Ex-Socco
tatkräftig in meinen Beruf einsteigen möchte.
Berücksichtigen Sie bitte mein beigefügtes aussagekräftiges
Arbeitszeugnis.

Auf ein Kennenlernen würde ich mich sehr freuen!
Selbstverständlich erhalten Sie vorab gerne auch meine
ausführliche Bewerbung mit entsprechenden Schulzeugnissen.

Freundlich grüßt Sie

<u>Meine Ausbildungsinhalte</u> bei
ReRo & Söhne GmbH bezogen sich,
neben den üblichen Lernfeldern, vor allem
auf:

◆ Disponierung der Abfallmengen und
Abfallströme

◆ Übernahme von Aufgaben des
gesetzlich geforderten Beauftrag-
tenwesens (Abfall, Gefahrgut)

◆ Organisation der Abfallmengen und
der Stoffströme in Abstimmung mit
dem zentralen Vertrieb

◆ Durchführung der betriebsinternen
Abfallkontrollen und Eingangs-
kontrollen in Bezug auf den
Müllinput

◆ Veranlassung und Sicherstellung
der Probenahme und Durchführung
von Routineanalysen für Abfälle

<u>Erfolgreicher Hauptschulabschluss</u>
(07/2006) an der
IGS Hauptschule Berlin

<u>Führerschein:</u> Fsk B, C1,
ich bin motorisiert

PS: Wenn Sie derzeit keinen Bedarf an neuen Mitarbeitern haben,
dürfen Sie meine Bewerbung für zukünftige Stellenbesetzungen
gerne vormerken.

Markus Langdorf
Platanenallee 2, 88131 Lindau, Tel.: 08382 775621

Foto

M. Langdorf, Platanenallee 2, 88131 Lindau

Yachtwerft Dr. von Pallenberg
Seestraße 2
88131 Lindau

1. Oktober 2010

Markus Langdorf

Ein neuer Mitarbeiter für Ihr Lager?!

Über mich

Ausgebildeter Kraftfahrer mit Interesse an einer beanspruchenden und langfristigen Tätigkeit im Lager.

Sehr geehrte Damen und Herren,

ich bin 25 Jahre jung und verfüge über eine abgeschlossene Ausbildung als Kraftfahrer. Da die beruflichen Aussichten in der hiesigen Region sehr eingeschränkt sind, suche ich eine neue Aufgabe, bei der ich meine tatkräftige Arbeitsweise gut einbringen kann.

Pluspunkte

In fünf Jahren Ausbildung und Beruf hatte ich nur drei krankheitsbedingte Fehltage.

Da ich Tätigkeiten, die ein umsichtiges, sorgfältiges und zügiges Arbeiten voraussetzen, sehr gerne ausübe, bewerbe ich mich als Mitarbeiter im Lager Ihres Unternehmens.

Außerdem ...

Während meiner Qualifikation habe ich häufig Aufgaben als Gabelstaplerfahrer übernommen. Dabei war im stark frequentierten Großlager der internationalen Spedition Xpress XXL Germany ein besonders gut organisiertes Arbeiten von mir gefordert. Unter anderem musste ich darauf achten, dass die Lagerorganisation einwandfrei funktionierte.

- drei Jahre beruflich relevante Erfahrung als Kraftfahrer und im internationalen Großlager!

- Ausbildungsabschluss (2004)

- Mittlere Reife (Note: 2,5)

- Wehrdienst ist bereits abge-leistet!

Führerschein

Sicher ist es von Vorteil, dass ich grundlegende EDV-Kenntnisse habe. Ferner möchte ich erwähnen, dass ich gerne bereit bin, im Schichtdienst zu arbeiten. Körperlich bin ich voll belastbar.

Fsk A, B, C1,

eigener Pkw vorhanden

Über eine positive Nachricht würde ich mich sehr freuen und komme gerne zu einem persönlichen Vorstellungsgespräch zu Ihnen.

Freundliche Grüße aus Lindau!

Interesse?

Ich übersende Ihnen umgehend meine ausführlichen Bewerbungsunterlagen.

Markus Langendorf

4.5 Wie die drei Elemente entstehen

a) Element 1: Das Foto

Es ist bei Initiativbewerbungen absolut ausreichend, ein eingescanntes und in Farbe ausgedrucktes Foto zu verwenden. Selbstverständlich können Sie aber auch auf das Original zurückgreifen. Weitere Ausführungen entnehmen Sie dem Abschnitt „Das Foto" (vgl. Seite 235). Innerhalb der Profilspalte können Sie das Foto mittig oder an den linken Rand platzieren, beginnend mit der Textspalte des Profils.

b) Element 2: Das Anschreiben

Für die Initiativbewerbung gilt: In der Kürze liegt die Würze. Dieses Ziel erreichen Sie mit wenigen Sätzen und vielen Stichworten. Ihr Profil, Ihre Qualifikationsmerkmale und Ihr „Verwendungszweck" für die Firma müssen auf einen Blick erkennbar sein. Beim Personaler muss der Groschen sogleich fallen: „Aha, das ist die Germanistin Frau Müller-Heller, sie hat diese Qualitäten: ..., die könnte vielleicht in unsere Abteilung B passen."

Bewerber, die sich bei größeren Unternehmen oder Dachorganisationen bewerben, sollten die möglichen Einsatzgebiete angeben. Nicht immer lässt es sich aber aus der Ferne für Sie ersehen, welche Aufgabenfelder speziell bei dieser Firma de facto existieren. So ist es ratsam, kurz und prägnant die Tätigkeitsschwerpunkte zu skizzieren, die Sie beherrschen. Sie schreiben also ein Angebot und die andere Seite überprüft, ob sie dieses braucht.

Die Angaben der Profilspalte sollten Sie im Anschreiben nicht doppeln. Selbstverständlich werden Sie Einzelnes daraus aufgreifen, wie z. B. Ihren Abschluss oder das eine oder andere wichtige Unternehmen, das Sie im Text ganz bewusst hervorheben wollen. Sie beschreiben aber nicht ein zweites Mal die gesamte Palette Ihrer bisherigen Verantwortungsbereiche, wenn diese der benachbarten Profilspalte zu entnehmen sind.

Verweisen Sie am Ende Ihres Textes darauf, dass Sie ausführliche Bewerbungsunterlagen auf Anfrage gerne zusenden (siehe die Formulierungshinweise auf Seite 133): Allgemeine Informationen zum Initiativ-Anschreiben entnehmen sie bitte dem Kapitel „Initiativbewerbung" (siehe Seite 123).

c) Element 3: Das Profil

Sie können unterschiedliche Überschriften für diesen Teil wählen. Als Hauptüberschrift bietet sich beispielsweise an: Zu meiner Person, Zu mir, Profil, Erfahrungsprofil, Kompetenzprofil oder Qualifikationsprofil. Die Unterpunkte lassen sich mit Teilüberschriften gliedern, z. B.: Ziel, Qualifikationen, Erfahrungen, Kompetenzen, Stärken, Kenntnisse, Berufliche Stationen, Bisherige Verantwortungsbereiche, Relevante Tätigkeiten: ..., Referenzen, Zusätzliches.

Indem Sie beispielsweise schreiben „Berufliche Stationen u. a.:..." zeigen Sie klar, dass Sie keinen Anspruch auf Vollständigkeit erheben. Durch die Formulierung „relevante Arbeitsstationen" heben Sie ebenfalls hervor, dass Sie sich in Ihrer Darstellung auf die für Ihr Ziel wesentlichen Aspekte konzentrieren.

Am einfachsten erstellen sie Ihr Profil folgendermaßen:

1. Zentrale Inhalte auswählen

Sie speichern eine Kopie Ihres Lebenslaufs ab und löschen zuerst alle Inhalte, die für den Arbeitgeber ohne Bedeutung sind (Grundschulzeit, Tätigkeiten ohne Bezug zum Berufsziel, Lücken etc.).

2. Abschlüsse auflisten

Sie markieren alle Abschlüsse (höchster Schulabschluss und alle Bildungsabschlüsse – nur mit Jahreszahlen und eventuell.Noten, sofern besser als 2,7), kopieren diese und fassen diese unter einer Überschrift, wie z. B. „Abschlüsse" oder „Qualifikationen" oder „Bildungshintergrund" zusammen.

3. Berufstätigkeiten/Bisherige Aufgaben zusammenfassen

Dazu zählen selbstverständlich auch Erfahrungen aus Praktika, sofern sie einen Bezug zur angestrebten Tätigkeit haben. Versuchen Sie eine zu Ihrem Profil passende Struktur zu finden oder wählen Sie zwischen den folgenden beiden Gliederungsformen.

a) Sie beschreiben die Arbeitsstationen gemeinsam mit den entsprechenden Aufgabenbereichen:

Berufliche Tätigkeiten:

- IKEA Deutschland GmbH
  mit Serverbetreuung (Linux, Windows) und
  IT-Support (Hard- und Softwarelösungen) für Tochterunternehmen
- Bosch Rexroth Group
  mit interner Netzwerkadministration und …
- usw.

b) Sie listen Arbeitgeber und Tätigkeiten getrennt voneinander auf:

Berufliche Stationen u. a.:
- IKEA Deutschland GmbH
  (zuletzt für 5 Jahre)
- Bosch Rexroth Group
- Müller & Filter AG
- usw.

Bisherige Verantwortungsbereiche:
- Interne Netzwerkadministration
- IT-Support (Hard- und Softwarelösungen) für Tochterunternehmen
- Serverbetreuung (Linux, Windows)
- usw.

Selbstverständlich können Sie wahlweise entweder die Arbeitgeber oder die Tätigkeiten weglassen und nennen diese im Anschreiben.

4. Kenntnisse und Zusätzliches präsentieren

Gegebenenfalls listen Sie noch gesondert Kenntnisse wie z. B. solche in MS-Office, Sprachkenntnisse oder Ähnliches auf.

4.6 Die Gesamtoptik

Ihre Kurz-Initiativbewerbung können Sie auch mit unterschiedlich starken Graustufen hinterlegen oder mit dezenten farbigen Hintergründen drucken. Beispielhaft seien hier zwei sehr stilvolle Varianten für die farbliche Gestaltung der Profilspalte erwähnt:

1) Hinterlegen Sie diese in dem Naturfarbton „Chamois" oder 2) in einem dunklen Blau mit weißer, fettgedruckter Schrift. Selbstverständlich erzielen Sie auch eine sehr gute Wirkung ohne Hinterlegung. Setzen Sie in diesem Fall eventuell einmal mit der Papierstärke oder –farbe Akzente: Sie können ein dickeres Papier (ca. 120 g) oder eines mit dezentem Farbton (z. B. „chamois") verwenden.

5 Die Online-Bewerbung

5.1 Das Wichtigste auf einen Blick

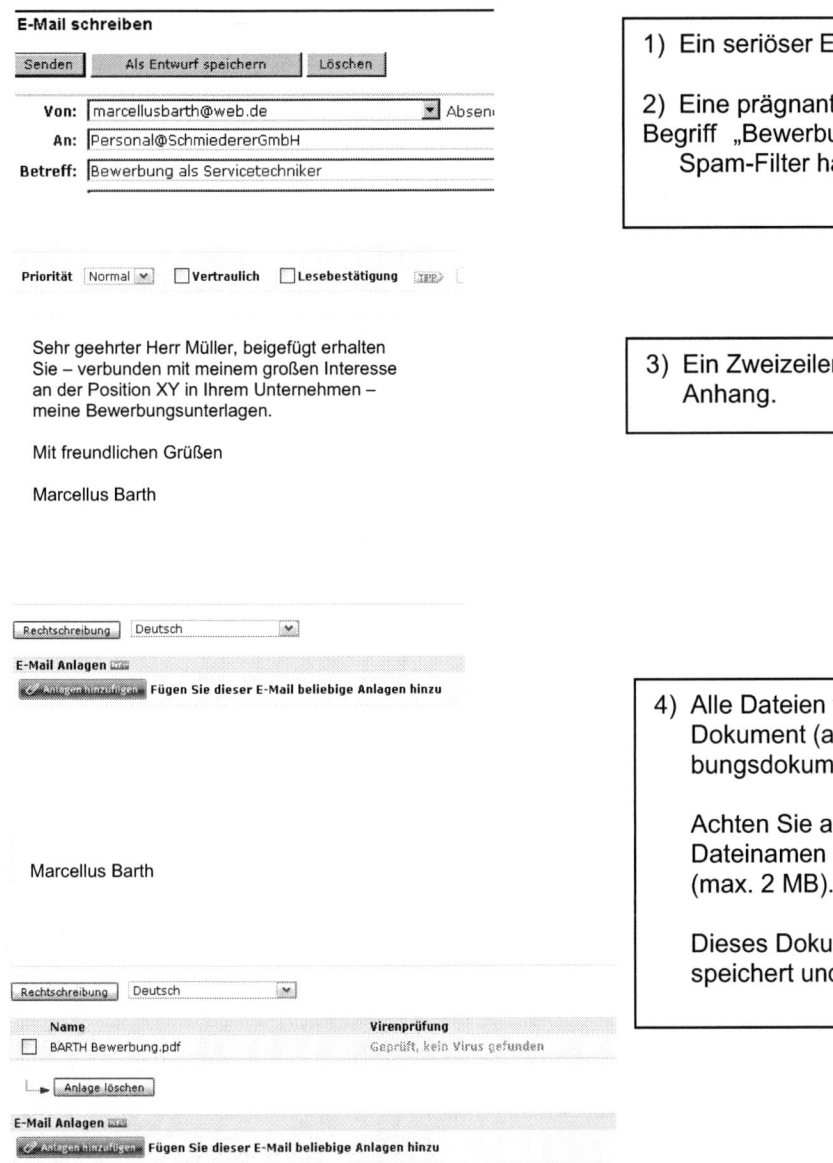

1) Ein seriöser E-Mail-Absender-Name

2) Eine prägnante Betreffzeile mit dem Begriff „Bewerbung" – damit die Mail nicht im Spam-Filter hängen bleibt.

3) Ein Zweizeiler als Hinweis auf Ihren Anhang.

4) Alle Dateien fassen Sie in ein einziges Dokument (also sowohl die Bewerbungsdokumente als auch die Zeugnisse).

Achten Sie auf einen aussagekräftigen Dateinamen und die richtige Dateigröße (max. 2 MB).

Dieses Dokument wird als PDF abgespeichert und als Anhang hochgeladen.

Sie können das Anschreiben – zusätzlich zu seiner Abspeicherung im gesamten PDF-Anhang – auch in das E-Mail-Textfeld kopieren. Diese Doppelung bietet den Vorteil, dass der Leser sich bereits beim Öffnen der Mail mit Ihren Informationen beschäftigt und ihn dies möglicherweise sogleich zum Weiterlesen in Ihrer PDF-Komplettdatei einlädt. Verweisen Sie am Ende dieses E-Mail-Anschreibens aber darauf, dass sich derselbe Bewerbungsbrief zusätzlich im Anhang befindet. So ersparen Sie dem Empfänger die unnötige Arbeit einer doppelten Abspeicherung. Den Ratschlag einzelner Berater, das Anschreiben ausschließlich in das E-Mail-Textfeld zu stellen, halte ich für nicht empfehlenswert. Ihre Unterlagen wären dadurch auseinandergerissen und müssten zwei Mal vom Leser abgespeichert werden.

5.2 Die komplette Bewerbung in nur einem Anhang

Warum nur einen einzigen Anhang verwenden?
Muss ein Personaler gleich mehrere Dokumente öffnen und gegebenenfalls auch separat abspeichern, kostet ihn das Zeit. Mit einem kompakten Paket stellen Sie zusätzlich sicher, dass beim Kopieren der Dateien vom Mail-Account des Personalers keine Dokumente verloren gehen.

Warum die Bewerbung als PDF abspeichern?
Das PDF-Format bietet gleich zwei Vorteile: Erstens kann es nahezu keine Viren übertragen und zweitens bleiben die von Ihnen gewählten Formatierungen beim E-Mail-Versand erhalten. Das PDF (Portable Document Format) wirkt wie ein Klebstoff über Ihrer Datei. Beim elektronischen Verschicken eines Word-Dokuments können die Zeilenumbrüche verschoben, das Foto über den Text geschubst und Umlaute in kryptische Hieroglyphen verwandelt werden. Deshalb: Auch wenn in der Anzeige zu lesen ist, dass Sie die Dokumente auch in Word oder anderen Formaten versenden dürfen (diese Unternehmen haben einen sehr guten Virenscanner), sollten Sie dennoch das PDF-Format nutzen, um die individuelle optische Präsentation Ihrer Bewerbung sicherzustellen.

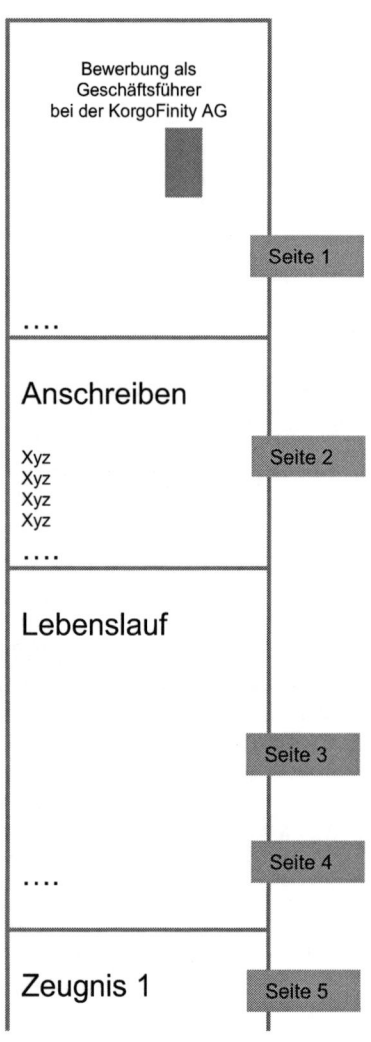

Sortierung
Bei der Sortierung können Sie sich exakt an die Empfehlungen für eine schriftliche Bewerbung innerhalb einer zweiteiligen Mappe halten (siehe oben auf Seite 261). Anstelle dieses klassischen Aufbaus können Sie das Anschreiben aber auch zuerst und dann das Deckblatt, sofern Sie eines verwenden wollen, positionieren.

Foto einfügen

Eingescannte Unterschrift einfügen. Diese lässt Ihre Online-Bewerbung professioneller und – vor allem – individueller wirken.

5.3 In drei Schritten zur Online-Bewerbung

Das Ziel ist es, sowohl die Bewerbungsdokumente als auch die Zeugnisse in einer PDF-Datei zusammenzuführen. Dafür müssen Sie einmalig Ihre Zeugnisse zu einem PDF-Paket schnüren (Schritt 1). Dieses steht Ihnen dann für alle Ihre unterschiedlichen Online-Bewerbungen zur Verfügung und lässt sich mit den Bewerbungsdokumenten, die Sie für die jeweilige Bewerbung jeweils neu erstellen (also Lebenslauf, Anschreiben und eventuell. Deckblatt), in einem Dokument tagesaktuell für die entsprechende Bewerbungsadresse zusammenfassen (Schritt 2).

a) Das Wichtigste auf einen Blick

Schritt 1:

Dies ist ein einmaliger Vorgang. Sobald Sie diese Komplettdatei „Alle Zeugnisse" erstellt haben, können Sie zukünftig stets auf dieses Paket zurückgreifen.

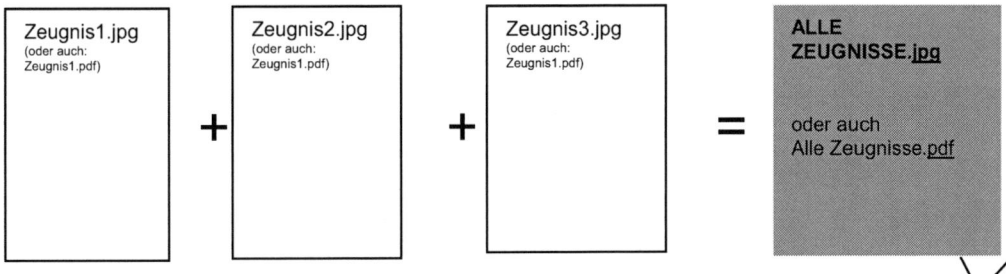

Möglicherweise haben Sie ihre Zeugnisse beim Einscannen bereits als ein PDF-Dokument zusammengefasst. Dann erübrigt sich dieser Schritt für Sie.

Schritt 2:

Diesen Schritt müssen Sie jeweils neu und tagesaktuell für Ihre Bewerbungen durchführen. Nach einigen wenigen Versuchen werden Sie feststellen, wie einfach, unkompliziert und vor allem auch schnell Sie diesen Vorgang erledigen.

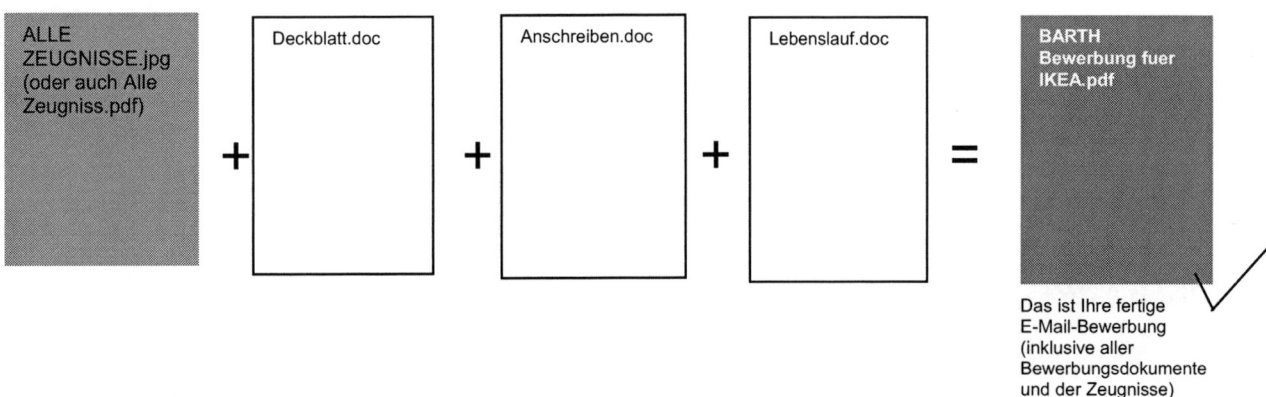

Schritt 3:

Sie öffnen zum Versenden eine neue E-Mail und laden den Anhang hoch:

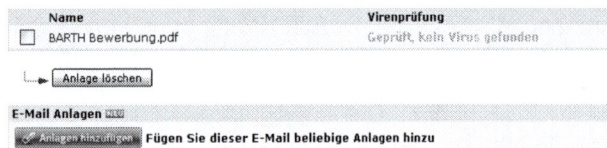

Wenn Sie – außer dem Adressaten – die Betreffzeile ausgefüllt und mit einem Zweizeiler im E-Mail-Textfeld auf Ihren Anhang hingewiesen haben, können Sie nun auf **Senden** gehen.

b) Die drei Schritte im Detail

Schritt 1 (Alle Zeugnisse zu einer PDF-Datei zusammenführen)

Diesen Schritt können Sie überspringen, wenn Ihnen bereits eine komplette Zeugnisdatei vorliegt. Viele Scanner-Softwareprodukte bieten Ihnen bereits beim Einscannen die Möglichkeit, alle Zeugnisse als ein PDF-Dokument abzuspeichern. Sie lesen dann weiter bei Schritt 2.

Sofern Sie Ihre Zeugnisse als einzelne, separate Dokumente abgespeichert haben, ist es nun Ihr Ziel, daraus lediglich eine Datei, z. B. mit dem Titel „Alle Zeugnisse", zu kreieren:

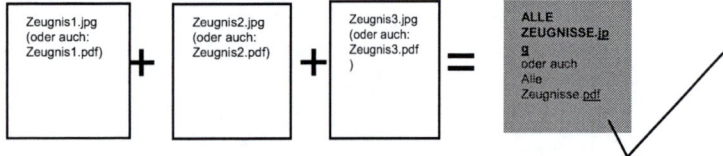

Dafür benötigen Sie einen PDF-Umwandler. Es gibt mehrere kostenfreie Konvertierer zum Herunterladen im Internet. Außerordentlich empfehlenswert ist der FreePDF-Umwandler (auch für Windows 2000 oder Windows VISTA möglich). Völlig legal und kostenfrei steht Ihnen dieser beispielsweise über die Internetseite www.shbox.de zur Verfügung. Sie können ihn mit Google oder anderen Suchmaschinen auch bei anderen Anbietern finden. Das Programm besteht aus zwei Dateien, die Sie auf Ihrem Computer installieren müssen (siehe Seite 341).

Bei erfolgreicher Installation fungiert das Programm von nun an wie ein sogenannter virtueller Drucker auf Ihrem PC. Das heißt, ein PDF-Dokument erstellen Sie jetzt stets über die Funktion „Drucken".

Den im Folgenden beschriebenen Vorgang müssen Sie nur einmalig im Vorfeld Ihrer ersten Online-Bewerbung durchführen, um eine PDF-Zeugnisdatei zu erstellen.

1. Öffnen Sie die Datei „Zeugnis1.jpg" (oder Zeugnis1.pdf).
2. Wählen Sie „Datei".
3. Wählen Sie „Drucken".
4. Wählen Sie in der ersten Zeile bei „Drucker": FREEPDF.
   Wenn Sie neben „Ihrem" Drucker auf den Auswahlpfeil klicken, ist dort nach erfolgreicher Installation von FreePDFXP der virtuelle Drucker „FreePDF" gelistet - klicken Sie darauf.
5. Es erscheint das Auswahlmenü von FREEPDF.

6. Klicken Sie bei PDF-Profil auf „eBooks".

7. Klicken Sie auf "MULTIDOC".

8. Schließen Sie jetzt die Datei „Zeugnis1.jpg" (oder Zeugnis1.pdf).

9. Am unteren rechten Bildschirmrand hat sich nun das grüne Funktionsfeld „MULTIDOC" geöffnet. Dies ist für Sie ein Hinweis, dass sich der PDF-Umwandler dieses Zeugnis gemerkt hat und anschließend damit weiterarbeiten wird.

Für die nächsten Dateien – in unserem Beispiel also „Zeugnis2.jpg" und „Zeugnis3.jpg" – wiederholen Sie die Schritte 1 – 8. Bevor Sie die Schritte 1 – 8 für das letzte Zeugnis durchführen, können Sie die Reihenfolge über die Funktion SORTIEREN nochmals überprüfen und ggf. korrigieren.

Wenn Sie mit allen Dokumenten durch sind, dann klicken Sie
1. in der Leiste am rechten unteren Bildschirmrand auf das grüne Dialogfeld MULTIDOC
2. dann auf FREEPDF DIALOG ANZEIGEN,
3. nun bei PDF-Profil auf „eBooks",
4. dann auf „Ablegen".
5. Wählen Sie nun bei SPEICHERN IN: den gewünschten Speicherort aus
(Desktop, Eigene Dateien oder was Ihr persönlicher Wunschspeicherort ist)!
6. Geben Sie einen Dateinamen an, zum Beispiel: ALLE Zeugnisse.
7. Klicken Sie auf O.K.!

Jetzt wird von jedem Zeugnis eine Kopie angefertigt und alle Kopien werden zu einer einzigen Datei zusammengeführt (lediglich neue Zeugnisse müssten diesem Paket im Nachhinein hinzugefügt werden; dies ist jederzeit möglich.). Ihre Zeugnisse bleiben also nach wie vor als Einzeldokumente erhalten. Am Ende haben Sie Ihre Zeugnisse in der richtigen Reihenfolge als „Alle Zeugnisse.pdf" abgespeichert. Für Ihre weiteren elektronischen Bewerbungen steht Ihnen das Endergebnis – die komplette Zeugnisdatei – zukünftig jederzeit zur Verfügung.

Schritt 2
(Bewerbungsdokumente und Zeugnisse zu einer PDF-Datei zusammenführen)

Sie haben bereits eine komplette Zeugnisdatei erstellt und wollen nun eine konkrete E-Mail-Bewerbung verschicken. Dafür haben Sie Ihre Bewerbung in Word bereits entsprechend vorbereitet. Entweder Sie haben alle Dokumente (Deckblatt, Anschreiben und Lebenslauf) als eine einzige Word-Datei vorliegen oder die Dokumente jeweils als einzelne Dateien abgespeichert. Im letzteren Fall sieht das weitere Vorgehen so aus:

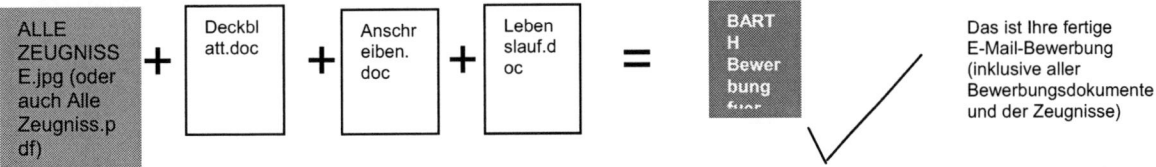

Die Vorgehensweise entspricht exakt jener bei der Zusammenführung der Zeugnisse. Achten Sie bitte auf die richtige Reihenfolge der Bewerbungsdokumente, um später keine Korrekturen vornehmen zu müssen. Sie beginnen also mit dem Deckblatt (wenn Sie keines verwenden wollen, mit dem Anschreiben):

1. Öffnen Sie die Datei „Deckblatt.doc".
2. Wählen Sie „Datei".
3. Wählen Sie „Drucken".
4. Wählen Sie in der ersten Zeile bei DRUCKER: FREEPDF (siehe oben).
5. Es erscheint das Auswahlmenü von FREEPDF:

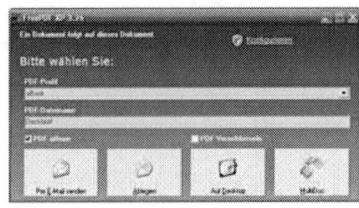

6. Klicken Sie bei PDF-Profil auf „eBooks"

7. Klicken Sie auf MULTIDOC.
   Über die Funktion MULTIDOC können Sie mehrere Dokumente zu einem geschlossenen PDF-Dokument zusammenführen.

8. Schließen Sie jetzt die Datei „Deckblatt.doc".

9. Am unteren rechten Bildschirmrand hat sich nun das grüne Funktionsfeld „MULTIDOC" geöffnet. Dies ist für Sie ein Hinweis, dass sich der PDF-Umwandler diese Datei gemerkt hat und anschließend damit weiterarbeiten wird.

Dann geht es wie folgt weiter:

Öffnen Sie die Datei „Anschreiben.doc".
   Wiederholen Sie die Schritte 2 – 8 für diese Datei.

Öffnen Sie die Datei „Lebenslauf.doc".
   Wiederholen Sie die Schritte 2 – 8 für diese Datei.
   Überprüfen Sie vor der Beendigung des letzten Schrittes nochmals die richtige Reihenfolgeder Dokumente (über die Funktion SORTIEREN).

Wenn Sie mit allen Word-Bewerbungsdokumenten durch sind,

1. klicken Sie in der Leiste am rechten unteren Bildschirmrand auf das grüne Dialogfeld MULTIDOC.
2. Klicken Sie dann auf FREEPDF DIALOG ANZEIGEN.
3. Klicken Sie auf Ablegen.
4. Wählen Sie bei SPEICHERN IN: den gewünschten Speicherort aus (Desktop, Eigene Dateien oder was Ihr persönlicher Wunschspeicherort ist)!
5. Geben Sie einen Dateinamen an, zum Beispiel: BARTH Bewerbung.
6. Klicken Sie auf O.K.!

Jetzt wird eine Kopie all dieser Dokumente erstellt und diese Kopien werden zu einer Datei zusammengeführt, in unserem Beispiel: „BARTH Bewerbung". Ihre Zeugnisdatei und die WORD-Einzeldokumente bleiben nach wie vor als Originale erhalten.

Ihre Online-Bewerbung ist nun für den Versand vorbereitet. Sie können sie jetzt, nach erfolgreicher Überprüfung der Dateigröße, als Anhang zu Ihrer E-Mail-Bewerbung hochladen.

<u>Schritt 3</u> (Das Hochladen der PDF-Komplettdatei)

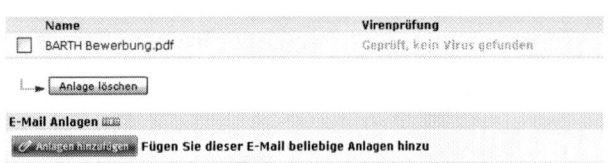

1. Bei E-Mail-Anlagen klicken Sie auf „ANLAGEN HINZUFÜGEN" oder „DATEI ANHÄNGEN" (die Begriffe variieren von Freemail-Anbieter zu Freemail-Anbieter).

2. Klicken Sie als Nächstes auf „DURCHSUCHEN".

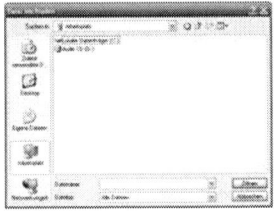

3. Automatisch öffnet sich nun das Suchfenster.

4. Wählen Sie die gewünschte Datei aus, z. B. BARTH Bewerbung.pdf (= durch Klicken mit der linken Maustaste markieren).

5. Klicken Sie auf „ÖFFNEN".

6. Jetzt wird die markierte Datei hochgeladen. (Bei einigen Anbietern merkt sich das Programm durch das Klicken auf „Öffnen" die Datei zunächst nur, in einem nächsten Schritt – der üblicherweise direkt darunter als „2. Schritt" zu sehen ist – muss dann noch „HOCHLADEN" angeklickt werden.)

7. Möglicherweise kann dieser Vorgang etwas dauern. Am Ende sehen Sie Ihre Datei mit dem Zeichen für Anlage – der Büroklammer – im Anlagenfenster aufgelistet.

5.4 Zeugnisse, Foto und Unterschrift einscannen

a) Zeugnisse

Für eine optimale Dateigröße (siehe Seite 317) und Ihres Gesamtanhangs müssen Sie bereits beim Scannen auf die richtigen Einstellungen achten. Beim Scannen der Zeugnisse wählen Sie folgende Einstellungen:

Auflösung: 150 dpi
Art: Graustufen-Dokument
Dateiformat: .jpg – oder direkt als .pdf

Möglicherweise arbeiten Sie mit einer seltenen Software, die Ihnen diese Auswahlpunkte nicht anbietet. Bei Ihnen steht dann anstatt „Auflösung" beispielsweise „Ziel: ....". Sollten Sie lediglich zwischen WEB oder DRUCKEN wählen können, klicken Sie auf Drucken. Damit erhalten Sie die höhere Auflösung (Web-Abspeicherungen liegen in der Regel unter 100 dpi und eignen sich nur für die Bildschirmansicht). Bei der eventell erfolgenden Frage nach dem „VERWENDUNGSZWECK" klicken Sie auf „Ausgabe in Datei".

Neue Scanner-Softwareprodukte erlauben es Ihnen bereits beim Einscannen, alle Zeugnisse als ein PDF-Dokument abzuspeichern. Dadurch sparen Sie sich später einen weiteren Arbeitsschritt. Ist das bei Ihnen nicht möglich, speichern Sie beim Scannen jedes Zeugnis als gesonderte Datei ab.

b) Foto

Selbstverständlich sollten Sie auch eine Online-Bewerbung mit Ihrem Foto schmücken. Es wäre von Nachteil, auf diese persönliche Präsentation zu verzichten. In der Anfangszeit der E-Mail-Bewer-bungen wurde vielfach empfohlen, ein Farbfoto nur in Schwarz-Weiß einzuscannen. Es wurde vor den möglicher-weise schlechten Farbdrucken gewarnt, die schließlich als Ergebnis bei den Unternehmen ankommen könnten.

Als Vorbereitung für die Vorstellungsrunde drucken die Personaler häufig die Unterlagen der für die Endauswahl vorgesehenen Bewerber – mit inzwischen qualitativ hochwertigeren Druckern – aus.. Ihr Foto sollte also unbedingt in seinem Originalglanz auf dem Bildschirm wirken und Sie dadurch zur jeweils nächsten Etappe bringen. Ein Farb-Original als blasses Schwarz-Weiß auf dem Bildschirm – das hat den etwas staubigen Geruch des guten alten Schwarz-Weiß-Fernsehens zu Zeiten modernster Farbfernsehtechnik.

Das Foto, sofern es eine Farbaufnahme ist, präsentieren Sie bitte in Farbe. Auch Aufnahmen in Schwarz-Weiß oder Sepiatönen (Brauntöne) scannen Sie idealerweise als Farbdokument ein. Die Grau- und Braunabstufungen werden dadurch besser „gelesen" und qualitativ hochwertiger wiedergegeben.

Auflösung: 300 dpi
Art: Farbdokument
Dateiformat: .jpg (<u>nicht</u> als .pdf!)

Sollten Sie diese Auswahlmöglichkeiten beim Scannen nicht vorfinden, erfahren Sie oben unter Punkt a) (Zeugnisse einscannen) etwas über die möglichen alternativen Angaben. Wenn Sie eine Fotoaufnahme, die Sie vom Fotografen als Originaldatei auf einer Daten-CD erworben haben, verwenden, müssen Sie dieses Bild möglicherweise komprimieren, um eine akzeptable Dateigröße zu erhalten. Wie Sie dies bewerkstelligen, wird im Kapitel „Formatierungshilfen" unter „Foto komprimieren" (siehe Seite 340 und 357) beschrieben. Dort erfahren Sie auch, wie Sie das Bild variabel in Ihrem als Word-Dokument abgespeicherten Text platzieren und seine Größe verändern können.

c) Unterschrift

Beim Scannen der Unterschrift wählen Sie folgende Einstellungen:
Auflösung: 150 dpi
Art: Graustufen-Dokument
Dateiformat: .jpg (<u>nicht</u> als .pdf!)

Sollten Sie diese Auswahlmöglichkeiten beim Scannen nicht vorfinden, erfahren Sie oben unter Punkt a) (Zeugnisse einscannen) etwas über die möglichen alternativen Angaben. Anstelle von „Graustufen-Dokument" können Sie auch „Farbdokument" auswählen, um so zum Beispiel die königsblaue Tinte, mit der Sie unterschrieben haben, in die eingescannte Unterschrift hinüberzuretten und damit auch bei der Online-Bewerbung einen guten Effekt zu erzielen. Viele haushaltsübliche Scanner erkennen aber das fein geschriebene Blau eines Füllers, Fineliners oder Kugelschreibers noch nicht genau und liefern unschöne Ergebnisse. Über das Einfügen der Unterschrift in das Word-Dokument erfahren Sie mehr im Kapitel „Formatierungshilfen" (siehe Seite 329 und 346).

5.5 Wichtige Details

a) Ein seriöserer E-Mail-Absender-Name

Wählen Sie einen soliden und seriösen Namen als E-Mail Absender. Mit dem klassischen Modell

NameNachname@Anbieter.de

liegen Sie nie falsch. Alternativ können Sie die ersten Buchstaben Ihres Vor- oder Nachnamens als Abkürzungen verwenden; auch so ist die Zuordnung zu Ihrem Namen gewährleistet (z. B.: ingescheff@web.de für Inge Scheffler). Viele versehen Ihren Namen auch mit Ziffern. Anstelle Ihres Geburtsjahres wirkt es aber deutlich besser, wenn Sie das aktuelle Kalenderjahr verwenden.

Flippige E-Mail-Absender wie powerpeter@web.de empfehlen sich hingegen nur für Ihre privaten Kontakte. Auch dürfen sie keinesfalls die E-Mail-Adresse Ihres Arbeitgebers als Absender verwenden. Es ist kein Zeichen von Arbeitsengagement, wenn Sie während der Arbeitszeit surfen. Sollten Sie bereits eine „private" Mail-Adresse haben und sich nun eine „geschäftliche" zulegen wollen, können Sie bei fast allen Freemail-Anbietern auch eine zweite oder dritte Adresse kostenfrei erhalten. In der Regel verfügt Ihr Mail-Konto auch über die Funktion „E-Mails weiterleiten" (z. B. unter der Rubrik „Extras" zu finden). Dort geben Sie Ihre private Mail-Adresse ein und klicken auf „Kopie behalten". Damit stellen Sie sicher, dass Sie für die Überprüfung des täglichen Mail-Posteingangs nur Ihre private Mailadresse öffnen müssen. Zum Beantworten möglicher Anfragen von potentiellen Arbeitgebern können Sie dann wieder Ihre geschäftliche Mail öffnen.

Bei den Freemail-Anbietern finden Sie des Öfteren auch die Möglichkeit, sich für eine geringe monatliche Gebühr eine eigene Domain (z. B.: marcellus@barth.de oder jennifer@huber.com) zuzulegen. Im IT-Bereich beispielsweise gilt es oft als „billig", sich lediglich einer @freemail-Adresse zu bedienen. Der Großteil aller Bewerber wählt allerdings diesen Weg.

b) Eine prägnante Betreffzeile

Mit dem Begriff „Bewerbung" in der Betreffzeile verhindern Sie, dass Ihre Mail im Spam-Filter hängen bleibt. Sollte das Unternehmen eine interne Referenznummer vergeben haben, können Sie diese – zusätzlich zur Nennung im Anschreiben – auch in der E-Mail-Betreffzeile notieren.

c) Ein Zweizeiler als Hinweis auf Ihren Anhang

Das Textfeld, das Sie sonst nutzen, um Ihre E-Mails zu schreiben, verwenden Sie für einen kurzen Hinweis:

„Sehr geehrte Damen und Herren,
beigefügt übersende ich Ihnen meine Bewerbung mit großem Interesse an der Position XY in Ihrem Unternehmen. Ich freue mich, von Ihnen zu hören.
Mit freundlichen Grüßen
…"

Formulierungsalternativen finden Sie im Kapitel „Besonderes" im Abschnitt „E-Mail-Bewerbung" (siehe Seite 222).

d) Achten Sie auf den richtigen Dateinamen und die richtige Dateigröße

- **Dateiname**

Wählen Sie einen aussagekräftigen Dateinamen für die Anlage (engl. „attachment"), der eine Identifizierung mit Ihrer Bewerbung erlaubt. So kann der Leser später bei seinen abgespeicherten Dateien sofort Ihre Bewerbung erkennen, wenn Sie diese mit Ihrem Namen versehen haben:

„BARTH Bewerbung.pdf"
„BARTH Bewerbung fuer IKEA.pdf"

Bei kurzen Nachnamen können Sie auch den Unternehmensnamen mit aufnehmen. Das wirkt noch zielgerichteter.

- **Dateigröße**

Große Unternehmen akzeptieren heutzutage Anhänge bis zu 5 MB ohne Probleme. Im Sinne einer Sicherheitsgrenze sollten Sie aber 2 MB als Maximum sehen. Denn es gibt genügend Firmen, die Maileingänge mit mehr als 2 MB blocken – diese gehen postwendend an Ihre Adresse zurück. Zudem erlauben derzeit noch nicht alle Freemail-Anbieter das Versenden eines sehr großen Einzelanhangs von z. B. 5 MB.

Wie Sie die Dateigröße Ihrer Anhänge überprüfen, können Sie im Kapitel „Formatierungshilfen" (siehe Seite 374 und 393) nachlesen. Diesen Vorgang sollten Sie jeweils einmal bei Ihrer Zeugnisdatei und bei Ihrem Bewerbungsdokument vor dem Versenden durchführen.

e) Nachträgliche Komprimierungen

Sollten Ihnen Ihre Zeugnisse bereits in eingescannter Form vorliegen und es ergibt sich eine sehr hohe Dateigröße (über 2 MB), müssen Sie die Zeugnisse erneut gemäß den obigen Empfehlungen einscannen, um eine insgesamt kleinere Gesamtdatei zu erzielen. Alternativ können Sie aber auch im Internet nach Komprimierungstools suchen. Bisher gibt es allerdings keine wirklich gute Free-Software, die so gut komprimiert, dass das Endergebnis akzeptabel aussieht.

Das Unternehmen Adobe (das das PDF-Format entwickelt und patentiert hat) bietet seit längerer Zeit eine kostenfreie Testversion des Programms „Adobe Acrobat Professional" an. Über einen begrenzten Zeitraum können Sie den „Adobe Acrobat Professional" (nicht zu verwechseln mit dem ohnehin kostenfreien Adobe Reader auf Ihrem Rechner, der dem Öffnen und Lesen von PdF-Formaten dient) downloaden. Dieser erlaubt es Ihnen, in hervorragender Weise sehr große PDF- oder Grafikformate (wie z. B. .jpg) auf eine geringe Speicherkapazität zu reduzieren – mit einem kaum bemerkbaren Qualitätsverlust für die Bildschirm- und vor allem Druckversion.

Darüber hinaus haben Sie mit dieser Software die Möglichkeit, ein Lesezeichen-Register anzulegen. Dieses professionalisiert Ihre Präsentation zusätzlich. Auf der linken Seite liest man, wie in einem Inhaltsverzeichnis, alle Titel der PDF-Zeugnisdokumente (Arbeitszeugnis Müller, Arbeitszeugnis PROGGER AG, Diplomurkunde usw.). Anstatt nur durch das Dokument zu scrollen, kann der Betrachter am Bildschirm auf einzelne Titel gezielt klicken und es erscheint sofort das entsprechende Zeugnis.

Wichtig: Einzelne Bewerber „zippen" Ihre Dateien, um sie zu bündeln und zu komprimieren. Davon ist dringend abzuraten. Während es gängig ist, dass die heutigen Rechner den Adobe Reader zum Öffnen und Lesen von PDFs vorinstalliert haben, ist die Zip-Software längst nicht so weit verbreitet. Auch wenn man sich diese kostenfrei herunterladen kann, bescheren Sie Ihrem Gegenüber damit einen unnötigen Arbeitsprozess.

f) Umwandeln einzelner Word-Dokumente in PDF

Um sich in den Bewerberpools der Unternehmen registrieren zu lassen, benötigen Sie gelegentlich nur Ihren Lebenslauf. Sie werden aufgefordert, diesen als Einzeldokument hochzuladen. Oftmals heißt es dort, dass Sie den Lebenslauf z. B. auch als Word-Datei hochladen können. Tun Sie es nicht! Beim Verschicken der Daten passiert es mitunter auch hier, dass die Formatierungen verschoben werden. Die Umwandlung eines Word-Einzeldokuments in ein PDF (d.h. „von **Lebenslauf.doc** in **Lebenslauf.pdf**" ist sehr einfach. Der Ablauf ist Ihnen vom Einscannen Ihrer Dokumente schon bekannt. Hier folgt dennoch die detaillierte Vorgehensweise:

1. Öffnen Sie ein Dokument, zum Beispiel den Lebenslauf.
2. Klicken Sie auf **DATEI.**
3. Klicken Sie auf **DRUCKEN.**
4. Wählen Sie in der ersten Zeile bei DRUCKER: FREEPDF (über den seitlichen Auswahlpfeil; siehe oben).
5. Dann klicken Sie auf **O.K.!**

Jetzt wird von Ihrem Dokument eine Kopie angelegt. Diese Kopie wird als ein PDF-Dokument abgespeichert, hier also z. B.: Lebenslauf.pdf. Ihre Original-Word-Datei ist nach wie vor vorhanden. Wenn Sie einen Fehler im PDF-Dokument entdecken, können Sie ihn im PDF nicht korrigieren. Sie müssen den Fehler im Word-Dokument beheben und dieses erneut in PDF umwandeln.

Sie arbeiten mit OpenOffice? OpenOffice ist eine kostenfreie Software, die in Anlehnung an die Microsoft-Produkte sehr ähnliche Möglichkeiten bietet und bewusst als legales, kostenfreies „Gegen"-Produkt zum „Nahezu-Monopolisten" Microsoft auftritt. Die OpenOffice-Software hat bereits einen PDF-Konvertierer vorinstalliert. Allerdings dient Ihnen dieser nur zum Umwandeln einzelner Textdokumente. Für die Zusammenstellung mehrerer Text- oder Zeugnisdokumente benötigen Sie den FREEPDF.

Sie arbeiten mit Word 2007? Übrigens: Wie Sie überprüfen können, welche Version Sie auf dem Rechner haben, können Sie unten auf Seite 329 und 346 nachlesen. MS-Office 2007-Nutzer können Word-Dokumente direkt in das PDF-Format umwandeln (über die Funktion „Speichern unter". Bei Dateityp" wählen Sie über den Auswahlpfeil „pdf"). Nach wie vor benötigen Sie für das Erstellen eines „Gesamt-PDF-Pakets", das alle Bewerbungsdokumente und Zeugnisse enthält, dennoch den FREEPDF.

Selbstverständlich wäre es auch möglich, die Zeugnisse als Grafikformat abzuspeichern und in das Textdokument einzufügen (also genau so wie man ein Foto in ein Word-Dokument einfügt). Damit bräuchte man dann nur dieses eine Textdokument, mit all seinen Inhalten, in ein PDF-Format umwandeln. Die Qualität der Lesbarkeit der Zeugnisse vermindert sich dadurch aber in größerem Umfang und ist daher nicht empfehlenswert.

5.6 Wann online gehen?

Einzelne Unternehmen haben bereits komplett auf die Online-Bewerberauswahl umgestellt (1), andere erlauben den Bewerbern sowohl die E-Mail- als auch die traditionelle Post-Bewerbung (2), und eine dritte Gruppe wünscht nach wie vor ausschließlich die klassische Bewerbungsmappe (3).

Zu Gruppe 1): ONLINE-Bewerbung **ist Standard**

Das „E-Recruiting" (die elektronische Bewerberauswahl) bedeutet eine immense Kostenersparnis – für beide Seiten. Bei den EDV-, IT- und Multimedia-Unternehmen sowie bei ganz großen Unternehmen haben Sie oft gar keine andere Wahl: Sie müssen sich online bewerben. Nur wer digital im Bewerberpool auf der Unternehmenswebsite registriert ist, kann auch in der Auswahl berücksichtigt werden. Ihre Unterlagen werden am Bildschirm gesichtet und elektronisch bearbeitet. Mitunter werden den Bewerbern beim Vorabtelefonat aber auch noch solche „Geheimtipps" gegeben: „Der eigentliche Entscheider – der Fachvorgesetzte Herr Müller – bevorzugt die gute alte Mappe, schicken Sie diese doch zusätzlich zu seinen Händen."

Zu Gruppe 2): ONLINE-Bewerbung **ist möglich**

Bei kleineren Betrieben oder auch oft noch bei Unternehmen des Mittelstands dürfen Bewerber noch zwischen elektronischem und klassischem Postweg entscheiden. Bei Stellen-Inseraten mit Post- und E-Mail-Adresse, dürfen Sie frei wählen. Wie entscheiden Sie sich? Meine Empfehlung ist die Doppel-strategie: Vorweg versenden Sie online Ihre komplette Bewerbung (mit einem Vermerk wie z. B. „Parallel übersende ich Ihnen diese Bewerbung auch per Post.") und maximal zwei Tage später verschicken Sie dann Ihre schriftliche Bewerbungsmappe. Der Grund für diese Strategie: Bei einzelnen Entscheidern hinterlassen die „Papier-Bewerbungen" einfach einen nachhaltigeren Eindruck – und zudem erzielen Sie einen zweifachen Werbeeffekt.

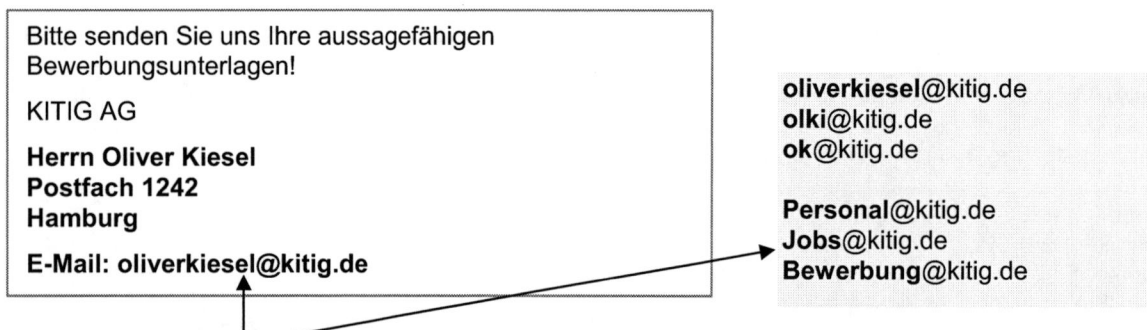

Auf solche E-Mail-Adressen können Sie sich bewerben. Ihre Bewerbung landet direkt auf dem Bildschirm Ihres Ansprechpartners. Vorsicht ist geboten bei Mail-Adressen wie info@... oder mail@... . Ihre Bewerbung wird neben Werbemails und Geschäftsbriefen im Sekretariat eingehen und vielleicht untergehen. Wählen Sie in diesem Fall besser den Postweg!

Zu Gruppe 3): ONLINE-Bewerbung ist **nicht erwünscht**

Wenn keine E-Mail-Adresse angegeben ist, müssen Sie anrufen und nachfragen, ob Sie Ihre Unterlagen eventuell dennoch online versenden dürfen.

6 Glück, Gelegenheit und Strategie

6 Glück, Gelegenheit und Strategie

Die Bewerbungsphase wird oft zu Recht als Marathon beschrieben. In dieser Phase – die sich vielfach als Vollzeittätigkeit offenbart – ist ein guter Freizeitausgleich von besonderer Wichtigkeit. Sie brauchen für Ihren Erfolg Glück, die richtige Gelegenheit und eine geeignete Strategie. Glück fällt einem nicht immer in den Schoß, auch dafür kann man sich vorbereiten. „Wenn ich das Glück wäre, würde ich bei mir einziehen wollen?" Diese Leitfrage kann Sie bei Ihrer täglichen Suche und Ausrichtung auf ein erfülltes und erfolgreiches Leben begleiten und führt Sie vielleicht zur richtigen Zeit an den richtigen Ort. Viele Spontanaktionen und „Aus dem-Bauch-Dialoge" mit Arbeitgebern haben Bewerber schon zu ihrem Einstellungserfolg gebracht.

Ihre strategische Planung orientiert sich an Ihrem Ziel. Die Schritte auf dem Weg dorthin lassen sich minutiös auflisten und ermöglichen Ihnen einen gut organisierten Bewerbungs-Arbeitstag. Denn ein Arbeitstag, der vollständig selbst organisiert werden muss und dessen Früchte sich manchmal erst nach längerer Zeit ernten lassen, erfordert eine gute Strukturierung. Für viele ist das Erstellen eines konkreten Handlungsplanes eine wesentliche Hilfe dabei. Je nach Persönlichkeit kann ein solcher Plan aber auch zu einengend sein. Überlegen Sie sich genau, was Sie in welchem Moment brauchen, um am stärksten Ihre Dynamik nutzen und alle strategisch wichtigen Erfolgsschritte ausschöpfen zu können. Die im Folgenden beschriebenen Aspekte können Sie dabei berücksichtigen.

6.1 Ziel-Fokussierung

Was wollen Sie beruflich erreichen?

Was ist ein – wirklich motivierendes – Ziel für Sie (beruflich und auch privat!)?

Was müssen Sie dafür tun?

Welche konkreten Schritte sind erforderlich? Ordnen Sie diese logisch gemäß ihrer Dringlichkeit oder nach Prioritäten (zum Beispiel das Unangenehmste/Schwierigste zuerst).

Bis wann wollen Sie Ihr Ziel erreicht haben?

6.2 Ziel- und Zeitplan

a) Zieldefinition

- **Unternehmen**

Was ist Ihnen wichtig?

a) Art der Unternehmenskultur/Ihre eigenen Wertvorstellungen

b) Unternehmensgröße

(Familienbetrieb/Mittelstand/Großunternehmen)

c) Konkrete Unternehmen – namentlich:
(der Wichtigkeit nach geordnet: c1), c2) usw.

- **Position/Gehalt/Verantwortung**

a) Angestrebte Positionen:

1. Priorität; **2.** Priorität; **3.** Alternativen

b) Verantwortungsbereiche:

c) Gehalt (von …. bis …)

- **Arbeitsort**

a) Land

a1); a2) usw.

b) Region
(zum Beispiel in Deutschland: Nord- oder Süddeutschland, Ost oder West; konkrete Bundesländer)

b1); b2) usw.

c) Stadt

c1); c2) usw.

- **Work-Life-Balance**

Wie viele Stunden bin ich bereit für meinen Beruf zu investieren?

Wie wichtig ist mir Freizeit/Partnerschaft?

- **Langfristige Zielplanung**

Wo möchte ich in 3 und in etwa 10 Jahren stehen?

Als Ziel lässt sich auch definieren: „Mehr Einladungen zu Vorstellungsgesprächen erhalten – konkret: X Vorstellungsgespräche bis zum XX.XX.201X".

b) Zeitplan mit Handlungsschritten

Ihr Plan kann beispielsweise in dieser Form aufgestellt werden:

Zeitplan	Handlungsschritte
Bis zum:	
Datum	1) Besuch von branchenspezifischen Messen konkrete Anzahl: X
Datum	2) Besuch von Jobmessen konkrete Anzahl: X
Datum	3) Persönliches Erscheinen bei spezifisch sondierten Unternehmen (Initiativgespräche) – konkrete Anzahl: X
Datum	4) Praktikumsbewerbungen – konkrete Anzahl: X
Datum	5) Erinnerungsbewerbungen – konkrete Anzahl: X
Datum	6) Einsatz von Headhuntern (Personalvermittlern) konkrete Anzahl: X
Datum	7) Stellenbewerbungen – konkrete Anzahl: X
Datum	8) Bewerberprofil veröffentlichen – konkrete Anzahl: X
Datum	9) Weitere Aktivitäten – konkrete Anzahl: X

Weitere mögliche Strategiepunkte sind die Entwicklung kreativer Bewerbungsformate oder der Weg zum Job über Zeitarbeitsunternehmen. Jede dieser Aktionen muss mit Ihren Vor- und Nachteilen gut überdacht und beides im Kontext Ihrer individuellen Situation gegeneinander abgewogen werden.

6.3 Die effektive Adress-/Stellensuche

a) Die Stellensuche

Nutzen Sie möglichst viele Wege für Ihre Jobsuche. Nur so können Sie gewährleisten, dass Sie jede wichtige freie Stelle in Erfahrung bringen. Hier einige wesentliche Quellen:

⇨ Jobbörsen im Internet

Neben den allgemeinen Jobbörsen wie z. B. www.jobpilot.de, www.arbeitsagentur.de oder meinestadt.de sollten Sie auch sogenannte Meta-Jobsuchmaschinen nutzen. Diese durchsuchen mehrere Jobbörsen gleichzeitig. Um nur ein paar zu nennen: www.netzeitung.de, www.jobworld.de oder www.handelsblatt.com.

Spezifische Börsen konzentrieren sich ausschließlich auf einen Berufs- oder Branchenzweig (z. B.: www.ingenieurkarriere.de, www.erzieher.de). Geben Sie bei www.google.de Ihren Berufswunsch und „Jobs" oder „Stellen" oder auch „Stellenangebote" ein (also z. B.: „Lehrer Jobs") und ermitteln so die für Sie geeigneten Suchmaschinen.

⇨ Tages- und Wochenzeitungen

Die Stellenangebote finden sich in den Samstagsausgaben. Mittwochs gibt es nur wenige neue Angebote, ein Blick in die Zeitung kann sich natürlich trotzdem lohnen. Der Großteil der Zeitungen stellt inzwischen (fast) alle Printanzeigen auch sofort online zur Verfügung. Wer dennoch die klassische Papierausgabe bevorzugt, kann beispielsweise auch nur die Samstagsausgaben von Tageszeitungen anderer Städte einmalig oder für mehrere Samstage abonnieren.

Für das günstige Zeitunglesen empfehlen sich die Auslagen in den Stadtbibliotheken. Ermäßigte Exemplare gibt es für Arbeitslose häufig direkt in der Verkaufsstelle der Tageszeitung oder für alle Interessierten am „Montag danach" (oft zum halben Preis).

Grundsätzlich empfehlenswert sind, für alle Berufsbereiche, die „Frankfurter Allgemeine Zeitung" (FAZ), die „Süddeutsche Zeitung" (SZ) und „Die Welt". Für spezielle Berufsgruppen oder -branchen sind zu nennen: die „VDI-Nachrichten" (für Ingenieure), das „Handelsblatt"(für Wirtschaftswissenschaftler) und für Volks- und Betriebswirte die „Wirtschaftswoche", die „Financial Times Deutschland" und das „Handelsblatt". „Die Zeit" ist insbesondere interessant für Mediziner, den öffentlichen Dienst, für Sozial- und Geisteswissenschaftler sowie für den Bereich der wissenschaftlichen Forschung und Lehre.

⇨ Lokale Stadtanzeiger und Aushänge im Schaufenster

Lokale Anzeigenzeitungen liegen meist kostenlos in Geschäften aus oder werden direkt an die Haushalte verteilt. Sie erscheinen wöchentlich oder monatlich. In manchen Städten werden über diese auch qualifizierte Stellen angeboten! Mit Schaufensteraushängen werden in der Regel Verkaufs-, Fahrer- und Bäckerjobs angeboten.

⇨ Fachzeitschriften

Neben Ihrer Suche über www.google.de (zum Beispiel mit Suchkombinationen wie „Chemie und Fachzeitschrift", „Chemiker und Publikationen") finden Sie unter www.profikiosk.de eine große Bandbreite an Fachverlagen. Arbeitgeber versprechen sich von einer Anzeige ausschließlich in solchen Fachblättern einen ausgewählten Bewerberkreis.

⇨ Für Akademiker: „Arbeitsmarkt-Hefte" des Wissenschaftsladens Bonn

Absolut empfehlenswert ist die Heftreihe „arbeitsmarkt". Sie fasst Stellenangebote bundesweit aus Tages- und Wochenzeitungen sowie Fachzeitschriften und Online-Börsen zusammen. Es gibt zwei Hefte: 1) „Arbeitsmarkt für Bildung, Kultur, Sozialwesen" und 2) „Arbeitsmarkt für Umwelt und Naturwissenschaften". Beide Hefte erscheinen wöchentlich am Mittwoch und enthalten alle Stellenangebote vom vorherigen Samstag. Mehr erfahren Sie über www.wilabonn.de.

⇨ Firmenaushänge in Hochschulen

Stellenangebote und offene Praktika-Stellen veröffentlichen Unternehmen häufig auch über Aushänge.

Darüber hinaus sind selbstverständlich Karrieremagazine wie der „FAZ Hochschulanzeiger", das „Handelsblatt Junge Karriere", und die oft kostenlosen Broschüren und Zeitschriften der (Fach-) Hochschulen mit in die Recherche einzubeziehen.

b) Adressrecherche

Für Initiativbewerbungen sind Sie auf einen breiten Fundus an Adressen angewiesen. Professionalisieren Sie Ihre Recherche, indem Sie die folgenden Aktivitäten planen:

⇨ Internet und Adressbücher

Neben der klassischen Suche bei www.gelbeseiten.de (listet lediglich die Einträge der „zahlenden" Firmen) oder ähnlichen Branchensuchmaschinen im Internet sollten Sie mithilfe von google.de Ihre Zieladressen über allgemeine Adressportale recherchieren. Über Suchbegriffe wie „Adressen" und beispielsweise „Alternative Energien" können Sie in Ihrer Branche fündig werden.

Sehr interessant sind auch die Adressbücher der größeren Städte. Diese enthalten auf den ersten Seiten vielfach einen Infoteil, der Ihnen eine umfassende Auflistung aller Bildungsträger, sozialer Einrichtungen, Kirchengemeinden, Gewerkschaften, Schulen, Ämter, Behörden etc. dieser Stadt zur Verfügung stellt. Die Adressbücher sind teilweise kostenpflichtig. Kostenfrei kann man sie zumeist in Stadt-, FH- oder Unibibliotheken oder bei den Stadt- bzw. Gemeindeverwaltungen einsehen. Immer öfter bieten auch die Stadtbibliotheken selbst umfangreiche Adressen zu den ortsansässigen Firmen an. Solche Zusammenstellungen finden Sie auch unter www.meinestadt.de, diese sind aber nicht vollständig.

⇨ Zeitarbeit und Private Personalvermittlung

Wenn Sie nach Adressen von Zeitarbeitsunternehmen suchen, geben Sie bei Google die Suchbegriffe „Arbeitnehmerüberlassung", „Zeitarbeit" oder „Arbeitsvermittlung" ein. Ein Teil der Zeitarbeitsunternehmen arbeitet gleichzeitig auch als Personalvermittler.

Der Vorteil einer privaten Stellenvermittlung gegenüber der Vermittlung einer Zeitarbeit liegt auf der Hand: Sie werden direkt bei der betreffenden Firma angestellt, es handelt sich dabei um keinen Zeitarbeitseinsatz. Personalvermittler arbeiten für Bewerber kostenlos. Sie haben die Möglichkeit, sich in die Bewerberdatei dieses Vermittlers aufnehmen zu lassen. „Reine" Personalvermittler, die keine Zeitarbeit vermitteln, finden Sie über google.de mit Suchbegriffen wie beispielsweise: Personaldienstleistungsunternehmen, Personalservice, Personalvermittler, private Arbeitsvermittlung, Head-Hunter etc.

⇨ Aktuelle und alte Zeitungsausgaben

Einen unermesslich großen Adresspool bietet der Stellenmarkt alter Ausgaben von Tages-, Wochenzeitungen und Fachzeitschriften. In den Universitätsbibliotheken (zu denen jeder Bürger kostenlosen Zugang hat) lagern unzählige dieser Zeitungen. Sie benötigen für die Sichtung dieser Zeitungen nicht einmal einen Bibliotheksausweis.

In aktuellen Zeitungen können die Werbeanzeigen von Firmen sowie Artikel über Geschäftsgründungen oder Neueröffnungen Hinweise auf den potentiellen Personalbedarf von Unternehmen liefern.

⇨ Beratungsführer/Wegweiser für soziale Hilfen ...

Für sozial Tätige, Bürokräfte, Hausmeister oder Pförtner sind diese Broschüren eine wahre Fundgrube für Adressen für die Initiativbewerbung. Meist sind diese kostenlos erhältlich bei den Städten/Gemeinden (Bürgerbüro, Sozialamt ...) oder liegen in Büchereien und vereinzelt auch im Buchhandel aus.

⇨ Ihre persönlichen Kontakte

Direkte Empfehlungen über Bekannte sind sehr effektiv. Erzählen Sie jedem von Ihren Kenntnissen und Fertigkeiten. Fragen Sie, ob er oder sie Unternehmen kennt, die Interesse an Ihren Qualifikationen haben könnten. Wirklich jeder – die Bedienung im Café, der Referent in einem VHS-Vortrag, die Servicekräfte in der Stadtbibliothek, Ihre Nachbarn, Bekannten, Freunde und frühere Schulkameraden – könnte den entscheidenden Hinweis für Sie haben. Keiner möchte gerne in einer Bittsteller-Position sein. Das sind Sie auch nicht. Sprechen Sie diese Menschen als Ihre „Ideengeber" an, fragen Sie nach einem Tipp. Die meisten Menschen freuen sich, wenn ihre Idee für eine andere Person hilfreich war und zum Erfolg führte.

⇨ Firmenadressen

Die Industrie- und Handelskammer (IHK) sowie die Handwerkskammer (HWK) stellen Ihnen Unternehmensadressen, allerdings kostenpflichtig, zur Verfügung. Diese können Sie sich branchenspezifisch ausdrucken lassen. Der Vorteil dabei ist, dass Sie einen absolut vollständigen Satz an Unternehmensadressen für Ihre Wunschregion erhalten. Jeder Industriebetrieb muss bei der IHK, jeder Handwerksbetrieb bei der HWK gemeldet sein. Vermutlich denken Sie jetzt: Mein Beruf hat doch nichts mit Industrie oder Handwerk zu tun. Lesen Sie sich einmal die Branchengruppen der IHK und HWK durch. Es wird Sie überraschen, welche unterschiedlichen und z.T. exotischen Berufsfelder Sie in diesen Listen finden! Hätten Sie gedacht, dass Sie auf diese Weise Adressen von Bestattungsunternehmen, Kosmetikern oder auch Maskenbildnern erhalten? Sie können sich auch Firmen nennen lassen mit Niederlassungen in oder Geschäftskontakten zu Polen, Rumänien, England, Spanien etc. An Ihren entsprechenden Sprachkenntnissen könnten gerade diese Unternehmen sehr interessiert sein.

Ebenfalls mit – sogar erheblichen – Kosten verbunden sind professionelle Datenbanken wie z. B. jene von Hoppenstedt. Die Daten enthalten konkrete Angaben zu den Aufgabenfeldern, Produkten und Herstellungs- sowie Dienstleistungsbereichen der einzelnen Unternehmen (Mittelstands- und Großunternehmen), Organisationen und Verbände.

Im „Taschenbuch des öffentlichen Lebens" (Albert Oeckl, Festland Verlag/Bonn), das jährlich neu aufgelegt wird, findet sich eine fantastische Auswahl an Stiftungen, Vereinen, Verbänden etc. Die Einsichtnahme in einer Universitätsbibliothek erspart Ihnen den Kauf.

⇨ Akademische Veranstaltungen

Bei Wirtschaftskongressen und Sommerakademien kommen Vertreter und Führungskräfte aus Wirtschaft, Politik und Wissenschaft zusammen. Der Deutsche Wirtschaftskongress, das ISC (International Student Committee) der Hochschule St. Gallen oder die Innovation-Zukunftswerkstatt stellen nur eine sehr kleine Auswahl aus vielen weiteren hochrangigen Veranstaltungen dar.

Darüber hinaus sind es die Hochschulmessen, Karrierebörsen und Recruiting-Veranstaltungen, die es immer mehr Bewerbern ermöglichen, mit Unternehmensvertretern einen direkten, ersten „geschäftlichen" Kontakt aufzunehmen. Diesen Veranstaltungen ist eines gemeinsam: Firmenpräsentation und Bewerberauswahl. Ihre Eignung als Bewerber wird man bei solchen Veranstaltungen im legeren Gesprächsstil, im Rahmen einer Vorstellungsrunde, durch Assessment-Center oder durch die Bearbeitung von Fallstudien (Recruiting-Tage) überprüfen. Es ist zu empfehlen, vorab einen Termin zu vereinbaren, damit Sie sich am Messestand in Ruhe unterhalten können. Einige Unternehmen missbrauchen solche Veranstaltungen jedoch zur Imagepflege, ohne vakante Stellen zu haben.

⇨ Fachmessen

Auf branchenspezifischen Fachmessen (IAA, Cebit ...) sind zunehmend Personalverantwortliche anwesend und stehen für Gespräche zur Verfügung. Teilweise können Sie sogar eigens aufgestellte Job-Terminals für Ihre Bewerbung nutzen oder erhalten ausliegende Unternehmensprospekte speziell für Bewerber. Sollten Sie keinen Personalverantwortlichen vor Ort antreffen, kann dennoch Ihr persönliches Erscheinen und das persönliche Überreichen einer Initiativbewerbung (idealerweise einer Kurz-Initiativbewerbung, siehe dazu S. 296) zu einem Einstellungserfolg führen. Sie zeigen Ihre Aktivität und unterscheiden sich von Mitbewerbern, die lediglich auf Anzeigen reagieren. Am schnellsten finden Sie einen Großteil der Messetermine über www.auma.de, die Internetseite des „Ausstellungs- und Messeausschusses der deutschen Wirtschaft".

7 Das Stellengesuch

Das Stellengesuch zeigt, wie auch eine Initiativbewerbung, ein hohes Engagement des Bewerbers. Vielfach werden solche Bewerber von den Einstellern als aktiv und überdurchschnittlich qualifiziert bewertet. Obwohl sie ganz einfach nur ein Inserat geschaltet haben. So unterscheiden Sie sich von der breiten Masse, die den „normalen" Weg beschreitet.

Drei erfolgreiche Bewerberinnen:

- *Eine Bürokauffrau*

> Über 45 Jahre, suchte einen Job in ihrer Stadt,
> Bürobewerber gibt es wie am Sand am Meer.
>
> Auf dem normalen Bewerbungsweg erhielt sie keine Einladung für ein Vorstellungsgespräch. Durch ihr eigenes Stellengesuch fand sie eine Stelle, bei der sie die Arbeitszeit- und Gehaltsmodalitäten nach ihren Wünschen aushandeln konnte.

- *Eine Zahnarzthelferin*

> Berufseinsteigerin, sechs Monate arbeitslos, sucht eine Praxis in ihrer Stadt. Über ihr Eigeninserat ist sie letztendlich erfolgreich.

- *Eine Dipl.-Physikerin*

> Frau in einem Männer-Domäne-Beruf, Berufsein-steigerin.
>
> Sie erhält eine Schwangerschaftsvertretung in einer naturwissenschaftlich interessanten Position.

Wo inserieren Sie?

⇨ Tageszeitungen
⇨ Wochenzeitungen
⇨ Fachzeitschriften
⇨ Internet-Jobbörsen

Gerade mit einer Anzeige in einer fachspezifischen Publikation erreichen Sie eine sehr interessierte Leserschaft. Regelmäßig werden Fachblätter auch von Personalagenturen gesichtet.

Wenn Sie nicht wissen, welches Fachblatt für Sie in Frage kommt, erkundigen Sie sich bei Gewerkschaften, Innungen/Verbänden, Industrie- und Handelskammern, Berufsverbänden, einem Zeitungskiosk (gut ausgestattet sind oft die Bahnhofskioske) oder über Google („Fachzeitschrift Medizin", das wäre ein Beispiel für mögliche Suchbegriffe).

Wann inserieren Sie?

⇨   <u>Mittwoch und Samstag:</u>
Manche betrachten den Mittwoch als den besten Tag für ihre Anzeige in einer Tageszeitung. Denn: Abgesehen davon, dass eine Anzeige am Mittwoch finanziell günstiger ist, erscheint sie mittwochs auch bedeutend größer und es gibt weniger Mitbewerber auf einer Seite. Dass die Mittwochsausgaben tatsächlich gelesen werden, kann ich aus meiner Beratungspraxis bestätigen. Samstagsausgaben erreichen aber natürlich eine größere Leserzahl.

⇨   <u>nicht:</u>   ⇨ Mitte Juli bis Ende August!
                ⇨ im Monat Dezember!
                   (einstellungsschwache Zeiten: Urlaub etc.)

„Sie erreichen mich ..."

⇨ Geben Sie Ihre <u>Telefonnummer</u> an

⇨ oder/und geben Sie Ihre <u>E-Mail-Adresse</u> an.

Verwenden Sie auf keinen Fall die Chiffre-Form! Arbeitgeber habe keine Zeit. Sie werden sich nicht die Mühe machen, auf Ihr − noch so hochwertiges Angebot − zu reagieren, wenn dieses mit einer Chiffre versehen ist. Sorgen Sie dafür, dass Sie oder jemand anderes in den ersten 14 Tagen nach Erscheinen der Anzeige Telefonate freundlich entgegennehmen wird, sei es auch nur Ihr Anrufbeantworter.

Falls Sie Bedenken wegen unseriöser Anrufe haben, ist das durchaus berechtigt. Häufig reagieren auf Stellengesuche auch Versicherungsmakler, die den Bewerber als freien Mitarbeiter gewinnen wollen. Falls Sie ein eigenes Kartenhandy besitzen, können Sie diese Nummer für Ihre Anzeige nutzen. Eine Alternative stellt eine anonymisierte E-Mail-Adresse dar, z. B.: Bueroass@web.de oder Mediziner2010@gmx.de. Von der Angabe Ihrer eigentlichen und privat genutzten E-Mail-Adresse ist dringend abzuraten.

<u>Die Inhalte eines Inserats</u>

1   Das suche ich:

<u>Ihre gewünschte Berufs- oder Stellenbezeichnung</u>
formulieren Sie als Überschrift.

2   Das biete ich:

<u>Hier machen Sie Angaben zu:</u>

→ Ihrem Ausbildungsabschluss bzw. Titel
  (Kauffrau im Einzelhandel, Dipl.-Psychologe, Dipl.-Betriebswirt etc.)

→ besonderen Tätigkeitsbereichen oder Schwerpunkten Ihrer Ausbildung
  (Modebranche, Personalwesen, Marketing etc.)

→ beruflichen oder praktischen Erfahrungen

→ speziellen Qualifikationen/außerordentlichen Leistungen
  (EDV, Sprachen ... / gute Abschlussnoten oder Auszeichnungen)

Hierhin gehören auch Angabe zu:

⇨ Geschlecht
⇨ Alter (sofern vorteilhaft)
⇨ Einstiegswunsch (ab sofort ...).

Nachdem Sie die Veröffentlichung Ihres Stellengesuchs in die Wege geleitet haben, sollten Sie jetzt Bewerbungsmappen mit einem aktuellem Bewerbungsfoto parat haben, sodass Sie umgehend auf mögliche Anfragen reagieren können.

Zum Schluss noch ein Tipp: In Stadtbibliotheken liegt in lesefreundlichen Ecken eine breite Palette an Zeitungen, oft für mehrere Wochen lang, aus. Stöbern Sie darin und nutzen so die Stellengesuche anderer Bewerber als Beurteilungsgrundlage für gelungene Texte. Lassen Sie sich von einer guten Grafik (fette Überschrift/weniger Text ist mehr) sowie ansprechenden Überschriften inspirieren. Achten Sie darauf, dass Sie in Ihrer Anzeige kurz und präzise alle wichtigen Informationen nennen.

8 Formatierungshilfen

8.1 für Word 2002/2003

Welche Word-Version haben Sie? Haben Sie evtl. eine vorinstallierte Word Star oder Works-Version? Öffnen Sie Ihr gewohntes Schreibprogramm auf dem Computer und schauen nach unter dem Fragezeichen in der Menüleiste, dort unter Info.

Inhaltsverzeichnis:

1 Drei wichtige Voreinstellungen

Einige der folgenden Anwendungen benötigen gewisse Voreinstellungen an Ihrem PC. Stellen Sie idealerweise die Absatzmarke, das Lineal und die Anzeige für die Cursor-Positionierung ein:

Lineal einstellen

Klicken Sie auf ANSICHT
Klicken Sie auf LINEAL

Positionierung des Cursors anzeigen

Wird in Word 2003 standardmäßig angezeigt.

Absatzmarke und Symbolleisen einstellen

1.a) Klicken Sie auf ANSICHT
b) Klicken Sie auf Symbolleisten
c) Klicken Sie auf Standard (sofern dort noch kein Häkchen gesetzt ist)

2.a) Klicken Sie auf ANSICHT
b) Klicken Sie auf Symbolleisten
c) Klicken Sie auf FORMAT (sofern dort noch kein Häkchen gesetzt ist)

3.a) Klicken Sie auf ANSICHT
b) Klicken Sie auf Symbolleisten
c) Klicken Sie auf ZEICHNEN (sofern dort noch kein Häkchen gesetzt ist)

4.) Klicken Sie auf das Symbol Absatzmarke ¶

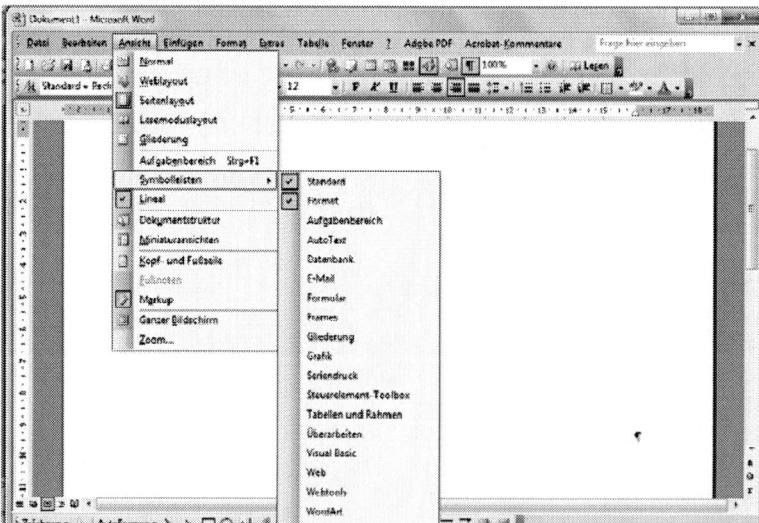

2 Graphische Elemente

Symbole einfügen

☎

1.) auf EINFÜGEN klicken
2.) dort auf SYMBOL klicken
3.) dort auf SYMBOLE klicken
4.) neben dem Wort SCHRIFTART auf den AUSWAHLPFEIL KLICKEN
5.) WINGDINGS anklicken, Oder auch viele wichtige Symbole unter Wingdings 2 ...)
6.) KLICKEN Sie auf das gewünschte Symbol
7.) Klicken Auf EINFÜGEN
   Unter Wingdings 2: ☐ ☎ ⊠ ◁ ⊠ 💻
   Unter Webdings: ☎ 📱 💻

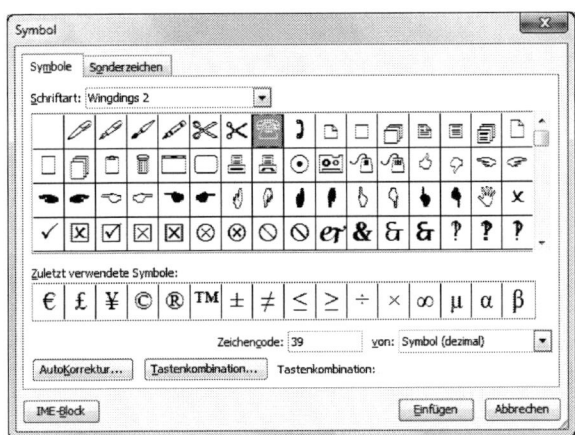

Mit Aufzählungszeichen arbeiten

○

Eine sehr gute Auswahl an Aufzählungszeichen findet sich unter WINGDINGDS. Für die Auswahl und das Einfügen in Word wählen Sie die Schritte bei „Symbole einfügen".

Verwenden Sie nicht das automatische Aufzählungsprogramm von Word. Insbesondere bei späteren Korrekturen oder bei Zeilenerweiterungen ergeben sich dadurch viele Probleme.

Für eine akkurate Platzierung der Aufzählungspunkte arbeiten Sie mit Tabstopps (siehe unter…).

Folgende Aufzählungszeichen stellen eine kleine Auswahl der für die Bewerbung wirkungsvollen Symbole dar:

⇨ ✓ → ➢ ☐ ○ ○ ★ ⅄ • ♦ ◆ ● ■

Diese sind hier lediglich zur besseren Ansicht mit grau hinterlegt.

Grauhinterlegungen

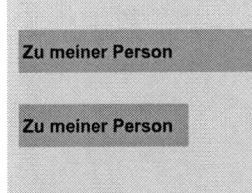

1.) Wort oder Zeile markieren
2.) Klicken Sie auf FORMAT
3.) Klicken Sie auf RAHMEN und SCHATTIERUNG
4.) Unter Schattierung klicken Sie auf den gewünschten Grauton
5.) Klicken Sie auf OK

Wenn Sie die Grauhinterlegung zum Abschluss des letzten Wortes beenden wollen, wie hier im zweiten Beispiel, müssen Sie zusätzlich Folgendes tun:
1.) Der Cursor ist in der entsprechenden Zeile positioniert
2.) Klicken Sie im oberen Lineal von Word auf den rechten Einzug.
3.) Halten Sie die Maustaste geklickt und ziehen den Einzug nach links, zum Ende des letzten Wortes.

Grauhinterlegungen beispielsweise bei chronologischen Daten

Berufstätigkeiten

12/2002 – 01/2010
06/1992 – 08/2002
01/1990 – 05/1992

Studium
1986 – 1990

Wie im Lebenslauf-Beispiel auf Seite … können Sie graue oder farbige Hinterlegungen wie folgt vornehmen:

1.) Ihr Lebenslauf ist bereits fertig geschrieben
2.) Klicken Sie auf Einfügen
3.) Klicken Sie auf Textfeld
4.) Es öffnet sich in Word ein Feld, evtl. mit der Aufforderung „Erstellen Sie Ihre Zeichnung hier." Tun Sie es nicht.
5.) Klicken Sie mit der Maustaste außerhalb des Zeichnen Bereiches, halten Sie die Maustaste geklickt und ziehen ein Quadrat entsprechend der gewünschten Größe (die Größe können Sie später jederzeit verändern).
6.) Klicken Sie mit der rechten Maustaste auf die Linie des Textfeldes.
7.) Klicken Sie auf Textfeld formatieren.
8.) Klicken Sie bei „Farben und Linien"
   unter Ausfüllen auf den nebenstehenden Auswahlpfeil
   Klicken Sie auf die gewünschte Graustufe
9.) Klicken Sie nun direkt unterhalb unter
   „Linie" bei „Farbe" auf den nebenstehenden Auswahlpfeil
10.) Klicken Sie dort auf „KEINE LINIE"
11.) Wählen Sie nun durch Klicken den Reiter „LAYOUT"
12.) Klicken Sie auf „Hinter den Text"
13.) Das Textfeld können Sie durch „Anfassen" mit dem Mauszeiger an den ECKEN sowie an den Ober-, Unter-, oder Seitenkanten verkleinern und vergrößern.

Briefkopf rechtsbündig

Barabas Barnikel

Goethestr.1
50676 Köln
Tel.: 0221 12348899
E-Mail: b.barnikel@gmx.de

1.) Sie schreiben wie gewohnt linksbündig
2.) Sie markieren den Adresskopf
3.) Sie klicken auf rechtsbündig

Briefkopf als Visitenkarte

Julia Schierke

Dörenweg 12
47051 Duisburg
Tel. 0203 445122
juschier@web.de

1.) Klicken Sie auf Einfügen
2.) Klicken Sie auf Textfeld
3.) Es öffnet sich in Word ein Feld, evtl. mit der Aufforderung „Erstellen Sie Ihre Zeichnung hier." Tun Sie es nicht.
4.) Klicken Sie mit der Maustaste außerhalb des Zeichnen Bereichs, halten Sie die Maustaste geklickt und ziehen ein Rechteck entsprechend der Form einer Visitenkarte wie hier im abgebildeten Beispiel (die Größe können Sie später jederzeit verändern).
5.) Klicken Sie mit der rechten Maustaste auf die Linie des Textfeldes.
   Klicken Sie auf Textfeld formatieren.
6.) Klicken Sie unter Farben und Linien
   in der Rubrik Ausfüllen unter Farbe auf den Auswahlpfeil
   und dann auf einen gewünschten Grauton (z. B. 25 %).
7.) Klicken Sie in der nächsten Rubrik LINIE,
   neben Farbe: auf den Auswahlpfeil
   Klicken Sie auf KEINE LINIE
8.) Schreiben Sie Ihre Adresse in das Textfeld. Möglicherweise müssen Sie die Größe des Textfeldes noch entsprechend anpassen (durch „Anfassen" an den ECKEN; mit der linken Maustaste)
9.) Für den Schatteneffekt klicken Sie auf SCHATTENART in der ZEICHNEN-Symbolleiste und wählen Sie die gewünschte Schattenart aus. In diesem Beispiel die Schattenart 2.

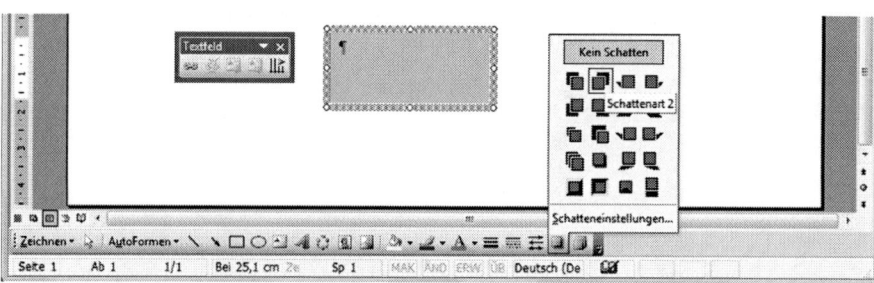

Eventuell müssen Sie jetzt noch die Darstellung des Schattens anpassen.

10.) Um den Schatten zu verändern klicken Sie auf SCHATTENART –
SCHATTENEINSTELLUNGEN.

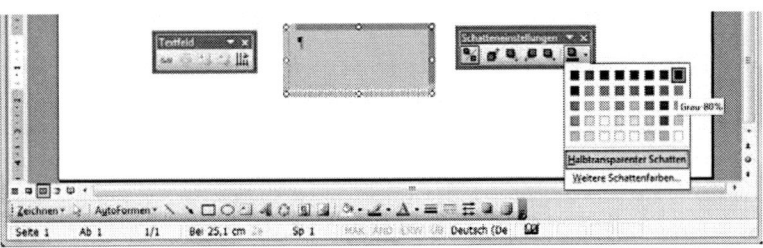

11.) Für die Farbe des Schattens wählen Sie die Schaltfläche SCHATTENFARBE.
12.) Die Position des Schatten können Sie mit den PFEIL-Schaltflächen auf der Symbolleiste
SCHATTENEINSTELLUNGEN anpassen.

Briefkopf duplizieren

Sie haben einen Briefkopf erstellt und wollen diesen für weitere Dokumente nutzen. Anstatt diesen
Briefkopf in ein neues Word-Dokument zu kopieren, ist es in der Regel einfacher folgenden Schritt zu
wählen:

1.) Nachdem Sie Ihren Briefkopf fertig erstellt haben, speichern Sie diesen z. B. als Word-
Dokument mit dem Namen Briefkopf ab. „Datei"; „Speichern unter"; „Speichern in:…" –Sie
wählen einen Speicherort z. B. den Desktop aus und klicken auf Speichern.)
2.) Klicken Sie auf Datei
3.) Klicken Sie auf Speichern unter
4.) Klicken Sie auf Speichern in
5.) Klicken Sie auf Speichern in:….
6.) Wählen Sie über den nebenstehenden Auswahlpfeil als Speicherort z. B. den Desktop
7.) Tippen Sie bei Dateinamen „Lebenslauf" ein.
8.) Klicken Sie auf Speichern.

Von der Datei Briefkopf wurde somit eine Kopie erstellt. Diese Kopie trägt den Namen Lebenslauf.
Sie können nun wiederum die Datei Lebenslauf kopieren und die Kopie als „Anschreiben" abspeichern, davon eine Kopie als „Deckblatt" abspeichern. Sie haben damit Ihren Briefkopf in der exakt
gleichen Formatierung für alle Ihre Bewerbungsdateien vervielfacht. Anschließend kopieren Sie evtl.
vorhandene Inhalte eines Anschreibens in das gewünschte neue Dokument mit dem Briefkopf.

3 Linien

Waagrechte Linien

Lebenslauf

Zur Person

Werdegang

Diese Form der Unterstreichungen eignet sich für dezent dünne Unterstriche.
1.) Sie schreiben das Wort, das unterstrichen werden soll.
2.) Sie drücken RETURN
(Dadurch erhalten Sie eine zweite Zeile; die brauchen Sie unbedingt, sofern noch keine weiteren
Zeilen im Word-Dokument gesetzt wurden.)
3.) Sie setzen den Cursor an das Ende des Wortes
4.) In der Symbolleiste suchen Sie die Funktion RAHMENLINIE; dort klicken Sie auf den
Auswahlpfeil; dann klicken Sie auf den waagrechten Strich (RAHMENLINIE UNTEN)

Waagrechte Linien verkürzen

Lebenslauf

Zur Person

Werdegang

1.) Setzen Sie den Cursor an das Ende des letzten Wortes der zu unterstreichenden Zeile, z. B. hinter PERSON.
2.) Klicken im oberen Lineal auf den rechten Einzug ⌐ ˙ ˙ △ ˙ ˙, halten Sie die Maustaste gedrückt und ziehen diesen nach links in Richtung des letzten Wortes.

Waagrechte Linien in Farbe

Lebenslauf

Zur Person

Werdegang

Positionieren Sie den Cursor an das Ende des letzten Wortes der zu unterstreichenden Zeile, z. B. hinter PERSON.

1.) Klicken Sie auf Format
2.) Klicken Sie auf RAHMEN und SCHATTIERUNG
3.) Unter RAHMEN klicken Sie bei FARBE auf den Auswahlpfeil
4.) Klicken Sie in der Farbpalette auf die gewünschte Farbe
5.) Nebenstehend sehen Sie eine Vorschau. Dort klicken Sie in dem großen Kästchen (ein angedeutetes Dokument mit grauen Zeilen) auf den grauen Unterstrich. Dieser wird nun farbig.
6.) Klicken Sie auf OK.

Waagrechte Linie – dicker gestalten

Lebenslauf

Zur Person

Werdegang

Positionieren Sie den Cursor an das Ende des letzten Wortes der zu unterstreichenden Zeile, z. B. hinter PERSON.

1.) Klicken Sie auf Format
2.) Klicken Sie auf RAHMEN und SCHATTIERUNG
3.) Unter RAHMEN klicken Sie bei BREITE auf den Auswahlpfeil
4.) Klicken Sie auf die gewünschte Linienstärke
5.) Nebenstehend sehen Sie eine Vorschau. Dort klicken Sie in dem großen Kästchen (ein angedeutetes Dokument mit grauen Zeilen) auf den Unterstrich. Dieser wird nun breiter/dünner.
6.) Klicken Sie auf OK.

Senkrechte Linien

Senkrechte Linie im Briefkopf – auch in Farbe

Julia Schierke

Dörenweg 12
47051 Duisburg
Tel. 0203 445122
E-Mail: juschier@web.de

1.) Klicken Sie auf Einfügen
2.) Klicken Sie auf Textfeld
3.) Es öffnet sich in Word ein Feld, evtl. mit der Aufforderung „Erstellen Sie Ihre Zeichnung hier." Tun Sie es nicht.
4.) Klicken Sie mit der Maustaste <u>außerhalb</u> des Zeichnungsbereiches, halten Sie die Maustaste geklickt und ziehen ein hochkantiges Rechteck entsprechend der Linienform wie hier im abgebildeten Briefkopf (die Größe können Sie später jederzeit verändern).
5.) Klicken Sie mit der rechten Maustaste auf die Linie des Textfeldes. Klicken Sie auf Textfeld formatieren.
6.) Klicken Sie unter Farben und Linien in der Rubrik Ausfüllen unter Farbe auf den Auswahlpfeil und dann auf einen gewünschten Grauton (z. B. 50 / 40 oder 25 % sehr gut für einen Briefkopf möglich). Selbstverständlich können Sie auch einen Farbton wie beispielsweise Blau wählen.
7.) Klicken Sie in der nächsten Rubrik LINIE, neben Farbe: auf den Auswahlpfeil
8.) Klicken Sie auf KEINE LINIE
9.) Klicken Sie auf OK

Senkrechte Linie – für Lebenslauf und Deckblatt

Beispiel 1:

Lebenslauf

Zur Person	XXXXX
	XXXXX
	XXXXX
	XXXXX
Werdegang	XXXXX
	XXXXX
	XXXXX
	XXXXX
Zusätzliches	
	XXXXX

Möglichkeit 1 – gut geeignet für eine unterbrochene Linienführung:

Eignet sich aber auch ideal für eine durchgezogene schwarze – dezent dünne – Linie (mit dieser Funktion können Sie also weder die Linienstärke beeinflussen, noch einen Farbton wählen).

1.) Klicken Sie an der Seite des oberen Lineals auf das rechteckige Funktionsfeld, so oft bis dieser senkrechte Strich ⌐ı⌐ (Leiste Tabstopp) zu sehen ist. Jetzt können Sie anfangen:
2.) Markieren Sie die Zeilen, in denen der Strich zu sehen sein soll.
3.) Klicken Sie im oberen Lineal auf die gewünschte Position (ein bisschen vor dem Textbeginn). Jetzt erscheint die gewünschte Linie. Diese Linie können Sie nach Wunsch verschieben oder wieder löschen (siehe unter oops).

334

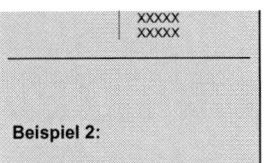

Beispiel 2:

Möglichkeit 2:

Dafür brauchen Sie die Symbolleiste ZEICHNEN

1.) Sie sehen am unteren Bildschirmrand eine Symbolleiste mit einem diagonalen Strich. Das ist die Funktion LINIE. Klicken Sie darauf. Es erscheint das Feld „Erstellen Sie Ihre Zeichnung hier". Tun Sie das nicht. Besser ist es, mit der linken Maustaste <u>außerhalb</u> dieses Feldes zu klicken.

2.) Wenn Sie den Cursor über den Bildschirm bewegen, sehen Sie ein Kreuz.
Klicken Sie auf die linke Maustaste. Halten Sie die Taste geklickt und ziehen Sie den Cursor nach unten. Jetzt wird eine senkrechte Linie gezogen.
<u>(STRICH verschieben / STRICH vervielfältigen / Zweiten STRICH korrekt positionieren: siehe unter OOOPS)</u>

Senkrechte Linie – für Lebenslauf und Deckblatt – in Farbe

1.) Bewegen Sie den Cursor auf die Linie zu
2.) Der Cursor verwandelt sich jetzt in ein Koordinatenkreuz
3.) Klicken Sie auf die rechte Maustaste
4.) Klicken Sie auf AUTOFORM FORMATIEREN
5.) Klicken Sie auf FARBEN UND LINIEN
6.) dort unter LINIE, neben dem Wort FARBE, klicken Sie auf den Auswahlpfeil
7.) Klicken Sie auf eine Farbe
8.) Klicken Sie auf O.K.

STRICH dicker / dünner gestalten:

1.) Bewegen Sie den Cursor auf die Linie zu
2.) Der Cursor verwandelt sich jetzt in ein Koordinatenkreuz
Rechte Maustaste klicken
3.) AUTOFORM FORMATIEREN klicken
4.) Klicken Sie auf FARBEN UND LINIEN
5.) Dort unter LINIE, dort unter Stärke,
klicken Sie auf den Auswahlpfeil (zeigt in Richtung oben) <u>oder:</u> den Auswahlpfeil (zeigt in Richtung nach unten) klicken

4 Schrift

Farbige oder graue Schrift

Beruflicher Werdegang

12/2002 – 01/2010
06/1992 – 08/2002
01/1990 – 05/1992

Um Schrift oder chronologische Daten in einem Grauton oder in Farbe zu schreiben, wählen Sie folgende Schritte:

1.) Markieren Sie die gewünschten Wörter oder Daten
2.) Klicken Sie auf Format
3.) Klicken Sie auf Zeichen
4.) Klicken Sie unter SCHRIFT
bei „Schriftfarbe" auf den Auswahlpfeil
5.) Klicken Sie auf den gewünschten Grau- oder Farbton
(über Klicken auf Weitere Farben erhalten Sie zusätzliche Nuancen)
6.) Klicken Sie auf OK

Besondere Schriftart

Sabine Schön
SABINE SCHÖN

1.) Markieren Sie das gewünschte Wort
2.) Klicken Sie auf Format
3.) Klicken Sie auf Zeichen
4.) Klicken Sie unter SCHRIFT auf KAPITÄLCHEN UND SCHATTIERT
5.) Klicken Sie auf OK

Schrift erweitert/gesperrt schreiben

L e b e n s l a u f

10/1990 – 09/2009

1.) Markieren Sie das Wort, z. B. die Überschrift Lebenslauf
2.) Klicken Sie auf Format
3.) Klicken Sie auf Zeichen
4.) Klicken Sie auf Zeichenabstand

4a) Erweitertes Schreiben:
Dort unter Laufweite klicken Sie auf den Auswahlpfeil und klicken auf „ERWEITERT".
Bei „Um:...." können Sie durch das Klicken auf den nebenstehenden Pfeil mit Richtung nach OBEN, den Abstand der Buchstaben zueinander vergrößern.

4b) gesperrte Schreibweise:
Dort unter Laufweite klicken Sie auf den Auswahlpfeil und klicken auf „SCHMAL".
Bei „Um:...." können Sie durch das Klicken auf den nebenstehenden Pfeil mit RICHTUNG nach UNTEN, den Abstand der Buchstaben zueinander erhöhen.

Schriftgröße verändern

Mein Erfahrungspotenzial als Diplom-Informatiker will ich gezielt in Ihr Unternehmen einbringen.
...

Mein Erfahrungspotenzial als Diplom-Informatiker will ich gezielt in Ihr Unternehmen einbringen. ...

Scheinbar unmerklich, aber entscheidend für Ihre Gesamtpräsentation, kann die Veränderung der Schriftgröße sein. Während Sie in allen Dokumenten stets die gleiche Schriftart verwenden sollten, ist eine unterschiedliche Schriftgröße kaum auffallend und in keiner Weise irritierend. Lernen Sie Zwischengrößen wie 10,5 oder 11,5 zu verwenden:

1.) Markieren Sie den zu verändernden Text
2.) Klicken Sie in der Menüleiste auf die Ziffer, die die Schriftgröße beschreibt.
Die Ziffer wird blau hinterlegt
3.) Tippen Sie die gewünschte Zwischengröße ein (z. B. *10,5 oder 11,5*)
4.) Klicken Sie auf ENTER oder RETURN
Die gewünschte Größe ist nun für die angewählte Zeile oder markierten Textbereich aktiviert.

5 Abstände/ Positionierung

Im Blocksatz schreiben

Mein Erfahrungspotenzial als Diplom-Informatiker will ich gezielt in Ihr Unternehmen einbringen. Zuletzt war ich in der Position eines Netzwerkadministrators für folgenden Aufgaben zuständig:

1.) Markieren Sie den geschriebenen Text.
2.) Klicken Sie in der Symbolleiste auf das Zeichen Blocksatz.
3.) Möglicherweise erhalten Sie in einzelnen Zeilen große Textlücken. Schauen Sie in die darauffolgende Zeile.
4.) Klicken Sie beim ersten Wort hinter die erste oder zweite Wortsilbe und dann auf den Trennungsstrich; je nach Ihrer Vermutung, welcher Wortteil noch in die obige Zeile passen würde.
5.) Sofern dieser Wortteil noch in die Zeile darüber passt, wir dieser daraufhin automatisch nach oben gezogen.

Textelemente nahe zueinander schreiben

Mit frdl. Grüßen   Anlagen

Lebenslauf   Marco Eck
Grünweg 9
54290 Trier

1.) Klicken Sie auf Einfügen
2.) Klicken Sie auf Textfeld
3.) Es öffnet sich in Word ein Feld, evtl. mit der Aufforderung „Erstellen Sie Ihre Zeichnung hier." Tun Sie es nicht.
4.) Klicken Sie mit der Maustaste außerhalb des Textfeldes, halten Sie die Maustaste geklickt und ziehen ein Quadrat entsprechend der gewünschten Größe (die Größe können Sie später jederzeit verändern).
5.) Schreiben Sie Ihren Text in das Textfeld, z. B. „Lebenslauf."
6.) Klicken Sie mit der rechten Maustaste auf die Linie des Textfeldes. Klicken Sie auf Textfeld formatieren.
7.) Klicken Sie unter Farben und Linien in der Rubrik Ausfüllen unter Farbe. auf den Auswahlpfeil und dann auf KEINE FÜLLUNG
8.) Klicken Sie in der nächsten Rubrik LINIE, neben Farbe: auf den Auswahlpfeil Klicken Sie auf KEINE LINIE
9.) Klicken Sie unter LAYOUT auf VOR den TEXT, sofern diese Option noch nicht ausgewählt ist. Sie können das Textfeld nun variabel im Dokument verschieben.

Verkleinern und Vergrößern des Textfeldes durch „Anfassen" mit dem Mauszeiger an den ECKEN sowie an den Ober-, Unter-, oder Seitenkanten.

In Spalten schreiben (z. B. im Lebenslauf) – eingerückt schreiben

03/07 – 09/10   Dipl-Kaufmann
bei Walter AG

Ein Lebenslauf wird in Spalten gegliedert. Dies erreichen Sie in Word, indem Sie mit einer Tabelle arbeiten (nicht sehr empfehlenswert, da sich beispielsweise einige grafische Elemente darin schwerer verwirklichen lassen) oder Tabstopps setzen. Für die Spaltengliederung im Lebenslauf benötigen Sie den „TABSTOPP LINKS". Klicken Sie an der linken Seite des oberen Lineals auf das Symbol; so oft bis diese Funktion ⌊L⌋ (Tabstopp Links) zu sehen ist. Jetzt können Sie anfangen:

1.) Markieren sie das gesamte Dokument
(z. B. durch gleichzeitiges Drücken der Tasten Strg und A bzw. auf dem Notebook ctrl und A.
2.) Klicken Sie im oberen Lineal auf die Position 4,5.
Dadurch haben Sie für jede Zeile einen Tabstopp gesetzt. Sollten Sie noch weitere, alte oder durch PC-Grundeinstellungen gesetzte, Tabstopps im Lineal sehen, entfernen Sie diese (siehe bei oops – die schnelle Fehlerkorrektur)
3.) Schreiben Sie jetzt ganz normal die Zeiten Ihrer ersten beruflichen Station (wie hier im Bsp.: 03/07 – 09/10)
4.) Klicken Sie anschließend auf Die Tabulatortaste am linken Rand Ihrer Tastatur (vierte Taste von unten); für die Anwendung der Tabstopps in Tabellenstrukturen (wie z. B. in der Profilspalte in der Kurz-Initiativbewerbung) siehe bei oops- die schnelle Fehlerkorrektur.

Zeilen- und Textabstände verändern

02/2004 – 02/2010

12/2002 – 01/2004

06/1992 – 08/2002

01/1990 – 05/1992

02/2004 – 02/2010

12/2002 – 01/2004

06/1992 – 08/2002

01/1990 – 05/1992

Die Abstände zwischen den beruflichen Stationen im Lebenslauf erfordern nicht zwangsläufig eine ganze Leerzeile. Durch das Verringern der Leerzeile lässt sich oftmals eine komprimierte Präsentation auf einer, statt auf zwei Seiten erreichen. Im Anschreiben ist laut DIN-Vorgaben eine „richtige" Leerzeile gefragt. Doch gerade für Bewerber außerhalb des Bürobereichs lasen sich hier nahezu unmerkliche Veränderungen vornehmen, die es Ihnen erlauben, das Anschreiben optisch ansprechender zu präsentieren. Das Anschreiben wirkt oftmals aufgelockerter, wenn das gesamte Blatt nicht so voll aussieht. Eine kleinere Schriftgröße und verkleinerte Leerzeilen (z. B. 8 pt oder 6 pt statt der üblichen 12 pt) fallen kaum auf und helfen Zeilen sparen.

1.) Klicken Sie in die Leerzeile auf FORMAT
2.) Klicken Sie auf ABSATZ
3.) Klicken Sie auf EINZÜGE UND ABSTÄNDE
4.) Klicken Sie unter ABSTAND bei Zeilenabstand auf den Auswahlpfeil
5.) Klicken Sie auf GENAU
6.) Klicken Sie bei MASS auf den – nach unten zeigenden – Auswahlpfeil
7.) Klicken Sie so oft bis Sie die gewünschte Größe erreicht haben.
(Meine persönlichern Empfehlungen: bei Leerzeilen im Anschreiben entweder 6 Pt oder 8 Pt; Für die Abstände der Stationen in den einzelnen Kapiteln im Lebenslauf 6 Pt; bei Aufzählungspunkten im Lebenslauf oder auch Anschreien lediglich 2 Pt oder 3 Pt.)

Datum richtig positionieren

Beispiel 1:

Meller AG
Hauptstr. 100
97070 Würzburg

01.01.2010

Beispiel 2:

Meller AG
Hauptstr. 100
97070 Würzburg   01.01.2010

Möglichkeit 1:
1.) Sie schreiben wie gewohnt linksbündig
2.) Sie markieren den Adresskopf
3.) Sie klicken auf rechtsbündig

Möglichkeit 2:
Wenn Sie beispielsweise in einer Kurz-Initiativbewerbung Platz sparen wollen und das Datum – entgegen den Regeln der DIN-Norm – auf Höhe der letzten Empfänger-Zeile positionieren wollen, so müssen Sie folgendermaßen vorgehen:
1.) Nachdem Sie PLZ und ORT geschrieben haben, klicken Sie neben dem Lineal so oft auf das Funktionsfeld, bis Sie den „Tabstopp rechts" ⌋ sehen.
2.) Klicken Sie in das obere Lineal an die Position in der das Datum beginnen soll.
3.) Klicken Sie auf die Tabtaste auf der Tatstatur – der Cursor springt jetzt an die gewünschte Position
4.) Schreiben Sie das Datum. Evtl. müssen Sie den im Lineal eingerichteten Tabstopp verschieben – siehe unter oops)

6 Foto/Unter-schrift

Foto/Unterschrift einfügen

Mit freundlichen Grüßen

Sabine Scheiner

Barack Obama

1.) Foto/Unterschrift einfügen:

So fügen Sie Ihre Unterschrift / Ihr Foto in das Word-Dokument ein.

1.) Mit der Maustaste in die Worddatei klicken
2.) Auf EINFÜGEN klicken
3.) GRAFIK klicken
4.) AUS DATEI klicken
5.) Unter SUCHEN IN
   den Speicherplatz angeben,
   an dem die Unterschrift/das Foto abgelegt ist (DESKTOP, EIGENE DATEIEN …)
6.) auf die gewünschte Datei klicken (FOTO oder UNTERSCHRIFT)
   [sollte die Datei nicht zu sehen sein, unter DATEITYP auf ALLE DATEIEN klicken)
7.) auf EINFÜGEN klicken
8.) Das Bild / die Unterschrift erscheint nun im Word-Dokument

Mit freundlichen Grüßen

Sabine Scheiner

Barack Obama

Unterschrift - Hintergrund transparent machen:

Bei der Unterschrift ist es empfehlenswert, das Weiß des eingescannten Papieres transparent zu setzen. Denn: sitzt Ihre Unterschrift im Anschreiben zu nah an „Mit freundlichen Grüßen" und Sie haben ohnehin wenig Platz nach unten zur Verfügung, so überlappt und verdeckt der weiße Hintergrund Ihrer Unterschrift möglicherweise die Grußzeile. So erreichen sie einen transparenten Hintergrund:

1.) Klicken Sie auf Ansicht
2.) Klicken Sie auf Symbolleisten
3.) Klicken Sie auf Zeichnen, sofern dort noch kein Hacken gesetzt ist.
4.) Klicken Sie auf die eingefügte Unterschrift
5.) Sie sehen nun die Symbolleiste ZEICHNEN
6.) Bewegen Sie die Maus langsam über die Symbole der Symbolleiste hinweg
7.) Sie erkennen dort einen Stift (auf der rechten Seite)
8.) Klicken Sie auf diesen Stift. Er wird als „Transparente Farbe bestimmen"-Fuktion angezeigt.
9.) Klicken Sie neben die Unterschrift, irgendwo auf das eingescannte Weiß.
10.) Jetzt ist der Hintergrund transparent.

Foto/Unterschrift verschieben:

Bewerbung
als ....

Ryan
Nordhoff

Um die Unterschrift / das Foto variabel, also unabhängig vom Text zu verschieben, ist folgendes notwendig:

1.) Doppelklick auf das Bild (linke Maustaste)
2.) Es öffnet sich das Fenster GRAFIK FORMATIEREN
3.) Dort auf LAYOUT klicken
4.) Dort auf VOR DEN TEXT klicken
5.) Auf OK klicken

Foto/Unterschrift vergrößern/verkleinern

Voraussetzung für diesen Schritt ist, dass Sie das Foto, die Unterschrift unter LAYOUT auf „Vor den Text" gesetzt haben (siehe unter Punkt 2.)

Verkleinern und Vergrößern der Unterschrift durch „Anfassen" mit dem Mauszeiger an den ECKEN (NICHT an den Ober-, Unter-, oder Seitenkanten; das führt zu Verzerrungen).

Foto heller/dunkler gestalten

1.) Klicken Sie mit der rechten Maustaste auf das Foto
2.) Klicken Sie auf „Grafik formatieren".
3.) Klicken Sie auf BILD
4.) Bei Helligkeit können Sie den Regleer mit der Maustaste verschieben und as Foto dunkler oder heller machen.

Foto als schwarz-weiß abspeichern

1.) Klicken Sie mit der rechten Maustaste auf das Foto
2.) Klicken Sie auf „Grafik formatieren".
3.) Klicken Sie auf BILD
4.) Bei Bildsteuerung neben Farbe klicken Sie auf den Auswahlpfeil
5.) Klicken Sie auf Graustufen umd das Bild in schwarz-weiß abzuspeichern.

Foto/Unterschrift zuschneiden

Voraussetzung für diesen Vorgang ist, dass Sie das Foto unter „Layout" auf „Vor den Text" gesetzt haben. Sie müssen also alle Schritte unter Punkt 2.) durchgeführt haben.

Ziel: 1.) Sie wollen Ihr Foto im Sinn der modernen Portraitfotografie auf Ihr Gesicht zuschneiden (siehe Seite 264)

Ziel: 2.) Sie haben Ihr Foto oder Ihre Unterschrift möglicherweise mit zu viel weißem Rand drunherum eingescannt und wollen diesen wegschneiden.

In beiden Fällen ist das Vorgehen das gleiche:

1.) Klicken Sie auf Ansicht
2.) Klicken Sie auf Symbolleisten
3.) Klicken Sie auf Zeichnen, sofern dort noch kein Hacken gesetzt ist.
4.) Klicken Sie auf das Symbol zwei sich über-lappender Winkel (in der Mitte der Symbole). Diese werden als Funktion „Zuschneiden" angezeigt.
5.) An den Ecken sowie rechts/links und oben/unten sehen Sie nun schwarze „Anfasser".
6.) Klicken Sie mit der linken Maustaste auf einen dieser Anfasser und schieben diesen in die Bildmitte.
7.) Sie haben das Foto nun entsprechend Ihren Wünschen zugeschnitten. Wenn Sie diesen Anfasser wieder zurückschieben, erhalten Sie wieder das komplette Originalfoto. Das „Zuschneiden" verdeckt also lediglich Bildbereiche. Diese bleiben Ihnen im Hintergrund immer erhalten; auch nach dem Abspeichern des Dokuments.

Text in ein Foto schreiben

1.) Klicken Sie auf Einfügen
2.) Klicken Sie auf Textfeld
3.) Es öffnet sich in Word ein Feld, evtl. mit der Aufforderung „Erstellen Sie Ihre Zeichnung hier." Tun Sie es nicht.
4.) Klicken Sie mit der Maustaste außerhalb des Textfeldes, halten Sie die Maustaste geklickt und ziehen ein Quadrat entsprechend der gewünschten Größe (die Größe können Sie später jederzeit verändern).
5.) Schreiben Sie Ihren Text in das Textfeld, z. B. „Marina Vogel."
6.) Markieren Sie Ihren Namen
7.) Klicken Sie auf Format
8.) Klicken Sie auf Zeichen
9.) Klicken Sie auf Schrift
10.) Klicken Sie auf Schriftfarbe
11.) Klicken Sie auf „weiß" (das weiße Farbkästchen)
12.) Klicken Sie auf OK
13.) Klicken Sie mit der rechten Maustaste auf eine Linie des Textfeldes
14.) Klicken Sie auf Reihenfolge
15.) Klicken Sie auf „In den Vordergrund" (dadurch können Sie das Textfeld mit der Schrift vor das Foto legen.)
16.) Klicken Sie mit der rechten Maustaste auf die Linie des Textfeldes. Klicken Sie auf Textfeld formatieren.
17.) Klicken Sie unter Farben und Linien in der Rubrik Ausfüllen unter Farbe. auf den Auswahlpfeil und dann auf KEINE FÜLLUNG
18.) Klicken Sie in der nächsten Rubrik LINIE, neben Farbe: auf den Auswahlpfeil
19.) Klicken Sie auf KEINE LINIE
20.) Klicken Sie unter LAYOUT Auf VOR den TEXT, sofern diese Option noch nicht ausgewählt ist. Sie können das Textfeld nun variabel im Dokument verschieben.

Foto-Speichergröße komprimieren:

Original-Fotos vom Fotostudio werden oftmals in einer sehr hohen Auflösung abgespeichert. Innerhalb einer Text-Datei können diese die Gesamtgröße des Word-Dokuments zum Explodieren bringen. Gehen Sie folgende Schritte:

1.) Klicken Sie auf das Foto - mit der rechten Maustaste
2.) Wählen Sie GRAFIK FORMATIEREN
3.) Klicken Sie auf BILD
Klicken Sie auf KOMPRIMIEREN
4.) Klicken Sie auf WEB/Bildschirm

Der Nachteil dieser Funktion ist eine sehr starke Komprimierung, die Ihr Bild lediglich für die Bildschirmansicht aufbereitet und für den Ausdruck etwas „pixeliger" also unschärfer werden lässt. Optimaler ist ein geeigneter Konvertierer. Dies gibt es im Internet kostenfrei und legal zum Download. Geben Sie bei Google z. B. „jpg komprimieren" oder Grafik komprimieren" ein. Derzeit ist beispielsweise die Software …. erhältlich. Sie finden auch diese über Google. Selbstverständlich können Sie auch Ihren Fotografen um eine Komprimierung bitten.

7 Besonderes von A-Z

Prüfen der Dateigröße

So gehen Sie vor:

1.) Datei ist geschlossen
2.) Mit der rechten Maustaste auf das Dateisymbol klicken
(PDF-ZEICHEN - das vor dem Dateinamen zu sehen ist)
3.) es erscheint das Kontextmenü, dort auf
EIGENSCHATEN klicken
4.) Unter ALLGEMEIN steht bei GRÖSSE die Dateigröße

Dateien vom PC auf Ihren Stick speichern

Wichtig: die Dateien die kopiert werden sollen, müssen geschlossen sein.

1.) Doppelklicken Sie auf Arbeitsplatz
2.) Klicken Sie auf Eigene Dateien oder Desktop oder den entsprechenden Speicherort, an dem Ihre Datei abgelegt ist.
3.) Klicken Sie mit der rechten Maustaste auf das Dateisymbol (z. B. das Word-Zeichen bei MS-Office-Textdokumenten oder das PDF Zeichen bei PDF-Formaten)
4.) Klicken Sie auf Kopieren
5.) Doppelkicken Sie auf Arbeitsplatz
6.) Doppelklicken Sie auf Wechseldatenträger (wenn Sie Ihre Dateien auf Ihren Stick speichern wollen)
7.) Klicken Sie nun mit der rechten Maustaste in das leere weiße Feld, das sich gerade geöffnet hat.
8.) Klicken Sie auf Einfügen.

Schneller arbeiten mit der Taste F4

Lebenslauf

Zur Person
Werdegang
Ausbildung
Zusätzliches

Wenn Sie einen Befehl öfters wiederholen müssen, z. B. mehrere Wörter im Text fett drucken wollen oder mehrere Zeilenabstände verringern möchten, beschleunigen Sie ihre Arbeit um ein Vielfaches mit der Taste F4. Sie funktioniert bei fast allen Befehlen und erspart Ihnen das jeweilige Durchklicken, z. B. wenn Sie im Nachhinein die Überschriften im Lebenslauf fett drucken wollen:

1.) Markieren Sie die Überschrift „Zur Person"
2.) Klicken Sie in der Symbolleiste auf Fettdruck
3.) Markieren Sie die Überschrift „Werdegang"
4.) Klicken Sie auf der Tastatur auf F4

Nun wird auch dieses Wort fettgedruckt.

Diese Funktion F4 ist besonders hilfreich, wenn Sie viele Klicks benötigen, um einen Effekt einzustellen, wie u. a. beim Einrichten einer größeren oder kleineren Leerzeile, die Sie zwischen den Abschnitten im Anschreiben jeweils anstelle der ganzen Leerzeile einrichten wollen. Oder beim Einstellen einer anderen Schriftfarbe für mehrere Überschriften.

Der lange Mittestrich

12/2002 - 01/2010
06/1992 – 08/2002
01/1990 - 05/1992

1.) Halten Sie die Tate Strg [oder auch „ctrl" genannt] gedrückt und
2.) Drücken Sie gleichzeitig die Minustaste (z. B. im Ziffernblock)
3.) Sie erhalten den langen Mittestrich.
Diesen benötigen Sie auch, wenn Sie Texteinschübe mit Gedankenstrichen vornehmen wollen.

Dateiname ändern

Lbnslaf.pdf

VOGT Lebenslauf.pdf

Sie wollen Ihren Dateinamen ändern?

Voraussetzung: Sie haben die Datei geschlossen. Dann führen Sie folgende Schritte aus:
1.) Sie klicken mit der rechten Maustaste auf das Word- oder PDF-Symbol – je nach Art Ihrer Abspeicherung.
2.) Klicken Sie auf Umbenennen
   Der Dateiname wird blau hinterlegt.
3.) Setzen Sie den Cursor vor den ersten Buchstaben des Dateinamens und schreiben Sie den neuen Namen
4.) Tippen Sie anschließend auf DEL oder ENTF auf Ihrer Tastatur, um die nachfolgenden Buchstaben des alten Dateinamens zu entfernen. WICHGTIG: Die Endung .doc oder .pdf darf nicht gelöscht werden. Sie löschen also nur bis kurz vor dem Punkt.

Anschreiben duplizieren

Anschreiben-Vorlage.doc

Anschreiben Fa. Mueller.doc

Anschreiben Fa. Huber.doc

Sie haben eine Datei Anschreiben als Basistext und wollen nun konkrete Anschreiben formulieren und dennoch stets auf das Original zugreifen können. Gehen Sie folgendermaßen vor:
1.) Sie haben z. B. die Datei „Anschreiben Vorlage" geöffnet.
2.) Klicken Sie auf Datei
3.) Klicken Sie auf Speichern unter
4.) Klicken Sie auf Speichern in
5.) Klicken Sie auf Speichern in:....
6.) Wählen Sie über den nebenstehenden Auswahlpfeil als Speicherort z. B. den Desktop
7.) Tippen Sie bei Dateinamen z. B. „Anschreiben Fa. Mueller" ein.
8.) Klicken Sie auf Speichern.

Von der Datei Anschreiben Vorlage wurde somit eine Kopie erstellt. Diese Kopie trägt den Namen „Anschreiben Fa. Mueller". Sie können nun wiederum die Datei „Anschreiben Fa. Mueller" kopieren und die Kopie als „Anschreiben Fa. Huber" abspeichern.

8 Installation des PDF-Umwandlers

Installation von freepdf – gilt auch für Word 2007/2010

Einen legalen und kostenfreien Download können Sie beispielsweise unter http://freepdfxp.de oder bei www.shbox.de nutzen. Im Folgenden wird der Download von der Website www.shbox.de und die Installation auf Ihrem Rechner beschrieben:

Sie müssen zwei Dateien downloaden (herunterladen). Zuerst GhostScript und dann die eigentliche Software FREEPDF. Das wird Ihnen auf dieser Website leicht nachvollziehbar beschrieben. Der Downloadprozess ist sehr einfach und auch schnell. Es handelt sich um zwei sehr kleine Dateien, die auf Ihrem PC äußerst geringen Speicherplatz (gesamt ca. 15 MB) in Anspruch nehmen. Nach dem Herunterladen der beiden Dateien, müssen diese auf Ihrem Computer installiert werden. Auch dieser Vorgang ist sehr simpel und geht zügig:

1. Datei (Ghostskript):

1.) Doppelklicken Sie auf Ihrem Computer zuerst auf die Datei Ghostskript
   (die mit dem Gespenst). Sie wählen immer die vorgeschlagenen Funktionsfelder aus (diese sind mit einem Rahmen dicker hervorgehoben. Das heißt Sie gehen folgendermaßen vor:
2.) Klicken Sie auf SETUP
3.) Klicken Sie auf INSTALL
4.) Fertig. Diese Datei ist erfolgreich installiert. Möglicherweise öffnet sich ein Fenster in dem mehrere Dateien mit einem kleinen Pfeil im Symbol zu sehen. Das sind Verknüpfungen zur Internetseite, über die Sie detaillierte Informationen über diesen Umwandler erhalten können.
Sie benötigen diese Dateien nicht und können dieses Fenster durch Klicken auf das   Kreuz

schließen.

2. Datei (FREEPDF):

1.) Doppelklicken Sie auf Ihrem Computer nun auf die Datei FREEPDF.
2.) Klicken Sie auf SETUP
3.) Sobald Sie 100 % sehen klicken Sie auf END". Die Datei wurde erfolgreich installiert.

Überprüfen Sie nun den Gesamterfolg Ihrer Installation:
1.) Öffnen Sie ein beliebiges Word-Dokument
2.) Klicken Sie auf **DATEI**
3.) Klicken Sie auf **DRUCKEN**
4.) Klicken Sie in der ersten Zeile bei DRUCKER auf den nebenstehenden Auswahlpfeil. Sie bekommen nun eine Liste der auf Ihrem Rechner installierten Drucker angezeigt, dort sollte nun FREEPDF zu lesen sein. Wenn dies der Fall ist, steht Ihnen der PDF-Umwandler ab sofort zur Verfügung.

Ooops – die schnelle Fehlerkorrektur (2002/2003)

EDV-Experten beschreiben das Kürzel EDV nicht mit Elektronische Datenverarbeitung, sondern mit "ENDE DER VERNUNFT". Denken Sie daran wenn Sie wieder einmal am PC zu verzweifeln drohen und sich elektronische Merkwürdigkeiten nicht erklären lassen.

Inhaltsverzeichnis:

1. Aufzählungen und Jahreszahlen – grundsätzlich beheben

a) Jahreszahlen werden z. B. im Lebenslauf „selbstständig" bei einem Zeilenumbruch getippt?

b) Aufzählungszeichen werden gesetzt – obwohl Sie keine benötigen?

Für a) und b) empfiehlt sich:

Schalten Sie das automatische Zählprogramm aus. Sie werden einfacher arbeiten und optimaler formatieren können, wenn Sie die Aufzählungszeichen manuell – wie oben unter … beschrieben – setzen. Zum Ausschalten des automatischen Zählprogramms wählen Sie:

1.) EXTRAS
2.) Klicken Sie auf Autokorrektur-Optionen
3.) Klicken Sie auf Autoformat
4.) Im Abschnitt „ÜBERNEHMEN" darf bei AUTOMATISCHE AUFZÄHLUNG kein Häkchen sein.
5.) Andere Absätze (Zum Wegklicken draufklicken).
6.) Im Abschnitt „BEIBEHALTEN" darf bei „FORMATVORLAGEN" kein Häkchen sein (Zum Wegklicken draufklicken).

Diese Einstellung gilt nur für das betreffende Dokument. In jedem anderen Dokument müssen Sie diese Einstellung erneut vornehmen. Bei einem Neustart eines Computers gehen diese Vorgaben ebenfalls verloren.

2. Aufzählungen und Jahreszahlen – schnell beheben

Sie geben beispielsweise eine solche Ziele ein:

- Zeiterfassung und

Dann drücken Sie RETURN, um weiter schreiben zu können und es passiert folgendes:

- Zeiterfassung
  und
-

Die Lösung ist einfach:

Klicken Sie einmal auf die Zaubertaste „Rückgängig: Eingabe" klicken (oder verwenden den Tatstaturbefehl STRG und Z.

3. Ein zusätzliche Leerseite wird gedruckt

Sie haben auf der Folgeseite Ihres Dokuments nichts geschrieben und dennoch wird eine zusätzliche Leerseite gedruckt?

LÖSUNG:
Sie haben eine oder mehrere Leerzeilen auf der Folgeseite. Diese müssen Sie löschen. Durch Einschalten der Absatzmarke (siehe oben auf Seite ….) sehen Sie diese Leerzeilen. Mithilfe der ENTF-Taste oder der Rücktaste beseitigen Sie diese Leerzeilen.

PROBLEM: Sie können die Leerzeile nicht löschen, weil möglicherweise Ihr Hauptdokument – das Anschreiben oder der Lebenslauf bis zur untersten Zeile vollgeschrieben ist? Dann verändern Sie den unteren Blattrand, indem Sie:

1.) am linken Lineal – fast ganz unten – mit der linken Maustaste auf die Schnittstelle zwischen dem grauen und dem weißen Bereich klicken (Der Mauszeiger verwandelt sich an dieser Stelle in einen Doppelpfeil). Halten Sie die Maustaste geklickt.
2.) Ziehen Sie die Maustaste nach unten. So erhalten Sie mehr Platz auf Ihrem Dokument.
3.) Insbesondere bei der Kurz-Initiativbewerbung mit ihrer Tabellenstruktur, müssen Sie für die letzte Leerzeile evtl. noch mehr Platz schaffen:
3a) Klicken Sie in die letzte Leerzeile.
3b) Geben Sie bei der Schriftgröße den Wert 1 ein und klicken auf die ENTER-Taste. Dadurch wird diese Leerzeile auf eine Größe von „1 Pt" geschrumpft.

4. Buchstaben werden „gegessen"

Bei Korrekturen im Text werden plötzlich, scheinbar ohne Grund, nachfolgende Buchstaben „aufgegessen"?

LÖSUNG:
Am unteren Bildschirmrand doppelklicken Sie in der grauen Zeile auf „ÜB" (= Überschreib-Modus). Jetzt können Sie wieder normal schreiben.

5. Andere Formatierung

Plötzlich schaltet sich eine andere Schriftart oder –größe ein?

LÖSUNG: Dies ist eine Standardschwäche von Word, die Sie nur bedingt grundlegend ausschalten können. Am einfachsten ist es, Sie markieren den veränderten Passus und geben Ihre Standardschriftart und-größe für diesen Bereich ein.

6. Feinverschiebungen vom Textfeld und Linien

Sie wollen ein Textfeld oder eine senkrechte oder waagrechte Linie minutiös verschieben?
1.) Klicken Sie auf das Textfeld oder die Linie.
2.) Drücken Sie auf der Tastatur auf STRG und halten diese Taste gedrückt
3.) Drücken Sie jetzt auf die Pfeiltaste auf Ihrer Tatstatur – so können Sie das Textfeld oder die Linie akkurat nach oben/unten oder rechts/links verschieben.
4.) Möglicherweise gelingen nur große „Sprünge" und Sie müssen etwas an der Grundstruktur des Dokuments ändern:
   4a) Klicken Sie auf ANSICHT
   4b) Klicken Sie auf SYMBOLLEISTEN.
   4c) Überprüfen Sie, ob bei ZEICHNEN ein Häkchen gesetzt ist (Falls nicht
5.) Klicken Sie nun am unteren Bildschirmrand auf ZEICHNEN
6.) Klicken Sie auf Gitternetz
7.) Geben Sie bei Rastereinstellungen den Wert 0,01 ein (sowohl bei „Abstand horizontal" als auch bei „Abstand vertikal").
8.) Klicken Sie auf OK

7. Tabstopp verschieben

1.) Klicken Sie im Lineal mit der linken Maustaste auf den Tabstopp und halten die Maustaste geklickt.
2.) Ziehen Sie den Tabstopp an die gewünschte Lineal-Position.
3.) Der Tabstopp ist damit neu positioniert.

8. Tabstopps entfernen

1.) Klicken Sie im Lineal mit der linken Maustaste auf den Tabstopp und halten die Maustaste geklickt.
2.) Ziehen Sie den Cursor in das leere Word-Dokument und lassen die Maustaste los.
3.) Der Tabstopp ist verschwunden.

9. Dünne Linie verschieben

Sie wollen die dezent dünne Linie (wie auf Seite … beschrieben) verschieben? Dann gehen Sie folgendermaßen vor:
1.) Markieren Sie in Ihrem Dokument die Zeilen, in denen die Linie verschoben werden soll. (Achten Sie darauf, dass Sie nur diese Zeilen markieren. Wenn Sie versehentlich zusätzliche Zeilen mit markieren, in denen keine Linie gesetzt ist, zeigt es Ihnen die kleine Linie im Lineal nicht an.)
2.) Klicken Sie im Lineal mit der linken Maustaste auf die kleine senkrechte Linie im Lineal und halten die Maustaste geklickt.
3.) Ziehen Sie diese Linie die gewünschte Lineal-Position.
4.) Die Linie ist damit neu positioniert.

10. Dünne Linie entfernen

Sie wollen die dezent dünne Linie (wie auf Seite … beschrieben) entfernen? Dann gehen Sie folgendermaßen vor:
1.) Markieren Sie in Ihrem Dokument die Zeilen, in denen die Linie verschoben werden soll. (Achten Sie darauf, dass Sie nur diese Zeilen markieren. Wenn Sie versehentlich zusätzliche Zeilen mit markieren, in denen keine Linie gesetzt ist, zeigt es Ihnen die kleine Linie im Lineal nicht an.)
2.) Klicken Sie im Lineal mit der linken Maustaste auf die kleine senkrechte Linie und halten die Maustaste geklickt.
3.) Ziehen Sie den Cursor in das leere Word-Dokument und lassen die Maustaste los.
4.) Der Tabstopp ist verschwunden.

11. Linie verschieben

1.) Bewegen Sie den Cursor auf die Linie zu. Der Cursor verwandelt sich jetzt in ein Koordinatenkreuz.
2.) Klicken Sie auf die linke Maustaste. Halten Sie die Taste geklickt und schieben den Cursor hin- und her.
3.) Wenn Sie die Maustaste loslassen: bleibt der Strich an der gewünschten Stelle positioniert. (Noch präziser können Sie arbeiten, wenn Sie nach Schritt 1.) auf die Taste STRG [auf der Tatstatur links unten] bzw. am Notebook auf die Taste CTRL drücken, diese gedrückt halten und dann die Pfeiltasten betätigen.

12. Linie vervielfältigen

Wenn Sie den Strich in der exakt gleichen Länge noch einmal benötigen, gehen Sie so vor:
1.) Bewegen Sie den Cursor auf die Linie zu; Der Cursor verwandelt sich jetzt in ein Koordinatenkreuz
2.) Klicken die auf die rechte Maustaste.
3.) Klicken Sie auf KOPIEREN
4.) Klicken Sie mit der linken Maustaste in irgendeine Zeile.
5.) Klicken sie auf die rechte Maustaste.
6.) Klicken Sie auf Einfügen

13. Zweite Linie korrekt positionieren

1.) Bewegen Sie den Cursor auf die erste Linie zu. Der Cursor verwandelt sich jetzt in ein Koordinatenkreuz.
2.) Klicken Sie auf die rechte Maustaste
3.) Klicken Sie auf Eigenschaften
4.) Klicken Sie bei AutoForm formatieren auf LAYOUT
5.) klicken Sie auf „Weitere"
6.) Unter dem Abschnitt HORIZONTAL und VERTIKAL sehen Sie bei ABSOLUTE POSITION Zentimeterangaben. Noterein Sie sich diese.
7.) Bewegen Sie nun den Cursor auf die zweite Linie zu. Der Cursor verwandelt sich jetzt in ein Koordinatenkreuz.
8.) Klicken Sie auf die rechte Maustaste
9.) Klicken Sie auf Eigenschaften
10.) Klicken Sie bei AutoForm formatieren auf LAYOUT
11.) klicken Sie auf „Weitere"
12.) Unter dem Abschnitt HORIZONTAL und VERTIKAL tippen Sie bei ABSOLUTE POSITION die auf Ihrem Blatt notierten Zentimeterangaben.
13.) klicken Sie auf OK.

14. Linie entfernen

1.) Bewegen Sie den Cursor auf die Linie zu; Der Cursor verwandelt sich jetzt in ein Koordinatenkreuz
2.) Klicken die auf die linke Maustaste.
3.) Klicken Sie auf der Tastatur auf die Taste ENTFERNEN

8.2 für Word 2007/2010

Welche Word-Version haben Sie? Haben Sie evtl. eine vorinstallierte Word Star oder Works-Version? Öffnen Sie Ihr gewohntes Schreibprogramm auf dem Computer und schauen nach unter dem Office-Button oder DATEI in der Menüleiste, dort unter Hilfe.

Inhaltsverzeichnis:

1 Wichtige Voreinstellungen:

Einige der folgenden Anwendungen benötigen gewisse Voreinstellungen an Ihrem PC. Stellen Sie idealerweise die Absatzmarke, das Lineal und die Anzeige für die Cursor-Positionierung ein:

Lineal einstellen

Klicken Sie auf ANSICHT
Klicken Sie auf LINEAL

Positionierung des Cursors anzeigen

Wird in Word 2007/2010 standardmäßig angezeigt.

Absatzmarke einstellen

Klicken Sie im Register START auf das Symbol Absatzmarke ¶

2 Graphische Elemente

Symbole einfügen

☎

1.) auf EINFÜGEN klicken
2.) dort auf SYMBOL klicken
3.) dort auf WEITERE SYMBOLE klicken
4.) neben dem Wort SCHRIFTART auf den AUSWAHLPFEIL KLICKEN
5.) WINGDINGS anklicken, Oder auch viele wichtige Symbole unter Wingdings 2 ...)
6.) KLICKEN Sie auf das gewünschte Symbol
7.) Klicken Auf EINFÜGEN
Unter Wingdings 2: ☐ ☎ ⊠ ⫸⊠ ⊠ ▯
Unter Webdings: ☏ ▮ ▪

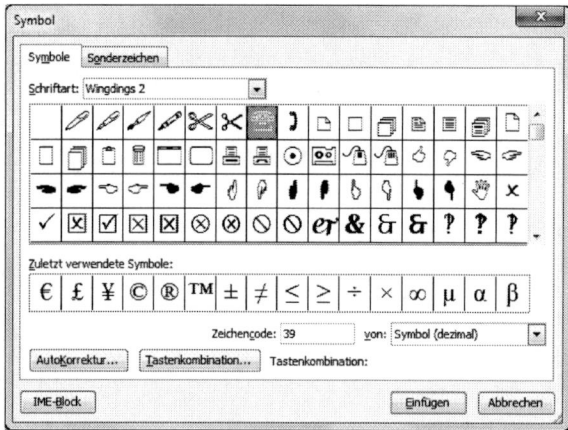

Mit Aufzählungszeichen arbeiten

O

Eine sehr gute Auswahl an Aufzählungszeichen findet sich unter WINGDINGDS. Für die Auswahl und das Einfügen in Word wählen Sie die Schritte bei „Symbole einfügen".

Verwenden Sie nicht das automatische Aufzählungsprogramm von Word. Insbesondere bei späteren Korrekturen oder bei Zeilenerweiterungen ergeben sich dadurch viele Probleme.

Für eine akkurate Platzierung der Aufzählungspunkte arbeiten Sie mit Tabstopps (siehe unter...).

Folgende Aufzählungszeichen stellen eine kleine Auswahl der für die Bewerbung wirkungsvollen Symbole dar:

⇨   ✓   →   ➢   ☐   O   ○   ★   ⋏   •   ◆   ◆   ●   ■

Diese sind hier lediglich zur besseren Ansicht mit grau hinterlegt.

Grauhinterlegungen

Zu meiner Person

1.) Wort oder Zeile markieren
2.) Klicken Sie auf START
3.) Klicken Sie auf das Symbol SCHATTIERUNG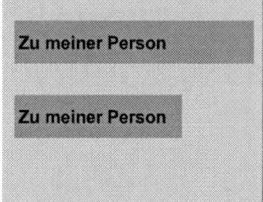
4.) Unter Schattierung klicken Sie auf den gewünschten Grauton

Zu meiner Person

Wenn Sie die Grauhinterlegung zum Abschluss des letzten Wortes beenden wollen, wie hier im zweiten Beispiel, müssen Sie zusätzlich Folgendes tun:
1.) Der Cursor ist in der entsprechenden Zeile positioniert
2.) Klicken Sie im oberen Lineal von Word auf den rechten Einzug.
3.) Halten Sie die Maustaste geklickt und ziehen den Einzug nach links, zum Ende des letzten Wortes.

Grauhinterlegungen beispielsweise bei chronologischen Daten

Berufstätigkeiten

12/2002 – 01/2010
06/1992 – 08/2002
01/1990 – 05/1992

Studium
1986 – 1990

Wie im Lebenslauf-Beispiel auf Seite … können Sie graue oder farbige Hinterlegungen wie folgt vornehmen:

1.) Ihr Lebenslauf ist bereits fertig geschrieben
2.) Klicken Sie auf Einfügen
3.) Klicken Sie auf Textfeld erstellen
4.) Klicken Sie mit der Maustaste, halten Sie die Maustaste geklickt und ziehen ein Quadrat entsprechend der gewünschten Größe (die Größe können Sie später jederzeit verändern).
5.) Klicken Sie mit der rechten Maustaste auf die Linie des Textfeldes.
6.) Klicken Sie auf Form formatieren.
7.) Klicken Sie bei „Füllung"
   unter Farbe auf den nebenstehenden Auswahlpfeil
   Klicken Sie auf die gewünschte Graustufe
8.) Klicken Sie nun auf Linenfarbe
9.) Klicken Sie dort auf „KEINE LINIE"
10.) Schließen Sie den Dialog Form formatieren
11.) Wählen Sie nun Zeichentools - Format
12.) Klicken Sie auf Zeilenumbruch - „Hinter den Text"
13.) Das Textfeld können Sie durch „Anfassen" mit dem Mauszeiger an den ECKEN sowie an den Ober-, Unter-, oder Seitenkanten verkleinern und vergrößern.

Briefkopf rechtsbündig

Barabas Barnikel

Goethestr.1
50676 Köln
Tel.: 0221 12348899
E-Mail: b.barnikel@gmx.de

1.) Sie schreiben wie gewohnt linksbündig
2.) Sie markieren den Adresskopf
3.) Sie klicken auf rechtsbündig

Briefkopf als Visitenkarte

1.) Klicken Sie auf Einfügen
2.) Klicken Sie auf Textfeld – Textfeld
3.) Klicken Sie mit der Maustaste, halten Sie die Maustaste geklickt und ziehen ein Rechteck entsprechend der Form einer Visitenkarte wie hier im abgebildeten Beispiel (die Größe können Sie später jederzeit verändern).
4.) Klicken Sie mit der rechten Maustaste auf die Linie des Textfeldes.
   Klicken Sie auf Form formatieren.
5.) Klicken Sie bei „Füllung"
   unter Farbe auf den nebenstehenden Auswahlpfeil
   Klicken Sie auf die gewünschte Graustufe
6.) Klicken Sie nun auf Linenfarbe
7.) Klicken Sie dort auf „KEINE LINIE"
8.) Schließen Sie den Dialog Form formatieren
9.) Schreiben Sie Ihre Adresse in das Textfeld. Möglicherweise müssen Sie die Größe des Textfeldes noch entsprechend anpassen (durch „Anfassen" an den ECKEN; mit der linken Maustaste)
9.) Für den Schatteneffekt klicken Sie auf aus Zeichentools – Format – Formeffekte - Schatten.

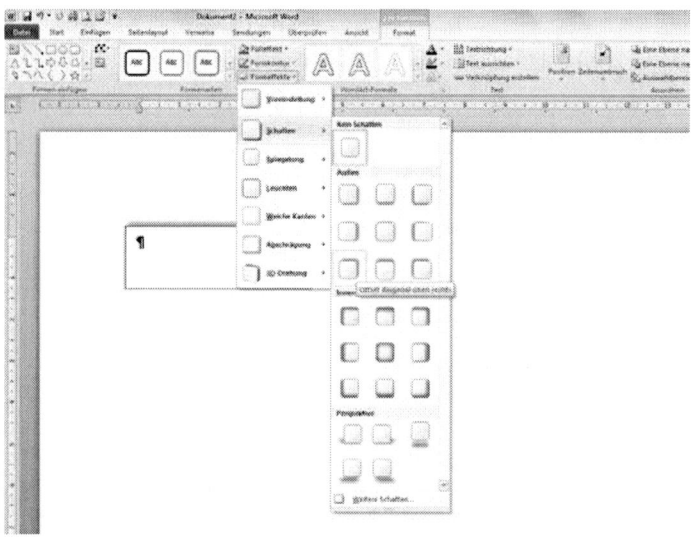

Eventuell müssen Sie jetzt noch die Darstellung des Schattens anpassen.

10.) Um den Schatten zu verändern klicken Sie auf Formeffekte – Schatten – Weitere Schatten

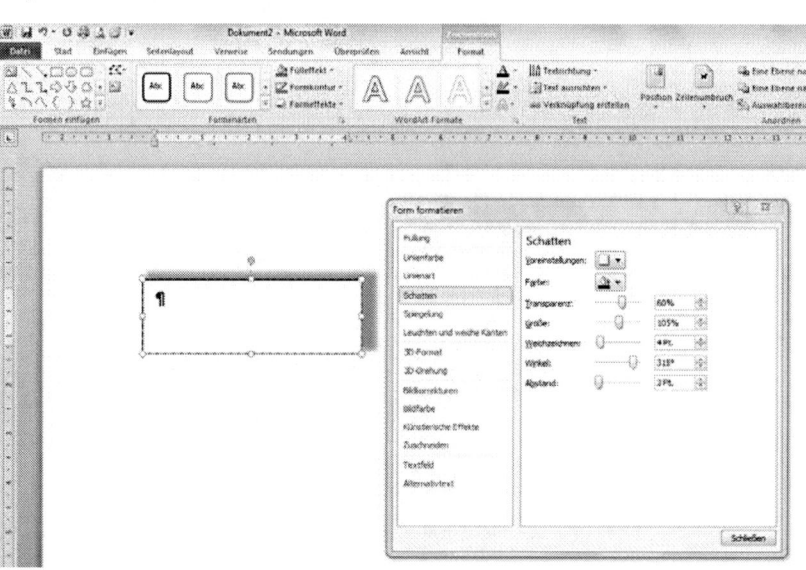

11.) Für die Farbe des Schattens wählen Sie die Schaltfläche FARBE.
12.) Die Größe des Schatten können Sie mit Schieberegler Größe anpassen.

Briefkopf duplizieren

Sie haben einen Briefkopf erstellt und wollen diesen für weitere Dokumente nutzen. Anstatt diesen Briefkopf in ein neues Word-Dokument zu kopieren, ist es in der Regel einfacher folgenden Schritt zu wählen:

1.) Nachdem Sie Ihren Briefkopf fertig erstellt haben, speichern Sie diesen z. B. als Word-Dokument mit dem Namen Briefkopf ab. „Datei"; „Speichern unter"; „Speichern in:..." –Sie wählen einen Speicherort z. B. den Desktop aus und klicken auf Speichern.)
2.) Klicken Sie auf Datei
3.) Klicken Sie auf Speichern unter
4.) Klicken Sie auf Speichern in
5.) Klicken Sie auf Speichern in:....
6.) Wählen Sie über den nebenstehenden Auswahlpfeil als Speicherort z. B. den Desktop
7.) Tippen Sie bei Dateinamen „Lebenslauf" ein.
8.) Klicken Sie auf Speichern.

Von der Datei Briefkopf wurde somit eine Kopie erstellt. Diese Kopie trägt den Namen Lebenslauf.

Sie können nun wiederum die Datei Lebenslauf kopieren und die Kopie als „Anschreiben" abspeichern, davon eine Kopie als „Deckblatt" abspeichern. Sie haben damit Ihren Briefkopf in der exakt gleichen Formatierung für alle Ihre Bewerbungsdateien vervielfacht. Anschließend kopieren Sie evtl. vorhandene Inhalte eines Anschreibens in das gewünschte neue Dokument mit dem Briefkopf.

3 Linien

Waagrechte Linien

Diese Form der Unterstreichungen eignet sich für dezent dünne Unterstriche.

1.) Sie schreiben das Wort, das unterstrichen werden soll.
2.) Sie drücken RETURN
   (Dadurch erhalten Sie eine zweite Zeile; die brauchen Sie unbedingt, sofern noch keine weiteren Zeilen im Word-Dokument gesetzt wurden.)
3.) Sie setzen den Cursor an das Ende des Wortes
4.) Auf der Multifunktionsleiste öffnen Sie die Funktion RAHMEN UND SCHATTIERUNG; dort klicken Sie dann auf RAHMENLINIE UNTEN

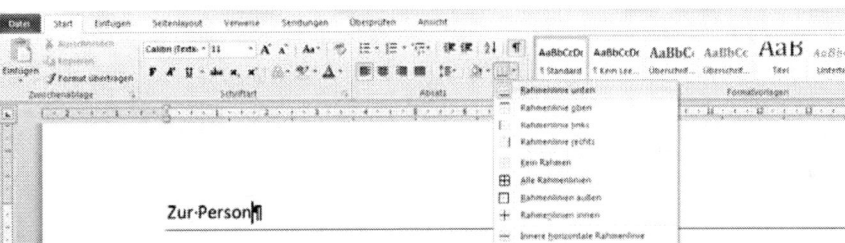

Waagrechte Linien verkürzen

1.) Setzen Sie den Cursor an das Ende des letzten Wortes der zu unterstreichenden Zeile, z. B. hinter PERSON.
2.) Klicken im oberen Lineal auf den rechten Einzug ⏷, halten Sie die Maustaste gedrückt und ziehen diesen nach links in Richtung des letzten Wortes.

Waagrechte Linien in Farbe

Positionieren Sie den Cursor an das Ende des letzten Wortes der zu unterstreichenden Zeile, z. B. hinter PERSON.

1.) Klicken Sie auf Start
2.) Auf der Multifunktionsleiste öffnen Sie die Funktion RAHMENLINIEN UND SCHATTIERUNG; dort klicken Sie dann auf RAHMEN UND SCHATTIERUNG
3.) Unter RAHMEN klicken Sie bei FARBE auf den Auswahlpfeil
4.) Klicken Sie in der Farbpalette auf die gewünschte Farbe
5.) Nebenstehend sehen Sie eine Vorschau. Dort klicken Sie in dem großen Kästchen (ein angedeutetes Dokument mit grauen Zeilen) auf den grauen Unterstrich. Dieser wird nun farbig.
6.) Klicken Sie auf OK.

Waagrechte Linie – dicker gestalten

Positionieren Sie den Cursor an das Ende des letzten Wortes der zu unterstreichenden Zeile, z. B. hinter PERSON.

1.) Klicken Sie auf Start
2.) Auf der Multifunktionsleiste öffnen Sie die Funktion RAHMENLINIEN UND SCHATTIERUNG; dort klicken Sie dann auf RAHMEN UND SCHATTIERUNG
3.) Unter RAHMEN klicken Sie bei BREITE auf den Auswahlpfeil
4.) Klicken Sie auf die gewünschte Linienstärke
5.) Nebenstehend sehen Sie eine Vorschau. Dort klicken Sie in dem großen Kästchen (ein angedeutetes Dokument mit grauen Zeilen) auf den Unterstrich. Dieser wird nun breiter/dünner.
6.) Klicken Sie auf OK.

Senkrechte Linien

Senkrechte Linie im Briefkopf – auch in Farbe

Julia Schierke

Dörenweg 12
47051 Duisburg
Tel. 0203 445122
E-Mail: juschier@web.de

1.) Klicken Sie auf Einfügen
2.) Klicken Sie auf Textfeld
3.) Wählen Sie Textfeld erstellen.
4.) Klicken Sie mit der rechten Maustaste auf die Linie des Textfeldes.
Klicken Sie auf Form formatieren.
6.) Klicken Sie in der Rubrik Füllung unter Farbe auf den Auswahlpfeil
und dann auf einen gewünschten Grauton (z. B. 50 / 40 oder 25 % sehr gut für einen
Briefkopf   möglich). Selbstverständlich können Sie auch einen Farbton wie beispielsweise
Blau wählen.
7.) Klicken Sie in der nächsten Rubrik LINIENFARBE, neben Farbe: auf den Auswahlpfeil
8.) Klicken Sie auf KEINE LINIE

Senkrechte Linie – für Lebenslauf und Deckblatt

Möglichkeit 1 – gut geeignet für eine unterbrochene Linienführung:

Beispiel 1:

Lebenslauf

Zur Person | XXXXX
XXXXX
XXXXX
XXXXX

Werdegang | XXXXX
XXXXX
XXXXX
XXXXX

Zusätzliches |
XXXXX
XXXXX
XXXXX

Eignet sich aber auch ideal für eine durchgezogene schwarze – dezent dünne – Linie (mit dieser
Funktion können Sie also weder die Linienstärke beeinflussen, noch einen Farbton wählen).

1.) Klicken Sie an der Seite des oberen Lineals auf das rechteckige Funktionsfeld, so oft bis dieser
senkrechte Strich ⬚ (Leiste Tabstopp) zu sehen ist. Jetzt können Sie anfangen:
2.) Markieren Sie die Zeilen, in denen der Strich zu sehen sein soll.
3.) Klicken Sie im oberen Lineal auf die gewünschte Position (ein bisschen vor dem Textbeginn).
Jetzt erscheint die gewünschte Linie. Diese Linie können Sie nach Wunsch verschieben oder
wieder löschen (siehe unter oops).

Möglichkeit 2:

Beispiel 2:

1.) Sie wählen auf der Multifunktionsleiste EINFÜGEN die Schaltfläche FORMEN
2.) Im Bereich LINIE klicken Sie auf das erste Symbol „Linie"
3.) Klicken Sie jetzt auf das Blatt an die Stelle, wo Sie die Linie platzieren möchten und ziehen Sie
bei gedrückter linker Maustaste die Linie.
4.) Um die Linienfarbe und –breite eizustellen klicken Sie mit der rechten Maustaste auf die Linie.
Klicken Sie auf Form formatieren.
5.) Klicken Sie in der Rubrik Linienfarbe unter Farbe auf den Auswahlpfeil
und dann auf einen gewünschten Farbton
6.) In der Rubrik Linienart können Sie die Breite einstellen.

(STRICH verschieben / STRICH vervielfältigen / Zweiten STRICH korrekt positionieren:
siehe unter OOOPS)

Senkrechte Linie – für Lebenslauf und Deckblatt – in Farbe

1.) Bewegen Sie den Cursor auf die Linie zu
2.) Der Cursor verwandelt sich jetzt in ein Koordinatenkreuz
3.) Klicken Sie auf die rechte Maustaste
4.) Klicken Sie auf FORM FORMATIEREN
5.) Klicken Sie in der Rubrik Linienfarbe unter Farbe auf den Auswahlpfeil
und dann auf einen gewünschten Farbton

STRICH dicker / dünner gestalten:

1.) Bewegen Sie den Cursor auf die Linie zu
2.) Der Cursor verwandelt sich jetzt in ein Koordinatenkreuz
Rechte Maustaste klicken
3.) FORM FORMATIEREN klicken
4.) Klicken Sie in der Rubrik Linienart auf die Pfeilsymbole neben Breite um die Linienstärke
einzustellen.

4 Schrift

Farbige oder graue Schrift

Beruflicher Werdegang

12/2002 – 01/2010
06/1992 – 08/2002
01/1990 – 05/1992

Um Schrift oder chronologische Daten in einem Grauton oder in Farbe zu schreiben, wählen Sie folgende Schritte:

1.) Markieren Sie die gewünschten Wörter oder Daten
2.) Klicken Sie auf der Multifunktionsleiste START
3.) Klicken Sie rechts neben dem Symbol Schriftfarbe auf den Auswahlpfeil

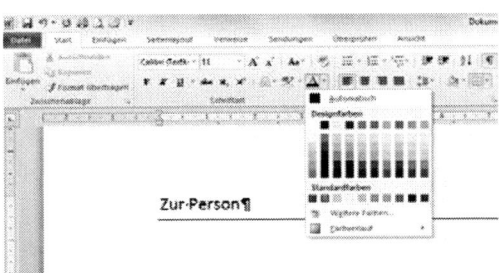

4.) Klicken Sie auf den gewünschten Grau- oder Farbton
(über Klicken auf Weitere Farben erhalten Sie zusätzliche Nuancen)

Besondere Schriftart

Sabine Schön

SABINE SCHÖN

1.) Markieren Sie das gewünschte Wort
2.) Klicken Sie auf Das Pfeil-Symbol bei SCHRIFTART

3.) Klicken Sie unter Effekte auf KAPITÄLCHEN
4.) Klicken Sie auf die Schaltfläche Texteffekte
5.) Klicken Sie auf SCHATTEN und nehmen Sie die Einstellungen vor.

Schrift erweitert/gesperrt schreiben

L e b e n s l a u f

10/1990 – 09/2009

1.) Markieren Sie das Wort, z. B. die Überschrift Lebenslauf
2.) Klicken Sie auf Das Pfeil-Symbol bei SCHRIFTART
3.) Klicken Sie auf ERWEITERT

4a) Erweitertes Schreiben:
Dort unter Abstand klicken Sie auf den Auswahlpfeil und klicken auf „ERWEITERT".
Bei „Um:...." können Sie durch das Klicken auf den nebenstehenden Pfeil mit Richtung nach OBEN, den Abstand der Buchstaben zueinander vergrößern.

4b) gesperrte Schreibweise:
Dort unter Abstand klicken Sie auf den Auswahlpfeil und klicken auf „SCHMAL".
Bei „Um:...." können Sie durch das Klicken auf den nebenstehenden Pfeil mit RICHTUNG nach UNTEN, den Abstand der Buchstaben zueinander erhöhen.

Schriftgröße verändern

Mein Erfahrungspotenzial als Diplom-Informatiker will ich gezielt in Ihr Unternehmen einbringen.
...

Scheinbar unmerklich, aber entscheidend für Ihre Gesamtpräsentation, kann die Veränderung der Schriftgröße sein. Während Sie in allen Dokumenten stets die gleiche Schriftart verwenden sollten, ist eine unterschiedliche Schriftgröße kaum auffallend und in keiner Weise irritierend. Lernen Sie Zwischengrößen wie 10,5 oder 11,5 zu verwenden:

1.) Markieren Sie den zu verändernden Text
2.) Klicken Sie in der Menüleiste auf die Ziffer, die die Schriftgröße beschreibt.
Die Ziffer wird blau hinterlegt

Mein Erfahrungspotenzial als Diplom-Informatiker will ich gezielt in Ihr Unternehmen einbringen. ...	3.) Tippen Sie die gewünschte Zwischengröße ein (z. B. *10,5 oder 11,5*) 4.) Klicken Sie auf ENTER oder RETURN Die gewünschte Größe ist nun für die angewählte Zeile oder markierten Textbereich aktiviert.

5 Abstände und Positionierungen

Im Blocksatz schreiben

Mein Erfahrungspotenzial als Diplom-Informatiker will ich gezielt in Ihr Unternehmen einbringen. Zuletzt war ich in der Position eines Netzwerkadministrators für folgende Aufgaben zuständig:

1.) Markieren Sie den geschriebenen Text.
2.) Klicken Sie in der Symbolleiste auf das Zeichen Blocksatz.
3.) Möglicherweise erhalten Sie in einzelnen Zeilen große Textlücken. Schauen Sie in die darauffolgende Zeile.
4.) Klicken Sie beim ersten Wort hinter die erste oder zweite Wortsilbe und dann auf den Trennungsstrich; je nach Ihrer Vermutung, welcher Wortteil noch in die obige Zeile passen würde.
5.) Sofern dieser Wortteil noch in die Zeile darüber passt, wir dieser daraufhin automatisch nach oben gezogen.

Textelemente nahe zueinander schreiben

Mit frdl. Grüßen   Anlagen

Lebenslauf   Marco Eck
Grünweg 9
54290 Trier

1.) Klicken Sie auf Einfügen
2.) Klicken Sie auf Textfeld
3.) Klicken Sie auf Textfeld erstellen
4.) Klicken Sie mit der Maustaste, halten Sie die Maustaste geklickt und ziehen ein Quadrat entsprechend der gewünschten Größe (die Größe können Sie später jederzeit verändern).
5.) Schreiben Sie Ihren Text in das Textfeld, z. B. „Lebenslauf."
6.) Klicken Sie mit der rechten Maustaste auf die Linie des Textfeldes.
Klicken Sie auf Form formatieren.
7.) Klicken Sie in der Rubrik Füllung auf keine Füllung.
8.) Klicken Sie in der Rubrik LINIENFARBE auf KEINE LINIE
9.) Klicken Sie unter Zeichentools – Format - Zeilenumbruch auf VOR den TEXT, sofern diese Option noch nicht ausgewählt ist.
Sie können das Textfeld nun variabel im Dokument verschieben.

Verkleinern und Vergrößern des Textfeldes durch „Anfassen" mit dem Mauszeiger an den ECKEN sowie an den Ober-, Unter-, oder Seitenkanten.

In Spalten schreiben (z. B. im Lebenslauf) – eingerückt schreiben

03/07 – 09/10   Dipl-Kaufmann
bei Walter AG

Ein Lebenslauf wird in Spalten gegliedert. Dies erreichen Sie in Word, indem Sie mit einer Tabelle arbeiten (nicht sehr empfehlenswert, da sich beispielsweise einige grafische Elemente darin schwerer verwirklichen lassen) oder Tabstopps setzen. Für die Spaltengliederung im Lebenslauf benötigen Sie den „TABSTOPP LINKS". Klicken Sie an der linken Seite des oberen Lineals auf das Symbol; so oft bis diese Funktion [L] (Tabstopp Links) zu sehen ist. Jetzt können Sie anfangen:
1.) Markieren sie das gesamte Dokument
(z. B. durch gleichzeitiges Drücken der Tasten Strg und A bzw. auf dem Notebook ctrl und A.
2.) Klicken Sie im oberen Lineal auf die Position 4,5.
Dadurch haben Sie für jede Zeile einen Tabstopp gesetzt. Sollten Sie noch weitere, alte oder durch PC-Grundeinstellungen gesetzte, Tabstopps im Lineal sehen, entfernen Sie diese (siehe bei oops – die schnelle Fehlerkorrektur).
3.) Schreiben Sie jetzt ganz normal die Zeiten Ihrer ersten beruflichen Station (wie hier im Bsp.: 03/07 – 09/10)
4.) Klicken Sie anschließend auf die Tabulatortaste am linken Rand Ihrer Tastatur (vierte Taste von unten); für die Anwendung der Tabstopps in Tabellenstrukturen (wie z. B. in der Profilspalte in der Kurz-Initiativbewerbung) siehe bei oops- die schnelle Fehlerkorrektur.

Zeilen- und Textabstände verändern

02/2004 – 02/2010

12/2002 – 01/2004

06/1992 – 08/2002

01/1990 – 05/1992

02/2004 – 02/2010

12/2002 – 01/2004

06/1992 – 08/2002

01/1990 – 05/1992

Die Abstände zwischen den beruflichen Stationen im Lebenslauf erfordern nicht zwangsläufig eine ganze Leerzeile. Durch das Verringern der Leerzeile lässt sich oftmals eine komprimierte Präsentation auf einer, statt auf zwei Seiten erreichen. Im Anschreiben ist laut DIN-Vorgaben eine „richtige" Leerzeile gefragt. Doch gerade für Bewerber außerhalb des Bürobereichs lasen sich hier nahezu unmerkliche Veränderungen vornehmen, die es Ihnen erlauben, das Anschreiben optisch ansprechender zu präsentieren. Das Anschreiben wirkt oftmals aufgelockerter, wenn das gesamte Blatt nicht so voll aussieht. Eine kleinere Schriftgröße und verkleinerte Leerzeilen (z. B. 8 Pt oder 6 Pt statt der üblichen 12 Pt) fallen kaum auf und helfen Zeilen sparen.

1.) Klicken Sie in die Leerzeile
2.) Klicken Sie auf das Pfeilsymbol im Bereich ABSATZ der Multifunktionsleiste (der kleine Pfeil rechts unten im Symbolbereich ABSATZ)
3.) Klicken Sie auf EINZÜGE UND ABSTÄNDE
4.) Klicken Sie unter ABSTAND bei Zeilenabstand auf den Auswahlpfeil
5.) Klicken Sie auf GENAU
6.) Klicken Sie bei MASS auf den – nach unten zeigenden – Auswahlpfeil
7.) Klicken Sie so oft bis Sie die gewünschte Größe erreicht haben.
(Meine persönlichern Empfehlungen: bei Leerzeilen im Anschreiben entweder 6 Pt oder 8 Pt; Für die Abstände der Stationen in den einzelnen Kapiteln im Lebenslauf 6 Pt; bei Aufzählungspunkten im Lebenslauf oder auch Anschreiben lediglich 2 Pt oder 3 Pt.)

Datum richtig positionieren

Beispiel 1:

Meller AG
Hauptstr. 100
97070 Würzburg

01.01.2010

Beispiel 2:

Meller AG
Hauptstr. 100
97070 Würzburg   01.01.2010

Möglichkeit 1:
1.) Sie schreiben wie gewohnt linksbündig
2.) Sie markieren den Adresskopf
3.) Sie klicken auf rechtsbündig

Möglichkeit 2:
Wenn Sie beispielsweise in einer Kurz-Initiativbewerbung Platz sparen wollen und das Datum – entgegen den Regeln der DIN-Norm – auf Höhe der letzten Empfänger-Zeile positionieren wollen, so müssen Sie folgendermaßen vorgehen:
1.) Nachdem Sie PLZ und ORT geschrieben haben, klicken Sie neben dem Lineal so oft auf das Funktionsfeld, bis Sie den „Tabstopp rechts" ⌐ sehen.
2.) Klicken Sie in das obere Lineal an die Position in der das Datum beginnen soll.
3.) Klicken Sie auf die Tabtaste auf der Tatstatur – der Cursor springt jetzt an die gewünschte Position
4.) Schreiben Sie das Datum. Evtl. müssen Sie den im Lineal eingerichteten Tabstopp verschieben – siehe unter oops)

6 Foto und Unterschrift

Foto/Unterschrift einfügen

1.) Foto/Unterschrift einfügen:

So fügen Sie Ihre Unterschrift / Ihr Foto in das Word-Dokument ein.

Mit freundlichen Grüßen

Sabine Scheiner

Sabine Scheiner

1.) Mit der Maustaste in die Worddatei klicken
2.) Auf EINFÜGEN klicken
3.) GRAFIK klicken
4.) Unter Grafik einfügen
den Speicherplatz angeben,
an dem die Unterschrift/das Foto abgelegt ist (DESKTOP, EIGENE DATEIEN …)
6.) auf die gewünschte Datei klicken (FOTO oder UNTERSCHRIFT)
[sollte die Datei nicht zu sehen sein, unter DATEITYP auf ALLE DATEIEN klicken)
7.) auf EINFÜGEN klicken
8.) Das Bild / die Unterschrift erscheint nun im Word-Dokument

Mit freundlichen Grüßen

Sabine Scheiner

Sabine Scheiner

Unterschrift - Hintergrund transparent machen:

Bei der Unterschrift ist es empfehlenswert, das Weiß des eingescannten Papieres transparent zu setzen. Denn: sitzt Ihre Unterschrift im Anschreiben zu nah an „Mit freundlichen Grüßen" und Sie haben ohnehin wenig Platz nach unten zur Verfügung, so überlappt und verdeckt der weiße Hintergrund Ihrer Unterschrift möglicherweise die Grußzeile. So erreichen sie einen transparenten Hintergrund:

1.) Klicken Sie auf die eingefügte Unterschrift
2.) Klicken Sie auf Bildtools - Format
3.) Klicken Sie auf Farbe
4.) Klicken Sie auf „Transparente Farbe bestimmen"
5.) Klicken Sie neben die Unterschrift, irgendwo auf das eingescannte Weiß.
6.) Jetzt ist der Hintergrund transparent.

Foto/Unterschrift verschieben:

Bewerbung
als ....

Ryan
Nordhoff

Um die Unterschrift / das Foto variabel, also unabhängig vom Text zu verschieben, ist folgendes notwendig:

1.) Doppelklick auf das Bild (linke Maustaste)
2.) Es öffnet sich das Fenster Bildtools FORMAT
3.) Dort auf Zeilenumbruch klicken
4.) Dort auf VOR DEN TEXT klicken

Foto/Unterschrift vergrößern/verkleinern

Voraussetzung für diesen Schritt ist, dass Sie das Foto, die Unterschrift unter LAYOUT auf „Vor den Text" gesetzt haben (siehe unter Punkt 2.)

Verkleinern und Vergrößern der Unterschrift durch „Anfassen" mit dem Mauszeiger an den ECKEN (NICHT an den Ober-, Unter-, oder Seitenkanten; das führt zu Verzerrungen).

Foto heller/dunkler gestalten

1.) Klicken Sie mit der rechten Maustaste auf das Foto
2.) Klicken Sie auf „Grafik formatieren".
3.) Klicken Sie auf BILDKORREKTUREN
4.) Bei Helligkeit können Sie den Regleer mit der Maustaste verschieben und as Foto dunkler oder heller machen.

Foto als schwarz-weiß abspeichern

1.) Klicken Sie mit der rechten Maustaste auf das Foto
2.) Klicken Sie auf „Grafik formatieren".
3.) Klicken Sie auf BILDFARBE
4.) Bei Farbsättigung klicken Sie auf den Auswahlpfeil neben Voreinstellungen
5.) Klicken Sie auf ganz links auf Sättigung 0% um das Bild in schwarz-weiß abzuspeichern.

Foto/Unterschrift zuschneiden

Voraussetzung für diesen Vorgang ist, dass Sie das Foto unter „Layout" auf „Vor den Text" gesetzt haben. Sie müssen also alle Schritte unter Punkt 2.) durchgeführt haben.

Ziel: 1.) Sie wollen Ihr Foto im Sinn der modernen Portraitfotografie auf Ihr Gesicht zuschneiden (siehe Seite 264)

Ziel: 2.) Sie haben Ihr Foto oder Ihre Unterschrift möglicherweise mit zu viel weißem Rand drum herum eingescannt und wollen diesen wegschneiden.

356

In beiden Fällen ist das Vorgehen das gleiche:

1.) Klicken Sie auf das Bild
2.) Klicken Sie auf Bildtools - Format
3.) Klicken Sie auf das Symbol zwei sich über-lappender Winkel. Diese werden als Funktion „Zuschneiden" angezeigt.
4.) An den Ecken sowie rechts/links und oben/unten sehen Sie nun schwarze „Anfasser".
5.) Klicken Sie mit der linken Maustaste auf einen dieser Anfasser und schieben diesen in die Bildmitte.
6.) Sie haben das Foto nun entsprechend Ihren Wünschen zugeschnitten. Wenn Sie diesen Anfasser wieder zurückschieben, erhalten Sie wieder das komplette Originalfoto. Das „Zuschneiden" verdeckt also lediglich Bildbereiche. Diese bleiben Ihnen im Hintergrund immer erhalten; auch nach dem Abspeichern des Dokuments.

Text in ein Foto schreiben

1.) Klicken Sie auf Einfügen
2.) Klicken Sie auf Textfeld
3.) Klicken Sie auf Textfeld erstellen
3.) Klicken Sie mit der Maustaste an die Stelle im Dokument, an der das Textfeld erstellt werden soll. Halten Sie die Maustaste geklickt und ziehen ein Quadrat entsprechend der gewünschten Größe (die Größe können Sie später jederzeit verändern).
5.) Schreiben Sie Ihren Text in das Textfeld, z. B. „Marina Vogel."
6.) Markieren Sie Ihren Namen
7.) Klicken Sie auf die Rubrik START der Multifunktionsleiste
8.) Klicken Sie auf den Auswahlpfeil neben dem Symbol Schriftfarbe
9.) Klicken Sie auf „weiß" (das weiße Farbkästchen)
10.) Klicken Sie mit der rechten Maustaste auf eine Linie des Textfeldes
11.) Klicken Sie auf „In den Vordergrund" (dadurch können Sie das Textfeld mit der Schrift vor das Foto legen.)
12.) Klicken Sie mit der rechten Maustaste auf die Linie des Textfeldes. Klicken Sie auf Form formatieren.
13.) Klicken Sie in der Rubrik auf KEINE FÜLLUNG
14.) Klicken Sie in der nächsten Rubrik LINIENFARBE auf KEINE LINIE
20.) Klicken Sie auf Bildtools – Format - Zeilenumbruch
auf VOR den TEXT, sofern diese Option noch nicht ausgewählt ist.
Sie können das Textfeld nun variabel im Dokument verschieben.

Foto-Speichergröße komprimieren:

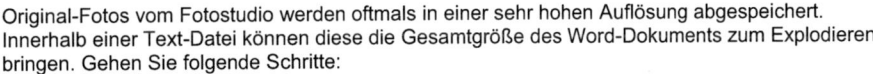

Original-Fotos vom Fotostudio werden oftmals in einer sehr hohen Auflösung abgespeichert. Innerhalb einer Text-Datei können diese die Gesamtgröße des Word-Dokuments zum Explodieren bringen. Gehen Sie folgende Schritte:

1.) Klicken Sie auf das Foto
2.) Klicken Sie BILDTOOLS - FORMAT
3.) Klicken Sie auf BILDER KOMPRIMIEREN
4.) Klicken Sie auf WEB/Bildschirm

Der Nachteil dieser Funktion ist eine sehr starke Komprimierung, die Ihr Bild lediglich für die Bildschirmansicht aufbereitet und für den Ausdruck etwas „pixeliger" also unschärfer werden lässt. Optimaler ist ein geeigneter Konvertierer. Dies gibt es im Internet kostenfrei und legal zum Download. Geben Sie bei Google z. B. „jpg komprimieren" oder Grafik komprimieren" ein. Derzeit ist beispielsweise die Software .... erhältlich. Sie finden auch diese über Google. Selbstverständlich können Sie auch Ihren Fotografen um eine Komprimierung bitten.

7 Besonderes von A-Z

Prüfen der Dateigröße

So gehen Sie vor:

1.) Klicken Sie in Word auf das Office-Symbol oder auf DATEI
2.) Klicken Sie auf INFORMATIONEN
3.) Auf der rechten Seite finden Sie die gewünschte Information

Oder:

1.) Datei ist geschlossen
2.) Mit der rechten Maustaste auf das Dateisymbol klicken
(PDF-ZEICHEN - das vor dem Dateinamen zu sehen ist)
3.) es erscheint das Kontextmenü, dort auf
EIGENSCHATEN klicken
4.) Unter ALLGEMEIN steht bei GRÖSSE die Dateigröße

Dateien vom PC auf Ihren Stick speichern

Wichtig: die Dateien die kopiert werden sollen, müssen geschlossen sein.

1.) Doppelklicken Sie auf Arbeitsplatz
2.) Klicken Sie auf Eigene Dateien oder Desktop oder den entsprechenden Speicherort, an dem Ihre Datei abgelegt ist.
3.) Klicken Sie mit der rechten Maustaste auf das Dateisymbol (z. B. das Word-Zeichen bei MS-Office-Textdokumenten oder das PDF Zeichen bei PDF-Formaten)
4.) Klicken Sie auf Kopieren
5.) Doppelkicken Sie auf Arbeitsplatz
6.) Doppelklicken Sie auf Wechseldatenträger (wenn Sie Ihre Dateien auf Ihren Stick speichern wollen)
7.) Klicken Sie nun mit der rechten Maustaste in das leere weiße Feld, das sich gerade geöffnet hat.
8.) Klicken Sie auf Einfügen.

Schneller arbeiten mit der Taste F4

Lebenslauf

Zur Person
Werdegang
Ausbildung
Zusätzliches

Wenn Sie einen Befehl öfters wiederholen müssen, z. B. mehrere Wörter im Text fett drucken wollen oder mehrere Zeilenabstände verringern möchten, beschleunigen Sie ihre Arbeit um ein Vielfaches mit der Taste F4. Sie funktioniert bei fast allen Befehlen und erspart Ihnen das jeweilige Durchklicken, z. B. wenn Sie im Nachhinein die Überschriften im Lebenslauf fett drucken wollen:
1.) Markieren Sie die Überschrift „Zur Person"
2.) Klicken Sie in der Symbolleiste auf Fettdruck
3.) Markieren Sie die Überschrift „Werdegang"
4.) Klicken Sie auf der Tastatur auf F4
Nun wird auch dieses Wort fettgedruckt.

Diese Funktion F4 ist besonders hilfreich, wenn Sie viele Klicks benötigen, um einen Effekt einzustellen, wie u. a. beim Einrichten einer größeren oder kleineren Leerzeile, die Sie zwischen den Abschnitten im Anschreiben jeweils anstelle der ganzen Leerzeile einrichten wollen. Oder beim Einstellen einer anderen Schriftfarbe für mehrere Überschriften.

Der lange Mittestrich

12/2002 - 01/2010
06/1992 – 08/2002
01/1990 - 05/1992

1.) Halten Sie die Tate Strg [oder auch „ctrl" genannt] gedrückt und
2.) Drücken Sie gleichzeitig die Minustaste (z. B. im Ziffernblock)
3.) Sie erhalten den langen Mittestrich.
Diesen benötigen Sie auch, wenn Sie Texteinschübe mit Gedankenstrichen vornehmen wollen.

Dateiname ändern

Lbnslaf.pdf

VOGT Lebenslauf.pdf

Sie wollen Ihren Dateinamen ändern?

Voraussetzung: Sie haben die Datei geschlossen. Dann führen Sie folgende Schritte aus:
1.) Sie klicken mit der rechten Maustaste auf das Word- oder PDF-Symbol – je nach Art Ihrer Abspeicherung.
2.) Klicken Sie auf Umbenennen
Der Dateiname wird blau hinterlegt.
3.) Setzen Sie den Cursor vor den ersten Buchstaben des Dateinamens und schreiben Sie den neuen Namen
4.) Tippen Sie anschließend auf DEL oder ENTF auf Ihrer Tastatur, um die nachfolgenden Buchstaben des alten Dateinamens zu entfernen. WICHGTIG: Die Endung .doc oder .pdf darf nicht gelöscht werden. Sie löschen also nur bis kurz vor dem Punkt.

Anschreiben duplizieren

Anschreiben-Vorlage.doc

Anschreiben Fa. Mueller.doc

Anschreiben Fa. Huber.doc

Sie haben eine Datei Anschreiben als Basistext und wollen nun konkrete Anschreiben formulieren und dennoch stets auf das Original zugreifen können. Gehen Sie folgendermaßen vor:
1.) Sie haben z. B. die Datei „Anschreiben Vorlage" geöffnet.
2.) Klicken Sie auf Datei
3.) Klicken Sie auf Speichern unter
4.) Klicken Sie auf Speichern in
5.) Klicken Sie auf Speichern in:....
6.) Wählen Sie über den nebenstehenden Auswahlpfeil als Speicherort z. B. den Desktop
7.) Tippen Sie bei Dateinamen z. B. „Anschreiben Fa. Mueller" ein.
8.) Klicken Sie auf Speichern.

Von der Datei Anschreiben Vorlage wurde somit eine Kopie erstellt. Diese Kopie trägt den Namen „Anschreiben Fa. Mueller". Sie können nun wiederum die Datei „Anschreiben Fa. Mueller" kopieren und die Kopie als „Anschreiben Fa. Huber" abspeichern.

Ooops – die schnelle Fehlerkorrektur (2007/2010)

EDV-Experten beschreiben das Kürzel EDV nicht mit Elektronische Datenverarbeitung, sondern mit "ENDE DER VERNUNFT". Denken Sie daran wenn Sie wieder einmal am PC zu verzweifeln drohen und sich elektronische Merkwürdigkeiten nicht erklären lassen.

Inhaltsverzeichnis:

1. Aufzählungen und Jahreszahlen – grundsätzlich beheben

a) Jahreszahlen werden z. B. im Lebenslauf „selbstständig" bei einem Zeilenumbruch getippt?

b) Aufzählungszeichen werden gesetzt – obwohl Sie keine benötigen?

Für a) und b) empfiehlt sich:

Schalten Sie das automatische Zählprogramm aus. Sie werden einfacher arbeiten und optimaler formatieren können, wenn Sie die Aufzählungszeichen manuell – wie oben unter … beschrieben – setzen. Zum Ausschalten des automatischen Zählprogramms wählen Sie:

1.) Office-Symbol oder Datei
2.) Klicken Sie auf Optionen – Dokumentprüfung – AutoKorrektur-Optionen
3.) Klicken Sie auf Autoformat
4.) Im Abschnitt „ÜBERNEHMEN" darf bei AUTOMATISCHE AUFZÄHLUNG kein Häkchen sein.
5.) Andere Absätze (Zum Wegklicken draufklicken).
6.) Im Abschnitt „BEIBEHALTEN" darf bei „FORMATVORLAGEN" kein Häkchen sein (Zum Wegklicken draufklicken).

Diese Einstellung gilt nur für das betreffende Dokument. In jedem anderen Dokument müssen Sie diese Einstellung erneut vornehmen. Bei einem Neustart eines Computers gehen diese Vorgaben ebenfalls verloren.

2. Aufzählungen und Jahreszahlen – schnell beheben

Sie geben beispielsweise eine solche Ziele ein:

- Zeiterfassung und

Dann drücken Sie RETURN, um weiter schreiben zu können und es passiert folgendes:

- Zeiterfassung und

-

Die Lösung ist einfach:

Klicken Sie einmal auf die Zaubertaste „Rückgängig: Eingabe" klicken (oder verwenden den Tatstaturbefehl STRG und Z.

3. Ein zusätzliche Leerseite wird gedruckt

Sie haben auf der Folgeseite Ihres Dokuments nichts geschrieben und dennoch wird eine zusätzliche Leerseite gedruckt?

LÖSUNG:
Sie haben eine oder mehrere Leerzeilen auf der Folgeseite. Diese müssen Sie löschen. Durch Einschalten der Absatzmarke (siehe oben auf Seite ….) sehen Sie diese Leerzeilen. Mithilfe der ENTF-Taste oder der Rücktaste beseitigen Sie diese Leerzeilen.

PROBLEM: Sie können die Leerzeile nicht löschen, weil möglicherweise Ihr Hauptdokument – das Anschreiben oder der Lebenslauf bis zur untersten Zeile vollgeschrieben ist? Dann verändern Sie den unteren Blattrand, indem Sie:

1.) am linken Lineal – fast ganz unten – mit der linken Maustaste auf die Schnittstelle zwischen dem grauen und dem weißen Bereich klicken (Der Mauszeiger verwandelt sich an dieser Stelle in einen Doppelpfeil). Halten Sie die Maustaste geklickt.
2.) Ziehen Sie die Maustaste nach unten. So erhalten Sie mehr Platz auf Ihrem Dokument.
3.) Insbesondere bei der Kurz-Initiativbewerbung mit ihrer Tabellenstruktur, müssen Sie für die letzte Leerzeile evtl. noch mehr Platz schaffen:
3a) Klicken Sie in die letzte Leerzeile.
3b) Geben Sie bei der Schriftgröße den Wert 1 ein und klicken auf die ENTER-Taste. Dadurch wird diese Leerzeile auf eine Größe von „1 Pt" geschrumpft.

4. Buchstaben werden „gegessen"

Bei Korrekturen im Text werden plötzlich, scheinbar ohne Grund, nachfolgende Buchstaben „aufgegessen"?

LÖSUNG:
Am unteren Bildschirmrand doppelklicken Sie in der grauen Zeile auf „ÜB" (= Überschreib-Modus). Jetzt können Sie wieder normal schreiben.

5. Andere Formatierung

Plötzlich schaltet sich eine andere Schriftart oder –größe ein?

LÖSUNG: Dies ist eine Standardschwäche von Word, die Sie nur bedingt grundlegend ausschalten können. Am einfachsten ist es, Sie markieren den veränderten Passus und geben Ihre Standardschriftart und-größe für diesen Bereich ein.

360

6. Feinverschiebungen vom Textfeld und Linien

Sie wollen ein Textfeld oder eine senkrechte oder waagrechte Linie minutiös verschieben?
1.) Klicken Sie auf das Textfeld oder die Linie.
2.) Drücken Sie auf der Tastatur auf STRG und halten diese Taste gedrückt
3.) Drücken Sie jetzt auf die Pfeiltaste auf Ihrer Tatstatur – so können Sie das Textfeld oder die Linie akkurat nach oben/unten oder rechts/links verschieben.
4.) Möglicherweise gelingen nur große „Sprünge" und Sie müssen etwas an der Grundstruktur des Dokuments ändern:
5.) Klicken Sie auf eine in das Dokument eingefügte Form.
6.) Klicken Sie unter Zeichentools auf der Registerkarte Format in der Gruppe Anordnen auf Ausrichten, und klicken Sie dann auf Rastereinstellungen.
    4c)   Überprüfen Sie, ob bei ZEICHNEN ein Häkchen gesetzt ist (Falls nicht
7.) Geben Sie bei Rastereinstellungen den Wert 0,01 ein (sowohl bei „Abstand horizontal" als auch bei „Abstand vertikal").
8.) Klicken Sie auf OK

7. Tabstopp verschieben

1.) Klicken Sie im Lineal mit der linken Maustaste auf den Tabstopp und halten die Maustaste geklickt.
2.) Ziehen Sie den Tabstopp an die gewünschte Lineal-Position.
3.) Der Tabstopp ist damit neu positioniert.

8. Tabstopps entfernen

1.) Klicken Sie im Lineal mit der linken Maustaste auf den Tabstopp und halten die Maustaste geklickt.
2.) Ziehen Sie den Cursor in das leere Word-Dokument und lassen die Maustaste los.
3.) Der Tabstopp ist verschwunden.

9. Dünne Linie verschieben

Sie wollen die dezent dünne Linie (wie auf Seite … beschrieben) verschieben? Dann gehen Sie folgendermaßen vor:
1.) Markieren Sie in Ihrem Dokument die Zeilen, in denen die Linie verschoben werden soll. (Achten Sie darauf, dass Sie nur diese Zeilen markieren. Wenn Sie versehentlich zusätzliche Zeilen mit markieren, in denen keine Linie gesetzt ist, zeigt es Ihnen die kleine Linie im Lineal nicht an.)
2.) Klicken Sie im Lineal mit der linken Maustaste auf die kleine senkrechte Linie im Lineal und halten die Maustaste geklickt.
3.) Ziehen Sie diese Linie die gewünschte Lineal-Position.
4.) Die Linie ist damit neu positioniert.

10. Dünne Linie entfernen

Sie wollen die dezent dünne Linie (wie auf Seite … beschrieben) entfernen? Dann gehen Sie folgendermaßen vor:
1.) Markieren Sie in Ihrem Dokument die Zeilen, in denen die Linie verschoben werden soll. (Achten Sie darauf, dass Sie nur diese Zeilen markieren. Wenn Sie versehentlich zusätzliche Zeilen mit markieren, in denen keine Linie gesetzt ist, zeigt es Ihnen die kleine Linie im Lineal nicht an.)
2.) Klicken Sie im Lineal mit der linken Maustaste auf die kleine senkrechte Linie und halten die Maustaste geklickt.
3.) Ziehen Sie den Cursor in das leere Word-Dokument und lassen die Maustaste los.
4.) Der Tabstopp ist verschwunden.

11. Linie verschieben

1.) Bewegen Sie den Cursor auf die Linie zu. Der Cursor verwandelt sich jetzt in ein Koordinaten-kreuz.
2.) Klicken Sie auf die linke Maustaste. Halten Sie die Taste geklickt und schieben den Cursor hin- und her.
3.) Wenn Sie die Maustaste loslassen: bleibt der Strich an der gewünschten Stelle positioniert. (Noch präziser können Sie arbeiten, wenn Sie nach Schritt 1.) auf die Taste STRG [auf der Tatstatur links unten] bzw. am Notebook auf die Taste CTRL drücken, diese gedrückt halten und dann die Pfeiltasten betätigen.

12. Linie vervielfältigen

Wenn Sie den Strich in der exakt gleichen Länge noch einmal benötigen, gehen Sie so vor:
1.) Bewegen Sie den Cursor auf die Linie zu; Der Cursor verwandelt sich jetzt in ein Koordinatenkreuz
2.) Klicken die auf die rechte Maustaste.
3.) Klicken Sie auf KOPIEREN
4.) Klicken Sie mit der linken Maustaste in irgendeine Zeile.
5.) Klicken sie auf die rechte Maustaste.
6.) Klicken Sie auf Einfügen

13. Zweiten Linie korrekt positionieren

1.) Bewegen Sie den Cursor auf die erste Linie zu. Der Cursor verwandelt sich jetzt in ein Koordinatenkreuz.
2.) Klicken Sie auf die rechte Maustaste
3.) Klicken Sie auf WEITERE LAYOUTOPTIONEN
4.) Klicken Sie bei auf POSITION
5.) Unter dem Abschnitt HORIZONTAL und VERTIKAL sehen Sie bei ABSOLUTE POSITION Zentimeterangaben. Notieren Sie sich diese.
6.) Bewegen Sie nun den Cursor auf die zweite Linie zu. Der Cursor verwandelt sich jetzt in ein Koordinatenkreuz.
7.) Klicken Sie auf die rechte Maustaste
8.) Klicken Sie auf WEITERE LAYOUTOPTIONEN
9.) Klicken Sie bei auf POSITION
10.) Unter dem Abschnitt HORIZONTAL und VERTIKAL tippen Sie bei ABSOLUTE POSITION die auf Ihrem Blatt notierten Zentimeterangaben.
13.) klicken Sie auf OK.

14. Linie entfernen

1.) Bewegen Sie den Cursor auf die Linie zu; Der Cursor verwandelt sich jetzt in ein Koordinatenkreuz
2.) Klicken die auf die linke Maustaste.
3.) Klicken Sie auf der Tastatur auf die Taste ENTFERNEN

A-Z Stichwortregister

Für:

1. Ihre Formulierungen
2. Synonyme
3. Muster-Anschreiben und -Lebensläufe

1. Für Ihre Formulierungen:

Stb. = Stellenbewerbung
Ib. = Initiativbewerbung
Pb. = Praktikumsbewerbung

2. Für Synonyme:

3. Muster-Anschreiben und -Lebensläufe